용접기능사 특수용접기능사 필기
+ 무료 동영상 강의

| 교재 인증을 위한 기입 칸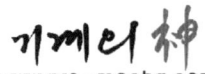

성명	
기계의 신 아이디(ID)	

〈교재 인증 게시판〉

위의 칸을 기재하시고 '기계의 신'(www.pro-mecha.com)에서 교재 인증을 하시면 모의고사 문제풀이 동영상 강의 무료쿠폰을 받으실 수 있습니다.

용접기능사 특수용접기능사 필기
+ 무료 동영상 강의

발 행 일 | 2021년 2월 10일 초판 1쇄 발행

저　　자 | 機械의 神 정명호
발 행 처 | 도서출판 메카피아
발 행 인 | 노수황
출판등록 | 제2014-000036호(2010년 02월 01일)
주　　소 | 서울특별시 금천구 서부샛길 606.
　　　　　　대성디폴리스지식산업센터 5층 502호
전　　화 | 1544-1605(대)
영 업 부 | 02-861-9044
팩　　스 | 02-861-9040/02-6008-9111
홈페이지 | www.mechapia.com
이 메 일 | mechapia@mechapia.com
표지디자인 | 포인기획
편집디자인 | 편집부
마 케 팅 | 이예진

정가 : 20,000원

Copyright© 2021 MECHAPIA Co. All rights reserved.
- 이 책은 저작권법에 의해 보호를 받는 저작물로 무단 전재나 복제를 금지하며, 이 책 내용의 전부 또는 일부를 이용하려면 반드시 저작권자나 발행인의 서면 동의를 받아야 합니다.
- 파본 및 낙장은 구입하신 서점에서 교환하여 드립니다.

ISBN 979-11-6248-114-1 13550

PREFACE

용접은 기계, 조선, 건설 등의 제조업과 플랜트를 비롯한 산업 전반에 있어서 활용되는 아주 중요한 전문분야이며, 용접기능사/특수용접기능사는 이러한 산업분야의 기틀을 마련하고 우리나라 및 전 세계의 산업을 이끌어 간다고 하여도 과언이 아니다.

본서의 저자는 기능사 자격증을 보유한 공업계 고등학교 출신의 기술사 및 국제기술사로서, 기능사는 한 분야의 시작이자 무한한 가능성을 가지고 있고 생각한다. 따라서, 본서는 용접이라는 전문분야를 시작하는 수험생들이 쉽게 접근하여 전문지식을 쌓을 수 있도록 내용에 충실하면서도 기능사 출신 특유의 쉬운 용어와 문장 구성을 통해 무작정 외우기만 하던 방식보다는 이해 위주의 공부를 통하여 수험생들이 한 단계 더 발전할 수 있도록 한 것이 가장 큰 특징이다.

또한, 10년간의 과년도 기출문제와 최신 출제경향을 완전 분석하여, 용접기능사와 특수용접기능사의 필기시험을 준비하는 데 있어서 그 내용의 이해에 어려움이 없도록 하였으며, 국가직무능력표준(NCS)에 따라 집필하였다.

[이 책의 특징]

1. 기술사의 완벽한 이론 및 기능사 출신답게 쉽고 간결한 문장 구성
2. 암기와 이해가 쉬운 간결한 문장과 그림 구성
3. NCS(국가직무능력 표준) 반영
4. 10년간 기출문제 완전 분석

[이 강의의 특징]

1. 함께 보는 교재, 사진과 동영상으로 진행되는 이해가 쉬운 시청각 강의
2. 어렵지 않은 쉬운 용어와 문장으로 진행되는 무진장 쉬운 강의
3. 출제형식, 출제 빈도와 함께 중요한 부분을 알려주는 기출 분석식 강의
4. 쉬우면서도 산업기사, 기능장도 도전할 수 있는 알찬 강의

본서에서 다루고 있는 내용들을 충분히 숙지한다면, 용접기능사/특수용접기능사는 물론, 용접산업기사의 수험서로도 충분히 활용될 수 있을 것이며, 이 분야를 처음 접하는 경우에도 기초지식 및 전문지식 함량에 기여할 것이라 믿는다.

기계분야 기능/기능장, 기사/산업기사 및 기술사를 위한 전문 동영상 강의 사이트 '기계의 神(pro-mecha.com)'에서 용접 관련 동영상 강의를 참고하면, 쉽고 빠르게 필기시험을 준비할 수 있고 기술자로서도 발전할 수 있을 것이다.

국제 기술사
건설 기계 기술사 정명호

INFORMATIOM

[용접기능사 필기 출제기준]

직무 분야	재료	중직무 분야	금속재료	자격 종목	용접기능사	적용 기간	2021.1.1. ~ 2022.12.31.

[직무내용]
용접 도면을 해독하여 용접절차 사양서를 이해하고 용접재료를 준비하여 작업환경 확인, 안전보호구 준비, 용접장치와 특성 이해, 용접기 설치 및 점검관리하기, 용접 준비 및 본 용접하기, 용접부 검사 및 결함부 수정하기, 작업장 정리하기 등의 용접시공 계획 수립 및 관련 직무 수행

필기 검정방법	객관식	문제수	60	시험시간	1시간

필기 과목명	문제수	주요 항목	세부항목	세세항목	
용접일반, 용접재료, 기계제도 (비절삭 부분)	60	1. 용접일반	1. 용접개요	1. 용접의 원리 3. 용접의 종류 및 용도	2. 용접의 장·단점
			2. 피복아크 용접	1. 피복아크 용접기기 3. 피복아크 용접봉	2. 피복아크 용접용 설비 4. 피복아크 용접기법
			3. 가스용접	1. 가스 및 불꽃 3. 산소, 아세틸렌 용접기법	2. 가스용접 설비 및 기구
			4. 절단 및 가공	1. 가스절단 장치 및 방법 3. 특수가스절단 및 아크절단	2. 플라스마, 레이저 절단 4. 스카핑 및 가우징
			5. 특수용접 및 기타 용접	1. 서브머지드 용접 3. 이산화 탄소가스 아크용접 5. 플라스마 용접 7. 전자빔 용접 9. 저항 용접	2. TIG 용접, MIG 용접 4. 플럭스 코어드 용접 6. 일렉트로슬랙, 테르밋 용접 8. 레이저 용접 10. 기타 용접
		2. 용접 시공 및 검사	1. 용접시공	1. 용접 시공계획 2. 용접 준비 3. 본 용접 4. 열영향부 조직의 특징과 기계적 성질 5. 용접 전·후처리(예열, 후열 등) 6. 용접 결함, 변형 및 방지대책	
			2. 용접의 자동화	1. 자동화 절단 및 용접	2. 로봇 용접
			3. 파괴, 비파괴 및 기타 검사(시험)	1. 인장시험 3. 충격시험 5. 방사선투과시험 7. 자분탐상시험 및 침투탐상시험 8. 현미경조직시험 및 기타시험	2. 굽힘시험 4. 경도시험 6. 초음파탐상시험

필기 과목명	문제수	주요 항목	세부항목	세세항목

용접일반,
용접재료,
기계제도
(비절삭 부분)
	60	3. 작업안전	1. 작업 및
			용접안전
				1. 작업안전, 용접 안전관리 및 위생
				2. 용접 화재 방지
				  1) 연소이론
				  2) 용접 화재 방지 및 안전

		4. 용접재료	1. 용접재료 및 각종 금속 용접	1. 탄소강·저합금강의 용접 및 재료 2. 주철·주강의 용접 및 재료 3. 스테인리스강의 용접 및 재료 4. 알루미늄과 그 합금의 용접 및 재료 5. 구리와 그 합금의 용접 및 재료 6. 기타 철금속, 비철금속과 그 합금의 용접 및 재료
			2. 용접재료 열처리 등	1. 열처리 2. 표면경화 및 처리법
		5. 기계 제도 (비절삭 부분)	1. 제도통칙 등	1. 일반사항 (양식, 척도, 문자 등) 2. 선의 종류 및 도형의 표시법 3. 투상법 및 도형의 표시방법 4. 치수의 표시방법 5. 부품번호, 도면의 변경 등 6. 체결용 기계요소 표시방법
			2. 도면해독	1. 재료기호 2. 용접기호 3. 투상도면해독 4. 용접도면

INFORMATIOM

[용접기능사 실기 출제기준]

| 직무분야 | 재료 | 중직무분야 | 금속재료 | 자격종목 | 용접기능사 | 적용기간 | 2021.1.1. ~ 2022.12.31. |

[직무내용]
용접 도면을 해독하여 용접절차사양서를 이해하고 용접재료를 준비하여 작업환경 확인, 안전보호구 준비, 용접장치와 특성 이해, 용접기 설치 및 점검관리하기, 용접 준비 및 본 용접하기, 용접부 검사 및 결함부 수정하기, 작업장 정리하기 등의 용접 시공 계획 수립 및 관련 직무를 수행

[수행준거]
1. 도면 및 용접절차사양서를 이해할 수 있다.
2. 용접재료를 준비하고 작업환경을 확인할 수 있다.
3. 안전보호구 준비 및 착용, 용접장치와 특성 등을 이해하여 용접기 설치 및 점검 관리를 할 수 있다.
4. 용접 준비 및 본 용접을 한 후 용접부를 검사할 수 있다.
5. 작업장 정리 및 용접 기록부를 작성할 수 있다.

| 실기 검정방법 | 작업형 | 시험시간 | 2시간 정도 |

실기 과목명	주요 항목	세부항목	세세항목
일반용접 작업 실무	1. 피복아크 용접 도면 해독	1. 용접기호 확인하기	1. 용접자세를 지시하는 용접기본기호를 구별할 수 있다. 2. 용접이음, 그루브의 형상을 지시하는 용접 본기호를 구별할 수 있다. 3. 가공 상태를 지시하는 용접보조기호의 의미를 구별할 수 있다.
		2. 도면 파악하기	1. 제작도면을 해독하여 도면에 표기된 용접자세, 용접이음, 그루브의 형상 등을 파악할 수 있다. 2. 제작도면에 표기된 용접에 필요한 기본 요구사항 등을 파악할 수 있다. 3. 제작도면을 해독하여 용접구조물 형상을 파악할 수 있다.
		3. 용접절차사양서 파악하기	1. 용접절차사양서(용접도면, 작업지시서)에서 용접 일반에 관한 특정 사항 등을 파악할 수 있다. 2. 용접절차사양서(용접도면, 작업지시서)에서 요구하는 이음의 형상을 파악할 수 있다. 3. 용접절차사양서(용접도면, 작업지시서)에서 요구하는 용접방법에 대하여 파악할 수 있다. 4. 용접절차사양서(용접도면, 작업지시서)에서 요구하는 용접조건을 파악할 수 있다. 5. 용접절차사양서(용접도면, 작업지시서)에서 요구하는 용접 후처리 방법에 대하여 파악할 수 있다.

실기 과목명	주요 항목	세부항목	세세항목
일반용접 작업 실무	2. 피복아크 용접 재료 준비	1. 모재 준비하기	1. 용접구조물의 사용성능에 맞는 모재를 선택할 수 있다. 2. 요구하는 용접강도 및 모재 두께에 알맞은 그루브형상을 가공할 수 있다. 3. 요구하는 이음형상으로 모재를 배치할 수 있다. 4. 작업에 사용할 모재를 청결하게 유지할 수 있다.
		2. 용접봉 준비하기	1. 용접절차사양서(용접도면, 작업지시서)에 따라 모재의 화학성분, 기계적성질에 적합한 용접봉을 선택할 수 있다. 2. 용접절차사양서(용접도면, 작업지시서)에 따라 모재의 두께, 이음형상에 적합한 용접봉을 선택할 수 있다. 3. 용접절차사양서(용접도면, 작업지시서)에 따라 용접성, 작업성에 적합한 용접봉을 선택할 수 있다. 4. 용접봉 피복제 종류에 따른 적정 건조온도와 시간을 관리할 수 있다.
		3. 용접치공구 준비하기	1. 용접치공구의 특성을 알고 다룰 수 있다. 2. 용접포지셔너의 특성을 알고 적용할 수 있다. 3. 용접구조물 형태에 따른 치공구 특성을 알고 배치할 수 있다. 4. 용접변형에 따른 역변형과 고정력을 치공구에 반영할 수 있다.
	3. 피복아크 용접 작업 안전보건 관리	1. 용접작업장 주변 정리 상태 점검하기	1. 용접작업장 주변에 화재예방을 위해 인화물질을 점검하고 소화용 장비를 준비할 수 있다. 2. 용접작업 시 추락 방지와 낙화물에 의한 사고를 예방하기 위하여 작업장 주변을 점검할 수 있다. 3. 용접작업장 청결을 위해 주변을 깨끗이 정리정돈할 수 있다. 4. 용접작업장의 환기를 위해 환기시설을 확인하고 설치, 조작할 수 있다.
		2. 용접 안전보호구 점검하기	1. 안전을 위하여 안전보호구 선택 시 유의사항을 파악할 수 있다. 2. 안전수칙에 규정된 보호구 구비조건을 알고 사용할 수 있다. 3. 안전보호구의 특징을 알고 이를 선택 착용할 수 있다.
		3. 안전 점검하기	1. 용접 작업 전 전원장치 및 부속설비 등의 상태를 점검할 수 있다. 2. 용접 작업 전 용접기 전원스위치(on, off) 상태를 점검할 수 있다. 3. 용접 작업 전 용접기 접지상태를 점검할 수 있다. 4. 용접 작업 전 전격방지기의 작동 여부를 확인할 수 있다. 5. 용접 작업 전 용접케이블의 절연여부를 점검하고 보수할 수 있다.
	4. 수동·반 자동 가스 절단	1. 수동·반자동 절단기 조작 준비하기	1. 매뉴얼에 따라 절단기 이상 유무를 확인할 수 있다. 2. 제작사 작업안전절차에 따라 가스 및 전기 등 유틸리티 상태를 점검하고, 이상 유무를 확인할 수 있다. 3. 도면 확인 후, 절단 형상을 확인하고, 용접가능성 및 방법에 있어 작업자가 어려움이 없는지 확인할 수 있다. 4. 절단 작업지시서에 따라 재질(연강) 및 두께(t6, t9)에 맞는 절단공구를 선정할 수 있다.

INFORMATIOM

실기 과목명	주요 항목	세부항목	세세항목
일반용접 작업 실무	4. 수동·반 자동 가스 절단	2. 수동·반자동 절단기 조작하기	1. 사용 매뉴얼을 숙지하여 절단기를 조작할 수 있다. 2. 작업 안전절차에 따라 절단작업을 수행할 수 있다. 3. 절단기 이상 발견 시, 제작사 절차에 따라 작업 수리를 의뢰할 수 있다. 4. 표준작업지도서에 의거 강판 두께에 따라 불꽃 세기를 조정하고, 육안으로 확인할 수 있다. 5. 표준작업지도서에 의거 강판 두께에 따라 예열시간, 절단속도를 확인·조정할 수 있다.
		3. 수동·반자동 가스절단 측정 및 검사하기	1. 절단기 부속품을 검사·측정하여 불량 시, 제작사 절차에 따라 교체·수리할 수 있다. 2. 결과물 절단부위에 대한 작업표준 준수여부를 검사할 수 있다. 3. 제작사 절차에 따른 절단부위 검사항목을 측정하여 기록할 수 있다.
		4. 수동·반자동 절단기 유지·관리하기	1. 제작사 관리 기준에 의하여 일일점검, 정기점검 등을 수행할 수 있다. 2. 소모품 및 사용기한이 만료된 부속품을 교체할 수 있다. 3. 조작 및 동작상태 점검으로 이상 유무를 판단하여 적절한 조치를 취할 수 있다. 4. 사용매뉴얼을 숙지하여 분해, 조립 및 고장에 대하여 처리할 수 있다.
	5. 피복아크 용접 장비 준비	1. 용접장비 설치하기	1. 작업 전 용접기 설치장소의 이상 유무를 확인할 수 있다. 2. 용접기의 각부 명칭을 알고 조작할 수 있다. 3. 용접기의 부속장치를 조립할 수 있다. 4. 용접기에 전원 케이블과 접지 케이블을 연결할 수 있다. 5. 용접용 치공구를 정리정돈할 수 있다. 6. 용접절차사양서(용접도면, 작업지시서)에 따라 용접재료(연강 t6, t9)에 맞는 적정 용접조건을 설정할 수 있다.
		2. 용접설비 점검하기	1. 아크를 발생시켜 용접기의 이상 유무를 확인할 수 있다. 2. 전격방지기의 용도를 알고 이상 유무를 확인할 수 있다. 3. 용접봉 건조기의 용도를 알고 이상 유무를 확인할 수 있다. 4. 환풍기의 용도를 알고 이상 유무를 확인할 수 있디. 5. 용접포지셔너의 용도를 알고 이상 유무를 확인할 수 있다. 6. 용접설비가 작업여건에 맞게 배치되었는지를 확인할 수 있다.
		3. 환기장치 설치하기	1. 환풍기의 종류를 알고 작업여건에 따라 선택할 수 있다. 2. 작업환경에 따라 환기방향을 선택하고 환기량을 조절할 수 있다. 3. 작업장의 환기시설을 조작하고 이상 유무를 확인할 수 있다. 4. 이동용 환풍기를 설치할 때 이상 유무를 확인할 수 있다.

실기 과목명	주요 항목	세부항목	세세항목
일반용접 작업 실무	6. 피복아크 용접 가용 접 작업	1. 용접부 가용접 하기	1. 도면에 따라 용접구조물 조립을 위한 순서를 파악할 수 있다. 2. 도면에 따라 용접구조물의 이음 형상에 적합한 가용접 위치 및 길이를 파악할 수 있다. 3. 도면에 따라 용접구조물의 응력 집중부를 피하여 가용접 작업을 수행할 수 있다. 4. 도면에 따라 용접구조물이 변형되지 않도록 가용접 작업을 수행할 수 있다.
	7. 피복아크 용접 본용 접 작업	1. 용접조건 설정 하기	1. 용접절차사양서(용접도면, 작업지시서)에 따라 피복아크용접을 실시할 모재의 특성, 두께, 이음의 형상을 파악할 수 있다. 2. 용접절차사양서(용접도면, 작업지시서)에 따라 용접전류를 설정할 수 있다. 3. 용접절차사양서(용접도면, 작업지시서)에 따라 적합한 용접기의 작업기준을 설정할 수 있다. 4. 용접절차사양서(용접도면, 작업지시서)에 따라 용접작업표준을 설정할 수 있다.
		2. 용접부 온도관리	1. 용접부 형상과 모재의 종류에 따른 예열 기구를 이해하고 적용할 수 있다. 2. 용접절차사양서(용접도면, 작업지시서)에 규정된 예열 온도를 준수하여 용접부를 예열할 수 있다. 3. 다층용접인 경우에는 용접절차사양서에 규정된 층간 온도를 준수하여 용접작업을 할 수 있다.
		3. 용접부 본용접 하기	1. 용접절차사양서(용접도면, 작업지시서)에 따라 용접기의 종류를 선정하고 용접조건을 설정할 수 있다. 2. 용접절차사양서(용접도면, 작업지시서)에 따라 용접작업을 수행할 수 있다. 3. 용접절차사양서(용접도면, 작업지시서)에 따라 용접 전후 처리를 할 수 있다. 4. 용접절차사양서(용접도면, 작업지시서)에 따라 자세별 맞대기 용접(Butt Welding)시, 용접시공 기준에 따라 용접부에 결함이 없도록 용접할 수 있다.
	8. 피복아크 용집부 검사	1. 용접 중 검사하기	1. 용접부의 변형 상태를 확인할 수 있다. 2. 용접부의 외관 결함여부를 확인할 수 있다. 3. 용접부 용착 상태를 확인할 수 있다.
		2. 용접 후 검사하기	1. 용접부 외관검사를 할 수 있다. 2. 용접부 잔류응력, 내부응력을 확인할 수 있다. 3. 용접부 비파괴 검사를 실시할 수 있다.

INFORMATIOM

실기 과목명	주요 항목	세부항목	세세항목
일반용접 작업 실무	9. 피복아크 용접 작업 후 정리 정돈	1. 전원차단하기	1. 용접기 본체의 전원스위치를 차단할 수 있다. 2. 용접설비 기기의 전원을 차단할 수 있다. 3. 배기환기시설의 전원을 차단할 수 있다. 4. 용접작업장에 공급되는 전체 전원을 차단할 수 있다.
		2. 용접작업장 정리 정돈하기	1. 용접케이블을 안전하게 정리정돈할 수 있다. 2. 용접작업 시 사용한 전기기기를 안전하게 정리정돈할 수 있다. 3. 용접작업 후 잔여 재료를 구분하여 정리정돈할 수 있다. 4. 용접용 치공구를 정리정돈할 수 있다. 5. 용접작업 시 사용한 안전보호구를 종류별로 정리정돈할 수 있다. 6. 용접작업장의 작업안전을 위해서 항상 청결하게 정리정돈할 수 있다.
		3. 용접작업 후 안전 점검하기	1. 용접작업 후 용접기 전원스위치(on, off) 상태를 점검할 수 있다. 2. 용접작업 후 용접케이블의 손상여부를 점검하고 보수할 수 있다. 3. 용접작업 후 화재의 위험요소 잔존여부를 확인할 수 있다. 4. 용접작업 후 안전점검을 시행하고 안전일지를 작성할 수 있다.

CONTENTS

PART 01 용접 일반

- CHAPTER 01 용접의 개요 ·· 15
- CHAPTER 02 아크용접(Arc Welding) ··· 27
- CHAPTER 03 가스 용접 ·· 42
- CHAPTER 04 특수 용접 ·· 55
- CHAPTER 05 절 단 ·· 92
- CHAPTER 06 납 땜 ·· 105

PART 02 용접 시공

- CHAPTER 01 용접 시공 ·· 111
- CHAPTER 02 용접 결함 ·· 133
- CHAPTER 03 용접 검사 ·· 142
- CHAPTER 04 로봇 자동 용접 및 용접 자동화 ·································· 155
- CHAPTER 05 용접 안전 ·· 159
- CHAPTER 06 산업 안전 ·· 173

PART 03 용접 재료

- CHAPTER 01 금속 재료 ·· 179
- CHAPTER 02 탄소강 ·· 186
- CHAPTER 03 주철과 주강 ·· 198
- CHAPTER 04 합금강 ·· 205
- CHAPTER 05 열처리 ·· 216
- CHAPTER 06 스테인리스 강 ·· 225
- CHAPTER 07 비철 금속 ·· 231
- CHAPTER 08 기타 합금 ·· 240

CONTENTS

PART 04 기계 제도

CHAPTER 01 기계제도의 기초 ····· 245
CHAPTER 02 투상 및 단면 ····· 252
CHAPTER 03 치수, 치수 공차 및 재료 ····· 262
CHAPTER 04 기계요소의 제도 ····· 270

PART 05 모의고사

모의고사 제1회(용접기능사) ····· 289
모의고사 제2회(특수용접기능사) ····· 297
모의고사 제3회(용접기능사) ····· 305
모의고사 제4회(특수용접기능사) ····· 313
모의고사 제5회(용접기능사) ····· 321
모의고사 제6회(특수용접기능사) ····· 329
모의고사 제7회(용접기능사) ····· 338
모의고사 제8회(특수용접기능사) ····· 346
모의고사 제9회(용접기능사) ····· 355
모의고사 제10회(특수용접기능사) ····· 364
모의고사 제11회(특수용접기능사) ····· 372
모의고사 제12회(용접기능사) ····· 381
모의고사 제13회(용접기능사) ····· 390
모의고사 제14회(특수용접기능사) ····· 398
모의고사 제15회(용접기능사) ····· 407

용 / 접 / 기 / 능 / 사 / 필 / 기

PART

01

용접 일반

CHAPTER 01 용접의 개요 ·················· 15
CHAPTER 02 아크용접(Arc Welding) ······ 27
CHAPTER 03 가스 용접 ······················ 42
CHAPTER 04 특수 용접 ······················ 55
CHAPTER 05 절 단 ···························· 92
CHAPTER 06 납 땜 ···························· 105

CHAPTER 01 용접의 개요

1 재료의 접합

접합의 방법	접합의 종류
기계적 접합	리벳 이음, 볼트 이음, 코터 이음 등
야금학적 접합(용접)	융접, 압접, 납땜 등

2 용접

1) 용접의 정의
같은 종류 혹은 다른 종류의 금속을 맞대어 열 또는 압력을 가하여 직접 결합이 되도록 접합하는 방법

2) 용접의 원리
금속과 금속을 서로 아주 가깝게 접근시키면 금속 원자 간의 인력에 의해서 결합이 된다(원자 간 접합 인력 범위 : 10^{-8}cm).

3) 용접의 종류
① 융접(Fusion Welding) : 접합하고자 하는 두 모재를 맞대어 놓고 가열하여 모재의 접합부를 용융시킴과 동시에 용가재(용접봉)을 녹여 융합시켜 접합하는 방법

모재 용융 + 용가재 용융 → 접합

예 일반적인 용접 : 피복 금속 아크용접, TIG용접, MIG용접, CO_2용접, 서브머지드 아크용접, 일렉트로 슬래그 용접 등

② 압접(Pressure Welding) : 접합하고자 하는 두 모재를 맞대어 가열한 후 압력을 주어 접합하는 방법

모재 + 가열 압착 → 접합

예 초음파 용접, 업셋 맞대기 용접 등

③ 납땜(Brazing Welding) : 접합하고자 하는 모재를 용융하지 않고, 이보다 융점이 낮은 금속(땜납)을 용융하여 흡인력에 의해 두 금속을 접합하는 방법

모재 + 땜납 금속 용융 → 접합

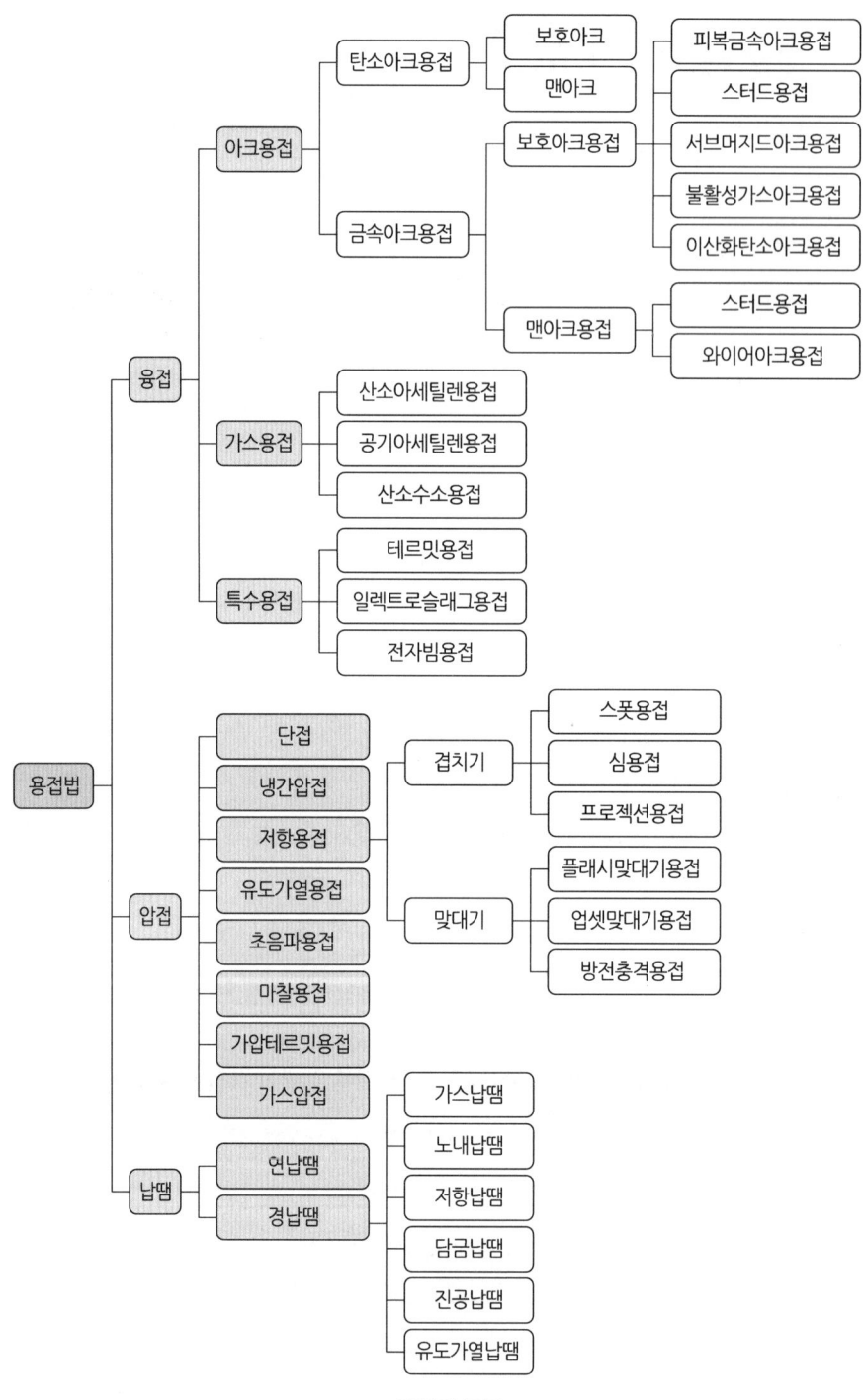

▲ 용접의 종류

4) 용접의 특성

장점	단점
• 가공 공정이 적으므로 공수가 감소된다. • 재료가 약 10~15% 절약되고, 중량이 가벼워진다. • 생산비가 저렴하고 제작시간이 단축된다. • 보수와 수리가 용이하다. • 이음효율이 높고 기밀, 수밀 및 유밀성이 우수하다. • 이음구조가 간단하며, 접합되는 소재의 두께에 제한이 없다. • 복잡한 형상 제작이 가능하다. • 이종 재료의 접합이 가능하다.	• 용접모재의 재질에 따라 용접성이 좌우된다. • 용접부의 결함검사가 곤란하다. • 용접 모재의 재질 변질이 쉽다. • 수축변형 및 잔류응력 등 응력집중과 용접균열의 발생이 쉽다. • 저온상태에 노출된 경우 저온취성의 위험이 높다. • 용접 숙련도가 요구된다.

참고 이종 재료 : 서로 다른 재질의 재료

5) 용도
건축 구조물, 교량, 조선, 항공기, 배관, 자동차 등

3 아크의 발생

1) 아크(Arc)
음극(-)과 양극(+)의 두 전극을 접촉시켰다가 떼면 두 전극 사이에 발생하는 활모양의 불꽃방전

2) 아크를 발생시키는 순서
① 용접봉을 모재에 10mm 정도 가까이 대고 아크 발생 위치에서 실드로 얼굴을 가린다.
② 용접봉을 순간적으로 빨리 모재에 접촉시켰다가 3~4mm 정도 떼면 아크가 발생한다.

3) 아크 발생 방법
① 긁기법 : 용접봉 끝으로 모재를 긁어서 아크를 발생시킨다. 교류 아크용접에 적합
② 찍기법 : 용접봉 끝으로 모재를 찍어서 아크를 발생시킨다. 직류 아크용접에 적합

▲ 긁기법 ▲ 찍기법

4) 아크의 소멸
아크를 소멸시킬 때는 용접봉의 정지 위치에서 아크 길이를 짧게 하여 운봉을 정지하여 크레이터를 채운 후 용접봉을 빨리 들어올려 아크를 소멸시킨다.

4 용접 입열량과 용융속도

1) 용접 입열량(Q)

- 용접 시에 모재와 용접봉이 용융 및 응고 과정에서 충분한 금속 간 화합물을 만들기 위해 소요되는 전기에너지. 즉, 외부로부터 용접부에 가해지는 열량
- 단위길이 1cm당 발생하는 용접부에 제공하는 전기 에너지로 표시한다.

$$Q = \frac{60EI}{v} [\text{J/cm}]$$

여기서, E : 용접전류(50~400A)
I : 용접전압(20~40V)
v : 용접속도[cm/분](8~30cm/분)

※ 예열, 패스 간 온도 등 Arc 발생 이전에 모재가 흡수한 에너지는 제외한다.

Key Point 입열량에 영향을 미치는 인자 : 용접 전류, 전압, 용접 속도

- 용접 입열량은 전압과 전류의 곱에 비례, 용접속도에 반비례한다.
- 용접 속도(v)는 단위시간당 소모되는 용접봉의 길이로서, 용접 속도가 빠르면 용접 입열은 감소한다.

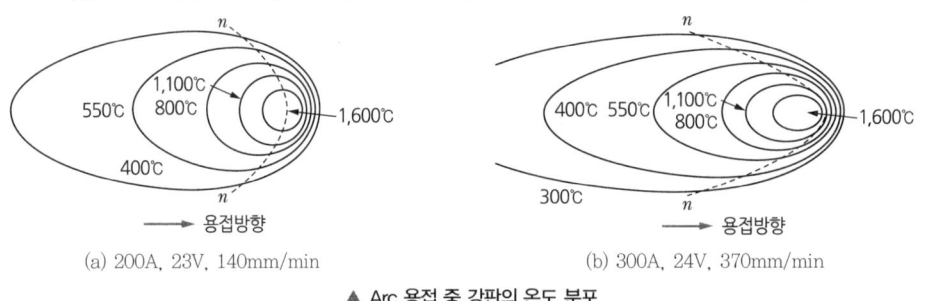

(a) 200A, 23V, 140mm/min   (b) 300A, 24V, 370mm/min

▲ Arc 용접 중 강판의 온도 분포

① 입열량의 소모분포 : 일반적으로 모재에 흡수된 열량은 입열량의 75~85% 정도이다.

입열량의 사용	입열량 소모량(%)
용접봉 용융	약 15%
용착 금속 생성	약 20~40%
모재가열, 피복제 용해, 대류, 복사, Spatter 발생 등	약 60~85%

② 입열량의 영향

용접 입열량이 과다할 경우	용접 입열량이 불충분할 경우
• 용락이나 Under-Cut의 원인이 된다. • 용접부의 냉각속도가 느려지고, 비드가 두껍게 형성되어 조직이 조대해진다. • 용접 강도(항복점)가 저하되고, 용접 금속의 충격치가 저하된다.	• 용융 및 용입이 불량해진다. • 냉각속도가 빠르고, 용접부의 경화로 인한 용접균열이 발생한다.

2) 용융속도

용융속도는 단위시간당 소비되는 용접봉의 길이와 무게로 나타낸다.

$$용융속도 = 아크\ 전류 \times 용접봉\ 쪽\ 전압\ 강하$$

같은 종류의 용접봉인 경우 용접봉의 지름은 용접 전류에 비례하며 전압과는 관계없다.

5 전압과 전류

1) 전압(아크 길이, 아크 전압)

아크 전압 : 용접 시 모재(母材)와 용접봉 끝 사이에 발생하는 전압

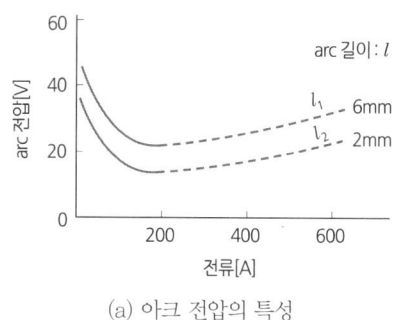
(a) 아크 전압의 특성

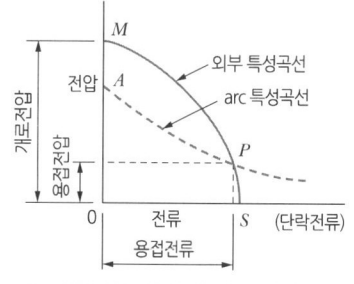
(b) 외부 특성곡선 및 아크 특성곡선

▲ 아크 전압 특성

① 용접 시 전압

아크 사용 전압(V)	아크 전압 조정 범위(V)	
20~40V	사용 전류 50~100A	18~21V
	사용 전류 50~200A	18~25V
	사용 전류 50~350A	18~36V
	사용 전류 50~500A	18~46V
	사용 전류 50~600A	18~49V

② 전압 분포

아크전압 = 음극 전압강하(V_P) + 양극 전압강하(V_P)
　　　　+ 아크기둥 전압강하(플라스마)

③ 특성

㉠ 아크 길이와 전압은 비례한다.
　• 아크 길이가 길어질수록 전압 및 전류는 증가하고 용접 폭이 넓어진다.
㉡ 아크 길이는 보통 용접봉 심선의 지름 정도이며, 일반적으로 3mm 정도이다.

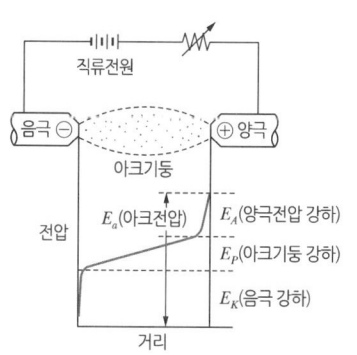
▲ 아크 전압 분포

- 가능한 아크 길이를 짧게 유지하는 것이 용접 품질이 우수하고, 양호한 용접부를 얻을 수 있다.

> **참고** Arc가 지나치게 길 경우
> - 아크가 불안정해진다.
> - 대기로부터의 보호가 나빠져 용융금속의 산화나 질화가 발생이 쉽다.
> - 스패터(Spatter)량이 심해지며, 용접 불순물이 많이 포함된다.
> - 열 집중 불량, 용입 불량, 언더컷, 기공 등 각종 용접 결함이 발생한다.

2) 전류

① 사용 전류는 용접봉의 용융속도에 비례하여 증가한다.
② 사용 전류의 범위는 50~400A이며, 통상 직경 1mm당 40A의 전류를 사용한다.
③ 전류의 결정요소 : 모재 재질, 두께, 용접봉의 직경, 용접 자세, 용접부 및 이음의 형상 등

전류가 너무 높을 경우	전류가 너무 낮을 경우
• 아크가 불안정해진다. • 용융금속의 산화 및 질화가 쉽다. • 열 집중 부족, 용입 불량 발생 • 기공 및 슬래그 혼입이 많다. • 언더컷 및 스패터가 많이 발생	• 아크의 유지가 힘들어 자주 단락되며, 용접봉이 모재에 달라붙기 쉽다. • 용입이 낮고, 오버 랩 및 슬래그 혼입의 원인이 된다.

6 용접 극성

- 용접열은 양극(+)에서 70%가 발생하고, 음극에서 30%가 발생하며, 양극 부분이 더 잘 용융된다.
- 극성은 직류(DC)에만 존재한다.

1) 직류(DC)

- 아크 안정성이 높다.
- 모재 재질이나 두께에 따라 극성을 변경하므로 용접 이음 효율이 증대된다.
- 극성을 바꾸면 열 분배가 잘 되어 박판 용접이 잘된다.

① 종류 및 특성

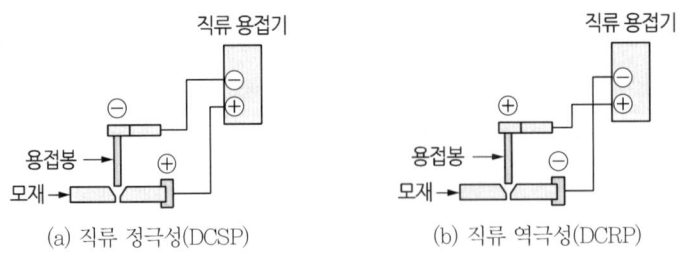

▲ 정극성과 역극성

직류 정극성(D.C.S.P)	직류 역극성(D.C.R.P)
모재를 양극(+), 용접봉을 음극(−)으로 접속한 것 • 일반적인 용접법 • 열분배 : 모재 70%, 용접봉 30% • 모재의 용융이 빠르고, 용접봉의 용융이 늦다. • 비드 폭이 좁으며, 용입이 깊다. • 두꺼운 판의 용접에 적용한다.	모재를 음극(−), 용접봉을 양극(+)으로 접속한 것 • 용접봉의 용융이 빠르므로 모재의 용융이 빠르다. • 비드 폭이 넓으며 용입이 얕다. • 합금강, 고탄소강, 주철, 박판, 비철금속 등의 용접에 적용

> **Key Point** 용입 깊이 비교
>
> 직류 정극성(DCSP) > 교류 > 직류 역극성(DCRP)

② 극성 선택 시 고려사항
  ㉠ 모재의 재질 및 두께   ㉡ 용접 이음과 홈의 모양
  ㉢ 용접봉 심선의 재질   ㉣ 피복제의 종류

2) 교류(AC)
① 일반적으로 가장 많이 사용된다.
② 취급이 간편하고 전원을 쉽게 얻을 수 있다.
③ 직류 정극성과 역극성의 효과를 모두 얻을 수 있다.
④ 자기 쏠림의 방지가 우수하다.
⑤ 구조가 간단하여 고장이 적고, 보수가 간단하다.
⑥ 효율이 좋으며, 가격이 저렴하다.

7 용접기 전원 특성

1) 수하특성 : 부하 전류가 증가하면 단자 전압이 저하하는 특성
① 아크 길이 변화에 따라 전압, 전류가 반비례적으로 변화하므로 입열량이 각각 일정하게 유지된다.
② 적용 : 금속 아크용접(SMAW), TIG 용접(GTAW), 플라즈마 아크용접(PAW) 등 수동 용접법

2) 정전류 특성(아크 자기 제어 특성)
① 아크 길이에 따라 전압이 변동하여도 전류가 거의 일정한 특성
② 아크 전류가 일정할 때, 전압이 높아지면 용접봉의 용융속도가 늦어지고, 아크 전압이 낮아지면 용접봉의 용융속도가 빨라지게 되어 전류가 일정한 특성을 보인다.

3) 정전압 특성
① 수하특성과 반대의 경우로, 전류가 변화하여도 전압이 거의 일정하게 되는 특성
② 적용 : 이산화탄소 아크용접(FCAW : CO_2), 서브머지드 아크용접(SAW), MIG용접(GMAW) 등 자동 및 반자동 용접법

4) 아크 상승 특성
① 용접기의 외부 특성곡선의 부하전류와 함께 전압이 상승하는 특성
② 적용 : 자동 및 반자동의 MIG용접(GMAW) 또는 대전류 아크용접에서 발생

5) 부저항 특성(부특성)
전기회로는 옴의 법칙에 따라 동일 저항에 흐르는 전류는 그 전압에 비례하나, 아크용접에서 전류가 흐르면 저항이 낮아져 전압도 낮아지는 현상

6) 절연 회복 특성
보호가스에 의해 순간적으로 꺼졌던 아크가 다시 발생하는 특성이다.

> **참고** 교류 아크용접에서 주로 특성을 보이며, 1사이클(1/60초)에 두 번 전류 및 전압의 순간 값이 0으로 되어 Arc 발생이 중단되고, 용접과 모재 간 절연이 되나, 보호가스가 용접봉과 모재 간에 다시 전류가 잘 통하도록 한다.

7) 전압 회복 특성
아크용접원이 아크가 중단된 순간에 아크를 다시 발생하기 위해 필요한 아크 회로의 과도 전압을 급속히 상승 회복시키는 특성

Key Point 용접기 전원 특성

전원 특성	특성	용접 종류
수하 특성	부하 전류가 증가하면 단자전압이 저하하는 특성	수동 용접
정전류 특성 (자기제어 특성)	아크 길이에 따라 단자전압이 변동하여도 부하전류가 거의 일정한 특성	
부저항 특성	아크 용접에서 전류가 흐르면 저항이 낮아져 전압도 낮아지는 현상	
정전압 특성	부하전류가 변화하여도 단자전압이 거의 일정한 특성	자동, 반자동 용접
아크 상승 특성	부하 전류와 함께 전압이 상승하는 특성	

8 운봉과 용접자세

1) 운봉
용접봉을 움직여가면서 용접 용융금속(비드)을 발생시키는 것으로, 아크 발생, 중단, 재아크, 위빙 등이 포함된 작업을 일컫는다.

2) 운봉법의 종류

운봉법	용접방법
직선 비드법	• 용접봉을 직선방향으로 용접하는 방법 • 주로 박판의 용접, 이면 비드 용접에 적용
위빙 비드법	• 용접봉을 좌우로 반달형으로 움직이면서 전진시켜 가며 용접하는 방법 • 위빙 폭은 심선 직경의 2~3배가 적합

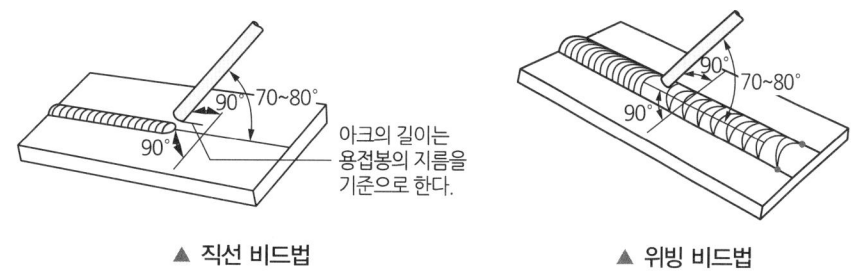

▲ 직선 비드법　　　　　　　▲ 위빙 비드법

> 참고　용접봉은 용접 진행 방향으로 70~80°를 경사지게 하고, 좌우는 수직을 유지한다.

3) 용접자세

아래보기, 수평보기, 수직보기, 위보기, 전자세의 5가지의 용접자세로 구분

용접자세	정의	약호	그림
아래보기 자세 (Flat Position)	가장 쉬운 용접자세로 용접선이 수평이고, 용접봉이 아래를 향하는 용접자세	F	
수평 자세 (Horizontal Position)	모재가 수평면과 또는 45~90°의 경사를 가지고, 용접선이 수평인 용접자세	H	
수직 자세 (Vertical Position)	모재가 수평면과 또는 45~90°의 경사를 가지고, 용접선이 수직인 용접자세	V	
위보기 자세 (Overhead Position)	용접자보다 위쪽을 향한 용접자세	O, OH	
전 자세 (All Position)	기본 4가지 자세 중 2가지 이상을 조합하거나 전부를 이용한 용접	AP	45°±5°

▼ 용접자세 약호 구분

이음형태	등급약호	용접자세	이음형태	등급약호	용접자세	이음형태	등급약호	용접자세
평판용접	1G	아래보기	필릿용접	1F	아래보기	파이프 및 튜브용접	1G	아래보기(수평회전)
	2G	수평		2F	수평		2G	수평(수직고정)
	3G	수직		3F	수직		5G	전 자세(수평고정)
	4G	위보기		4F	위보기		6G	전 자세(45° 고정)
	–			–			6GR	전 자세(45° 고정)

9 용융금속의 이행(Transfer Mode)

1) 용융금속의 이행
① 이행(Transfer) : 용접봉이 아크에 의해 용융되어 모재에 용융금속이 추가되는 것
② 용융금속의 이행 결정 요소 : 용접봉 사이즈, 용접 전류 및 아크 전압, 보호 가스의 종류, 용접봉의 돌출 길이 등

2) 용융금속 이행의 3가지 방식 : 단락이행, 글로뷸러 이행, 스프레이 이행

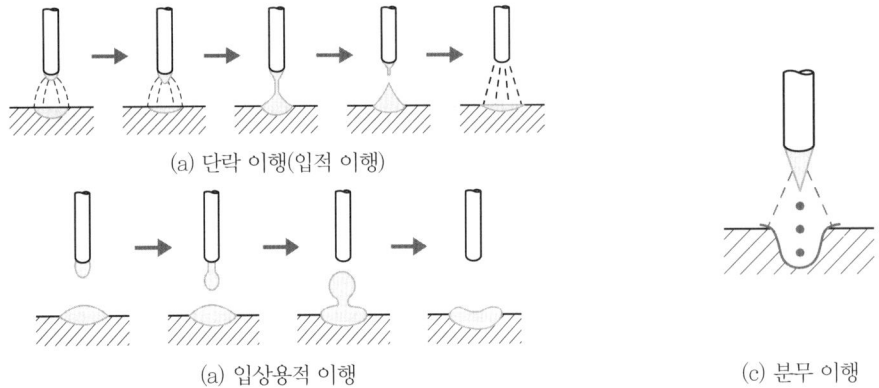

(a) 단락 이행(입적 이행)

(a) 입상용적 이행

(c) 분무 이행

▲ 용접 금속의 이행

① 단락 이행(Short Circuit Transfer) : 입적 이행
용적(용융 금속액)이 모재와 접촉하여 단락되면서 표면장력효과에 의해 빨려 들어가는 형태로 이행되는 방식이다.

 참고
- 저전류, 저전압에서 발생
- 비피복 용접봉, 저수소계 용접봉
- MAG용접, 탄산 가스를 보호가스로 사용하는 용접(CO_2)

② 글로뷸러 이행(Globular Transfer) : 핀치 효과 이행, 입상 용적 이행
용접봉 용융부의 비교적 용적이 큰 일부가 단락되지 않고 전류 소자 간의 흡인력에 의해 기둥이 가늘어지면서 쇳물이 방울 형태로 중력에 의해 모재로 이행되는 방식이다.

> 참고
> - 아르곤(Ar)가스를 주성분으로 하는 보호가스에서 낮은 전류 밀도를 사용할 경우
> - 대전류 용접 : 피복제가 두꺼운 저수소계 용접봉사용, CO_2 용접, 서브머지드 아크 용접 등

③ 스프레이 이행(Spray Circuit Transfer) : 분무형 이행

피복제에서 발생한 가스에 의해 용가재가 고속으로 용융되어 미세한 용적이 스프레이와 같은 작은 입자로 분사되어 모재에 용착 이행되는 방식이다.

> 참고
> - 직류 역극성(DCRP)에서 보호가스로 불활성 가스를 80% 이상 사용하고, Globular 이행보다 높은 전류 밀도와 전압에서 발생한다.
> - MIG, MAG 용접 등
> - 대부분의 피복 Arc 용접봉, 일미나이트계, 고산화 티탄계 용접봉이 해당 됨

10 용접기의 사용률, 역률 및 효율

1) 용접기 사용률

① 사용률(Arc Time)
- 전체 용접 작업 시간과 실제 용접을 하는 시간과의 비로서, 용접 시간 10분을 기준으로 한다.
- 용접봉의 교환, 슬래그 제거 등 휴지 시간 등이 포함된다.
- 지속적인 높은 전류로 계속 용접기를 사용하게 되면 용접기가 소손된다.

$$사용률(\%) = \frac{아크 발생 시간}{아크 발생 시간 + 휴지 시간} \times 100\%$$

② 허용 사용률(정격 사용률) : 용접기의 정격 전류를 표시한 것으로 일정 시간당 아크 발생 시간의 비율을 표기한 것이다.

→ 정격 입력에서 용접기가 10분을 주기로 정격 출력 전류 및 전압으로 사용할 수 있는 시간의 비

$$허용 사용률(\%) = \frac{정격 2차 전류^2}{실제 용접 전류^2} \times 정격 사용률\%$$

2) 용접기 역률 및 효율

① 역률 : 용접기의 전원 입력에 대해 용접 시 소비되는 아크의 출력과 2차측 내부 손실과의 비이다.

$$역률(\%) = \frac{소비전력(W)}{전원 입력(VA)} \times 100\%$$

여기서, 소비 전력(W) = 아크 전압(V) × 아크 전류(A) + 내부 손실(W)
전원 입력(kVA) = 2차 무부하 전압(V) × 아크 전류(A)

② 효율 : 용접 시 소비되는 전력과 아크 출력과의 비이다.

$$효율(\%) = \frac{아크 출력(VA)}{소비 전력(W)} \times 100\%$$

여기서, 아크 출력(kVA) = 아크 전압(V) × 정격 2차 전류(A)

3) 용접기 Fuse 용량
용접기 본체를 보호하기 위해 1차 전원에 퓨즈(Fuse)를 설치한다.

$$퓨즈용량 = \frac{1차 입력 전압(kVA)}{전원 전압(V)}[kA]$$

CHAPTER 02 아크용접(Arc Welding)

1 피복아크용접(SMAW ; Shield Metal Arc Welding)

- 금속선 주위에 동심의 피복제(Flux)를 도포한 용접봉과 모재 사이에 전압을 걸고 통전하여 발생하는 고온의 아크열을 이용한 용접법
- 가장 융통성이 넓고 조작이 용이하여, 가장 광범위하게 사용하는 용접법 중 하나이다.
- 전극이 소모되는 용극식 용접법

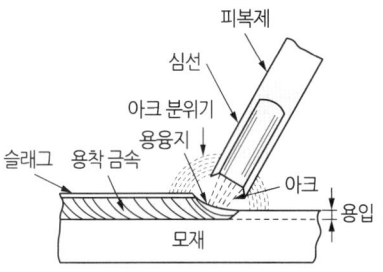

▲ Arc 용접

1) 용접부 구조

명칭	내용
용접봉	용접봉은 중앙에 금속의 심선과 심선 주위의 피복제(Flux)로 구성되며, 전극인 동시에 용융되어 모재에 용융 금속을 제공한다.
아크(Arc)	용접봉(-)과 모재(+)를 일정 간격을 유지하여 통전했을 때 발생하는 불꽃 방전으로 온도는 약 5,000℃이다.
용적(Droplet)	Arc 열에 의해 녹은 용접봉 금속의 용융액이 모재로 이동되는 것
용융지(Molten Pool)	모재 금속가 녹은 액체 금속 영역부분
용착	용접봉이 용융지에 녹아들어가는 것
용착 금속	용융지가 응고되어 접합된 부분
크레이터(Crater)	용융지와 용착 금속의 경계 부분
용입	모재가 녹아 용접된 깊이
용락	용접 시 모재가 녹아내려 구멍이 뚫리는 것

2) 특성

장점	단점

• 전자세 용접이 가능하다.
• 피복제에서 발생하는 가스가 대기로부터 용융금속을 보호한다.
• 두께에 제한이 거의 없고, 거의 모든 금속 용접이 가능하다.
  → 가스 용접보다 모재가 두껍고, 입열량이 높다.
  → 2mm박판 이하, 고산화성 금속(AL, Ti 등)은 가스 용접을 적용한다.
• 장비가 간단하고 조작이 용이하며, 이동이 쉽다.
• 설비투자비용이 저렴하다.
• 폭발의 위험성이 없다.
	• 전격(감전사고)의 위험이 있다.
	• 가스 용접보다 유해 광선 발생이 많다.
	• 모재에 적합한 용접봉을 선택해야 한다.
	• 피복재 선정에 유의해야 한다.
	• 비교적 용접사의 기량에 크게 좌우되며, 각종 용접 결함 발생률이 높다.

3) 용도
- 불활성 가스를 이용한 특수용접
- 각종 산업플랜트 시공 용접
- 건축물, 강교 등 철 구조물 용접
- 기계 구조물 용접
- 선체 용접 등에 사용

2 아크 용접기

1) 구비 조건
- 구조 및 취급이 용이해야 한다.
- 전류 조정이 용이하고 일정한 전류가 흘러야 한다.
- 아크 발생 및 유지가 용이하고 아크가 안정되어야 한다.
- 효율과 역률이 높아야 한다.
- 사용 중 온도 상승이 높지 않아야 한다.
- 무부하 전압을 최소로 하여 전격의 위험을 방지할 수 있어야 한다.

2) 구성
① 아크 용접기 구성 : 용접기 본체, 전극 케이블, 용접봉 홀더, 용접봉, 접지 케이블, 접지 클램프 등

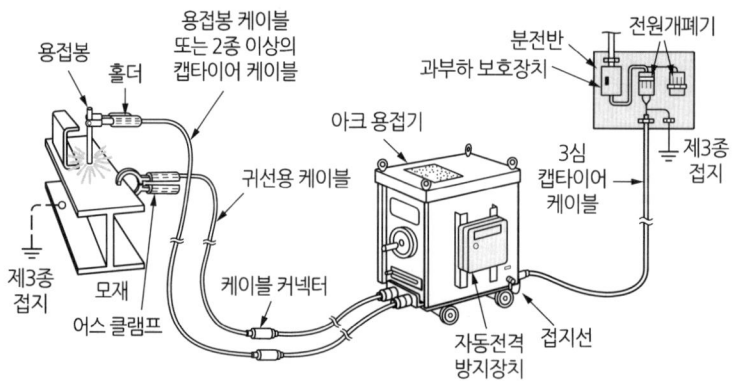

▲ 아크 용접기의 구성

② 용접 회로의 흐름

전원 → 용접기 → 전극 케이블 → 홀더 → 피복 아크 용접봉 → 아크(Arc) → 모재 → 접지 케이블 → 용접기

3) 용접기의 종류

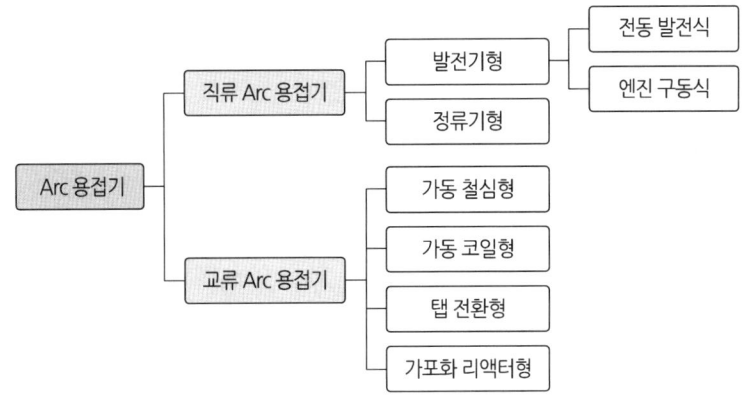

① 직류 아크 용접기

종류	특징
전동기 발전형	3상 교류모터로 직접 전류발전기를 가동시켜 용접전류를 얻는다. • 완전한 직류를 얻을 수 있다. • 구동부, 발전기부로 구성되고, 고가이다. • 구조가 복잡하고 보수와 점검이 어렵다.
엔진 구동형	엔진으로 직접 전류발전기를 가동시켜 용접전류를 얻는다. • 완전한 직류를 얻을 수 있다. • 옥외나 교류 전원이 없는 장소에서 사용할 수 있다. • 회전형으로 소음이 발생하고 고장이 쉽게 발생한다. • 구동부, 발전기부로 구성되고 고가이다. • 보수와 점검이 어렵다.
정류기형	외부에서 들어온 교류를 셀렌이나 실리콘, 게르마늄 정류기 등을 이용하여 직류를 얻는다. • 교류를 정류하여 직류를 생산하므로, 완전한 직류 생산이 어렵다. • 온도에 따른 정류기 파손에 주의해야 한다.(셀렌 : 80℃ 이상, 실리콘 : 150℃ 이상 시 파손) • 안정된 아크를 얻을 수 있다. • 구조가 간단하며 초소형이고 가볍다. • 소음이 없다. • 고장이 적고 보수와 점검이 간단하다.

② 교류 아크 용접기
- 전자유도작용에 의해 전압을 발생시키는 일종의 변압기이며 전원 220V인 전압을 낮추어 대전류를 얻다.
- 용접 변압기의 리액턴스에 의해서 수하특성을 얻으며, 누설 자속에 의해 전류를 조정한다.
- 1차 측은 220V의 동력 전원, 2차 측은 무부하 전압이 70~80V가 되도록 구성된다.
  → 전격방지기를 부착하여, 감전으로부터 용접자를 보호한다.

참고 전자유도작용
교류 변압기의 2차 코일에 전압이 발생하는 원리

종류	특징	간략도
가동 코일형	2차 코일을 고정하고 1차 코일을 이동시켜 코일 간의 거리 변화로 전류 조정 • 아크가 안정되고, 소음이 없다. • 가격이 비싸고, 현재 거의 사용하지 않는다.	
가동 철심형	핸들로 가동철심을 움직여 2차 코일을 통과하는 자속수를 가감하여 전류를 조정 • 가장 많이 사용하는 형식이다. • 미세한 전류 조정이 가능하나 광범위한 전류 조정이 어렵다. • 가동 철심의 진동에 의한 소음이 발생할 수 있다.	
탭 전환형	코일의 감긴 수에 따라 전류 조정 • 주로 소형에 많이 사용한다. • 넓은 범위의 전류 조정이 어렵다. • 저전류 조정 시 무부하 전압이 높아 전격의 위험이 크다. • 탭 전환부의 소손이 심하다.	
가포화 리액터형	가변 저항의 변화에 의해 용접 전류 조정 • 전기적으로 전류를 조정하므로 소음이 없고, 수명이 길다. • 원격 제어가 가능하고, 조작이 간단하다. • 핫 스타트가 용이하다.	

▼ 교류 아크용접기의 규격

종류	정격 2차 출력 전류(A)	출력 전류 A		정격 사용률(%)	정격 부하 전압(V)	최고 무부하 전압(V)	사용 가능한 피복 아크 용접봉의 지름(mm)
		최소값	최대값				
AWL-130	130	40 이하	정격 출력 전류의 100% 이상 110% 이하	30	25.2	80 이하	2.0~3.2
AWL-150	150	45 이하			26.0		2.0~4.0
AWL-180	180	55 이하			27.2		2.6~4.0
AWL-250	250	75 이하			30.0		3.2~5.0
AW-200	200	정격 출력 전류의 20% 이하		40	28	85 이하	2.0~4.0
AW-300	300				32		2.6~6.0
AW-400	400				36		3.2~8.0
AW-500	500			60	40	95 이하	4.0~8.0

참고
- 교류 아크 용접기의 규격 표시 : 정격 2차 전류
- 정격 2차 전류의 조정 범위 : 정격 출력 전류의 20~110% 범위

③ 직류 Arc 용접기와 교류 Arc 용접기의 비교

항목	직류 용접기	교류 용접기
아크 안정성	우수	보통
무부하 전압(V)	낮음(40~60)	높음(70~80)
극성 변화	가능	불가능
역률	양호	불량
전격 위험	약간 적음	많음
아크 쏠림 방지	불가능	가능
나봉의 사용	가능	불가능
구조	복잡	간단
고장	많음	적음
소음	• 발전형 : 심함 • 정류기형 : 조용	조용
용도	박판 및 특수용	후판 및 일반 용접
가격	고가	저가

4) 용접기 관리

① 용접기 보수 및 점검 주의사항
- 습기나 먼지가 많은 장소에는 용접기 설치를 피한다.
- 가동 부분 및 냉각판을 점검하고 주유를 실시한다.
- 용접 케이블의 파손 부분은 절연 테이프로 감는다.

② 용접기 사용 시 주의사항
- 정격 사용률 이상으로 사용하지 않아야 한다.
- 아크를 중지(용접 중지)한 후에 탭전환을 실시한다.
- 1차 측 탭은 1차 측의 전류 및 전압을 조절하는 것이므로, 2차 측의 무부하 전압을 높이거나 용접 전류를 높이는 데 사용해서는 안 된다.
- 선격위험을 방지하기 위해 2차 측 단자와 용접기 본체는 반드시 접지해야 한다.

5) 용접봉 홀더

① 용접봉의 피복이 없는 부분을 물고 용접 케이블로부터 공급받은 전류를 용접봉과 모재로 흐르게 하여 아크열을 발생하는 기구이다.
② 홀더는 전기저항과 용접봉과의 접촉에 의해 발열이 되지 않아야 한다.
③ 종류
- A형 : 안전형으로 용접봉을 잡는 부분을 제외하고 홀더 전체가 절연되어 있다.

- B형 : 비안전형으로 손잡이 부분만 절연되고, 나머지부분은 노출되어 있다. 현재는 거의 사용하지 않는다.

▼ 용접 홀더의 규격별 사양

홀더 규격	정격 용접 전류(A)	용접봉 지름(mm)	전극 케이블의 최대 공칭 단면적(mm^2)
125호	125	1.6~3.2	22
160호	160	3.2~4.0	30
200호	200	3.2~5.0	38
250호	250	4.0~6.0	50
300호	300	4.0~6.0	50
400호	400	5.0~8.0	60
500호	500	6.4~10.0	80

6) 케이블

① 1차 측 케이블
- 전원으로부터 용접기를 연결하는 케이블
- 단선으로 지름으로 규격을 표시한다.

② 2차 측 케이블
- 용접기와 홀더, 또는 용접기와 작업대를 연결
- 홀더용 또는 접지용 2차 측 케이블은 유연성이 좋은 캡타이어 케이블을 사용한다.

▼ 용접기 용량별 케이블의 규격

구분	규격 표시 방법	용접기 용량별 케이블의 규격		
		200A	300A	400A
1차 측 케이블	직경(mm)	5.5mm	8mm	14mm
2차 측 케이블	단면적(mm^2)	$38mm^2$	$50mm^2$	$60mm^2$

7) 부속 기구

① 케이블 커넥터와 러그
- 케이블의 길이를 연장하고자 할 때 케이블 커넥터를 이용하여 케이블끼리 연결한다.
- 커넥터는 용접기 단자에 연결하고, 러그는 홀더용 케이블의 끝에 연결한다.
- 접촉이 불량하면 발열이 발생하므로 완벽하게 체결하여야 한다.

② 접지 클램프(Earth Clamp) : 모재와 용접기를 케이블로 연결할 때 모재에 물려서 접속하는 기구이다.

  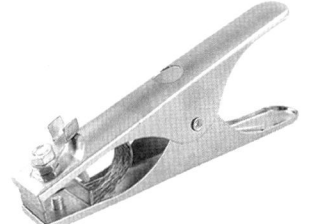

▲ 케이블 커넥터   ▲ 케이블 러그   ▲ 접지 클램프

③ 안전 보호 기구
  ㉠ 용접 헬멧과 핸드 실드
    • 용접 헬멧 : 용접 시 아크에서 발생하는 유해광선과 스패터로부터 용접자를 보호하기 위해 머리에 쓰는 기구이다.
    • 핸드 실드 : 용접 시 용접자를 보호하기 위해 손에 들고 작업하는 손잡이가 달린 기구이다.

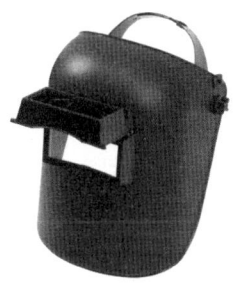 

▲ 용접 헬멧   ▲ 핸드 실드

  ㉡ 차광유리 : 아크 불빛으로부터 눈을 보호하기 위해 빛을 차단하여 용접자의 눈을 보호하며, 용접 헬멧 또는 핸드 실드에 부착한다.

차광 유리 번호	용접 전류[A]	용접봉 지름[mm]
6	30 이하	0.8~1.2
7	30~45	1.0~1.6
8	45~70	1.2~2.0
9	75~130	1.6~2.6
10	100~200	2.6~3.2
11	150~250	3.2~4.0
12	200~300	4.8~6.4
13	300~400	4.4~9.0
14	400 이상	9.0~9.6

※ 납땜 : 2~3번, 가스용접 : 4~6번, 피복 아크 용접 : 10~11번, MIG 용접 : 12~13번
※ 두께 25mm 이하의 연강 : 3~4번

ⓒ 보호유리 : 차광 유리를 스패터, 불꽃 등으로부터 보호하기 위해 헬멧 또는 핸드 실드의 차광 유리 앞에 부착한다.

ⓔ 장갑, 팔덮개, 발커버, 앞치마 등

8) 부속 장치

① **전격 방지기** : 작업 중지 시에 용접기의 2차 무부하 전압을 20~30V 이하로 유지하여 감전으로부터 작업자를 보호하기 위해 용접기에 설치하며 무부하 전압이 비교적 높은 교류 용접기에 설치된다.

② **원격 제어장치** : 작업자가 용접기로부터 떨어져 작업을 할 때 작업 위치에서 전류를 조정할 있는 장치

▼ 원격 제어장치의 종류

원격제어장치 종류	적용 용접기
전동기 조작형	교류 아크 용접기
가포화 리액터형(가변 저항기형)	직류 아크 용접기

③ **핫 스타트 장치(Hot Starter, Arc Booster)** : 아크를 발생하기 위해 순간적으로 대전류를 흘려 보내어 용접 전류를 특별히 크게 하여 아크 발생을 쉽게 하기 위한 장치로서 교류 용접기에서 사용한다.

> 참고 핫 스타트 장치의 역할
> - 아크 발생을 용이하게 한다.
> - 비드 모양을 개선한다.
> - 블로우 홀을 방지한다.
> - 아크 발생 초기 비드 용입을 양호하게 한다.

④ **고주파 발생장치**
- 교류에서는 전원 주파에 의해 전류가 순간적으로 변할 때마다 아크가 불안정하므로 교류 아크 용접에 고주파를 병용시켜 아크를 안정화하기 위한 장치이다.
- 2,000~4,000[V]의 고전압을 발생시켜 용접 전류에 중첩시킨다.
- 낮은 전류로 비철 금속이나 박판 용접 시 대부분 이용된다.

⑤ **용접 지그(JIG)**
ⓐ 지그의 선택 기준
- 물체를 튼튼히 고정할 수 있는 강도를 가져야 하고, 고정과 탈부착이 쉬워야 한다.
- 변형을 방지할 수 있는 강도가 있어야 하고, 견고히 설치되어야 한다.
- 용접 자세를 쉽게 잡을 수 있도록 작업이 용이한 구조여야 한다.

ⓑ 지그의 사용의 장점
- 동일 제품의 대량 생산

- 제품의 정밀도와 신뢰성 향상
- 작업을 용이하게 하고, 용접능률의 향상

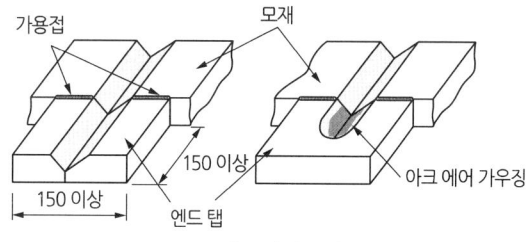

▲ 엔드탭의 부착

⑥ 엔드 탭(End-Tap)의 사용
- 용접의 시점과 종점에 엔드 탭을 부착하여 용용접 끝단부에 발생하는 크레이터 균열, 용융 부족, 융합 불량, 자기 쏠림 등을 방지한다.
- 모재와 같은 재질이고, 동일한 홈형상으로 길이 50mm 이상으로 한다.

3 아크 용접봉

용가재 또는 전극봉이라고도 한다.

1) 피복제
- 피복제에 함유된 주요 성분들은 대기로부터 용접 금속의 보호, 용융 금속의 흐름과 용접 효율 등 용접 조건을 결정한다.
- 용접 금속의 화학적, 기계적 성질에 영향을 미친다.

① 피복제의 역할(피복제의 효과)
- 아크를 안정화시키고, 용적을 미세화하여 용착 효율을 증대시킨다.
- 용착금속에 합금원소를 첨가하여 기계적 강도를 개선한다.
- 중성 또는 환원성 분위기를 만들어 대기 중의 산소 및 질소의 침입(산화 및 질화)을 방지하여 용융 금속을 보호한다.
- 용융점이 높고 가벼운 슬래그 생성 및 제거를 쉽게 하고 깨끗한 용접면을 만들고, 용착 금속의 냉각 및 응고 속도를 지연하여 급냉을 방지한다. → 금속의 취성을 방지
- 용접금속의 탈산 및 정련 작용과 모재 표면의 산화물을 제거하고 양호한 용접부를 생성한다.
- 전기절연 작용을 하고, 용접을 안전하게 한다.
- 슬래그 제거를 쉽게 하고 깨끗한 용접면을 만든다.
- 스패터량을 적게 한다.
- 모든 자세의 용접을 쉽게 한다.
- 작업 중 또는 저장 중에 용접봉의 변질을 방지한다.

 피복제의 가장 큰 역할 : 아크의 안정화

② 피복제의 성분

종류	특징
아크 안정제	아크 발생을 안정적이고 지속적으로 유지 [첨가 원소] 규산칼륨, 규산나트륨(Na_2SiO_3 : 규산가리), 탄산나트륨, 석회석($CaCO_3$), 산화티탄(TiO_2), 이산화망간 등
용제 (슬래그 생성제 : Flux)	슬래그를 형성하여 고온의 용접부를 덮어 산화·질화를 방지하여 냉각 속도를 조절하고, 기공 및 불순물 방지 [첨가 원소] 규사, 운모, 석면, 석회석, 이산화망간, 형석, 산화철, 산화티탄(TiO_2) 등
보호가스 발생제	CO, CO_2 등의 가스를 발생하여 용융지를 대기로부터 차단하여 산화 및 질화를 방지할 목적으로 첨가한다. [가스 발생제] • 유기물형 : 녹말, 톱밥, 펄프, 셀룰로스, 면사, 전분, 아교, 당밀 등 • 무기물형 : 석회석, 탄산바륨, 목탄, 돌로마이트 등의 탄산염 광물 등
합금 첨가제	용착강에 합금 원소를 첨가하여 화학성분을 조성하여 기계적 성질을 개선하기 위해 첨가 [첨가 원소] 페로망간, 페로실리콘, 페로크롬, 니켈, 망간, 구리, 몰리브덴 등
탈산제	용착 강에 침입한 산소를 제거하기 위해 첨가 [첨가 원소] 알루미늄, 망간, 산화니켈, 페로티탄, 페로망간, 페로실리콘, 소맥분, 톱밥 등
탈질제	용착 강에 침입한 질소를 제거하기 위해 첨가
고착제	피복제를 심선에 고착하기 위하여 첨가 [첨가 원소] 규산소다, 규산나트륨(규산가리), 규산칼륨, 아교, 소맥분, 해초풀, 젤라틴, 테키스토린 등
방습제	피복제가 흡습하는 것을 방지하기 위해 첨가

③ 피복제의 형식

용접봉의 피복제가 용접 중 또는 용접 후에 용착금속을 보호하는 형식에 따라 가스 발생식, 슬래그 생성식, 반가스 발생식으로 분류된다.

종류	특징
가스 발생식 (유기물형)	고온에서 가스를 발생하는 물질을 피복제 중에 첨가하여 용접 시 환원성 가스나 불활성 가스를 발생시켜 공기로부터 용융금속을 보호 [특징] • Arc가 매우 안정된다. • 불활성 가스로 용접 속도가 빨라 작업 능률이 높다. • 슬래그 제거가 용이하다.
슬래그 생성식 (무기물형)	피복제에 슬래그화 물질을 주성분으로 하여 용접 시 슬래그 생성에 의해 용융금속을 보호 [특징] • 대기와의 화학반응을 방지하고 용착 금속을 탈산 및 정련한다. • 냉각 시 응고하여 용착 금속 표면을 덮어 급냉, 산화, 질화를 방지한다. • 용접 중 슬래그 혼입의 우려가 있다.
반가스 발생식	가스 발생식 용접봉과 슬래그 생성식 용접봉의 장점을 취한 용접봉

[참고] 환원성 가스 : 일산화탄소, 수소, 탄산가스 등

2) 용접봉

- 금속제 전극으로서 Arc를 발생하고 유지하며 Arc 열에 의해 용융 금속을 형성하고 모재에 용융 금속을 공급하여 용접을 이행한다.
- 모재와 동일한 재질을 사용하며 주로 연강 Arc 용접봉은 용접부의 균열 방지를 위해 저탄소 림드강으로 제작되며, 합금 성분을 피복제에 첨가한다.
- 탄소 함량과 규소(Si)의 양이 적어야 한다.
- 불순물을 최소화하고, P, S는 0.015% 이하, Cu는 0.05% 이하로 제한된다.
- 규격 표시 : 직경과 길이로 크기를 규정한다.
  - 직경 : 1.6, 2.0, 2.6, 3.2, 4.0, 4.2, 4.5, 5.0, 5.5, 6.0, 6.4, 7.0, 8.0mm
  - 길이 : 230~900mmL까지 10단계

▼ 주요 성분 원소의 특징

성분 원소	특징
망간(Mn)	강의 기계적 성질을 좋게 하고, 균열을 방지한다.
규소(Si)	기공을 방지하고, 강도가 저하된다.
탄소(C)	• 강의 강도 및 경도 증가, 연신율 및 굽힘성 감소 • 균열 방지를 위해 가능한 적게 한다.
인(P)	유동성, 강도, 경도 증대 및 연신율, 충격치 감소
황(S)	고온 균열의 원인

① 용접봉의 선택 시 고려사항

모재와 용접부의 기계적 성질, 물리적 성질, 화학적 성질, 경제성 등에 따라 용접봉을 선택한다.

㉠ 작업성
- 직접 작업성 : 아크 상태, 아크 발생, 용접봉 용융상태, 슬래그 상태, 스패터 발생량
- 간접 작업성 : 슬래그 박리성, 스패터 제거 난이도, 기타 용접작업 난이도

㉡ 용접성 : 내균열 정도, 용접 후 변형 정도, 내부결함, 기계적 성질의 정도

㉢ 내균열성 : 피복제의 염기도가 높을수록 내균열성이 높다.

> 참고 내균열성의 크기
> 저수소계 > 일미나이트계 > 고산화철계 > 고셀룰로스계 > 티탄계
> (E4316)   (E4301)   (E4330)   (E4311)   (E4313)

㉣ 피복제에 따른 용접봉의 선택 : 작업성, 용접성, 내 균열성 등을 고려하여 선정

② 규격표기

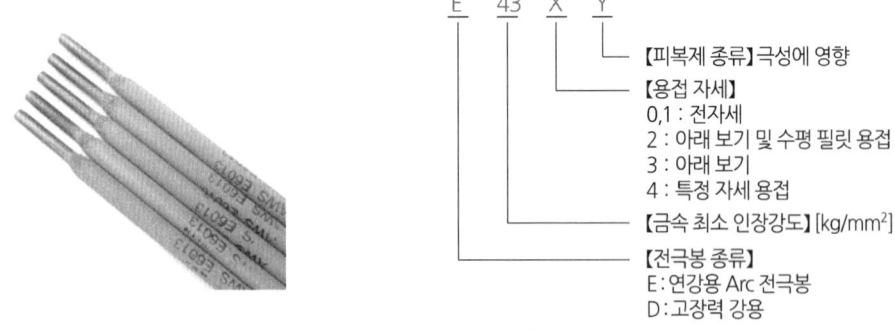

▲ 용접봉 규격

③ 용접봉의 재질에 따른 분류

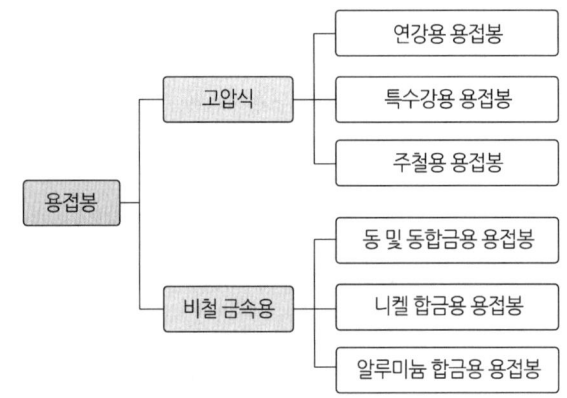

④ 피복제의 주 성분에 따른 분류

종류	특징	용접자세
일미 나이트계 (E4301)	• 슬래그 생성계 • 가장 많이 사용하는 용접봉이다. • 피복제에 슬래그 생성제인 일미나이트(TiO_2 + FeO)를 30% 이상 포함한다. • 작업성과 용접성이 우수하다. • 기계적 성질이 양호하며, 내부결함이 적다. • 내균열성 및 내기공성이 우수하여 중요 부재에 많이 사용한다. • 전자세 용접이 가능하고, 특히 위보기자세가 가장 우수하다. 용도 일반 구조물 용접 ※ 일미나이트 : 산화티탄(TiO_2) + 산화철(FeO)	F, V, O, H
라임 티탄계 (E4303)	• 석회석($CaCO_3$)에 산화티탄(TiO_2)을 약 30% 이상 포함한다. • 기계적 성질이 좋고 비드면이 곱다. • 작업성이 양호하며, 전자세 용접이 가능하다. 용도 박판 용접용	F, V, O, H

종류	특징	용접자세
고 셀룰로스계 (E4311)	• 가스 발생계 • 환원성 가스에 의한 용착 금속의 기계적 성질이 우수하다. • 셀룰로스(유기물)를 20~30%가량 포함한다. • 스프레이 모드 이행으로 용입이 깊고, 용융 속도가 빠르며 고능률적이다. • 슬래그 발생량이 적으므로, 좁은 홈의 용접이 우수하다. • 스패터 발생이 많아 비드 표면이 거칠다. • 수직, 상진 및 하진 또는 위보기 자세 용접에서 작업성이 우수하다. • 사용 전류는 슬래그 생성계보다 낮다.	F, V, O, H
고산화 티탄계 (E4313)	• 슬래그 생성계 • 산화티탄(TiO_2)을 35%가량 포함한다. • 아크가 안정되어 스패터가 적고, 비드 면이 곱다. • 슬래그 박리성이 우수하다. • 용입이 얕고, 기계적 성질이 낮다. • 고온 균열을 일으키기 쉽다. • 전자세 용접이 가능하다. **용도** 경구조물 용접용	F, V, O, H
저수소계 (E4316)	• 피복제 내에 수소가 포함된 유기물 성분을 제거하여 용접 금속의 수소(H_2) 함량이 일반 용접봉의 1/10 정도이다. • 석회석이나 형석이 주성분이다. • 용접 품질이 우수하고, 인성과 기계적 성질이 좋다. • 내균열성이 높아서 두꺼운 판의 용접에 사용된다. • 용접 속도가 늦어 작업성이 좋지 않다. • 아크가 다소 불안정하여 용접 시작점에서 기공 발생이 쉽다. • 전자세에서 작업성이 양호하다. **용도** 구조물 용접, 탄소 당량이 높은 탄소 강재(C, S 함유량이 높은 강재의 용접), 고장력 강, 고압용기, 후판 구조물의 용접 및 구속 용접 등	F, V, O, H
철분 산화티탄계 (E4324)	• 고산화 티탄계 용접봉 (E4313)의 피복제에 약 50%가량의 철분을 첨가한다. • 아크가 안정되고, 스패터가 적으며, 비드면이 곱다. • 용입이 얕다. • 아래보기 및 수평필릿 용접용이다. **용도** 저탄소강, 저합금강, 중·고탄소강의 용접용	F, H
철분 저수소계 (E4326)	• 저수소계의 용접봉 피복제에 30~50%가량의 철분을 첨가한다. • 아크가 안정되고, 스패터가 적으며, 비드면이 곱다. • 융착 속도가 크고, 작업능률이 우수하다. • 기계적 성질이 우수하다. • 슬래그 박리성이 저수소계보다 우수하다. • 아래보기 및 수평 필릿 용접용이다. **용도** 주요 구조물, 후판 구조물 등의 고능률, 고안전도 용접 작업	F, H

종류	특징	용접자세
철분 산화철계 (E4327)	• 고산화철계 피복제에 30~50%의 철분을 첨가한다. • 용착 효율이 높고 용접 속도가 빨라 용접능률이 대단히 우수하다. • 아크가 스프레이형이며 스패터가 적다. • 슬래그의 박리성이 좋고 비드면이 곱다. • 아래보기, 수평 필릿, 수평 겹치기 용접용 **용도** 두께가 두꺼운 판의 용접	F, H
특수계 (E4340)	• 사용 특성 및 용접 목적에 따라 maker에서 특수 용도로 제작한 것이다. • 제조자의 지정 자세에 따라 용접한다.	F, V, O, H

⑤ 용접봉의 흡습과 건조

㉠ 용접봉 흡습 시 발생 문제
- 기공, 은점, 피트 등 발생
- 내균열성 저하로 인한 균열발생
- 아크 불안정
- 작업성 저하
- 스패터 발생량 증가
- 외관 불량
- 언더컷 발생

㉡ 흡습량

$$흡습량[\%] = \frac{W - W_1}{W} \times 100[\%]$$

여기서, W : 흡습된 피복제 중량(g), W_1 : 건조된 피복제 중량(g)

▼ 용접봉의 건조 온도와 시간

용접봉 종류	건조 온도	건조 시간
일미나이트계(E4301)	70~80℃	30~60분
고셀룰로스계(E4311)	80~100℃	30분
철분 저수소계(E4326)	250~300℃	1~2시간
철분 산화철계(E4327)	100~150℃	30~60분
저수소계(E4316)	300~350℃	1~2시간

⑥ 용접봉 사용 시 주의사항
- 일정시간 외기 노출을 금한다.
- 사용 중 피복제가 떨어져 나가지 않도록 통에 넣어 보관 및 이동한다.
- 하중을 받지 않는 상태에서 지면보다 높은 곳에 보관한다.
- 일정시간 외기에 노출된 경우 재건조를 실시하며, 재건조 사용횟수는 2회를 초과하지 않아야 한다.

- 용접봉 건조는 보통 용접봉은 70~100℃에서 30~60분 정도, 저수소계 용접봉은 300~350℃에서 1~2시간 정도 예비 건조를 시행하고, 재건조도 동일하게 시행한다.
- 용접봉 편심이 3% 이상이면 정상 상태로 녹지 않고 아크가 불안정해지며 용접불량이 발생하므로, 사용 전 편심 여부를 확인 후 사용해야 한다(편심률 : 3% 이내).
- 가접(Fit-Up)을 할 때는 충분한 용입을 위해 본 용접보다 지름이 가는 용접봉을 사용한다.

4 용접 시 주의사항

1) 용접 시 주의사항
- 용접 시작부는 기공 생성의 우려가 있으므로 아크 시작점을 크레이터보다 조금 앞에서 발생을 시키고 되돌리거나, 핫 스타터를 이용하여 아크를 발생시킨다.
- 아크를 짧게 유지하여 기공 발생을 방지한다.
- 위빙 폭을 용접봉 직경의 3배 이내로 사용하며, 너무 클 경우 용접부의 기계적 성질 저하 및 기공이 발생된다.
- 모재 표면 및 개선면을 깨끗이 유지하여 수소의 유입과 이물질의 혼입을 방지한다.
- 모재의 화학 조성, 균열 감수성, 모재 두께, 구속 정도 및 경화능에 따라 적절한 예열을 실시한다.
- 물에 젖은 용접봉은 건조해서 사용할 수 없다.

> 참고 예비건조의 목적 : 피복의 균열, 피복 내 함유합금의 산화방지

2) 용접 장치의 불완전 접촉에 의한 현상
케이블과 클램프 또는 클램프와 용접물 또는 각 커넥터 등의 접속이 불량할 경우에는 아래와 같은 현상이 발생한다.
- 접속부의 과도한 발열
- 접속부의 손상
- 아크 불안정 및 용접 품질 저하
- 전력 누설 손실에 의한 전력비 증가

5 기공 발생의 원인

- 용접 분위기 중 수소 또는 일산화탄소의 과잉
- 용접부의 급속한 응고(용접부 과냉)
- 과대 전류, 용접 속도가 빠를 때
- 주위 대기 조건의 불안정 : 바람, 습도에 의한 기공 발생

03 CHAPTER 가스 용접

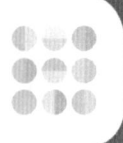

1 가스 용접

가연성 가스와 연소를 돕는 지연성 가스인 산소를 혼합 연소시켜 발생하는 고온의 불꽃에 의해 모재를 용융시키면서 용접봉을 공급하여 접합하는 용접법

> 참고 가연성 가스 : 아세틸렌, 프로판, 석탄가스, 수소 등

1) 특성

장점	단점
• 각종 금속에 대한 응용범위가 넓고, 비철합금 용접이 용이하다. • 전기가 필요 없으며, 설비가 간단하고 저가이다. • 유해 광선의 발생이 적다. • 가열 조절이 비교적 자유롭다. • 박판의 용접이 가능하고, 모재에 악영향이 적다. • 작업이 쉽고, 운반이 편리하다. • 토치, 화구를 교환하여 금속의 각종 가열작업이 가능하다. • 기능공의 숙련도가 덜 요구된다.	• 열효율과 열집중성이 낮아서 용접 속도가 느리고 용접 효율이 낮다. → 두꺼운 판의 용접에 부적합 • 아크 용접에 비해 용접부의 기계적 강도가 떨어지고 신뢰성이 낮다. • 아크 용접에 비해 불꽃의 온도가 낮다(약 1/2배). • 재질의 산화 및 탄화 우려가 있다. • 가열 범위가 넓어 열 변형이 크고 강도가 저하된다. • 가스 소모비가 많이 든다. • 폭발의 위험성이 높다.

2) 가스 용접장치의 구성

구성 : 가스 용접장치는 산소 용기, 아세틸렌 용기, 가스 용접 토치, 가스 호스, 압력 조정기(안전기) 등

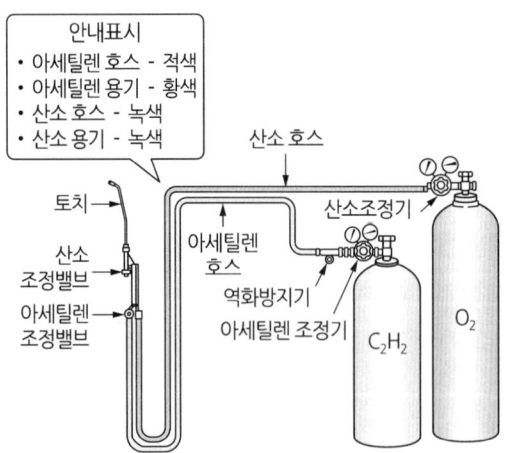

▲ 산소-아세틸렌 용접기 구성

① 가스통(통상 산소)
  ㉠ 산소 용기
    • 크롬강 또는 규소(Si), 알루미늄(Al) 등을 첨가한 합금강으로 제조
    • 인장강도 57kg/mm², 연신율 18% 이상
    • 충격을 주지 않아야 하며, 40℃ 이하의 직사광선 또는 화기가 없는 장소에 보관해야 하고, 사용하지 않을 때는 밸브를 잠가야 한다.
    • 용량 : 대기 중 환산 체적이 5,000리터, 6,000리터, 7,000리터의 것이 많이 사용

용기의 용량 (대기 환산 용적)	내용적(용기 체적)
5,000ℓ	33.7ℓ
6,000ℓ	40.7ℓ
7,000ℓ	46.7ℓ

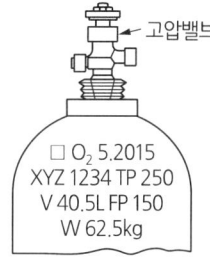

□ : 용기제작사명
O_2 : 산소(충전 가스 명칭 및 화학 기호)
XYZ : 제조업자의 기호 및 제조번호
V : 내용적(실측) ℓ 40.5L, FP 150
W : 용기 중량 kgf
5.2004 : 내압시험 연월
TP : 내압시험 압력 kgf/cm²
FP : 최고충전 압력 kgf/cm²

▲ 산소 용기의 각인

  ㉡ 산소의 용량
    • 산소 용기의 대기압 환산 용적

    산소용기의 대기압 환산용적(l)
    = 산소용기 내 용적(l) × 충전압력(kg/cm² 또는 기압)

    • 산소 용기의 내용적

    $$산소용기의\ 내용적(l) = \frac{산소용기의\ 대기압\ 환산용적(l)}{충전압력(kg/cm^2\ 또는\ 기압)}$$

    • 산소 소비량

    산소 소비량(l) = 산소용기 내 용적(l) × 압력 변화량(kg/cm²)

② 연료통(통상 아세틸렌)
  ㉠ 아세틸렌 용기
    • 순도 98% 이상이 용해된 아세틸렌 가스를 충전한다.
    • 용량 : 15, 30, 40, 50l
    • 용해 아세틸렌을 용기 내에 저장하기 위해 다공도가 72% 이상 92% 미만의 다공물질을 용기 내에 구비한다.
  ㉡ 아세틸렌 가스의 용량
    • 아세틸렌 가스 용기의 대기압 환산 용적

    아세틸렌 가스 용기 대기압 환산 용적(l) = 용기 내용적(l) × 충전 압력(kg/cm²)

- 아세틸렌 가스 용기의 내용적

$$\text{아세틸렌 가스 용기의 내용적}(l) = \frac{\text{아세틸렌 용기의 대기압 환산용적}(l)}{\text{충전압력}(\text{kg/cm}^2 \text{ 또는 기압})}$$

- 용해된 아세틸렌 가스량

$$\text{용해 아세틸렌 가스량}(l) = 905 \times \text{가스의 무게}(\text{kg})$$

- 아세틸렌 가스 소비량

$$\text{아세틸렌 가스 소비량}(l) = \text{아세틸렌 용기 내용적}(l) \times \text{압력 변화량}(\text{kg/cm}^2)$$

ⓒ 다공물질의 구비조건
- 화학적으로 안정되고 값이 저렴하여야 한다.
- 가스 충전과 방출이 쉬워야 한다.
- 아세틸렌이 골고루 침투하여야 한다.

③ 호스
㉠ 흑색, 녹색 : 산소용
㉡ 적색 : 연료용

④ 용접 토치
산소와 아세틸렌 가스를 혼합하여 혼합가스를 연소시켜 화염에 의해 용접작업이 가능하도록 하는 장치

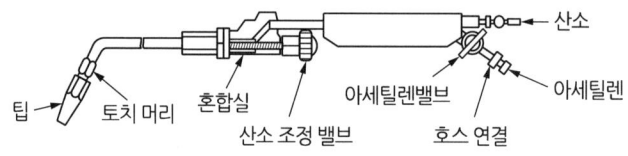

▲ 토치의 종류

㉠ 토치의 구성 : 손잡이, 혼합실, 팁으로 구성
㉡ 토치의 종류
ⓐ 사용 가스의 압력에 따른 분류

종류	아세틸렌 압력
저압식 토치	0.07kg/cm² 이하
중압식 토치	0.07~1.3kg/cm²
고압식 토치	1.3kg/cm² 이상

ⓑ 팁의 구조에 따른 종류
- 팁은 동합금으로 제조된다.

종류	A형(독일식)	B형(프랑스식)
구조		
압력변동	불변압식	가변압식
특성	• 니들 밸브가 없어 압력 변화가 적다. • 토치 구조가 복잡하고 무겁다. • 인화 가능성이 적다.	• 니들 밸브가 있어 유량과 압력 조절이 쉽다. • 가벼워서 작업이 용이하다.
팁 번호 표시방법 (용량표시)	용접 가능한 강판의 두께	표준 불꽃으로 용접했을 때 매 시간당 소비되는 아세틸렌 가스의 양
팁 번호	• 1번 : 1mm 두께 강판 용접 • 2번 : 2mm 두께 강판 용접	• 100번 : 시간당 아세틸렌 100L 소비 • 200번 : 시간당 아세틸렌 200L 소비

⑤ 압력 조정기(Regulator : 안전기)
- 용접작업 중 역화 방지 및 산소의 아세틸렌 쪽 역류 방지목적으로 설치하며, 사용 재료와 토치 능력에 따라 필요한 압력으로 감압해서 사용해야 한다.
- 산소용과 아세틸렌용의 작동원리는 동일하며, 용기 체결 시 나사의 회전방향을 달리하여 사용을 구분한다.

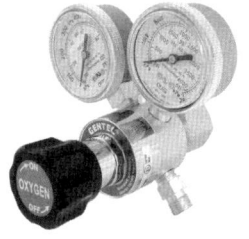

▲ 산소 압력 조정기

▲ 아세틸렌 압력 조정기

㉠ 압력 조정기의 종류
- 수봉식
- 건식(스프링식)

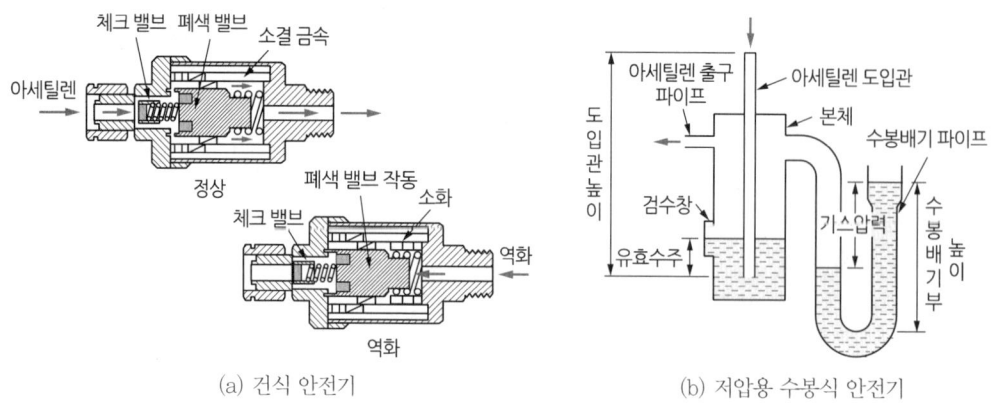

(a) 건식 안전기 (b) 저압용 수봉식 안전기

▲ 압력 조정기 종류

ⓛ 가스 설정압

설치 위치	설정 압력	체결 나사 방향
산소 용기	1~5kg/cm² 이하(적정 압력 : 3~4kg/cm²)	오른나사
아세틸렌 용기	0.1~0.2kg/cm² 이하	왼나사

ⓒ 가스 용접 시 압력의 전달 순서 : 부르동관 → 링크 → 섹터 기어 → 피니언 기어 → 눈금판

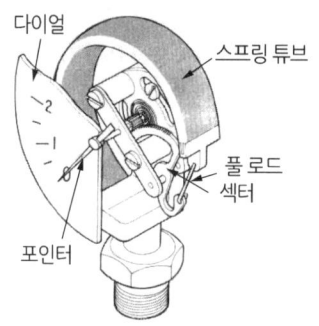

▲ 압력 조정기의 구조

ⓔ 압력 조정기의 구비조건
- 가스의 역류, 역화로 인한 위험을 방지할 수 있는 구조이어야 한다.
- 유효 수주는 25mm 이상을 유지하여야 한다.
- 동작이 예민하고, 빙결되지 않아야 한다.
- 가스의 방출량이 많아도 흐르는 양이 안정되어야 한다.
- 용기 내의 가스량 변화에도 조정압력이 변하지 않아야 한다.

⑥ 용접봉(용가재)

ㄱ) 용접봉의 구비 조건
- 저탄소강이 주로 사용된다.
- 모재와 같은 재질이어야 하고, 용융 온도가 모재와 동일해야 한다.
- 모재에 충분한 강도를 줄 수 있어야 한다.
- 불순물이 없어야 하며, 기계적 성질에 나쁜 영향을 주지 않아야 한다.

> [형식]
> 가) SR Type : 용접 후 625±25℃에서 풀림 처리를 실시
> 나) NSR Type : 용접 후 풀림처리를 하지 않음

참고 가스 용접봉의 화학 성분은 인(P) 0.04% 이하, 황(S) 0.04% 이하, 구리(Cu) 0.3% 이하로 제한되어야 한다.

ㄴ) 용접봉의 규격 표시

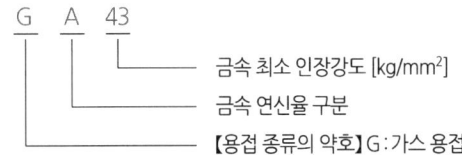

G A 43
- 금속 최소 인장강도 [kg/mm²]
- 금속 연신율 구분
- 【용접 종류의 약호】G : 가스 용접

ㄷ) 용접봉의 색상

종류	색상	종류	색상
GA46	적색	GB46	백색
GA43	청색	GB43	흑색
GA35	황색	GB35	보라색
		GB32	녹색

ㄹ) 용접봉의 직경(D)

$$D = \frac{t}{2} + 1 [\mathrm{mm}]$$

여기서, t : 모재 두께[mm]

ㅁ) 표준 직경 : 1.0, 1.6, 2.0, 2.6, 3.2, 4.0, 5.0, 6.0mm

ㅂ) 연강용 가스 용접봉의 길이는 1M로 판매된다.

⑦ 용제(Flux)

ㄱ) 용제의 사용 목적
- 용접면에 산화물, 질화물 등의 발생 및 접착 방지
- 용접금속을 대기로부터 보호하여 산화 및 질화를 방지
- 슬래그를 생성하여 기계적 성질 증대
- 용접면을 청정하게 하여 용착을 돕는다.

ⓛ 용제의 종류

모재의 종류	용제의 종류
연강	사용하지 않음
반경강	탄산소다 등
고탄소강, 주철	탄산수소나트륨, 붕사, 붕산, 유리분말 등
구리 및 구리합금	붕사, 붕산, 염화리튬, 플루오로나트륨, 규산나트륨 등
알루미늄, 마그네슘 등 경합금	염화리튬, 염화칼륨, 식염, 플루오로나트륨, 플루오로칼륨, 황산칼륨 등

[주의] 연강은 용제를 사용하지 않는다.

⑧ **보호구 및 공구** : 앞치마, 용접 장갑, 각반, 지그, 집게, 브러시 등
⑨ **매니폴드(Manifold)** : 여러 개의 가스용기를 한꺼번에 연결할 때 사용되며, 잦은 용기의 교체로 인한 작업의 저하를 방지하기 위해 사용된다.

> **참고** 매니폴드 설치 시 고려사항
> 가. 가스 용기의 교환 주기
> 나. 필요한 가스 용기의 수
> 다. 사용량에 적합한 압력 조정기 및 안정기

3) 작업 시 주의사항
- 열 집중에 의한 재질변화를 적게 하기 위해 용접부가 집중적으로 모이지 않도록 할 것
- 용접 자세와 품질은 하향 및 맞대기 용접이 가장 신뢰도가 우수하다.
- 용접부에 큰 우력을 가하지 않을 것
- 비틀림 방지를 고려하여 잔류응력이 적게 남도록 용접순서를 결정

4) 용도
- 균열 발생 우려가 있는 금속의 용접에 사용
- 열전도율이 큰 비철금속 및 저용융점 금속의 용접에 사용
- 얇은 판, 판재 및 파이프 등의 금속 용접

2 용접 가스

1) 용접 가스
① **가연성 가스** : 스스로 타는 가스로 용접 연료 가스이다.
② **지연성 가스** : 용접 연료 가스가 타는 것을 돕는 가스로서, 대표적인 것은 산소가 있으며, 조연성 가스라고도 한다.

2) 연료가스(가연성 가스)의 필요조건
- 불꽃의 온도가 높아야 한다.(연소 온도가 높아야 한다.)
- 연소 속도가 빨라야 한다.

- 발열량이 커야 한다.
- 용융 금속과 화학반응을 일으키지 않아야 한다.

3) 가연성 가스의 종류

아세틸렌(C_2H_2), 프로판(C_3H_8), 수소(H_2), 메탄(CH_4), 부탄(C_4H_{10}), 석탄 가스, 천연 가스 등

> **참고** 가스의 비중
> 부탄(2) > 이산화탄소(1.529) > 프로판(1.522) > 아세틸렌(1.176) > 산소(1.105) > 공기(1) > 아세틸렌(0.906) > 메탄(0.55) > 수소(0.06)

> **참고** 산소와 가연성 가스의 조합 사용에 따라, 산소-아세틸렌 용접, 산소-프로판 용접, 산소-수소 용접, 산소-메탄 용접, 산소-부탄 용접 등으로 불린다.

4) 가연성 가스의 특성

① 아세틸렌
- 순수 아세틸렌은 무색, 무미, 무취의 탄소/수소 화합물
- 보통 아세틸렌은 불순물이 포함되어 있어 악취가 발생한다.
- 가스 비중은 0.90으로 공기보다 가볍다.
- 1기압 15℃에서 1리터의 무게는 1.176g이다.
- 각종 액체에 대해 용해성이 뛰어나다.
  → 액체 용해량 : 물(1 : 1), 석유(2배), 벤젠(4배), 알코올(6배), 아세톤(25배)
- 매우 불안정하여 폭발의 위험성이 있으므로 주의가 필요하다.
- 산소와 혼합하여 연소 시 3,000~3,500℃의 높은 열을 낸다.
- 15℃에서 15kgf/cm²으로 충전한다.
- 용접 연료통 30l에 5kg의 아세틸렌 충전 시 4,500l의 가스가 발생한다.

> **Key Point** 용해 아세틸렌 가스량(C)
> $C = 905(A-B)[l] = 905 \times$ 가스무게
> ∴ A : 빈 병 무게 + 가스 무게[kg], B : 빈 병 무게[kg]

㉠ 폭발 특성

구분		아세틸렌 특성
온도	406~408℃	자연 발화
	505~515℃	폭발 위험
	780℃	자연 폭발
압력	1.3기압(1.3kg·f/cm²)	사용가능한 최대 압력
	1.5기압(1.5kg·f/cm²)	• 충격 및 가열에 의해서 폭발 • 불순물이 포함된 경우 자연 폭발
	2기압(2kg·f/cm²)	자연 폭발

- 산소 85%, 아세틸렌 15%의 혼합가스 상태가 폭발의 위험성이 가장 크므로 위험하다.
- 충격, 마찰, 진동 등에 의해 폭발할 수 있으며, 압력이 높을수록 쉽게 폭발한다.
- 구리, 은, 수은 등과 접촉할 경우 120℃ 근처에서 폭발성을 가진다.
- 밸브 및 배관은 아세틸렌과 반응하여 구리 화합물이 생성되지 않도록 강철계통으로 사용해야 한다.

ⓒ 아세틸렌을 용해하는 이유
- 순도가 높은 용접을 할 수 있다.
- 아세틸렌의 손실이 상당히 적다.
- 아세틸렌과 산소의 혼합비 조절이 쉽다.
- 발생기 및 부속장치가 필요 없다.
- 운반이 쉽다.

② 수소
- 무미, 무색, 무취이며, 육안으로 불꽃 확인이 어렵다.
- 비중은 0.06으로 기체 중 가장 가볍다.
- 불꽃의 확산속도가 빠르고, 열전도도가 연료가스 중 가장 크다.
- 물을 전기분해하거나 코크스로부터 가스화법에 의해 제조한다.
- 폭발성이 강하고, 고온 및 고압에서 취성이 발생한다.(폭발 범위 : 4~75%)
- 연소 시 산소 소모량이 가연성 가스 중 가장 적다.
- 납땜이나 수중 절단용으로 사용한다.

③ 프로판 가스(LP가스)
- 무색, 무독가스이며, 약간의 냄새가 난다.
- 상온에서는 기체 상태로 존재한다.
- 발열량이 높으나, 열의 집중은 떨어진다.
- 주로 절단용 가스로 사용한다.
- 비중 1.522로 공기보다 무겁다.
- 온도 변화에 따른 팽창률이 크다.
- 완전 연소가 되면 이산화탄소와 물이 된다.

장점	단점
• 연소성이 좋아서 완전 연소하고, 공해가 없다. • 기화 및 액화기 쉽고 용기에 보관히여 운반이 편리하다. • 일정 압력으로 공급이 가능하다. • 발열량이 크고 열효율이 높다. • 폭발 한계가 좁아 다른 가스에 비해 안전도가 높고 관리가 쉽다. • 화염의 조절이 쉽고, 점화 및 소화를 자동으로 하기 쉽다. • 절단면이 미세하며 깨끗하다. • 두꺼운 판의 절단 속도가 빠르다. • 포갬 절단이 가능하고, 속도가 빠르다.	• 연소할 때 공기 소모량이 많다. • 착화 온도가 높고 연소 속도가 늦다. • 산소-아세틸렌 가스보다 점화가 어렵다. • 저장 탱크 및 용기 등의 집합장치가 필요하다. • 재액화의 우려가 있다. • 사용할 때 예비 용기가 필요하다.

5) 산소(지연성 가스)의 특성

- 무색, 무취, 무미 기체이며, 비중은 1.105로 공기보다 약간 무겁다.
- 1기압 0℃에서 1리터의 중량은 1.429g이며, 공기 중 21%가 존재한다.
- 물을 전기분해하여 얻을 수 있고, 액체 산소는 연한 청색을 띤다.
- 산소 자체는 타지 않고, 다른 물체의 연소를 돕는다.
- 금, 백금, 수은 등을 제외한 거의 모든 원소와 화합하여 산화물을 만든다.
- 화기로부터 4m 이상 떨어져서 사용해야 한다.
- 고압 용기에 35℃ 기준 150kg/cm²으로 압축해서 충전한다.

6) 혼합 가스의 특성

혼합 가스	특성	불꽃 온도[℃]	발열량[kcal]
산소-아세틸렌	불꽃의 온도가 가장 높다.	3,430	12,700
산소-수소	연소속도가 가장 빠르다.	2,900	2,420
산소-프로판	발열량이 가장 많다.	2,820	20,780
산소-메탄	불꽃 온도가 가장 낮다.	2,700	8,080

> **Key Point** 불꽃 온도
>
> 아세틸렌 > 수소 > 프로판 > 메탄

7) 가스 보관 용기

구분	산소	아세틸렌	프로판(LPG)	수소	암모니아	아르곤
용기 종류	무계목 용기	용접 용기	용접 용기	-	-	-
용기 재질	크롬강 또는 규소(Si), 알루미늄(Al) 첨가(고온, 고압)	탄소강	탄소강	-	-	-
용기 색상	녹색(공업용) 백색(의료용)	황색	회색	주황색	백색	회색
안전밸브 형식	박판식 (파열판식)	가용전 (용융온도 105±5℃)	스프링식	-	-	-
밸브 재질	-	구리합금 (청동, 황동)	-	-	-	-
내압 시험 압력 [kg/cm²]	90kg/cm²(9MPa)	-	26kg/cm² (2.6MPa)	-	-	-
최고 충전압력 및 기밀 시험 압력 [kg/cm²]	150kg/cm²(15MPa)	150kg/cm² (15MPa)	15.6kg/cm² (1.5MPa)	-	-	-

3 산소-아세틸렌 용접

- 산소-아세틸렌 혼합가스가 연소할 때 발생하는 고온(3,000℃ 이상)으로 금속을 용융시켜 접합한다.
- 필요에 따라 용접봉 또는 용제를 사용하기도 한다.
- 산소-아세틸렌 용접을 '가스 용접'으로 통상 지칭한다.

장점	단점
• 순도가 높아 고온의 불꽃을 얻을 수 있다. • 아세틸렌을 발생시키는 발생기 및 부속기구가 필요 없다. • 균열 감수성이 높은 박판, 비철합금 및 용융점과 증발점이 낮은 금속에 적용이 가능하다. • 가열 조작이 자유로워 작업이 쉽다. • 설비가 저렴하고, 운반이 용이하며 어떤 장소에서든 간단히 작업할 수 있다. • 적용 가능한 금속의 범위가 넓다.	• 아크 용접에 비해 가열 범위가 넓고, 가열 시간이 길어 기계적 성질이 변화할 수 있다. • 모재의 탄화 및 산화의 우려가 있다. • 용접에 사용되는 열효율이 낮다. • 가스 소모 비용이 높다. • 폭발의 위험성이 있다.

1) 용접봉 진행 방법

아세틸렌과 산소와의 이론상 완전연소 용적 혼합비는 1 : 2.5(실제 1.2~1.3)

구분	전진법(좌진법)	후진법(우진법)
그림	(그림)	(그림)
용접 진행 방향	용접봉이 오른쪽에서 왼쪽으로 진행한다. → 용접봉이 토치보다 앞에서 진행한다.	용접봉이 왼쪽에서 오른쪽으로 진행한다. → 토치가 용접봉보다 앞에서 진행한다.
특징	• 화염이 용입을 방해하며 모재를 과열시키고 용접 금속의 산화가 심하다. • 비드 표면이 깨끗하다.	• 화염이 용접부위를 집중 가열하므로 두꺼운 판의 용접이 가능하다. • 용접봉의 위빙이 없으므로 좁은 홈 용접이 가능하다. • 용접봉 및 가스 소비량이 적고, 용접 속도가 크며, 용접부의 변형이 적다. • 비드가 깨끗하지 않고 비드 높이가 높다.
용접 속도	느리다	빠르다
열 이용률	나쁘다	좋다
홈 각도	크다(80°)	좁다(60°)
용접 변형	크다	적다
산화성	크다	적다
비드 모양	좋다	나쁘다
비드 높이	낮다	높다

구분	전진법(좌진법)	후진법(우진법)
용착 금속 조직	거칠다	미세하다
냉각 속도	급냉	서냉
용도	5mm 이하의 얇은 판의 용접, 비철 및 주철, 금속 덧붙임 용접	두꺼운 판의 용접

2) 산소-아세틸렌 불꽃

① 불꽃의 구조

산소 : 아세틸렌의 비가 1 : 1일 때, 불꽃은 백심, 속불꽃 및 겉불꽃으로 구성된다.

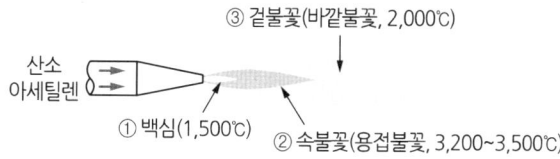

▲ 산소-아세틸렌 불꽃의 구조

불꽃의 구조	특징
불꽃 심(백심) (Centre Cone)	• 불꽃 가장 중심부의 백색 불꽃으로 1,500℃ 정도이다. • 산소 결합 반응에 의한 환원성으로 아세틸렌이 일산화탄소와 수소로 분해된다. 참고 불꽃 심(백심) 끝과 강판 사이의 적합한 간격 : 1.5~2mm
속 불꽃 (Welding Zone)	1차 연소구간으로 무색의 불꽃이며, 백심부분에서 발생한 일산화탄소 및 수소와 결합하여 3,200~3,500℃ 정도이다.
겉 불꽃 (Outer Zone)	2차 연소 구간으로 2,000℃의 청색 불꽃이며, 완전연소된다.
탄화 불꽃	속 불꽃과 겉 불꽃 사이 백색의 불꽃으로 아세틸렌 페더라고도 한다.

> **Key Point** 불꽃 온도
>
> 속 불꽃 > 겉 불꽃 > 불꽃 심

② 불꽃이 조절 및 불꽃 종류

㉠ 불꽃의 조절 순서

아세틸렌 코크를 1/4 회전 → 아세틸렌이 유출되면 점화 → 아세틸렌 코크를 완전히 개방 → 산소 밸브를 조금 개방 → 화염 발생 시작 → 용도에 맞도록 산소 밸브의 개도량을 조정

㉡ 불꽃의 종류

• 산소 : 아세틸렌의 비율에 따라 불꽃은 다음과 같이 구분이 된다.
• 산소량이 많아질수록 불꽃의 온도가 높아진다.

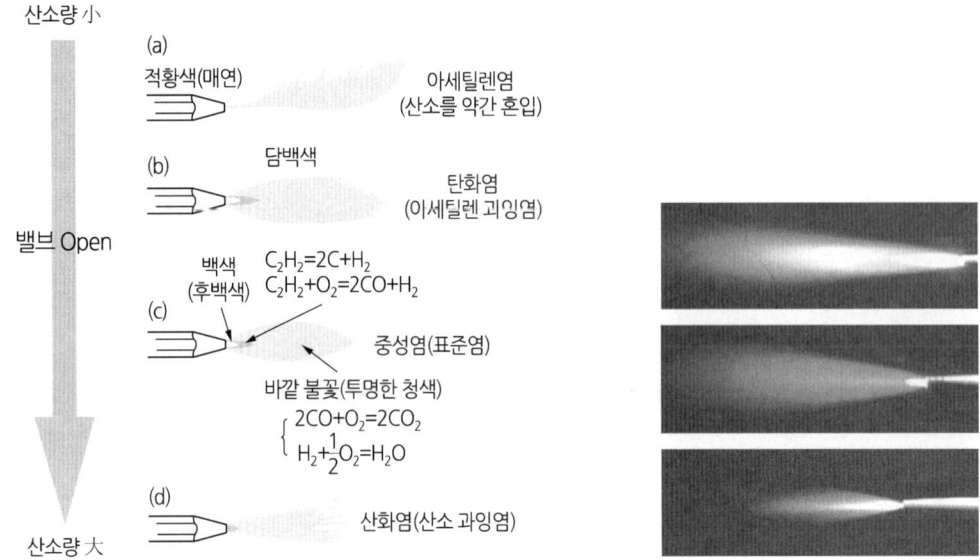

▲ 산소-아세틸렌 불꽃의 종류

구분	아세틸렌 : 산소비	불꽃 색상	특징	용도
아세틸렌 불꽃	산소를 약간 혼입	적황색(매연)	• 약간의 산소만 혼입 • 매연이 동반된다.	
탄화 불꽃	1 : 0.05~0.95	담백색	• 아세틸렌 과잉염 • 환원작용이 있고, 산화작용이 없다. • 금속 표면에 침탄작용을 일으킨다. • 사용 : 산화 방지가 필요한 금속의 용접	스테인리스강, 알루미늄, 스텔라이트 등 용접
중성 불꽃	1 : 1 (실제 = 1.1~1.2 : 1)	심 : 백색 바깥불꽃 : 청색	• 표준염 • 산소량＝아세틸렌 양 • 산화/탄화 반응이 없음	연강, 주철, 구리, 청동, 아연, 납, 은, 스테인리스강 등 용접
산화 불꽃	1 : 1.15~1.70	―	• 산소량 과잉염 • 금속 산화작용이 있음 • 온도가 가장 높다. • 중성 불꽃에 비해 백심 근방에서 연소가 이루어진다. • 간단한 가열 작업, 가스 절단에 효율적 • 산화성 분위기로 가스 용접에서 사용하지 않고, 구리, 황동에만 국한적으로 사용	황동, 청동, 납땜 및 용접

참고 아세틸렌 불꽃의 길이가 백심의 2배이면, 아세틸렌 2배 과잉, 3배이면 3배 과잉 불꽃이라 한다.

CHAPTER 04 특수 용접

1 특수 용접

① 기계화 및 자동화된 용접을 특수용접으로 특정한다.
② **특수 용접의 장점** : 조선, 차량, 강교 등 일정 조건하 장시간 연속작업에는 기계화 및 자동화가 공사 기간 및 공사 금액에 있어서 유리하다.
③ 종류

- ㉠ 서브머지드 아크 용접(SAW)
- ㉡ 불활성 가스 아크 용접
  - TIG 용접(GTAW)
  - MIG 용접(GMAW)
- ㉢ 탄산 가스 Arc 용접
- ㉣ 원자 – 수소 Arc 용접
- ㉤ 저항 용접
- ㉥ 스터드 용접
- ㉦ 일렉트로 슬래그 용접
- ㉧ 일렉트로 가스 Arc 용접
- ㉨ 테르밋 용접
- ㉩ 고에너지 용접
- ㉪ Plasma 용접
- ㉫ 고주파 용접
- ㉬ 논 가스 아크 용접
- ㉭ 폭발 용접 등

2 서브머지드 아크 용접(SAW ; Submerged Arc Welding)

① 용접 전 용접부에 정련작용을 위한 가루 용제를 뿌리고 그 속에서 Arc를 발생시켜 용접을 행한다.
② 금속 전극 보호 용접, 잠호 용접, 유니언 멜트, 불가시 아크 용접, 링컨 용접이라고도 한다.
③ 용접봉 : 전극 소모식 비피복 Arc 용접봉
④ 용도

- 연강, 저합금강, 스테인리스강 등 구조용 압연강재의 용접
- 일반 용접 외 선박, 강관, 압력탱크, 차량 등의 용접에 사용
- 직류역극성은 얇은 판의 고속도 용접

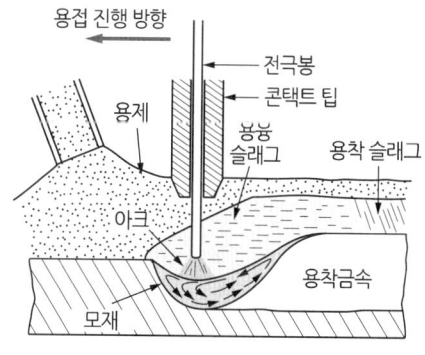

▲ 서브머지드 아크 용접

장점	단점
• 용착 금속의 기계적 성질이 우수하다. • 용제가 외기를 차단하여 강력한 정련작용과 절연체 역할을 하여 용접부의 모재의 기계적 성질 개선하고, 대기 중의 산소 및 질소 등의 해를 받는 일이 적어 용접 품질이 우수하다. • 대전류 용접으로 용융 속도, 용착 속도가 매우 빠르고, 용입이 깊다(용접 속도는 수동 용접의 10~20배). • 후판 용접 시 용접 개선 없이 맞대기 용접이 가능하여 용접재의 소모가 적으므로 경제적이다(용입 깊이 : 수동 용접의 2~3배). • 자동 용접이 용이하고, 불량률이 매우 낮아 신뢰도가 높고, 용접 효율이 높다. • 비드 외관이 우수하고, 용접 비용이 절감된다. • 용접 홈을 작게 할 수 있으므로 용접 재료 소비가 적고 용접부 변형이 적다. • 유해광선 발생과 가스 발생량이 적어 쾌적한 작업환경 유지가 가능하고, 작업 시 바람의 영향을 적게 받는다. • 두꺼운 판의 용접에 적합하다. • 다전극을 사용하여 용접 속도를 증대할 수 있다(단전극 대비 t12mm=3배, t25mm=6배, t50mm=12배가량 효율이 우수).	• 아크가 보이지 않는 불가시 아크 용접이므로 용접의 적부 확인이 필요하다. • 용접 입열이 커서 변형 및 열영향부가 넓으며, 결정립이 조대화되어 인성이 저하된다. • 용입이 깊어 신중한 모재 재질 검토가 필요하다. • 전자세 용접이 불가하고, 아래보기 및 수평 필릿 용접에만 적용 가능하다. • 용제는 흡습이 쉬워 취급에 주의가 필요하다. • 루트간격이 넓으면 용접 불가능하다(따라서, 용접 사전 준비가 필요하다). • 용접선이 짧은 경우와 복잡한 형상은 효율이 낮고, 비경제적이다. • 결함이 발생하면 대량으로 발생한다. • 설비가 고가이다.

> **참고**
> • 불가시 용접 : 아크가 보이지 않는 용접법
> • 누설 방지 비드(누출 방지 비드) : 비드의 용락을 방지하기 위해 사전에 비드를 올리는 것

1) 용접기 구성

구성 : 용접기 본체, 와이어 송급장치(심선을 보내는 장치), 전압 제어상자, 콘택트 팁(접촉 팁), 용제호퍼 및 Feeder, 케이블, 주행차대 및 주행레일(가이드 레일) 등

① **와이어 송급장치** : 롤러의 회전으로 와이어를 송급하며, 모재와 와이어의 사이에서 아크를 발생시킨다.
② **전압 제어상자** : 서브머지드 아크 용접기 운전을 조작하는 조작반
③ **용제 호퍼** : 용제 가루를 공급하는 장치
④ **주행 대차** : 용접헤드가 용접선을 따라 이동하면서 용접을 할 수 있도록 주행하는 장치
⑤ **주행레일(가이드 레일)** : 주행 대차가 용접선을 따라 이동할 수 있도록 하기 위한 레일
⑥ **용접 헤드** : 용제 호퍼, 와이어 송급장치, 콘택트 팁으로 구성된다.

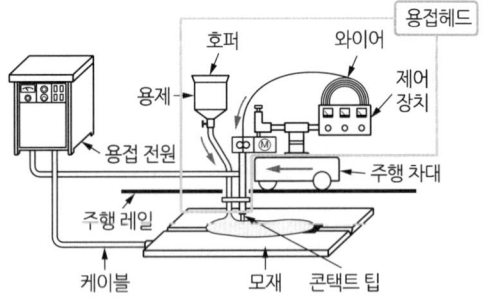

▲ 서브머지드 아크 용접장치 구성

2) 용접기 종류

용접기 종류	최대 전류[A]	특징
대형(M형)	4,000A	판 두께 75mm까지 가능
표준 만능형(UZ형, USW형)	2,000A	
경량형(DS형, SW형)	1,200A	
반자동형(SMW형, FSW형)	900A	수동형 토치 사용

3) 심선(전극 와이어)

- 전극 와이어로 사용되는 심선은 비피복형의 코일 모양으로 감은 것을 사용한다.
- 팁과의 전기 접촉을 원활히 하기 위해 통상 구리 도금되어 있으며, Mo, Ni, Cr 등이 첨가되어 있다.

① 종류

  ㉠ 전극 형상에 따른 종류

전극 형상	특징
복합 와이어 전극 (Flux Cored Wire)	• 와이어 내부에 아크 안정제, 탈산제, 합금 성분 등을 포함한 용제(Flux)를 포함한 용가재 • 와이어 지름 : 2, 2.4, 3.2, 4, 5.6, 6.4, 8.0mm
대상 와이어 전극 (Hoop Wire)	전극의 형상이 테이프 혹은 밴드로 된 용가재로서, 덧살 용접 시 주로 사용된다. • Tape식 : 두께 1.2~1.6mm, 폭 8~25mm의 코일 • Band식 : 두께 0.4~1.0mm, 폭 25~150mm의 후프(Hoop)

  ㉡ 성분에 따른 종류 : 고Mn계(1.8~2.1%Mn), 중Mn계, 저Mn계(0.5%Mn 이하), Mn-Mo계

② 용접 특성

- 직경이 작으면 용입이 깊고, 비드 폭이 좁아진다.
- 전류에 따라 적절한 와이어 직경을 선정해야 한다.

> **Key Point** 와이어를 구리도금 하는 이유
> - 콘택트 팁과 전기적 접촉 증대
> - 와이어의 녹 발생 방지
> - 전류의 통전효과 증대

4) 용제(Flux)

① 용제의 역할

  ㉠ 아크 안정화 및 대기로부터 용접부를 보호하여 정련작용 및 급냉 방지

  ㉡ 용접 금속 및 모재에 합금을 공급하여 기계적 강도 개선

  ㉢ 용입을 용이하게 하며, 용접 비드의 형상을 결정

② 용제의 종류

  ㉠ 제조법에 따른 구분

ⓐ 용융형 용제(Fused Flux) : 광물성 원료를 용융(고온 1,300℃ 이상) 후 분쇄하여 적당한 입도로 제조한 것으로, 유리 모양의 광택이 난다.
- 용제의 화학 조성이 균일하고, 슬래그 제거가 용이하다.
- 비드 외관이 우수하며 소결형보다 좁고 깊은 용입이 가능하다.
- 흡습성이 낮아 재건조가 불필요하고, 미용융 용제는 재사용이 가능하다.
- 재사용 시 입도 및 조성의 변화가 거의 없어 반복 사용성이 우수하다.
- 탈산제나 합금 원소 등 분해되거나 산화되는 원소의 첨가가 어렵다.
- 주 재료 : 석회, 루타일, 마그네사이트 등의 광물질
- 적용 : 고망간 와이어

▼ 입도의 종류

입도	특성
가는 입자	높은 전류를 사용하며, 비드 폭이 넓어지고 용입이 얕다.
굵은 입자	낮은 전류를 사용하며, 비드 폭이 좁고 용입이 깊다.

※ 거친 입자의 용제에 높은 전류를 사용하면 비드가 거칠어지고 기공 및 언더컷이 발생한다.

ⓑ 소결형 용제(Sintered Flux) : 광물성 원료 및 합금 분말을 분쇄하여 혼합하고, 규산 나트륨과 같은 점결제와 함께 일정 크기로 입자화한 후에 고온에서 소결하여 제조한다.
- 고전류에서 용접성이 우수하고, 후판의 고능률 작업에 적합하다.
- 탈산제(페로실리콘, 페로망간 등) 및 합금 원소의 첨가가 용이하여 용접 금속의 기계적 성질이 우수하다.
- 용제의 소모량이 적다.
- 전류의 크기와 관계없이 동일한 크기의 입자 사용이 용이하다.
- 흡습성이 높아 비드 외관이 용융형에 비해 나쁘다.
- 사용전 150~300℃에서 1시간가량 재건조해야 한다.
- 적용 : 저망간 와이어
- 종류 : 고온 소결형, 저온 소결형
- 용도 : 후판의 탄소강재에 적합

ⓒ 혼성 용제

ⓒ 조성(재질)에 따른 구분

입도	특성
저산화 망간 용제	산화망간(MnO)을 거의 함유하지 않은 것
중산화 망간 용제	14~22%의 산화망간(MnO)을 함유한 것
고산화 망간 용제	30%의 산화망간(MnO)을 함유한 것

5) 전원 및 용접 특성

① 전원
직류, 교류 모두 사용이 가능하다.

직류	교류
• Arc 발생이 안정되고, 용입이 우수하며 전류 조정이 용이하다. • 자기 불림이 발생한다. • 직류 역극성이 용입이 가장 깊고, 정극성은 용입이 최소화되나, 용착속도가 가장 빠르다.	• 자기 불림이 없고, 장비비가 저렴하다. • 초기 Arc 발생이 어렵다. • 고속 용접에 적합하다.

② 용접 특성
㉠ 용접 전압이 증가하면 비드 폭은 넓어지고, 편평해지며, 용제 소모량이 증가한다.
㉡ 전류가 증가하면 와이어의 용융량이 증가하고 용입이 깊어진다.
㉢ 용접 속도는 용접 입열량에 비례하여 빨라지므로, 단위 길이당 용융 와이어량과는 반비례하고 와이어의 용융량에는 영향을 미치지 않는다.
㉣ 와이어 돌출 길이가 길면 저항열에 의해 와이어의 용융량이 많다.(돌출 길이 : 와이어 직경의 8배가량이 적합)
㉤ 루트 간격 0.8mm 이하, 루트면 7~16mm가 적당
  → 루트 간격이 0.8mm 이상일 때는 받침쇠를 사용하여 용입을 좋게 한다.
㉥ 본 용접의 시점과 종점에는 엔드탭(End Tap)을 부착하여 용접 결함을 효과적으로 방지한다.

6) 기공의 발생 원인
- 용제의 건조 불량
- 용제 중 불순물의 혼입
- 용접속도의 과다
- 용접 조건(기후, 온도, 용제 등)의 부적합

7) 다전극 용접
용착 속도를 증가하여 용접 효율을 높이고 고속 용접을 실시하기 위하여 여러 개의 와이어 전극을 이용하여 용접한다.

종류	특성
탠덤(Tandom) 방식	• 2개 이상의 와이어를 일렬로 배치하여 독립전원에 접속한다. • 용입이 깊고, 용접 속도가 빠르며 대구경 배관에 사용된다.
횡직렬식	• 2개 이상의 와이어 전극을 용접선 방향으로 직렬로 연결한 형태로 두 전극 사이의 복사열에 의해 용접한다. • 각각의 와이어는 독립된 전원에 연결된다. • 용입이 매우 얕으므로 탄소강이나 스테인리스강의 덧붙임 용접에 주로 사용한다.
횡병렬식	• 2개 이상의 와이어 전극을 나란히 옆으로 연결한 형태이다. • 각각의 와이어는 동일한 전원에 연결된다. • 비드 폭이 넓고, 용입이 얕다.

▲ Tandom Torch

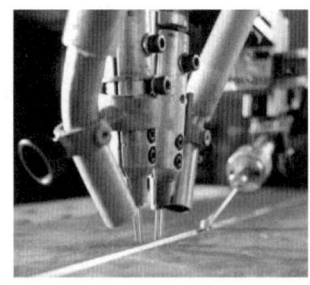
▲ Tandom Torch Welding 공정

3 불활성 가스 아크 용접

1) 불활성 가스 아크 용접

불활성 가스를 보호 가스로 사용하여 대기로부터 아크나 용융지를 보호하고, 전극봉 또는 와이어와 모재 사이에서 아크를 발생하면서 용접하는 방법이다.

- 전극은 텅스텐 봉을 사용하며, 별도의 용접봉을 공급한다.
- 사용 가스 : 아르곤(Ar), 헬륨(He), 아르곤+헬륨(Ar+He)
- 가스는 용기 중 140kgf/cm² 의 압력으로 충전

① 종류
- TIG 용접(Tungsten-arc Inert-Gas) GTAW ; Gas Tungsten Arc Welding
- MIG 용접(Metal-arc Inert-Gas) GMAW ; Gas Metal Arc Welding

> **참고** 아르곤(Ar)의 특징
> - 무색, 무취, 무미로 독성이 없다.
> - 공기 중에 약 0.94% 함유

② 특징
- 아크가 집중 및 안정되어 균일한 용접이 가능하며, 스패터가 거의 없다.
- 용제를 사용하지 않으므로 슬래그가 없고, 용접 후 잔류 용제나 슬래그 처리가 불필요하다.
- 용접부의 산화가 방지되고, 모든 자세의 용접이 가능하다.
- 열집중이 우수하여, 용접 효율이 높다.
- 모재 청정작용이 있다.
- 용접부의 연성, 강도 등 기계적 성질 및 기밀성과 내열성이 우수하다.

> **참고** 청정작용(Surface Cleaning Action)
> - 용접 시 아크 기둥으로부터 가속된 가스의 양이온이 소재 표면에 충돌하여 모재 표면의 산화피막을 파괴하여 표면을 깨끗하게 하는 작용
> - 알루미늄 용접 시 아르곤(Ar) 가스와 직류 역극성(DCRP)에서 가장 우수하고, 교류(AC)도 가능하다.

③ 용도 : 연강, 스테인리스강, 알루미늄, 구리 및 그 합금강 등의 용접
④ 가스 공급 계통의 흐름 : 가스 용기 → 감압 밸브 → 유량계 → 제어장치 → 용접토치

2) 가스 텅스텐 아크 용접(TIG 용접 ; Tungsten – arc Inert – Gas) GTAW

비소모성의 텅스텐 전극을 사용하여 아크를 발생시키며, 피복하지 않은 와이어 상태의 용접봉을 별도로 공급하여 용접하는 방법이다.

- 정전류 특성을 사용하므로 모든 전류영역에서 Arc는 안정되고, 모재의 용융량 및 용입이 일정하게 유지된다.
- 상품명 : 헬리아크, 아르곤 아크, 헬리 웰드 등

> **Key Point TIG 용접**
> 전극을 소모하지 않는 비소모 전극방식(비용극식), 전극 ≠ 용가재(용접봉)

참고

종류	특성
용극식	용접봉이 전극을 겸하는 방식으로 전극봉이 소모된다. 예 피복아크 용접, CO_2 용접, MIG 용접, MAG 용접 등
비용극식	용접봉이 전극을 겸하지 않고 별도로 공급되므로 전극봉이 소모되지 않는다. 예 TIG 용접

① 특성

장점	단점
• 아크가 안정되고, 용접 품질이 우수하다. • 슬래그가 발생하지 않고, 스패터 발생이 거의 없다. • 용접부의 변형이 적다. • 고품질의 용접이 가능하고, 미려한 용접이 요구될 때 적합하다. • 보호 가스가 투명하여 용접사가 용접부를 확인하면서 용접이 가능하다. • 전자세 용접이 가능하며, 주로 전진법을 사용한다. • 직류 역극성에서는 산화막을 제거하는 청정작용이 있으며, 아르곤 사용 시 최대가 된다. • 산화가 쉬운 Al, Mg, 구리 합금, 스테인리스 강 등의 용접이 우수하다. • 모든 금속의 용접에 적용이 가능하다. • 박판 튜브, Pipe의 root 패스 용접에 주로 사용한다.	• MIG 용접(GMAW)에 비해 생산성이 낮다. • 장비가 고가이다. • 가스 비용이 높고, 운영비가 고가이다. • 보호가스는 바람의 영향을 많이 받으므로 용접 결함 발생을 방지하기 위한 방풍장치가 필요하다.(풍속 0.5m/초 이상) • 용접속도가 늦고, 후판 용접에서는 용접효율이 낮다. • 직류 역극성 사용 시 텅스텐 전극의 소모가 많아진다. • 용접자의 기량이 요구된다.

② 용접기 구성

구성 : TIG Arc 용접기, 가스통, 전극 케이블, 가스 케이블, 접지(용접) 케이블, 냉각수 공급장치, 토치 및 페달, 가스 용기 등

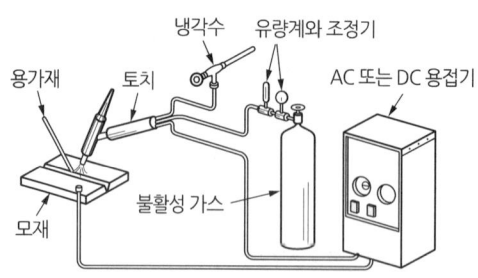

▲ TIG Arc 용접장치 구성

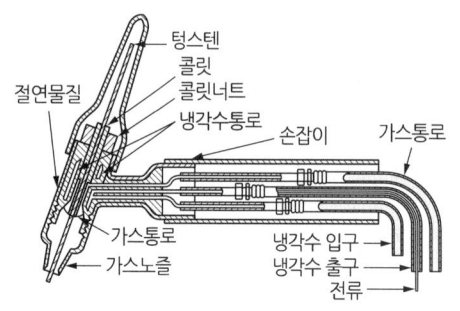
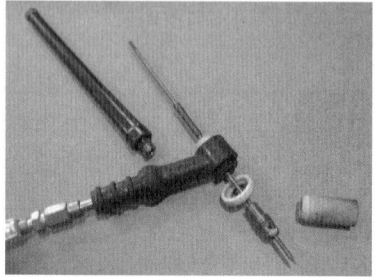

▲ TIG 용접 토치

㉠ 토치의 구조
- 콜릿척 : 텅스텐 전극봉의 고정을 위한 장치
- 절연물질(인슐레이터) : 노즐과 토치 사이에서 통전을 막아서 절연하는 장치
- 가스 노즐의 크기 : 보통 4~13mm를 주로 사용한다.

㉡ 토치의 종류

구분	종류	특징
와이어 공급방식	수동식 토치	용접 와이어를 수동으로 공급해 주는 방식으로 주로 TIG 용접에서 많이 사용됨
	반자동식 토치	용접 와이어가 자동으로 공급됨
	자동식 토치	높은 전류, 고속 용접에 적합함
냉각방식	공랭식	200Amp 이하로 많이 사용되며, 가볍고 취급이 용이함
	수냉식	200Amp 이상의 전류로 용접할 때 사용되며, 토치 내부에 흐르는 냉각수에 의해 토치를 냉각함
형태	T형 토치	일반적으로 가장 많이 사용됨
	직선형 토치	용접이 곤란하나 펜슬형이므로 좁은 장소에서 사용이 용이함
	플렉시블 토치	토치의 머리 부분이 자유롭게 휨

③ 전원 및 극성

㉠ 직류 용접

ⓐ 직류 정극성(D.C.E.N ; Direct Current Electrode Nagative) ; D.C.S.P
- 모재 : (+), 전극 : (−)

- 가장 많이 사용하는 용접법으로, Arc가 안정되고 조용하며, 용입이 깊다.
- 전극봉의 선단각을 전극봉 지름의 3배 정도로 뾰족하게 가공한다.
- 스테인리스 강의 용접효율을 올릴 수 있다.
- 전극봉 재질 : 토륨 – 텅스텐봉

ⓑ 직류 역극성(D.C.E.P ; Direct Current Electrode Positive) ; D.C.R.P
- 모재 : (–), 전극 : (+)
- 비드가 넓고 얇은 용입이 이루어지며, Spatter가 심하다.
- 정극성보다 4배의 큰 전극을 반구형으로 가공하여 사용한다.
- 모재 청정작용에 의해 산화피막이 제거되므로 Al, Mg 용접에 적합하고, 용제가 필요 없다.
- 전극봉 재질 : 순텅스텐봉, 지르코늄 – 텅스텐봉

ⓒ 교류 용접
ⓐ 전극 직경이 비교적 작다.
ⓑ 비드 폭이 넓고, 적당한 깊이의 용입을 얻는다.
  → 비드 폭과 깊이는 직류 정극성과 직류 역극성의 중간이다.
ⓒ 직류 정극성과 역극성의 특징을 모두 이용할 수 있으므로, 산화피막의 청정작용으로 Al, Mg 등의 용접이 가능하다.
ⓓ 교류 특성상 사이클 주기에 의해 Arc의 생성과 소멸이 반복되어 Arc가 불안정하여 끊어지기 쉬우므로 고주파 장치를 사용하여 아크를 안정화시킨다.
ⓔ 전극봉 재질 : 순텅스텐봉, 지르코늄 – 텅스텐봉

참고 고주파 장치 사용 시 장점
- 전극과 모재의 접촉 없이도 아크 발생이 가능하고, 전극의 수명이 길어진다.
- 일정 지름의 전극에 대해 광범위한 전류의 사용이 가능
- 긴 아크의 유지가 가능

ⓒ 극성에 따른 용접 특성

구분		직류 정극성(DCSP)	직류 역극성(DCRP)	교류(AC)
전자이 호름		전극봉 : 음극(-) / 모재 : 양극(+)	전극봉 : 양극(+) / 모재 : 음극(-)	
결선	모재	양극(+)	음극(–)	없음
	용접봉	음극(–)	양극(+)	
열의 발생	모재	70%	30%	동일
	용접봉	30%	70%	

구분	직류 정극성(DCSP)	직류 역극성(DCRP)	교류(AC)
비드 폭	좁음	넓음	중간
용입 깊이	깊음	얕음	중간
청정작용	없음	우수	있음
전극소모	적음	많음	중간
전극 굵기	가늘다	직류 정극성의 3~4배	중간
용적 이행	단락형 이행	스프레이형 금속이행	
용도	후판	박판	경금속(알루미늄, 마그네슘 등)
특성	• 용입이 깊고 폭이 좁다. • 청정작용이 없다.	• 텅스텐 전극 소모가 많다. • 청정효과가 우수하다. • 표면 청정작용은 Ar이 우수 • 전극 발열이 높아 전극이 녹아내리기 쉬우므로, 현장에서는 교류(AC)를 주로 사용한다.	• 직류 정극성과 직류 역극성의 중간 정도의 용입 깊이를 얻을 수 있다. • 청정작용도 있다. • 전극의 정류작용으로 아크가 불안정해지므로 고주파장치를 사용해야 한다.
적용 용접	-	MIG, SMAW, FCAW 용접	-

> **Key Point** 용입 깊이
>
> 직류 정극성(DCSP) > 교류(AC) > 직류 역극성(DCRP)
> ☞ 참고 : 비드 폭은 용입 깊이와 반대이다.

참고 전극의 정류 작용
교류 전원에서 모재가 (-)가 될 때 모재 표면의 수분, 산화물 등의 불순물에 의해 전자 방출 및 전류의 흐름이 어렵고, 전극이 (-)가 될 때 전자가 다량으로 방출되는 2차전류의 불평형 현상

④ 전극봉

전극봉은 가스노즐로부터 약 3~6mm 정도 돌출시킨다.

㉠ 전극봉의 필요 조건
- 고용융점의 금속이어야 한다.
- 전자방출능력이 우수해야 한다.
- 전기저항률이 낮고, 열전도가 우수해야 한다.

㉡ 전극봉의 종류

종류	특성
순 텅스텐 봉	• 가격이 저렴하고 낮은 전류에 적합하다. • 직류 역극성(DCRP)에 사용한다.
토륨-텅스텐 봉	• 토륨을 1~2% 함유한 텅스텐 전극봉이다. • 전자 방사능력이 우수하여 불순물이 부착되어도 전자 방사가 잘되어 아크 발생이 용이하고 전극의 소모가 적다. • 직류 정극성(DCSP)에 우수, 교류에는 부적합 • 강, 스테인리스 강, 동합금 용접에 우수

종류	특성
지르코늄-텅스텐 봉	• 순텅스텐 전극봉보다 수명이 길다. • 교류용접(AC)에 적합하고 알루미늄 용접에 우수하다.
산화 란탄-텅스텐 봉	• 전극 내 소모성이 우수하여 장시간 용접하는 자동용접에 주로 사용된다. • 연강, 스테인리스강, 알루미늄 강 등의 용접에 적용된다.

▼ 전극봉의 비교

전극봉 종류	표시 및 색상(AWS 규정)	사용 전류	적용 모재 재질
순 텅스텐	EWP(녹색)	교류, 직류 역극성(DCRP)	Al, Mg 합금
지르코늄 텅스텐	EWZr(갈색)		
1% 토륨 텅스텐	EWTH1(황색)	직류 정극성(DCSP)	탄소강, STS 강
2% 토륨 텅스텐	EWTH2(적색)		

ⓒ 전극봉의 형상

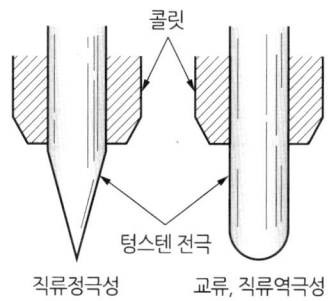

▲ 극성에 따른 전극 형상

종류	전극 가공 방법
직류 역극성 (순텅스텐 봉, 지르코늄-텅스텐 봉)	선단을 둥글게 가공한다.
직류 정극성 (토륨-텅스텐 봉)	연삭기로 전극의 선단 끝 부분의 길이를 전극 직경의 3배 정도로 선단각도가 약 20~50° 되도록 가공하고, 날카로운 끝단을 0.4mm가량 평탄하게 가공한다.

ⓔ 전극봉의 전류 전달능력에 영향을 미치는 인자 : 전원 극성, 전극봉 돌출 길이, 전극봉 홀더의 냉각 효과

ⓜ 전극봉이 과열되어 수명이 짧아지는 것을 방지하기 위해 아크를 끊은 후 전극봉의 온도가 300℃가 될 때까지 불활성 가스를 흘려보낸다.

3) 가스 메탈 아크 용접(MIG 용접 ; Metal-arc Inert-Gas) GMAW

코일상태의 와이어(Filler Wire)가 전극과 용접봉을 겸하여 용접 시 연속적으로 자동 송급되고, 보호 가스에 의해 용착 금속을 외부로부터 보호하는 용접방법이다.

• 전극은 모재와 동일한 재질의 용접봉을 겸하므로 전극이 소모되며, 송급장치에 의해 송급된다.

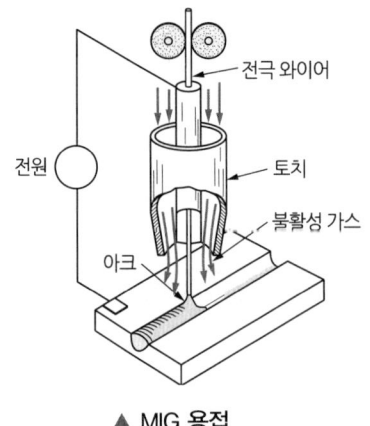

▲ MIG 용접

> **Key Point**　MIG 용접
>
> 소모성 전극방식, 전극 = 용가재(용접봉)

장점	단점
• 용제가 없어 용접부의 슬래그 제거가 불필요하고, 슬래그 혼입에 따른 용접 결함이 없다. • 아크의 자기제어 특성이 있다. • 아크가 안정되고, 스패터 발생이 적으며, 비드 외관과 품질이 우수하다. • TIG 용접보다 전류 밀도가 높고 열 집중이 좋다. • 용접부가 좁고 깊은 용접이 가능하므로 3~4mm 두께 이상의 용접에 사용한다. • 용접봉 교체작업이 용접 속도가 대단히 빨라 피복아크용접보다 용착 효율 및 가동효율이 높다(용착효율 : 98%). • 열영향부가 매우 적으며, 용융지가 작고 빠르게 냉각되어 뒤틀림, 부식, 열집중에 의한 균열과 잔류응력이 적고, 기계적 성질이 변하지 않는다. • 자동화가 가능하다. • 직류 역극성으로 용접을 할 때 청정작용이 있다. • 저자세 용접 가능하다. • 용접기의 조작이 간단하다. • 단락 Arc 이행은 장외 용접 및 넓은 저부간격(Root Gap)이 불량한 맞춤이행 등에 이상적이다.	• 장비의 이동이 곤란하다. • 장비가 복잡하고 가격이 비싸다. • 보호가스는 바람의 영향을 많이 받으므로 용접 결함 발생을 방지하기 위한 방풍장치가 필요하다. • 슬래그가 없으므로 빠른 냉각속도로 인해 용접 열영향부의 기계적 성질이 저하될 수 있다.

> **Key Point**
>
> • 용접기는 정전압 또는 상승특성의 직류 용접기를 주로 사용한다.
> • 전류 밀도는 피복 아크 용접의 6~8배, TIG 용접의 2배가량이다.
> • 주 용적 이행은 스프레이 이행으로 TIG 용접보다 능률이 높다.
> • Al, Mg, Cu 합금 및 스테인리스강 용접용으로 적합하다.

① 용접기 구성

　구성 : MIG 아크 용접기, 제어장치, 와이어 송급장치, 토치, 전극 케이블, 가스 케이블, 접지(용접)
케이블, 가스용기 및 감압밸브 등으로 구성된다.

　㉠ 용접 회로의 흐름 : 가스용기 → 감압밸브 → 유량계 → 제어장치 → 용접토치

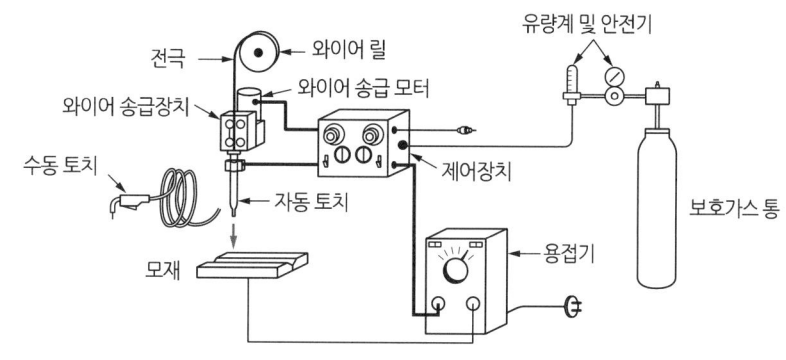

▲ MIG Arc 용접장치 구성

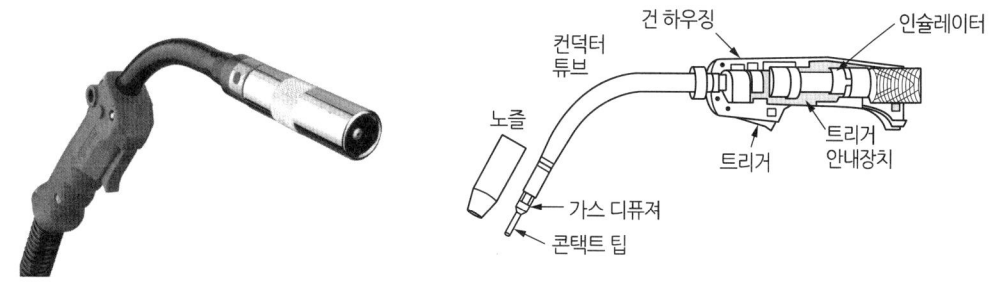

▲ MIG 용접 토치

　㉡ 제어장치

　　ⓐ 제어장치의 기능

제어 기능	내용
예비가스 유출 시간 제어	아크가 처음 발생되기 전에 보호가스를 공급하여 아크를 안정시키고 용접 결함을 방지하는 기능
스타트 시간 제어	아크 발생 순간 용접 전류와 전압을 크게 하여 아크의 발생과 모재의 융합을 돕는 기능
크레이터 충전시간 제어	용접이 끝나는 부분에 토치 스위치를 다시 눌러 용접 전류와 전압을 낮추어 용접의 끝단부에서 발생하는 크레이터를 채움으로써 크레이터 결함을 방지
번백(Burn Back) 시간 제어	크레이터 처리 기능에 의해 낮아진 전류가 서서히 줄어들면서 아크가 끊어지는 기능이며, 이면 용접부가 녹아내리는 것을 방지
가스 지연 유출 시간 제어	용접이 끝난 직후 약 5~25초 동안 가스를 공급하여 크레이터 부위의 산화를 방지

ⓑ 종류
- 보호가스 제어
- 용접 전류 제어
- 냉각수 순환제어

ⓒ 와이어 송급장치의 방식

송급 방식	특성
푸시(Push) 방식	반자동식이며, 와이어를 모재로 밀어주는 방식
풀(Pull) 방식	전자동식이며, 와이어를 모재 쪽에서 잡아당기는 방식
푸시–풀(Push–Pull) 방식	와이어릴과 토치 측의 양쪽에 송급장치를 부착하여 밀고 당겨주는 방식
더블 푸시(Double Push) 방식	푸시방식의 송급장치와 토치의 중간에 보조의 푸시 전동기를 부착하는 방식

ⓓ 토치의 종류

토치의 종류	특성
커브형 토치	공랭식이며, 단단한 와이어를 사용한다.
피스톨형 토치	수냉식이며, 비교적 높은 전류와 연한 비철금속 와이어를 사용한다.

② 전원 : 직류 전원을 주로 사용

4) MAG 용접(Metal–arc, Activity–Gas) GMAW ; Gas Metal Arc Welding

MIG 용접(GMAW)의 보호가스인 아르곤(Ar) 또는 헬륨(He) 가스 대신 Ar(80%)과 활성가스인 CO_2(20%)를 혼합하여 사용하는 방식이며, 산소 또는 탄산가스를 혼합하기도 한다.

- 용착 속도가 빠르므로 용접 능률이 높다.
- 용착 효율이 높아 용접 재료가 절감된다.
- 용입이 깊어 모재의 절단 단면적이 감소된다.

4 이산화탄소 아크 용접(Flux Cored Arc Welding ; FCAW)

MIG 용접에 사용되는 아르곤 가스는 고가이므로 비교적 가격이 저렴한 탄산가스를 사용한 전극 소모식 용접법(용극식)이다.

- 주로 연강의 용접에 사용하며, 구조물의 대량 용접에 사용한다.
- 토치 선단부를 통해 탄산가스를 공급하여 대기로부터 용융 금속을 보호한다.
- 용접전원 : 직류 정전압 특성 또는 상승 특성

장점	단점
• 용접 후 처리가 간단하고, 보호가스 비용이 저렴하여 경제성이 우수하다. • 전류 밀도가 높아 용융 속도가 빠르고, 용입이 깊다. • 자동, 반자동 고속 용접이 가능하므로 용접 속도가 매우 빠르다.	• 비드가 거칠고 기복이 심하다. • 가스 실드가 불안정하면 질소가스에 의한 기공 발생이 쉽다. • 와이어의 건조가 불충분하거나 탄산가스 중 수분이 많으면 냉간균열이 발생한다.

장점	단점
• 육안으로 확인이 가능한 가시 용접으로 시공이 편리하고, 용접부 적부 판정이 빠르다. • 용착 금속의 기계적 성질 및 금속학적 성능이 우수하다. • 기본적으로 용제를 사용하지 않으므로 슬래그 혼입이 없다. • 용제를 사용하는 경우에는 얇은 슬래그는 냉각 시 용접부를 보호하여 용접 강도가 우수하다. • 용융지의 불순물을 제거하므로, 모재 표면을 완전히 청소하지 않아도 된다. • 모든 용접 자세가 가능하고 조작이 간단하다. • 스패터 발생이 적다. • 용접비가 저가이다.	• 연기 및 슬래그(용제 사용형)가 발생하고, CO_2가스의 농도가 높으면 중독되어 위험하므로 자주 환기해야 한다. • 모든 재질의 용접이 불가능하다. → 연강 등 탄소강의 용접만 가능하다. • 다층 용접 작업 시 슬래그 제거가 불충분하면 슬래그 혼입 및 기타 용접 결함이 발생한다. • 2m/s 이상의 풍속에서는 방풍장치가 필요하다.

1) 와이어의 종류

- 탄산가스를 사용하는 용접봉 : 피복 와이어, 비피복 와이어(Solid Wire), 복합와이어(Flux Cored Wire)
- 보호가스를 사용하지 않는 용접방법 : 복합와이어(Flux Cored Wire)

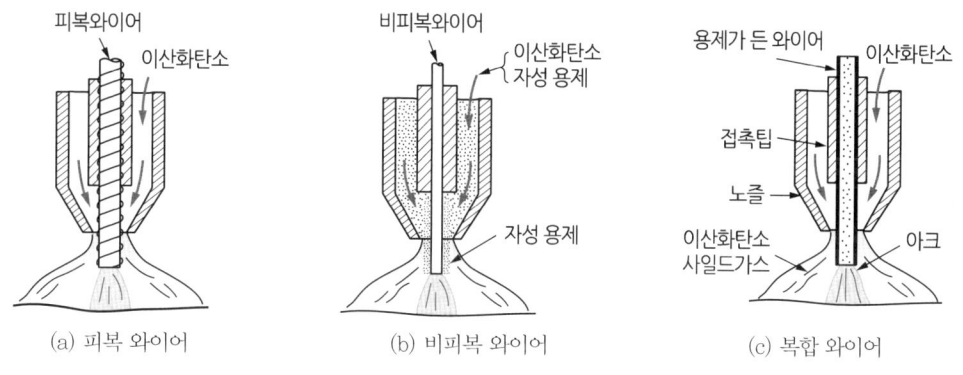

▲ 탄산 가스 아크 용접의 용제 와이어 종류

구분	비피복 와이어(Solid Wire)	복합 와이어(Flux Cored Wire)
특징	• 용제를 포함하지 않은 비피복 와이어이다. → 나선와이어, 실체와이어라고도 함 • 슬래그를 제거할 필요가 없다. • 아크가 안정되지 못하여 스패터가 많이 발생한다. • 비드가 불량하다. • 용착 속도가 빠르고 용입이 깊다. • 동일 전류에서 전류 밀도가 낮다. • 바람의 영향을 많이 받으므로 기공 발생량이 많다.	• 복합 와이어 용접봉은 용제(Flux : 탈산제, 탈질제, 아크안정제 등 내포)를 내부에 채운 중공관 심선 또는 피복형 와이어를 사용한다. • 아크가 안정되어 스패터 발생이 적다. • 비드 외관이 우수하고, 용입이 얕다. • 용착 금속이 양호하다. • 동일 전류에서 전류 밀도가 높아 용착 속도가 빠르다. • 바람의 영향이 적으므로 기공 발생량이 적다. • 와이어의 가격이 비싸다.

구분	비피복 와이어(Solid Wire)	복합 와이어(Flux Cored Wire)
특징	**사용 가스** • CO_2 + CO 혼합가스 • CO_2 + O_2 혼합가스 • CO_2 + Ar 혼합가스 • CO_2 + Ar + O_2 혼합가스 ☞ CO_2 가스에 Ar 가스를 혼합 : 스프레이 이행화 → 아크가 안정되고, 스패터 발생량이 감소 → 작업성과 용접 품질이 우수 ☞ 아르곤(Ar)이 80%일 때 용착 효율이 가장 우수 **사용 토치** 커브형	**와이어의 종류** • 복합 와이어(Flux Cored Wire) • 피복 와이어 **용접법의 종류** • 버나드 아크 용접법(NGC법) • 퓨즈 아크법 • 아코스 아크법(컴파운드 와이어법) • 유니언 아크법 • S관상 와이어 • Y관상 와이어

2) 용접봉의 규격 표시

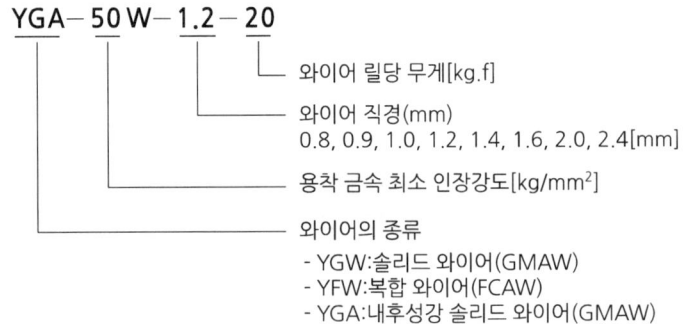

3) 용접 장치

① 용접전원 : 직류전원, 직류전동발전기, 교류전원
② 제어장치 : 와이어 및 가스 송급 제어, 냉각수 송급 제어
③ 토치
   ㉠ 구성 : 노즐, 오리피스, 가스 디퓨저, 스프링 라이너, 콘택트 팁 등
   ㉡ 종류
      • 와이어 공급 방식 구분 : 전자동 및 반자동식
      • 냉각방식 구분 : 공냉식 및 수냉식
      • 형상 구분 : Y형, 직선형, 커브형, 피스톨형
④ 히터 장치 : 액체 가스가 기체로 변화할 때 열흡수에 의한 조정기의 동결 방지
⑤ 기타 : 탄산가스 유량 조정기, 가스압력계 및 냉각수 순환장치 등

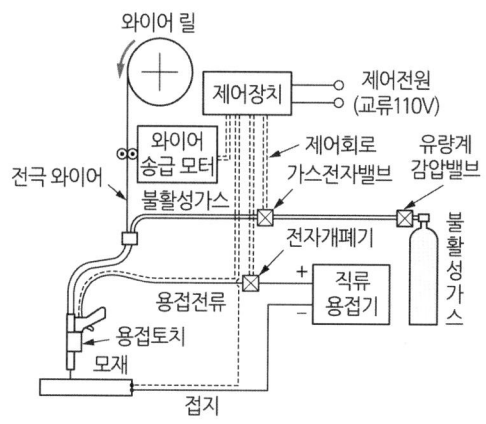

▲ 반자동 불활성 가스 Arc 용접장치

4) 탄산가스의 특성

① 무색, 무취, 무미, 투명하다.
② 공기보다 1.53배, 아르곤보다 1.38배 무겁다.
③ 공기 중 농도가 높으면 눈, 코, 입에 자극을 준다.
④ 상온에서도 쉽게 액화되어 고압용기에 저장이 가능하다.
⑤ 충진된 액체가스가 배출되어 가스로 기화할 때는 온도가 낮아진다.
⑥ 1kg의 액화탄산가스는 상온, 1기압 하에서 510L로 기화된다.

> 참고 취급상 주의사항
> • 보관온도 : 35℃ 이하
> • 충격 및 직사광선에 주의해야 한다.
> • 운반 시 밸브 보호 캡을 씌운다.

공기 중 탄산가스 농도	영향
3~4%	두통 및 빈혈 유발
15%	위험
30% 이상	치사량이므로 주의 필요

5) 용접봉 돌출 길이 : 용접봉 끝단에서 용접봉 팁까지의 거리

돌출 길이	발생 현상
증가	전기 저항열 증가 → 용착 속도 및 효율 증가, 보호 가스 효과 저하 → 기공 및 용접 품질 저하, 비드가 높아진다.
감소	전기 저항열 감소 → 용착 속도 및 효율 감소 → 스패터 발생량 증대, 비드가 낮아진다.

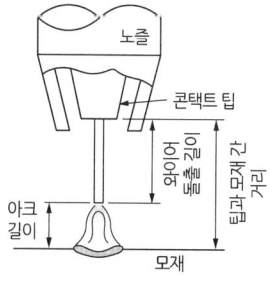

▲ 용접봉 돌출 길이

▼ 전류 접촉 팁에서 모재까지의 적정 거리

용접 전류	팁에서 모재까지의 거리(mm)	가스 유량
200A 미만	6~15	10~15l/min
200A 이상	15~25	15~20l/min

※ 전류가 증가할수록 팁에서 모재까지의 거리도 증가되어야 한다.

6) 전원 특성

① 전압과 전류
  ㉠ 전압 : 비드 형상을 결정
  ㉡ 전류 : 용입을 결정

전압이 높을 때	전류가 높을 때
• 비드 폭이 넓어지고, 용입이 얕다. • 용착 속도가 빨라진다.	• 용착률과 용입이 증가한다. • 와이어의 용융 속도가 빨라진다. • 용접 입열량이 많다. • 와이어 송급속도가 빨라진다. → 용접 속도가 증가한다.

② 아크 전압 산출

박판	후판
아크 전압(V) = $0.04I + 15.5 \pm 1.5$	아크 전압(V) = $0.04I + 15.5 \pm 2.0$

여기서, I : 용접 전류(A)

7) 용착속도

- 와이어 용융 속도는 아크 전류에 거의 정비례하여 증가
- 와이어 직경과 용융 속도는 반비례
- 용착 속도가 증가하면 모재 입열량이 감소되므로, 얕은 용입이 가능하다.

8) 기공의 발생

발생 원인	방지 대책
기공의 원인이 되는 가스 : 수소, 질소, 일산화탄소 • CO_2가스의 유량이 부족할 경우 • 바람에 의해 CO_2가스가 날리고, 공기가 혼입될 경우 • 노즐과 모재 간 거리가 지나치게 길 경우 • 가스 노즐에 스패터 부착 또는 오염된 경우 • 모재의 오염 또는 녹 및 페인트가 있을 경우 • 전압, 전류가 지나치게 높다.	• 순도가 높은 CO_2 가스를 사용 • 모재의 오염, 녹, 페인트 등을 제거 • 노즐에 부착된 스패터를 제거한 후 용접 • 와이어에 Mn, Si 등의 탈산제를 첨가하여, 기공 형성을 방지한다.

9) 와이어의 팁 용착(녹아서 들러붙음) 방지대책

- 와이어를 모재에서 떼고 아크 스타트를 실시

- 와이어에 대한 팁의 크기가 맞는 것을 사용
- 와이어 선단에 용적이 부착된 경우 와이어 선단을 절단하여 제거한 후 용접

10) 아크 불안정의 원인
아크가 불안정하면 기공이 발생하고, 용접 품질이 저하된다.
- 팁 마모
- 와이어 송급의 불안정
- 팁과 모재 간 거리가 길다.
- 보호가스의 유량부족
- 방풍대책의 부족

5 저항 용접(압접)

1) 저항 용접
금속을 접하거나 맞대어 놓고 다량의 전류를 흘리면 줄의 법칙에 의해 접촉저항으로 금속 안에 열이 발생하고 용접부는 가열되어 용융에 가까운 상태에 달했을 때 전류를 끊고 기계적 압력으로 접촉면을 압착하는 용접

> **Key Point** 저항용접
> 접합할 금속의 두 면을 맞대고 전기를 흘려보내 열과 압력으로 용접

장점	단점
• 열 손실이 적고, 용접부에 집중적으로 열을 가할 수 있으므로 열에 의한 변형이나 잔류응력이 적다. • 산화 및 변질 부분이 적고 접합강도가 비교적 크다. • 용접 정도가 높으므로 정밀한 공작물의 용접에 적합하다. • 가압효과로 조직이 치밀하여 용접부의 기계적 성질이 개선된다. • 용접부의 중량을 경감할 수 있다. • 용접봉, 용제 등이 불필요하다. • 얇은 판(0.1~0.2mm)의 용접이 가능하다. • 용접 시간이 짧아 작업 속도가 빠르다. • 자동용접이 가능하고 대량생산에 적합하다. • 작업사의 훈련이 쉽다.	• 용융점이 다른 금속 간의 용접이 어렵다. • 대전류를 필요로 하며 장비가 고가이다. • 적당한 비파괴 검사방법이 없다. • 급냉되므로 후열처리가 필요하다. • 용접기의 융통성이 적다. • 대용량 용접기의 경우 전원 설비가 필요하다.

① 전기 저항열(Joule의 법칙 적용)

$$Q = 0.24 I^2 Rt$$

여기서, Q : 전기 저항열(cal), R : 저항(Ω), I : 전류(A)

② 전기 저항 용접의 3대 요소 : 용접 전류의 세기, 통전 시간, 가압력

> 참고
> - 용접 전류
>   - 용접부 입열량에 영향을 미치는 주요 인자이다.
>   - 발열량(Q)은 전류(I)에 비례하므로 판 두께가 두꺼울수록, 열전도가 우수한 재료(구리, 알루미늄 등)일수록 큰 전류가 필요하다.
> - 통전 시간
>   - 전류를 가하는 시간으로 저항 발열을 결정한다. → 같은 전류로 통전 시간을 2배로 길게 하면, 발열량도 2배가 된다.
>   - 열전도가 좋은 재료는 대전류로 통전 시간을 짧게 하고, 일반 강판은 낮은 전류로 통전시간을 길게 한다.
> - 가압력
>   - 가압력은 전류 밀도를 결정하는 주요한 인자로, 소성 변형의 정도로 나타나고 접촉 저항에 영향을 미친다.
>   - 가압력이 클수록 접촉 면적이 넓어지고 전류와 모재, 모재와 모재 사이의 접촉 저항이 작아지므로 발열량이 저하되므로, 전류를 크게 하거나, 통전시간을 길게 하여야 한다.
>   - 냉연 강판에 비해 아연 도금 강판은 가압력의 영향을 크게 받는다.

2) 저항 용접의 종류

① 이음 형식에 따른 구분

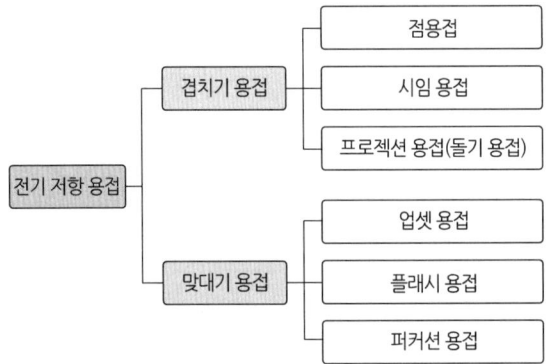

㉠ 겹치기 저항 용접(판재 용접) : 두 판재 혹은 모재를 겹쳐서 용접하는 것

ⓐ 점 용접(Spot Welding)

2개의 전극봉(Cu계 합금) 사이에 금속판을 2매 또는 그 이상을 겹쳐놓고 대전류를 통하여 전극과 판과의 접촉부를 가열 및 가압하여 국부적으로 용접하는 방법이다.

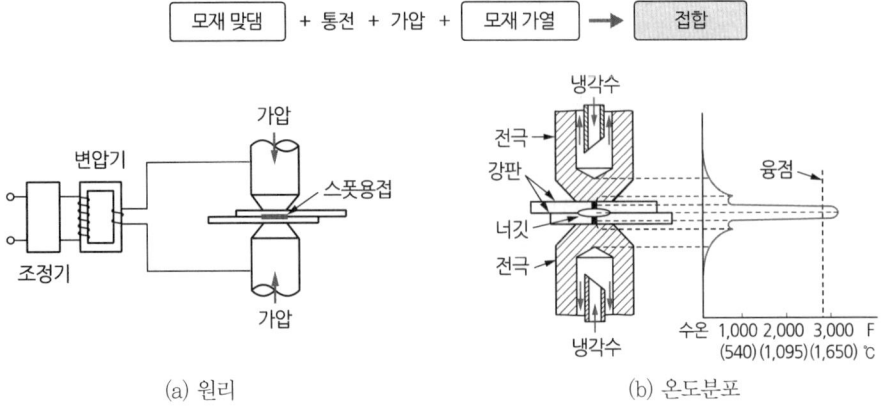

▲ 점 용접

- 모재의 재질 및 두께에 따라 알맞은 용접 전류, 통전 시간, 가압력, 전극 형상 등을 선택해야 한다.
- 용도 : 자동차 차체 조립 등 박판의 용접

> **Key Point**
> - 점 용접 조건 3대 요소 : 가압력, 전류의 세기, 통전시간
> - 너깃(Nugget) : 전극에 의해 두 판재가 용접되어 접합되는 용융 응고된 금속 부분

장점	단점
• 용접봉, 용제가 없고 용접 온도가 낮으며, 작업속도가 빠르고 변형이 없다. • 용접에 의한 공해가 없다. → 가스, 광선 및 소음의 발생이 거의 없다. • 재료가 절약되며, 작업속도가 빠르다. • 용접을 위한 용접부 가공이 필요 없다. • 대량 생산에 의한 박판의 용접에 적합하다. • 숙련이 필요 없고 작업자의 공수가 적다.	• 용접재료는 전기 및 열전도도가 우수하여야 한다. • 통전 시간이 길면 열 영향부가 커지고 강도는 커지지 않는다. • 가열이 빠르면 접촉부의 국부 가열에 의해 용융 금속이 비산한다. • 용접장치의 구조가 약간 복잡하며, 시설비가 다소 고가이다. • 용융점이 높고, 전기 저항이 작으며, 열전도가 큰 재료는 작업이 곤란하다.

▼ 점 용접의 종류

종류	특징
단극식 점용접	1쌍의 전극으로 1개의 점용접을 실시하는 용접
다전극 점용접	• 동시에 2쌍 이상의 전극으로 2개 이상의 점 용접을 실시하는 용접 • 용접 속도가 향상되며 용접 변형이 방지된다.
직렬식 점용접	• 동일한 1개의 전류 회로로부터 2쌍 이상의 전극이 전기를 공급받아 용접을 실시하는 방법 • 전류 손실이 많으므로 전류량을 증가시켜야 한다.
맥동식 점용접	모재의 두께가 다른 경우, 전극의 과열을 피하기 위해 전류를 단속하여 용접하는 방식
인터랙 점용접	용접점 부분에 2개의 전극을 물리지 않고, 용접전류가 피용접물의 일부를 통해 다른 곳으로 전달되는 용접방식

ⓑ 프로젝션 용접(Projection Welding : 돌기용접)
- 용접 금속판의 한쪽 면 또는 양쪽 면에 돌기부를 만들고 압력을 가하여 통전하여 용접하는 용접방법으로 점 용접의 일종이다.
- 용도 : 강판, 스테인리스강, 니켈 합금, 강력 청동 등의 용접

모재 맞댐 + 통전 + 가압 + 돌기 가열 → 돌기부 접합

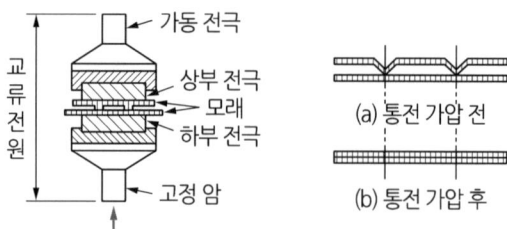

▲ 프로젝션 용접

장점	단점
• 다수의 점 용접이 가능하므로 작업 능률이 우수하고, 용접 속도가 빠르다. • 동시에 많은 점과 좁은 공간에 많은 용접이 가능하다. • 판 두께가 다르거나, 열용량이 심하게 다른 재질의 용접이 가능하다. • 돌기부의 형상 설계로 이음부의 견고성을 향상할 수 있다. • 여러 가지 변형의 저항 용접 가능하다. • 기계적 강도 및 열전도 면에서 우수하다. • 전극의 형상이 복잡하지 않으며, 수명이 길다. • 열 집중성이 좋고, 외관이 우수하다. • 응용 범위가 넓다.	• 전극 및 용접 설비가 고가이다. • 돌기부를 정밀하게 제작해야 정확한 용접이 가능하다.

> **참고** Projection 용접의 요구 조건
> • 상대 판이 충분히 가열될 때까지 녹지 않아야 한다.
> • 성형 시 전단 부분이 조금이라도 발생하지 않아야 한다.
> • 성형에 의한 변형이 없고, 용접 후 양면의 밀착이 양호해야 한다.
> • 전류가 통하기 전의 가압력에 견딜 수 있어야 한다.

ⓒ 심 용접(Seam Welding)

점 용접을 연속적으로 실시하는 것으로 2장의 판을 포개고 2개의 원판형의 롤러전극으로 용접전류를 공급하여 회전하면서 용접물을 가압하여 용접한다.

• 용접 방법 : 소재 겹침 → 롤러 통전 → 롤러 회전, 가압 → 소재의 연속적 이동 → 용접

모재 맞댐 + 통전 + 롤러 전극 회전 가압 → 선형 접합

• 판 두께 범위 : 0.2~4mm 정도의 박판
• 점 용접에 비해 용접 전류는 1.5~2배, 가압력은 1.2~1.6배가 필요하다.
• 통전 방법 : 단속 통전법, 연속 통전법, 맥동 통전법
• 용도 : 탄소강, 알루미늄 합금, 스테인리스 강, 니켈 합금 등의 관 제조 등 수밀 또는 기밀 등 내밀성이 필요한 보관 용기, 유체 저장 용기 등

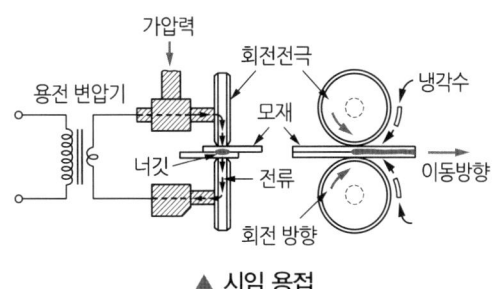

▲ 시임 용접

장점	단점
롤러 회전으로 신속한 고속 용접이 가능하여 용접 생산성이 향상된다.	• 휴지시간이 없으므로 모재의 과열 우려가 있다. • 전극 부분의 발열량이 높아 내부 또는 외부에서 수냉하여야 한다.

- 종류 : 중첩 심용접(롤러 심용접), 맞대기 심용접, 메시 심용접, 포일 심용접

ⓒ 맞대기 저항 용접(Butt Welding)

전기 저항 용접에서 두 판재 혹은 모재의 짧은 면 쪽을 맞대어 용접하는 것을 맞대기 저항 용접이라 한다.

ⓐ 업셋 맞대기 용접(Upset Butt Welding)

- 금속제 선, 봉, 강의 단면을 맞대어서 접촉부를 저항열로 가열한 후 가압하여 용접하는 방식이다.

- 용도 : 두꺼운 관, 환봉, 체인 접합에 적합

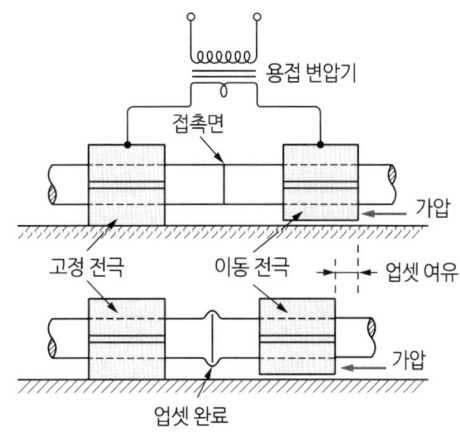

▲ 업셋 맞대기 용접

장점	단점
• 가압력이 클수록 압점 온도는 낮아진다. • 불꽃의 비산이 거의 없다. • 용접면이 깨끗하다. • 접합부에 삐져나옴이 거의 없다. • 용접기가 간단하고 저가이다.	• 가압력에 의해 변형이 있는 소재는 곤란하다. • 단면이 큰 것은 용접 시 접합면이 산화되기 쉽다. • 접합면이 깨끗하지 않으면 기공이 발생된다.

ⓑ 플래시 맞대기 용접(Flash Butt Welding)
- 두 모재를 근접하게 접촉시켜 통전하여 가열한 다음, 두 소재를 살짝 띄운 후 접촉하여 순간적인 집중 저항과 국부적인 발열 및 강한 압력으로 접합하여 용접하는 방식

- 한 소재는 고정대, 또 다른 소재는 이동대의 전극에 고정하여 근접위치에서 약간 띄워둠 → 소재 통전 → 이동대 소재 이동 → 두 소재 접촉 → 국부 발열, 용융 및 불꽃 비산 → 이동대 전진 → 접촉면 넓어지며 강한 압력으로 Upset 접합

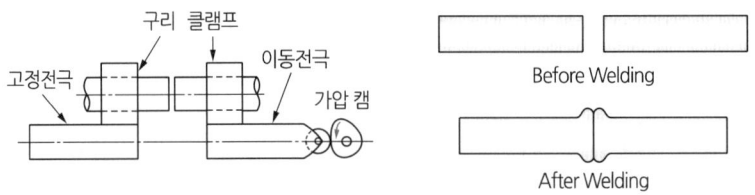

▲ 플래시 맞대기 용접

Key Point 용접 과정 3단계

예열, 플래시, 업셋 작업

[특성]
- 가열 범위와 열영향부가 좁다.
- 이종 재료의 접합이 가능하다.
- 용접 강도가 크다.
- 플래시 과정에서 산화물이 비산되어 불순물의 제거가 쉽다.
- 모재를 정확하게 가공할 필요가 없다.
- 동일한 전기 용량에 비해 큰 제품의 용접이 가능하다.
- 용접 시간이 짧고, 업셋 용접보다 전력소비가 적다.
- 작업 효율이 높고, 강재, 니켈 합금 등의 용접이 우수하다.

ⓒ 퍼커션 용접(방전 충격 용접, Percussion Welding)
전기적 에너지를 비축한 콘덴서를 이용하여 접촉하고 있는 두 소재에 순간적(1/1,000초)으로 통전하여 발생하는 Arc에 의해 접촉부를 용융한 다음 충격적 가압으로 용접하는 방식
→ 짧은 시간에 작은 가압력으로 작업

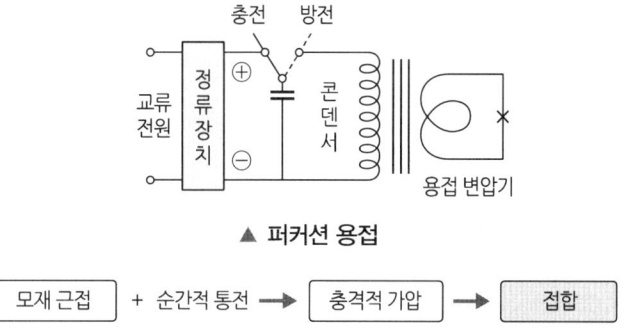

▲ 퍼커션 용접

모재 근접 + 순간적 통전 → 충격적 가압 → 접합

- 1.0mm 이하의 금속선이나 열전대 등 지름이 극히 작은 재료의 접합에 적용한다.

② 가압 방식에 따른 구분
- 수동 가압식
- 페달 가압식
- 전자캠 가압식
- 공기 가압식
- 공기 및 유압 조합식
- 유압식

3) 고주파 용접(High Frequency Welding)

- 고주파 유도전류(450kHz)를 용접 전원으로 이용하여 근접 효과와 표피효과에 의한 발열로 압접하는 방식이다.
- 유도 가열 용접이라고도 한다.
- 용도 : 파이프 등 중공 단면재의 고속도 맞대기 용접에 사용

> 참고
> - 근접 효과 : 두 금속이 아주 가까이 근접해 있을 때 전류를 공급하면 고주파가 흘러서 전달되는 현상
> - 표피 효과 : 전류가 고주파화될 때 전류의 대부분이 표면에 집중되는 현상

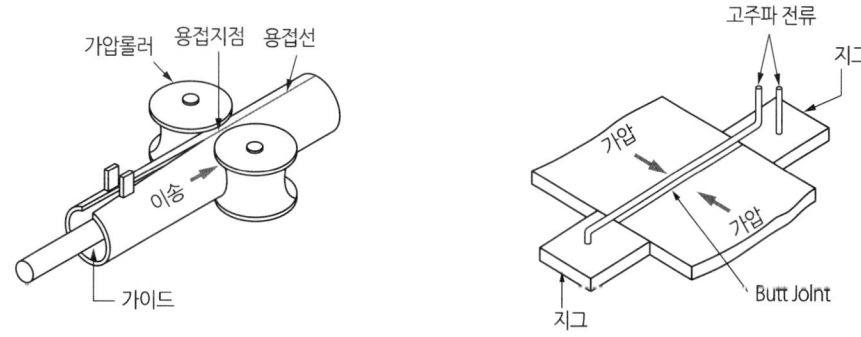

▲ High-Frequency Resistance 용접에 의한 Pipe의 생산   ▲ High-Frequency 용접에 의한 철판의 용접

제4장 특수 용접

장점	단점
• 효율이 우수하다. • 에너지 소모가 적고, 용접 속도가 빠르다. • 국부적 가열로 열 영향부가 매우 좁아 용접부의 산화, 변형이 없다. • 용접부의 개선과 열처리가 필요 없다. • 용접 강종의 제한이 없고, 모재 두께의 폭이 넓다. • 자동화가 용이하다.	• 열 집중이 심하고, 자동 용접을 실시하므로 Joint의 정확한 맞춤이 필요하다. • 고주파 사용으로 주변 기기에 영향을 미친다. • 고주파 유도 용접은 유도열에 따라 대상물의 크기와 형상에 제한을 받는다. • 표면이 깨끗하지 않거나, 결정의 크기가 너무 크면 용접이 어렵다. • 고전압으로 감전사고를 일으킬 수 있으므로 안전에 주의가 필요하다.

4) 초음파 용접(Ultrasonic Welding)

용접 물체를 겹쳐서 수직 방향의 정압력을 가하고, 접촉면과 평행하게 초음파 진동(18kHz 이상)을 전달하여 접촉면끼리의 미소진동과 소성변형에 의해 산화물 및 불순물을 제거하고 발생하는 마찰열에 의해 압접한다.

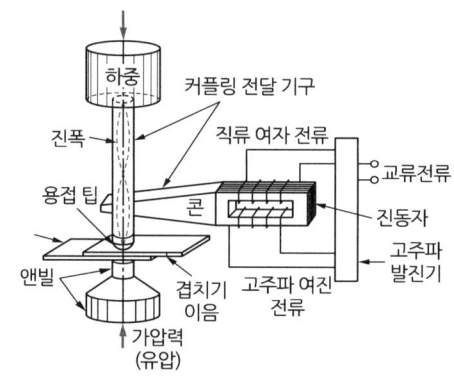

▲ 초음파 용접

① 기계적 에너지인 초음파 진동에 의한 발열로 용접한다.

모재 맞댐 + 정압력 + 초음파 진동 + 모재 마찰열 → 접합

② 아주 얇은 금속의 용접이 가능하다.
③ 이종 금속 간의 용접이 가능하다.
④ 표면 처리가 간단하다.
⑤ 큰 가압력이 필요 없으므로 변형이 거의 없다.
⑥ 용접이 곤란하거나 신뢰도가 떨어지는 재질의 용접이 가능하다.
⑦ 용접 온도가 매우 낮고(Al용접 : 200~300℃), 열 영향에 의한 성능 노화가 거의 없다.
⑧ 용도
   • 0.01~2mm의 박판 용접에 적합하다.
   • 이종 금속, 스테인리스강, 알루미늄, 지르코늄, 티타늄, 몰리브덴 강 등

6 비가열식 용접

1) 마찰 압접(Friction Welding)
2개 모재에 압력을 가해 접촉한 후 서로의 상대운동에 의한 마찰열과 강한 압력에 의해 압접하는 용접 방식

① 용도 : 자동차 부품, 기계 부품, 각종 밸브, 공구류, 벨트 컨베이어 축, 롤러 축 및 모터 축 등

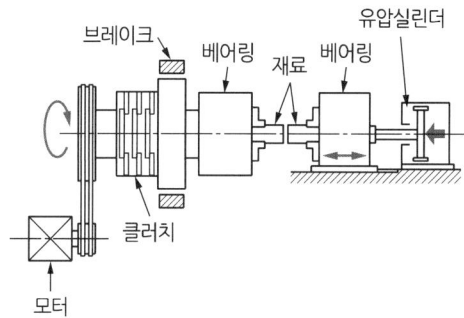

▲ 마찰 압접

장점	단점
• 마찰면에 청정작용이 발생한다. • 용접 시간이 짧고 작업 효율이 우수하다. • 작업자의 숙련도가 필요하지 않고 자동화가 가능하다. • 열영향부가 좁고 이음 성능이 양호하여 용접 결과 및 접합 강도가 우수하다. • 치수 정밀도가 높고, 재료가 절약되어 경제성이 높다. • 비철금속, 이종 금속의 접합이 가능하다.	• 용접물의 형상 치수, 길이, 무게가 제한되어 대형 중량물은 곤란하고, 단면 형상이 원형이어야 한다.

[종류] 전통적 마찰 용접, 플라이 휠 마찰 용접

2) 냉간 압접(Cold Press Welding)
실온에서 강하게 압축하여 금속의 면과 면의 국부적 소성변형으로 접합하는 용접 방식
- 용도 : Al, Cu 등 비철금속 용접

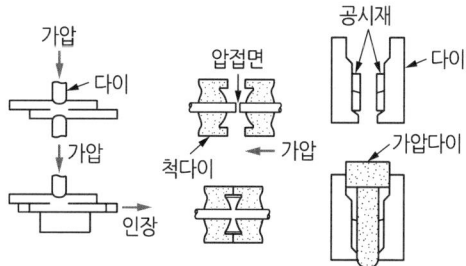

▲ 냉간 압접 용접 방식

장점	단점
• 이종 금속 간 압접이 가능하다. • 접합부에 열영향이 거의 없고, 전기저항은 모재와 같다. • 압접 공구가 간단하다. • 고순도일수록 압접이 우수하다. • 숙련이 불필요하다.	• 철강 재료의 압접은 곤란하다. • 용접부에 가공경화가 발생한다. • 겹치기 압접은 눌린 흔적(압흔)이 남는다. • 검사방법에 적절한 비파괴 검사방법이 없다.

3) 가스 압접(Gas Press Welding)

용접 이음부를 가스 불꽃으로 재결정 온도 이상 가열한 후 가압하여 접합하는 방법

- 전기와 용접봉이 필요없다.
- 장치가 간단하고 설비비와 보수비가 저렴하다.
- 압접 시간이 짧고, 이음부의 탈탄층이 없다.
- 용도 : 32mm 철근, 배관, 철도 레일 등

7 스터드 용접(Stud Welding)

볼트, 체결용 못 등과 같은 금속 스터드를 피스톤형의 홀더(페룰)에 끼우고 모재와 접촉시켜 순간적으로 아크를 발생시켜 압력을 이용하여 용융 및 압착하는 용접 방법

① 볼트나 핀 등을 고속으로 모재에 용접할 수 있고, 용접 후의 냉각 속도가 비교적 빠르다.
② 탄소 함량 0.2%, 망간 0.7% 이하 시 균열 발생이 없다.
③ 종류 : 아크 스터드, 충격 스터드, 저항 스터드
④ 용도
- 탄소강, 합금강, 스테인리스강, 알루미늄 등에 적용한다.
- 조선, 철도, 건축, 자동차, 항공기 등 다양한 분야에 적용에 적용한다.

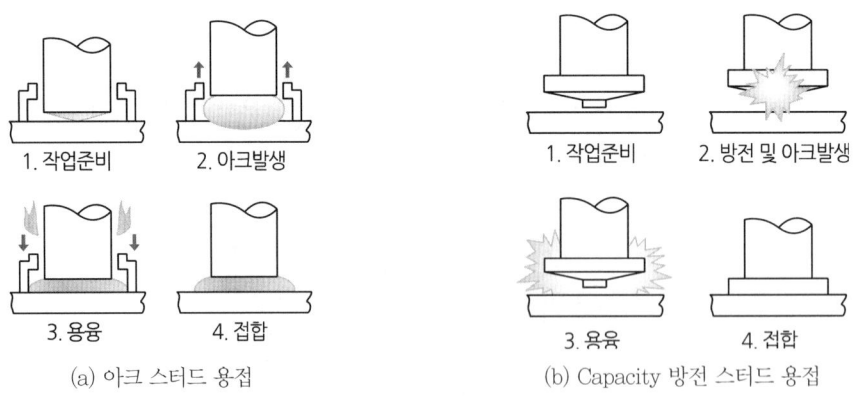

(a) 아크 스터드 용접   (b) Capacity 방전 스터드 용접

▲ 스터드 용접

참고 • 스터드 용접의 원리 : 스터드(Stud) 끝에 가공된 돌출부를 모재에 접촉하여 높은 전류를 가하면 저항 발열에 의해 돌출부가 용융되면서 Arc가 순간적으로 발생하고, 스터드에 가압하여 스터드와 모재의 용융부가 결합한다.

• 용접 순서
- 용접 건의 스터드 척에 스터드를 끼운 다음, 끝 부분에 페룰(둥근 도자기)을 부착
- 통전 방아쇠를 당겨 스터드가 약간 위로 상승하게 되면, 아크가 발생하게 되고, 아크 발생시간을 제어하여 전자석에 전류를 차단하며, 스프링의 압력에 의해 용융금속을 압착한 다음 스터드 척을 풀고 페룰을 제거한다.

장점	단점
• 작업 공정이 간소하여 작업이 매우 빠르고 능률이 높다. • 이음 효율이 높아 기밀, 수밀 유지가 가능하다. • 용접 변형이 극히 적다. • 중량이 경감된다. • 재료 및 시간이 절약된다. • 고정구 취부가 용이하다. • 스터드의 형상이 자유롭다. • 보수와 수리가 용이하다. • 장비가 간단하고 이동이 쉽다. • 철 및 비철 금속에도 사용이 가능하다.	• 냉각속도가 빨라 용착 금속부의 경화가 쉽다. • 제품의 변형이 발생될 수 있다. • 잔류 응력 및 변형에 민감하다. • 통전시간, 용접 전류 등 용접 조건이 불충분하면 용접 외관은 양호하더라도 용접 강도가 저하된다. • 용접사 기량에 따라 이음부 강도가 좌우된다. • 품질검사가 곤란하다. • 유해광선 및 가스 폭발 위험이 있다.

 페룰의 역할
• 용접부를 대기와 차단하여 용융 금속의 산화 및 질화 방지
• 아크열을 집중하여 용착 금속의 누출 방지
• 용접부의 오염 방지
• 용접사의 눈을 아크광선으로부터 보호

Key Point

아크는 스터드와 모재의 접촉부 혹은 돌기에서 발생되며, 페룰은 아크를 발생하지 않는다.

참고 페룰 : 내열성의 도기로 제작되어 아크를 보호하기 위한 것으로 모재와 저촉부는 홈이 파여져 있어 용접시 발생하는 열과 가스를 방출할 수 있는 구조로 되어 있다.

8 일렉트로 슬래그 용접(ESW ; Electro Slag Welding)

용융된 슬래그 속으로 전극 와이어를 연속적으로 공급하여 용융 슬래그에 통전된 전류의 저항 열을 이용하여 와이어를 용융시켜 연속적으로 밑에서부터 위로 용접해 나가는 수직 자동 용접이다.

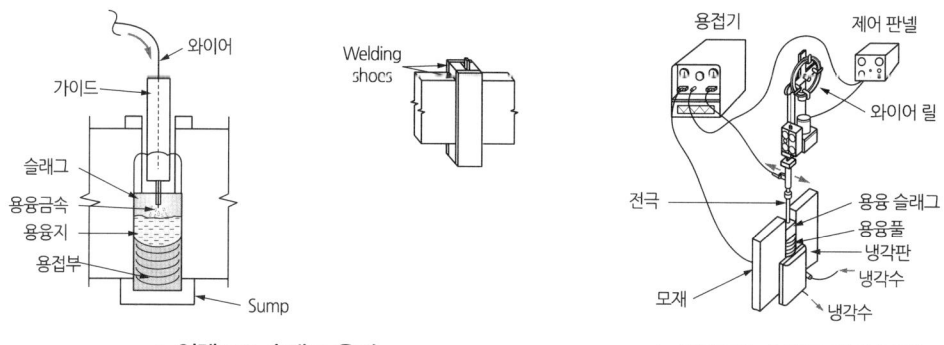

▲ 일렉트로 슬래그 용접   ▲ 일렉트로 슬래그 용접 장치

- 수냉 동판을 용접부의 양면에 부착한다.
- 전기 용접법의 일종이며, 아크의 열이 아닌 용융 슬래그의 저항열을 이용하는 것이 특징이다.
- 후판의 다층 용접 시 발생하는 과다 입열, 열 변형 등의 문제를 해결하기 위해 개발되었다.
- 용융 슬래그 온도 : 1,750℃
- 와이어 직경 : 2.5~3.2mm
- 용도
  - 두꺼운 판, 관, 보일러 드럼, 대형 프레스, 고압탱크 등
  - 터빈 축, 대형 공작기계의 프레임 등
  - 석유 화학, 화학 플랜트 및 담수화 설비 등에서 탄소 강재에 Stainless 강 또는 비철 금속을 덧댐 용접(Over lay)하여 강재의 내식성 및 내마모성을 위하여 적용하기도 한다.

장점	단점
• 용접 능률과 품질이 우수하다. • 초후판 강재의 단층 용접이 가능하다. • 용접 홈 형상을 그대로 사용하므로 용접 전 가공과 모재 재료 손실이 없고, 능률적이고 경제적이며, 모재가 두꺼울수록 경제적이다. • 용융 금속의 용착률은 100%이다. • 용접 속도가 빠르고, 우수하다. • 최소한의 변형과 최단시간 용접법이다. → 뒤틀림, 변형 및 잔류 응력 등이 적다. • 용접 중 아크 불꽃과 Spatter가 없다. • 용접이 조용하고 소음이 없다. • 기공의 생성 및 슬래그 혼입 등이 없고, 고온 균열이 발생하지 않는다. • 다전극을 이용하면 더욱 능률을 올릴 수 있다.	• 19mm 이하 박판의 용접은 곤란하다. • 고온 균열의 발생 우려가 높고, 노치 취성이 크다. • 결정립이 조대화되어 인성이 저하될 수 있고, 기계적 성질이 나쁘다. • 용접 중 용접부를 직접 관찰할 수 없어서 품질 관리가 까다롭다. • 장비 설치가 복잡하다. • 모재 내 용입 균일을 위해 전극을 판 두께 방향으로 요동해야 한다. • 냉각판의 누수 등이 발생하면 기공 등이 발생할 수 있다. • 복잡한 형상의 용접이 어렵고, 아래 보기 용접만 가능하다. • 고가이다.

1) **구성**
   ① **일반형** : 모재, 시작 판, 냉각 판, 심선, 수냉관 등
   ② **안내 레일형** : 안내 레일, 제어상자, 냉각장치(냉각수, 수냉동판) 등

2) **적용 용접 이음** : 모서리 이음, 필릿이음, T이음

9 일렉트로 가스 아크 용접(EGW ; Electro Gas Welding)

일렉트로 슬래그 용접의 용융 슬래그 대신 보호 가스(탄산 가스)를 사용하여 대기를 차단하고, 소모성 전극과 모재 사이에 Arc를 발생하여 용접한다.

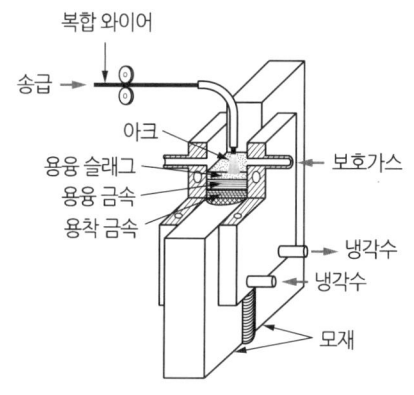 

▲ Electro Gas Welding

- 탄산가스 분위기에서 아크를 발생시켜 모재를 용융하여, 전극 와이어와 미끄럼 판을 연속적으로 밑에서부터 위로 상향시키면서 두꺼운 판을 용접한다.
- 사용가스 : 이산화탄소(CO_2) → 이산화탄소 아크용접의 일종으로도 본다.
- 용접봉 종류 : 솔리드 와이어 용접봉, 복합 심선(Flux Cored Wire) 용접봉
- 구성 : 모재, 시작판, 냉각판, 심선, 수냉관, 실드 가스관 등

장점	단점
• 일렉트로 슬래그 용접보다 다소 얇은 중후판(40~50mm) 이하의 용접이 가능하다. • 용융 금속의 낙하, 스패터 손실을 고려하지 않아도 되며, 용착 효율이 95% 이상이다. • 일렉트로 슬래그 용접 대비 홈 간격이 좁고, 용접 입열이 적어 용접 변형이 거의 없고, 작업성이 양호하다. • 모재 두께에 관계없이 용접이 빨라 작업이 능률적이며, 용착 금속량이 적어 경제적이다. • 용접 속도가 자동으로 조절된다. • 적용 모재의 두께가 20~70mm 범위일 때, 가장 경제적이고, 고품질의 용접이 가능하다. • 고전류 단층 용접으로 효율이 매우 높고, 자동 용접이므로 용접 작업자의 숙련도와 관계없다.	• 보호가스의 차폐 효율이 낮다. • 두꺼운 판의 용접 시 기공의 발생 우려가 높다. • 용접부 조직이 조대화되어 용접 금속의 기계적 성질이 나쁘다. • 일렉트로 슬래그 용접에 비하여 스패터와 가스 발생량이 많다. • 냉각속도가 느리므로 노치 취성이 크다. • 75mm 두께를 초과할 경우, 일렉트로 슬래그 용접보다 생산성이 낮다. • 정확한 조립이 요구되며, 이동용 냉각동판에 급수장치가 필요하다.

10 테르밋 용접

산화철과 알루미늄 분말을 3 : 1 정도의 무게 비율로 혼합한 것에 과산화바륨이나 마그네슘 등의 혼합 분말의 점화제를 넣어 발생하는 3,000℃의 고열로 용접하는 방법

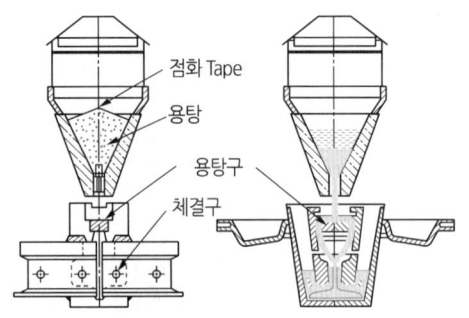

▲ 용융 테르밋 용접

- 테르밋 반응을 이용하여 용접한다.
- 용접 작업이 단순하여 작업 숙련도가 낮다.
- 용접 기구가 간단하고 저가이다.
- 작업 장소의 이동이 쉬워 현장용접이 가능하다.
- 작업시간이 비교적 짧아 능률적이다.
- 용접 후 변형이 적다.
- 용접을 위한 특별한 홈 가공이 필요 없다.
- 전력이 불필요하고 작업비용이 저렴하다.

> **참고** 테르밋 반응(Thermit Reaction)
> 금속산화물이 알루미늄에 의해 산소를 빼앗기는 탈산작용을 할 때 강력한 반응열을 발생시키는 반응의 총칭

- 테르밋제 : 산화철(3) + 알루미늄 분말(1)
- 점화제 : 과산화바륨, 마그네슘(또는 알루미늄) 혼합 분말

1) 용접순서
용접 이음을 적당히 이격하고, 주위에 주형을 제작하여 용접 모재를 80~90℃로 예열한 다음, 도가니로 내부의 테르밋 반응에 의해 용해 용융 금속을 주형 속에 주입하여 이음 간격 부위를 용착

2) 용도
① 레일 접합, 선박의 선미 프레임 등 큰 단면의 주조, 단조품의 맞대기 이음
② 치차, 축, 마멸부분의 보수 용접 등
③ 구리계통의 전기용품, 동과 철의 용접

11 플라즈마 아크 용접(PAW ; Plasma Arc Welding)
아크열로 가스를 가열하여 자기적 핀치 효과와 열적 핀치 효과에 의해 토치의 노즐에서 분출되는 고속의 Plasma 제트를 이용하여 모재를 절단, 용사 및 가열 용융하여 용접하는 방식
- 사용 가스 : 헬륨, 수소, 아르곤

- 냉각 가스 : 아르곤과 수소의 혼합가스
- 용도 : 스테인리스강, 탄소강, 티타늄, 니켈 합금, 구리 및 황동 등 용접

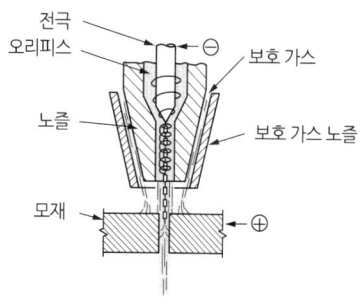
▲ 플라즈마 아크 용접

 플라즈마(Plasma)
기체를 수천 도의 고온으로 가열하면 가스원자가 원자핵과 전자로 유리되어 양·음이온 상태가 되는 것으로서, 고체, 액체, 기체 이외의 제4의 물리적 상태이며, 온도는 10,000~30,000℃ 가량의 고온이다.

- 자기적 핀치(Pinch) 효과 : 높은 전류에서 자장과 전류의 작용으로 아크 단면(플라즈마 기둥)이 수축하여 가늘게 되고 전류 밀도가 증가하여 높은 에너지를 발생하는 현상
- 열적 핀치(Pinch) 효과 : Arc 플라즈마 방전에서 주위의 기체를 냉각하면 Arc 플라즈마 기둥은 자체의 열손실을 적게 하기 위해 단면이 수축되고 전류 밀도가 증가하여 고온의 플라즈마가 얻어지는 성질

장점	단점
• 용접부의 기계적 성질이 좋고 변형도 적다. • Arc 길이가 변해도 용접부는 거의 영향을 받지 않고, 아크 안정성이 우수하다. • Pinch 효과로 열 에너지 집중이 우수하여, 전류 밀도가 높아 용입이 깊고, 좁은 비드를 얻을 수 있다.(용입 : 비드 폭 = 1 : 1 정도) • Groove 가공이 필요 없고, 용접부 단면 전체에 대해 수축 응력이 일정하여 용접 변형이 적고, 용접 속도가 빠르다. • 용접봉이 토치 내의 노즐 안쪽에 위치해 있으므로, 모재에 부딪힐 염려가 없어 용접부에 텅스텐 전극이 오염될 우려가 없다. • 초박판의 정밀한 용접이 용이하다. • 용접 숙련도가 요구되지 않는다. • 키홀 용접이 가능하여 능률적이다.	• 장비가 고가이다. • 무부하 전압이 일반 용접기보다 2~5배가량 높아 감전의 위험이 크다. • 토치가 커서 모서리 용접이 어렵다. • 맞대기 용접 시 모재 두께가 25mm 이하로 제한된다. • 수동 플라즈마 용접은 전 자세가 가능하나, 자동 플라즈마 용접은 아래보기 및 수평 자세만 가능하다. • 빠른 용접 속도에 의해 실드 가스가 불충분할 수 있다. • 키홀 용접 시 Under-Cut이 발생할 수 있다. • 노즐의 지속적인 관리가 요구되며, 토치가 복잡하여 조작이 까다롭다. • 용접장치 중 고주파 발생장치가 필요하다.

 키홀(Key Hole) 용접
용접 모재를 2장 이상 맞대어서 한 번에 용접하는 방법

1) 전원 특성
- 전원은 직류를 사용하고, Arc 발생용으로 고주파 전원을 병용한다.
- 아르곤은 아크 기둥의 냉각작용과 동시에 텅스텐을 보호한다.

2) 용접 특성
용가재가 불필요하고, TIG용접보다 2배가량 빠른 속도로 용접이 가능하다.

모재 두께	용접법
0.05~1.6mm 두께의 박판	저전류 플라즈마 용접
6.4mm 이하	단층 용접
6.4mm 이상	I형 맞대기 용접

12 고에너지 용접법

전자 빔 또는 레이저 빔을 증폭하거나 또는 가늘게 압축하여 에너지를 집중하여 용접물에 충돌 또는 조사하여 용접하는 방법

1) 전자빔 용접(EBW ; Electro Beam Welding)

고진공(10^{-4}mmHg 이상) 중에서 적열한 필라멘트에서 방출되는 열전자를 고속으로 가속시킨 전자빔을 용접부에 조사하여 이때의 충격열로 용접하는 방식

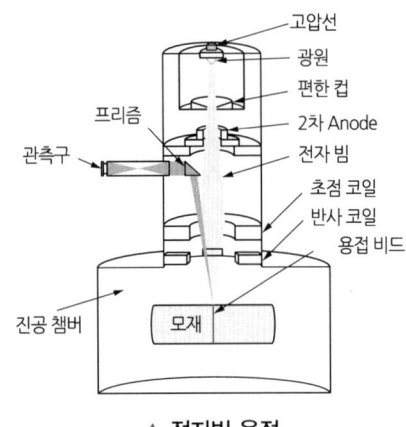

▲ 전자빔 용접　　　　　　▲ 전자빔 용접의 단면

① 조사된 에너지는 모재에 좁고 깊은 용입을 형성한다.
② 전자 렌즈로 전자빔의 세기 조절이 가능하다.
③ 용도
- 자동차, 원자력, 항공기, 반도체 재료 및 활성 재료
- 정밀 제품의 자동화용
- 가속 전압을 이용하여 빔의 집중을 좁게 하면 고속 절단 및 구멍 가공 작업이 용이하다.

장점	단점
• 진공에서 행하므로 불순가스 등의 오염이 적고 금속학적 성질이 양호하다. → 활성 금속(Zn, Ti, Mo, Ta, Si, Ge 등)의 용접이 용이하다. • 에너지 집중도가 높아 고융점 재료(Mo, W, Ta 등)의 용접과 고속 용접이 가능하다. • 용융부 및 열 영향부가 좁고, 용입이 깊다. • 용접 입열이 적어 변형이 적으며, 정밀 용접이 가능하다. • 다층 용접이 필요한 부분도 단층 용접으로 완료할 수 있다. • 전자빔의 정밀 제어가 가능하므로 얇은 판에서 두꺼운 판(150mm)까지 용접이 가능하다. • 전자 렌즈에 의해 에너지를 집중시키므로, 용융온도가 높은 재료의 고순도 용접이 가능하다. • 이종 금속의 용접이 가능하다. • 용접봉을 사용하지 않으므로 슬래그 잠입 등의 결함이 없다.	• 용융 부위가 좁아 냉각속도가 빠르므로 균열 발생 우려가 있어 예열 및 후열이 필요하다. • X선 방호가 필요하다.(차폐설비 필요) • 용접 중 금속 증기가 다량으로 발생하여 진공도가 100mmHg보다 높게 되면 전리현상이 발생하여 방전의 위험이 있다. • 진공 장비 내에서 실시되므로 용접물의 크기가 제한적이다. • 진공 설비와 배기장치가 필요하고, 설비가 고가이다.

④ 종류
  ㉠ 전압에 의한 구분

  동일 조건에서는 전압이 높을수록 용입이 깊다.

종류	특성
고전압, 소전류형	• 가속 전압 : 70~150[kV] • 전자빔의 집속이 쉬워, 천공 및 절단 작업이 용이하다. • 전압이 증가할수록 X-선의 발생량이 많아진다.
저전압, 대전류형	• 가속 전압 : 20~40[kV] • 용접 시에만 적용하는 방식이다. • 크기가 작고 얇은 제품의 용접에 사용된다. • 저전압이므로 X-선의 발생량이 적고, 용접이 가능하다.

  ㉡ 진공에 따른 구분

  진공도가 높아질수록 빔의 직경은 작아지고, 집적이 용이해진다.

종류	특성
고진공형	• 진공압 : 10^{-6}~10^{-3}torr • 좁고 깊은 용입을 얻을 수 있다. • 수축에 의한 용접부의 변형이 적고, 오염도가 낮다. • 활성 금속의 용접에 적당하다. • 진공 분위기 생성 시 시간이 걸린다.
저진공형	• 진공압 : 10^{-3}~25torr • 활성 금속에서는 용접 품질이 저하되나, 타 금속은 고진공형과 동등한 용접 품질을 가진다. • 진공 시간이 짧아 주로 사용된다.
대기압형	• 진공장치 없이, 대기압 하에서 용접을 실시하는 방식이다. • 용접물의 크기에 제한이 없고, 진공 생성 시간이 불필요하다. • 용접 비용이 저렴하다. • 적절한 실드 가스 분위기를 만들어 Ca, Ti 합금의 용접에 이용한다. • 빔의 집중도가 떨어진다.

2) 레이저 빔 용접(Lazer Beam Welding)

단일파장으로 위상이 갖추어진 레이저 빛을 광학 렌즈를 통해 일정 위치에 고밀도로 집적 조사하여 순간에너지 상승으로 모재를 용융하여 용접하는 방법 → 유도 방사에 의한 빛의 증폭으로 용접

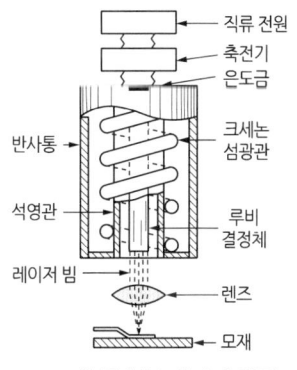

▲ 고체 금속형 레이저 용접

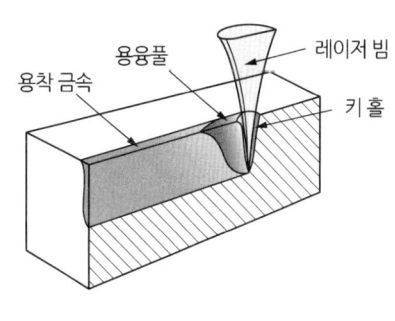

▲ Laser Welding 공정

• 레이저를 매우 작은 크기로 집적할 수 있어 유리, 세라믹, 플라스틱, 목재 등 대부분의 재료를 가공할 수 있다.

장점	단점
• 고순도의 용접과 아주 작은 부품의 정밀 용접이 가능하다. • 접근이 곤란한 물체의 용접이 가능하다. • 좁고 깊은 접합부의 용접이 가능하고, 열 변형이 없다. • 용접 입열이 대단히 작으며, 열영향부가 좁다. • 빠른 용접 속도와 하나의 레이저 발진기로 다수의 용접이 가능하여 작업 효율이 우수하고, 자동화가 용이하다. • 급랭에 의해 조직이 미세화하고, 기계적 성질이 우수하다. • 정밀 금형, 사출 금형, 자동차 부품 금형 및 이종 금속 등 정밀 고가 부품 등의 용접이 가능하다. • 키 홀 모드 용접이 가능하여, Groove 가공 없이 두꺼운 재료도 한 번에 용접이 가능하다. • 두께가 다른 판의 용접이 가능하다. • 용접물이 부도체인 경우에도 용접이 가능하다. • 비접촉식으로 모재에 손상을 주지 않는다.	• 이음부의 정밀가공, Laser의 집속 설정 등 용접을 위한 사전 준비가 필요하다. • 레이저 빔을 용접부에 정밀히 조사해야 한다. • 용접 후 냉각 속도가 빨라 합금원소가 다량 첨가된 고강도강 혹은 알루미늄 등은 기공 혹은 인성 저하 등에 의한 균열 발생이 쉽다. • 높은 반사도와 열전도도 특성을 가진 금속(Al, Cu 등)은 용입 형상 및 깊이 증가에 한계가 있으므로 높은 출력의 레이저가 필요하며, 용접성이 열악하고 균열 및 기공 등의 발생이 쉽다. • 전력 소모량이 크고, 에너지 변환 효율이 낮으며, 장치가 복잡하여 고가이다.

① 종류

레이저 생성 매질에 따라 액체형, 기체형, 고체형, 반도체형 레이저로 구분된다.

② 용도

㉠ 전자, 의료 장비 등의 정밀 가공용

㉡ 다이아몬드 구멍 뚫기 및 절단

㉢ 가는 선이나 작은 물체 및 박판의 용접

㉣ 우주 통신, 로켓 추적, 광학 및 계측기

13 Hybrid 용접

2개 이상의 용접법을 복합화하여 서로 다른 용접법의 특성을 동시에 활용하여 용접부의 품질 및 용접 생산성을 확보하는 방식의 용접법이다.

① Laser-TIG Hybrid 용접 : 레이저 용접과 TIG 용접의 복합 용접법

② Laser-MIG Hybrid 용접 : 레이저 용접과 MIG 용접의 복합 용접법

14 논 가스 아크 용접(Non-shield Gas Arc Welding)

보호 가스의 공급 없이 용접 와이어에서 발생한 가스로 아크를 보호하여 용접하는 방법

• 일반적으로 솔리드 와이어 또는 플럭스가 심선에 든 와이어를 사용하며, 비피복 아크 용접이라고도 하며, 반자동 용접으로 가장 간편하다.

장점	단점
• 저수소계 피복 용접봉과 같이 수소의 발생량이 적다. • 보호 가스 및 용제가 필요 없고, 바람이 있는 옥외에서도 작업이 가능하다. • 길이가 긴 용접물의 아크를 중단하지 않고 연속 용접이 가능하다. • 교류 및 직류 모두 사용이 가능하며, 전자세 용접이 가능하다. • 용접 장치가 간단하며 운반이 편리하다.	• 용접 와이어가 고가이다. • 용접부의 기계적 성질이 떨어진다.

CHAPTER 05 절 단

1 절단의 종류

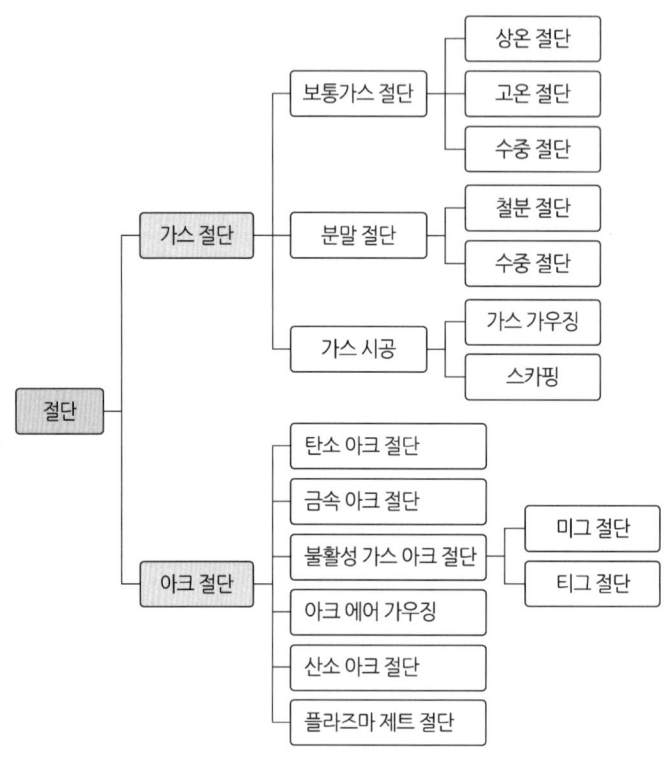

2 가스 절단

1) 가스 절단 원리
- 예열 불꽃으로 강의 절단 가능한 온도인 800~1,000℃로 예열하고, 절단기 중심에서 고속으로 순도가 높은 산소를 공급하여 강은 연소하여 산화철이 되고 산소의 분출력에 의해 절단된다. → 금속과 산소의 화학반응(산화)에 의해 절단
- 철판의 두께가 두꺼울수록 많은 산소량이 요구된다.

모재 예열 + 산소 → 산화철 생성 + 산소의 분출력 → 절단

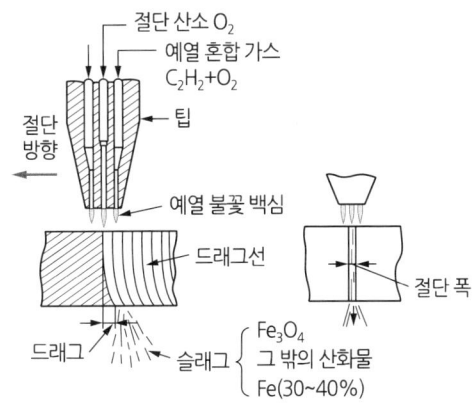

▲ 가스 절단

2) 가스 절단 조건
① 절단 모재의 산화물이나 슬래그의 용융온도가 모재의 용융온도보다 낮아야 한다.
② 생성된 산화물의 유동성이 양호해야 하고, 모재로부터 쉽게 떨어져야 한다.
③ 모재가 불연성 물질을 함유하지 않아야 한다.
④ 산화 반응이 우수해야 하며, 다량의 열이 발생되어야 한다.

3) 각 금속의 가스 절단

금속의 종류		가스 절단 방법
탄소강	0.45%C 이하	예열 없이 절단 가능
	0.45~1.6%C 이하	예열 후 절단 가능
	1.6%C 이상	연소 온도가 높고, 용융 온도가 낮아 절단이 곤란
주철		불가능 이유 흑연이 철의 연속적인 절단을 방해함
비철금속(구리, 알루미늄, 청동 등)		불가능
스테인리스강		불가능 이유 산화 금속이 모재보다 용융점이 높다.

4) 가스 절단 장치
① 가스 절단 장치의 구성 : 가스 절단용 토치와 팁, 산소 및 연소 가스용기 및 호스, 압력 조정기 및 가스 용기 등으로 구성되며, 가스 용접장치와 비슷하다.
② 가스 절단 토치
  ㉠ 예열용 혼합가스 분출구에서는 산소＋아세틸렌의 예열용 혼합 가스를 생성한다.
  ㉡ 절단 산소 분출구는 고압의 산소만을 분출한다.

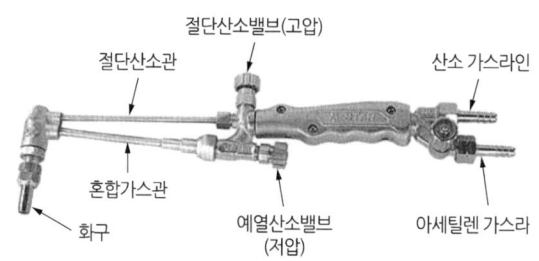

▲ 가스 절단 토치

③ 가스 절단 토치의 종류
　㉠ 저압식 토치

구분	동심형(프랑스식)	이심형(독일식)
형태	혼합 가스를 이중의 동심원의 구멍에서 분출	혼합가스와 절단산소를 각각의 다른 팁에서 분출
특징	전후, 좌우 직선 및 곡선 절단이 용이하다.	• 곡선 절단이 불가능하다. • 예열 팁 방향만 절단이 가능하다. • 직선 절단이 능률적이며 절단면이 깨끗하다.→ 자동 절단에 사용

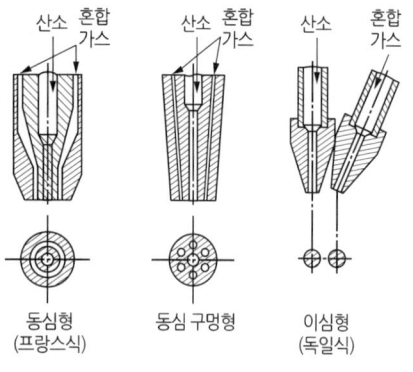

▲ 토치 끝 팁의 형상

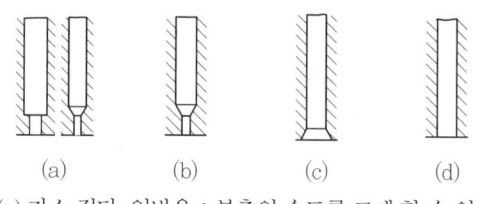

(a) 가스 절단, 일반용 : 분출의 속도를 크게 할 수 있다.
(b) 다이버전트 노즐 : 분출의 속도를 음속 이상으로 할 수 있다.
(c) 가우징용 : 분출 속도가 작다.
(d) 후판 절단용

▲ 산소 절단 분출구의 종류

> **Key Point** 　다이버전트 팁
> 고속 분출을 얻는 데 적합하고, 보통의 팁에 비해 산소 소비량이 같을 때 절단 속도를 약 20~25% 증가시킬 수 있다.

　㉡ 중압식 토치

구분	팁 혼합형	토치 혼합형
형태	예열 산소와 아세틸렌의 혼합이 팁에서 이루어진다.	예열 산소와 아세틸렌이 혼합실에서 이루어진다.
특징	• 절단용 산소, 예열용 산소, 아세틸렌을 위한 3개의 통로가 별도로 되어 있어 3단 토치라고도 한다. • 역화 시 팁만 손상되고 토치는 손상되지 않는다.	• 예열 팁 방향만 절단이 가능하다. • 직선 절단이 능률적이며 절단면이 깨끗하다.

> 참고 사용 가스의 압력에 따른 분류
> 산소-아세틸렌 절단과 동일하다.

종류	아세틸렌 압력
저압식 토치	0.07kg/cm² 이하
중압식 토치	0.07~1.3kg/cm²
고압식 토치	1.3kg/cm² 이상

4) 가스 절단 작업과 절단면

① 가스 절단 방법

구분		내용
팁 끝과 모재 사이 거리		1.5~2.0mm
팁의 각도		전후, 좌우 90°
예열 온도		800~900℃
가스 혼합비	산소 : 프로판	4.5 : 1
	산소 : 아세틸렌	1 : 1

② 양호한 절단면의 판정
- 절단면이 깨끗하고 충분히 평활하며, 모재 표면의 각이 예리할 것
- 드래그가 가능한 일정하고 작을 것
- 드래그의 홈이 깊고 노치가 없을 것
- 슬래그의 이탈성이 좋을 것
- 절단비가 경제적일 것

▲ 이상적 산소 절단면

▲ 노즐의 위치가 먼 경우의 산소 절단면

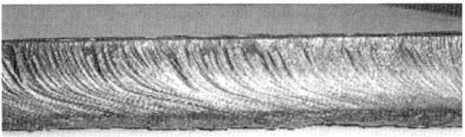

▲ 절단 속도가 너무 빠를 경우의 산소 절단면

▲ 산소가 과다할 경우의 산소 절단면

③ 절단면 윗 모서리가 둥글게 되는 원인
- 예열 불꽃이 너무 강하다.
- 절단 속도가 느리다.
- 팁과 강판 사이의 거리가 너무 가깝다.

5) 절단 효율 및 절단 속도

① 절단 효율(η) : 가스 절단을 평가하는 한 방법으로 사용되는 값이다.

$$\eta = \frac{T_m \cdot v}{Q} \, [\text{mm}^2/l]$$

여기서, T_m : 최대 절단 판 두께(mm), v : 절단 속도(mm/min), Q : 절단 산소유량(l/min)

② 절단 속도
- 산소의 압력, 순도가 높을수록 빠르고, 소모 산소량이 많을수록 빠르다.
- 모재의 온도가 높을수록 빠르다.

③ 가스 절단의 영향인자
- 팁의 크기, 모양, 모재와의 거리 및 각도
- 산소 압력 및 순도
- 절단 속도
- 절단재의 재질, 두께 및 표면 상태
- 사용 가스의 종류
- 예열 불꽃의 세기 등

6) 예열 불꽃

모재 가열 시 예열 온도는 900℃이다.

① 예열 불꽃의 역할
- 절단 산소의 운동량 유지
- 절단 산소의 순도 저하 방지
- 절단 개시 발화점 온도 가열
- 절단재 표면 스케일 등의 박리성 증대

② 불꽃의 강도에 따른 발생 현상

불꽃이 강할 때 발생하는 현상	불꽃이 약할 때 발생하는 현상
• 절단면이 거칠어진다. • 윗 모서리가 용융되어 둥글게 된다. • 슬래그 중 철 성분의 박리가 어려워진다.	• 드래그가 증가한다. • 절단 속도가 늦어진다. • 절단이 중단되기 쉽다.

7) 산소의 불순물 증가에 따른 영향

① 절단면이 거칠어진다.
② 절단 속도가 느려진다.
③ 절단 홈의 폭이 넓어진다.
④ 슬래그 이탈성이 나빠진다.
⑤ 산소 소비량이 많아진다.

8) 드래그 선(Drag Line)과 절단 폭(Kerf)

① 드래그 선

가스 절단 시 절단 홈의 밑으로 갈수록 슬래그의 방해, 산소의 오염, 절단 산소 속도의 저하 등에 의해 산화작용과 절단이 느려져 생긴 절단면에 나타나는 평행하고 일정한 간격의 곡선으로, 절단 모재에서 절단 가스의 입구점과 출구점까지의 수평거리이다.

• 드래그는 가스 절단의 품질을 판정하는 기준이 된다.

㉠ 절단 속도와 드래그 길이
ⓐ 절단 속도가 느릴 경우 드래그 길이는 짧아진다.
ⓑ 절단 속도가 일정할 때, 산소 소비량이 적으면 드래그 길이는 길어지고 절단면이 거칠어지고, 절단 속도가 일정할 때, 산소 소비량이 많으면 드래그 길이가 짧아진다.

> **Key Point** 드래그 길이에 영향을 주는 요소
> 절단 속도, 산소 소비량

㉡ 표준 드래그의 길이
ⓐ 드래그의 길이는 경제성과 절단성을 감안하여 검토하여야 한다.
ⓑ 강판 두께가 1inch 이하 : 강판 두께의 20%가 가장 적합하다.
ⓒ 강판 두께가 1inch를 초과 : 강판 두께의 10%가 적당하다.

$$\text{Drag율} = \frac{\text{Drag 길이}}{\text{모재 두께}} \times 100(\%)$$

② 절단 폭(Kerf) : 가스 절단 시 화염에 의한 모재의 절단 폭이다.

9) 가스 절단 변형 최소화 방안
• 지그를 사용하여 강판을 구속한다.
• 여러 개의 토치를 이용하여 평행 절단한다.
• 절단으로 변형이 쉬운 부분은 절단 작업의 마지막에 냉각하면서 절단한다.
• 구속, 가열, 수냉법을 이용하여 변형을 줄인다.

10) 가스 절단 주의사항
• 사용 전 호스가 꼬여 있는지 확인한다.
• 절단부는 예리하고 날카로우므로 상해를 입지 않도록 조심한다.
• 절단작업 중에는 절단면을 보면서 작업해야 한다.
• 가스 절단에 맞는 보호구를 착용한다.

3 아크 절단

가스 대신 Arc 열에 의해 소재를 예열한 후 절단 산소에 의해 산화시킴과 동시에 가압하여 금속을 절단하는 방법

- 정밀도는 가스 절단보다 낮으나 가스 절단으로 절단이 곤란한 금속에 사용이 가능하다.
  → 주철, 망간강, 비철 금속 등에 적합
- 온도가 높고 가스 절단에 비해 매끄럽지 못하나 가스 절단보다 저렴하다.

1) 산소 Arc 절단

속이 빈 중공형의 피복 용접봉(전극봉)을 사용하여 모재 사이에서 아크를 발생시켜 모재를 가열하고, 전극봉 중심에서 산소를 분출하여 용융 금속을 불어내어 절단하는 방법

① 사용 산소는 99% 이상이어야 한다.
② 가스 절단에 비해 절단면이 거칠다.
③ 절단속도가 빨라 철강 구조물 해체, 수중해체작업에 이용된다.
④ **사용 전원** : 직류 정극성 또는 교류
⑤ **용도** : 철강 구조물의 해체 등

2) 탄소 Arc 절단

탄소 또는 흑연 전극봉과 금속 사이에서 아크를 발생하여 금속의 일부를 용융 제거하는 절단하는 방법

① 두꺼운 판의 절단은 전 자세로 작업 가능하다.
② 주철 및 고탄소강의 절단면은 가스 절단에 비해 거칠고 탈탄이 발생한다.
③ **사용 전원** : 직류 정극성이 주로 사용되며, 교류도 가능

3) 금속 Arc 절단

탄소 전극봉 대신에 절단 전용의 특수 피복제를 씌운 피복 전극봉을 사용하여 절단하는 방법

① 절단면은 가스 절단에 비해 거칠다.
② 담금질 경화성이 강한 재료의 절단부는 기계가공이 곤란하다.
③ 피복제는 발열량이 많고 산화성이 풍부하다.
④ 심선 및 피복제의 용융물은 유동성이 풍부하다.
⑤ **사용 전원** : 직류 정극성이 주로 사용되며, 교류도 가능하다.

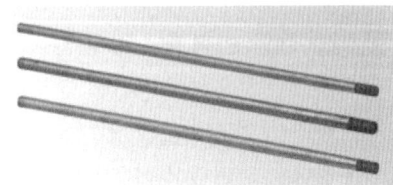

▲ 금속 피복 전극봉

4) 불활성가스 Arc 절단

산소-가스 절단을 사용하지 않고, 불활성 가스(아르곤, 헬륨 등)를 이용한 절단방법

▼ 불활성가스 Arc 절단의 종류 및 특성

구분	TIG 절단(텅스텐 가스 아크 절단)	MIG 절단(불활성 가스 금속 아크 절단)
원리	• TIG 절단 토치를 이용한 절단 • TIG 용접의 원리인 텅스텐 전극과 모재 사이에 발생하는 아크열에 의해 모재를 용융하여 절단	• MIG 절단 토치를 이용한 절단 • MIG 아크용접이 보통 아크용접에 비해 깊게 용입되는 특성을 이용하여 모재를 절단
사용 전원	직류 정극성	직류 역극성
특성	• 절단면이 매끈하다. • 열효율이 우수하고, 능률이 높다.	
작동 가스	아르곤 – 수소 혼합가스($Ar + H_2$)	
용도	• 구리, 알루미늄, 마그네슘 및 그 합금 • 스테인리스 강	

5) 플라즈마 절단

전력과 아르곤 가스를 사용하여 15,000~30,000℃의 초고온 Plasma를 제트기류 상태로 연속적으로 발생하여 소재를 절단한다.

- 아크 단면이 가늘게 되고 전류 밀도가 증가하여 온도가 상승하는 열적 핀치효과를 이용한 절단법이다.
- 용도 : 스테인리스강, 티타늄, 니켈합금, 동 및 황동 등

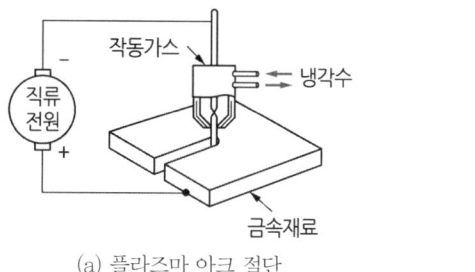

(a) 플라즈마 아크 절단　　(b) 플라즈마 제트 절단

▲ 플라즈마 절단 방식

장점	단점
• 자동 및 수동 절단이 가능하다. • 직류 아크로 작동하며 금속 외에도 도전성 물질이면 어떠한 것이라도 절단할 수 있다 • 열영향부가 좁아 절단면의 재질변화가 적고, 광택을 갖는다. • 두꺼운 판재(127mm 까지)의 절단이 가능하고, 겹치기 절단이 가능하다. • 절단 속도가 빠르고 경제적이다.	• 절단 시작점 단면에 경사가 발생한다. • 플라즈마 기류 속으로 공기 중의 질소, 산소 등이 빨려 들어가 많은 질소 화합물을 생성하고 먼지가 발생한다.

① 종류

종류	특징
이행형	텅스텐 전극(−)과 모재(+) 사이에서 아크 플라즈마를 발생시키는 것 • 모재가 전기 전도성체여야 가능하다. • 열효율이 높다. • 해당 절단법 : 플라즈마 아크 절단
비이행형	텅스텐 전극(−)과 수냉 노즐(+) 사이에서 아크 플라즈마를 발생시키는 것 • 모재측 전기 접속이 필요하지 않으므로 비금속 물질(내화물, 암석, 콘크리트 등)과 비철 및 스테인리스 강 등의 절단 및 용사에 주로 사용 • 비도체 절단, 용접 가열량 최소화에 의한 용접 시 사용 • 해당 절단법 : 플라즈마 제트 절단

② 용도에 따른 혼합가스의 사용

혼합가스	절단금속
아르곤+수소 혼합가스	알루미늄 및 경금속
질소+수소 혼합가스	스테인리스강, 연강

③ 전원
  ㉠ 직류 사용
  ㉡ 아크 전압이 높아지면 무부하 전압이 높은 것이 필요

6) 아크 에어 가우징(Arc-Air Gauging)

탄소 아크 절단 장치에 의해 아크를 발생시키고, 5~7기압(5~7kgf/cm²) 정도의 압축 공기를 불어넣어 용융금속을 불어내어 절단하는 방법

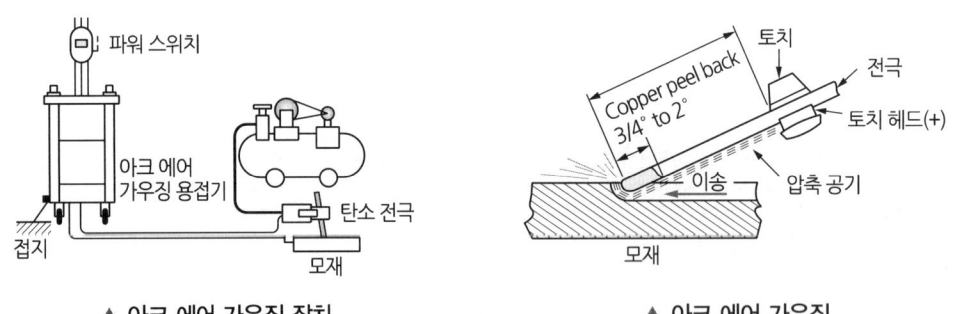

▲ 아크 에어 가우징 장치   ▲ 아크 에어 가우징

① 용접 결함을 보수할 때 이를 제거하는 데 적합하다.
② 압축 공기가 없을 때 긴급한 경우에는 압축 질소가스, 아르곤 가스를 사용할 수 있다.
③ 모재에 나쁜 영향을 미치지 않는다.
④ 소음이 적고, 작업이 쉽다.
⑤ 작업 능률이 가스 가우징보다 2~3배가량 높다.

⑥ 용접 결함(특히, 균열)을 쉽게 발견할 수 있다.
⑦ 활용 범위가 넓어, 철, 비철 금속 모두 사용 가능하다.
⑧ 장비가 간단하고 저렴하다.
⑨ 구성 장치 : 가우징 토치, 용접기, 공기 압축기, 공기 조절 레버 등
⑩ 사용 전원 : 직류 역극성(DCRP)
⑪ 용도
- 용접 홈 준비 작업, 용접 결함부의 제거, 절단 및 구멍 뚫기
- 연강 및 경강, 스테인리스강, 동합금, 알루미늄 강 등

4 특수 절단

1) 분말 절단

철분이나 용제(Flux)의 미세한 분말을 압축공기 또는 압축 질소로 연속해서 분출시켜 절단용 산소에 공급하여 산화열 또는 용제의 화학작용으로 연속적으로 절단하는 방법

① 주철, 비철 금속 등 가스 절단이 곤란한 경우에 적용이 가능하다.
② 용도 : 주철, 스테인리스강, 구리, 알루미늄, 콘크리트와 같이 통상 가스 절단으로 곤란한 경우의 절단

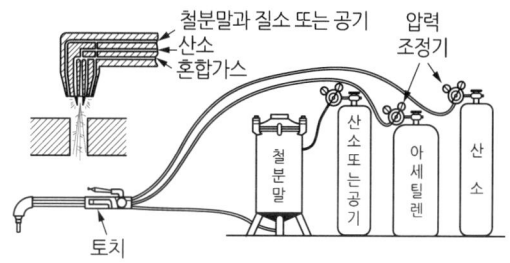

▲ 분말 절단

③ 절단능력 영향 인자 : 분말 조성, 분말 입도, 분말 형성 및 건조 정도

장점	단점
철, 비철, 콘크리트 등 절단 작업 범위가 넓다.	절단면이 거칠다.

④ 분말 절단의 종류

㉠ 철분 절단
- 분말이 주로 철분으로 구성되어 있으며, 철분에 알루미늄 분말을 배합한 미세한 분말을 공급하여 철분과 알루미늄의 반응열을 이용한다.
- 예열 불꽃에 점화된 철분의 연소열로 절단부의 온도를 높이며, 용융하기 어려운 산화물을 용융 제거하여 절단한다.

ⓒ 플럭스 절단
- 분말이 용제가 되는 경우이며, 또 스테인리스강의 절단에 사용한다.
- 분말용제(크롬 산화물 제거용 약품)를 절단 산소와 같이 공급하고 예열 불꽃에 의해 분말 용제를 용융하며, 스테인리스 강의 융점이 높은 Cr 산화물을 제거한다.

2) 가스 가우징(Gas Gouging)

가스 절단과 유사한 토치를 사용하여 강재의 표면에 홈을 파내는 것으로 둥근 홈 파내기 작업이라고도 한다.

① 가스 절단보다 속도가 빠르다(약 2~5배).
② 작은 진동으로도 작업이 중단될 수 있다.
③ 작업 숙련도가 필요하다.
④ 스테인리스강, 알루미늄 등 비철합금은 절단할 수 없다.
⑤ 용도
   ㉠ 용접 결함이나 가접부 등의 제거
   ㉡ U형, H형의 개선 홈 가공 등 깊은 홈 따내기

> 참고 적합한 홈의 깊이 : 너비의 비 = 1 : 2~3

3) 스카핑(Scarfing)

강괴, 강편, 슬래그, 기타 표면의 균열이나 주름, 주조결함, 탈탄층 등의 표면 결함을 불꽃을 이용하여 가능한 얇은 타원형으로 제거하는 방법이다.

① 스카핑 속도는 절단 작업이 재료의 표면에서만 이루어지므로 냉간재의 경우 20m/min으로 매우 빠르다.
② 적합한 절단 속도 : 5~7m/분

▲ 스카핑 작업

▲ 스카핑 토치

4) 산소창 절단(Oxygen Lance Cutting)

1.5~3m 정도의 가늘고 긴 강관에 의해 용광로나 평로의 팁 구멍의 가공, 후판의 절단, 슬래그, 시멘트나 암석의 구멍 뚫기 등에 널리 이용된다.

▲ 산소창 절단 작업

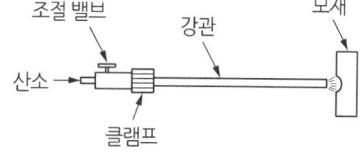

▲ 산소창 토치

5) 겹치기 절단(포갬 절단)

6mm 이하의 얇은 판재를 여러 장 포개어 한꺼번에 절단하는 방법이다.

① 절단 시 판과 판 사이의 산화물 또는 불순물을 깨끗하게 제거하여야 한다.
② 판과 판 사이의 틈새는 0.08mm 이하로 유지하여야 한다.
③ 산소-프로판 절단이 적합하다.

6) 수중 절단

수중에서 산소와 절단가스에 의한 절단작업으로 지상보다 절단가스의 압력은 1.5~2배로 높고, 가스 사용량은 4~8배 소모되나 절단속도는 늦다.

- 수중 절단 가능 깊이 : 수심 약 40m
- 용도 : 침몰선 해체, 교량 개조, 항만과 방파제 등의 공사 등에 주로 사용되며, 수심 45m까지 가능하다.

▲ 수중 절단 작업

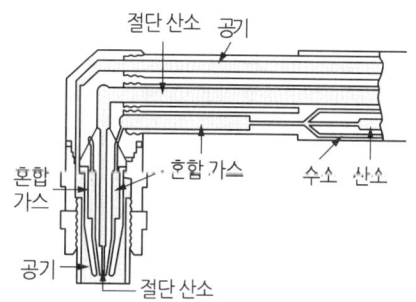

▲ 수중산소-수소 절단토치

① 산소-아크 절단
　㉠ 모재와 전극 사이에 발생하는 아크 열로 모재를 가열하고 산소로 산화철을 제거하여 절단하는 방식
　㉡ 산소의 압력과 전류가 적절하여야 한다.

금속의 종류	모재 두께(mm)	산소 압력(kg/cm^2)	전류(A)	절단 속도 (mm/분)
스테인리스강	20	2.5	220	
알루미늄	25	2.5	260	
구리	25	2.5	600	

② 산소-수소 절단
　㉠ 높은 수압에서 사용이 가능하고, 기포 발생량이 적다.
　㉡ 가장 많이 사용

③ 산소-아세틸렌 절단

④ 산소-프로판 절단
　㉠ 절단면이 미세하며 깨끗하다.
　㉡ 절단 개시 시간이 늦고, 절단 상부의 녹는 양이 적다.
　㉢ 중성 불꽃을 만들기가 어렵다.
　㉣ 슬래그 제거가 쉽다.
　㉤ 아세틸렌보다 절단속도가 빠르다.

CHAPTER 06 납땜

1 납땜

접합 모재보다 용융점이 낮은 금속(땜납)을 용융하여 접합 모재는 용융하지 않고 용가재만을 용융하여 두 금속을 용접하는 방법
- 비철 금속 접합이 가능
- 모재를 용융시키지 않는다. → 모재의 기계적 성질 변화가 없다.
- 재료 수축 현상이 없다.

2 종류

1) 연납(Soldering)과 경납(Brazing)

구분	연납	경납
용가제 용융 온도	450℃ 이하	450℃ 이상
개요	용융점이 450℃ 이하의 것으로 인두에 의해 땜납을 가열한다.	• 용융점이 450℃ 이상의 것으로 토치에 의해 땜납을 용해한다. • 겹치기 이음을 주로 시공한다.

특성	• 장점
	  - 융점이 낮고, 거의 모든 금속 접합이 가능
	  - 땜 인두 사용으로 전기 부품 접합이 용이
	  - 수밀, 기밀이 요구되는 곳에 용이하게 작업이 가능
	• 단점
	  - 이음 강도가 약하여, 강도가 요구되는 곳에는 부적합
		• 이종 금속 접합이 용이
		• 크기가 다른 금속 제품의 접합이 가능
		• 모재와 동등 이상의 강도로 접합이 가능하여 접합부 강도가 용접과 비슷
		• 접합부는 외관이 우수하고, 기계 가공이 필요 없음
		• 기밀성, 연성, 내충격성, 내진동성, 열전도성 및 전기적 특성이 우수

종류	• 주식 - 납 • 납 - 카드뮴 • 납 - 은납	• 은납 • 동납, 황동납 • 인동납 • 알루미늄 납 • 금납 • 양은납 • 내열 합금용 납
용제	염화아연, 염산, 염화암모늄, 인산, 수지, 송진 등	붕사, 붕산, 염산염, 알칼리 등
용도	철, 니켈, 구리, 아연, 주석 및 그 합금 접합용	• 철강, 스테인리스, 구리 등의 땜 작업 • 부품의 접합, 세라믹 및 Ti 등 신소재 접합 등 • 항공기, 각종 엔진, 터빈, 원자로 등

2) 연납(Soldering) : 주석 – 납
- 주석 40% + 납 60%
- 주석의 함유량에 따라 흡착작용이 결정된다.
- 땜납으로 가치가 가장 크다.
- 가장 많이 사용된다.

3) 경납(Brazing)의 종류

① 은납
  ㉠ 주성분 : 은 + 구리 + 아연
  ㉡ 특성 : 강도, 전연성, 연신율 및 유동성 우수
  ㉢ 용도
    - 철강, 스테인리스, 구리 등의 땜 작업
    - 대형 부품의 접합, 세라믹 및 Ti 등 신소재 접합 등

② 동납
  ㉠ 주성분 : 구리
  ㉡ 용도 : 철강, 니켈, 구리-니켈 및 비철금속의 땜 작업

③ 황동납
  ㉠ 주성분 : 구리 + 아연(50~70%)
  ㉡ 특성
    - 용제 없이 저온에서 접합이 가능
    - 가공성이 양호
    - 가격이 저렴
  ㉢ 용도 : 철강, 구리의 땜 작업

④ 인동납
  ㉠ 주성분 : 구리 + 소량의 은과 인
  ㉡ 특성
    - 동 및 동합금의 기계적 성질, 유동성과 가공성을 개선하기 위해 소량의 은 또는 인을 첨가
    - 유동성 양호, 전기 및 열 전도도 우수, 내식성 우수.
    - 용제가 불필요.
  ㉢ 용도 : 구리 및 구리합금 등의 땜 작업

⑤ 알루미늄납
  ㉠ 주성분 : 알루미늄 + 소량의 규소와 구리
  ㉡ 용도 : 알루미늄, 고력 알루늄 합금 등의 땜 작업

⑥ 금납
　㉠ 주성분 : 금＋은＋구리
　㉡ 특성
　　• 내열, 내식 재료의 접합성이 양호하다.(내열, 내식 재료 : Ni, Co, Mo, Ta, Nb, W 등)
　　• 융점이 높다.
　　• 가격이 비싸다.
　㉢ 용도 : 치과, 장식, 전자관 등

⑦ 양은납
　㉠ 주성분 : 구리, 아연, 니켈
　㉡ 용도 : 구리 및 구리합금의 땜 작업

⑧ 내열 합금용 납
　㉠ 니켈－크롬납, 은－망간납, 구리－금납 등
　㉡ 항공기, 각종 엔진, 터빈, 원자로 등

3 용가재(땜납)의 구비 조건

- 기계적, 물리적, 화학적 성질이 우수해야 한다.
- 모재보다 용융 온도가 낮고, 모재와 친화력이 우수해야 한다.
- 모재의 불순물을 제거하고 유동성이 우수해야 한다.
- 적당한 용융 폭을 가져야 한다.
- 모재와 전위차가 적어야 한다.
- 금속면의 산화를 방지해야 한다.
- 모재와 야금학적 접합이 우수해야 하고, 기계적 성질 및 내식성이 사용 목적에 적합해야 한다.
- 접합 온도에서 증발되지 않아야 하고, 접합 시 각 성분이 액상에서 분리되지 않아야 한다.
- 금, 은, 공예품의 땜납은 색조가 같아야 한다.
- 필요에 따라 판재 또는 선재로 가공이 용이해야 한다.

4 용제(Flux)

Brazing 중 이음부를 둘러싸 가열에 의해 모재의 산화를 방지하고, 산화물을 분해시키고, 용가재를 좁은 틈에 스며들게 하여 용융 납과 모재와의 결합을 돕는다.

1) 용제의 역할
① 모재 표면의 산화를 방지한다.
② 납땜 중 발생한 산화물을 용해하고 제거한다.
③ 용가제(납땜)의 퍼짐성과 접합성을 우수하게 한다.

2) 요구 특성

① 땜납제보다 저온에서 용융되어야 한다.
② 용제의 유효온도 범위와 납땜의 온도가 일치해야 한다.
③ 산화 피막 등 불순물을 제거가 용이하고, 유동성이 우수해야 한다.
④ 모재나 땜납을 부식시키지 않아야 한다.
⑤ 땜납의 표면 장력을 증대시켜 모재와 친화력을 높일 수 있어야 한다.

3) 종류

구분	연납	경납
용제	염화아연, 염산, 염화암모늄, 인산, 수지, 송진 등	붕사, 붕산, 염산염, 알칼리 등

5 납땜법의 종류

종류	특징
인두 납땜	• 인두를 사용하여 연납땜에 사용하는 방법 • 가장 일반적으로 사용된다.
가스 납땜	기체나 액체의 연료를 토치나 버너를 이용하여 연소시켜 그 불꽃에 의한 납땜하는 방법
저항 납땜	이음부에 납땜재와 용제를 발라 저항열을 이용하여 가열하여 납땜하는 방법
노내 납땜	노 속에서 가열하여 납땜하는 방법
유도가열 납땜	고주파 유도 전류를 이용하여 납땜하는 방법
담금 납땜	화학약품 속에 담그어 침투하여 납땜하는 방법

> **Key Point** 납땜의 가열원
>
> 가스 및 전기 저항열, 화구에 의한 인두, 고주파 전류, 화학 약품 등

6 납땜 시공

강한 접합을 위한 틈새 : 0.02~0.1mm 정도

용 / 접 / 기 / 능 / 사 / 필 / 기

PART 02

용접 시공

CHAPTER 01 용접 시공 ·················· 111
CHAPTER 02 용접 결함 ·················· 133
CHAPTER 03 용접 검사 ·················· 142
CHAPTER 04 로봇 자동 용접 및
 용접 자동화 ·················· 155
CHAPTER 05 용접 안전 ·················· 159
CHAPTER 06 산업 안전 ·················· 173

CHAPTER 01 용접 시공

1 용접 이음

1) 용접부 명칭

구분	맞대기 용접	필렛 용접
용접부 형상	개선각도, 보강살 붙임, 용접단(Toe), 목 두께, 용착부, 루트면, 루트, 루트 간격	목 두께, 용접 표면, 용접단(Toe), 다리 길이, 용접의 크기, 용접 루트, 용융 깊이, 각장 S, a
특징	두 판의 모서리면을 맞대어서 용접하는 용접 이음	T이음부나 겹치기 이음부의 구석 부분을 용접하는 것
명칭	① 개선, 홈(Groove) 　㉠ 용입을 좋게 하고 접촉 면적을 증대하여 용접 효율을 우수하게 하기 위해 접합하는 두 부재의 맞대기 면 사이의 모서리부를 가공하는 것 　㉡ 용입 모재의 용착된 부분의 최저점과 용접하려는 원 표면의 거리 ② 용접단[용접 토(Toe)] : 모재와 용접 비드의 교점 ③ 루트(Root) : 모재와 용접 아랫면과의 교점 ④ 용착 금속 : 용접 후 용융 금속이 응고된 금속이다. ⑤ 보강살 붙임(덧붙임) : 필릿 용접의 치수 이상으로 표면 위에 용착되거나 계산된 것으로, 비드의 높이 ⑥ 목 두께 　㉠ 용착금속의 단면에서 용접의 루트를 포함하는 최소 두께로, 통상 모재의 두께와 동일 　㉡ 표면비드와 이면비드를 포함하지 않음 ⑦ 이면 비드(Back Bead) 　㉠ 개선 면에서 용접하여 반대편 면에 나타난 비드 　㉡ 통상 1～2mm가 적당	① 다리 길이(Leg Length) : 각장 　필릿의 루트에서 용접단(Toe)까지의 거리 ② 필릿 크기 : 유효 비드 길이(S) 　㉠ 유효한 비드의 길이 치수 　㉡ 설계 시 적용하는 치수 ③ 목 두께(Thickness of Throat) : a 　㉠ 용접단과 용접단을 이은 선과 두 모재 교점 간의 거리 　㉡ 실제 목 두께와 이론 목 두께가 있다. 　　ⓐ 실제 목 두께 : 용입을 고려한 루트로부터 필릿 용접의 표면까지의 최단 거리 　　ⓑ 이론 목 두께 　　　• 약간의 용입을 무시하고, 이음의 루트로부터 빗변까지의 거리로서, 유효 목두께이다. 　　　• 설계 시 응력 계산에 적용한다.

2) 용접 이음의 종류

구조물의 재질, 종류, 형상 및 용접방법 등에 따라 적절한 용접 이음을 선택해야 한다.

① 이음 형상에 따른 구분

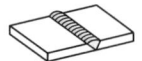 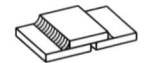 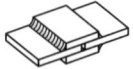 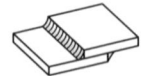

▲ 맞대기 이음(Butt Joint)　▲ 한면 덮개판 이음　▲ 양면 덮개판 이음　▲ 겹치기 이음(Lap Joint)

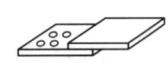 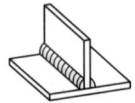 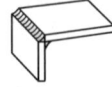 

▲ 플러그 이음(Plug Joint)　▲ T형 필릿이음(Tee Joint)　▲ 모서리 이음(Corner Joint)　▲ 변두리 이음(Edge Joint)

② 용접 방향에 따른 구분

구분	한면 용접	양면 용접	이면 비드 용접
형상			
용접방법	모재의 한쪽에서 행하는 용접	• 모재의 양쪽에서 행하는 용접 • 두꺼운 판재 용접 시 사용	모재의 앞쪽에서 용접을 실시하고, 뒷면의 이면 비드는 가우징으로 제거한 후 다시 용접살을 올리는 용접

③ 홈의 형상에 따른 구분

용접 개선 홈의 형상은 모재의 두께와 용접부의 요구되는 강도, 구조물의 형태, 사용 목적 및 용접방법에 따라 결정한다.

홈 종류	단면 형상	특징	적용 판 두께
I형		• 가공이 쉽고 용착량이 적어서 경제적이다. • 판이 두꺼우면 완전한 용입이 이루어지지 않는다.	6mm 이하
V형		• 한쪽 방향에서 완전한 용접을 실시하고자 할 때 적용한다. • 판이 얇을수록 각도를 크게 하고, 두꺼울수록 작게 한다. • 홈 가공이 쉬우나 두꺼운 판에서는 용착량이 많아지고 변형이 발생한다. • 표준 각도 : 54~70°	약 6~20mm
X형		• 두꺼운 판을 양면 용접에 의해 완전한 용입을 이루고자 할 때 적용한다. • 홈가공이 V형에 비해 다소 어려우나, 용착량이 적다. • 두꺼운 판(후판)의 용접에 적합하다.	10~40mm

홈 종류	단면 형상	특징	적용 판 두께
U형		• 두꺼운 판을 한쪽 방향에서의 용접에 의해 충분한 용입을 이루고자 할 때 적용한다. • 홈가공은 어려우나, V형 홈보다 두꺼운 판을 용접할 수 있다. • 비드의 폭이 좁고 용착량도 적다. • 루트 간격을 붙여도 작업성과 용입이 좋다.	16~50mm
H형		• 두꺼운 판을 양면 용접에 의해 완전한 용입을 이루고자 할 때 적용한다. • 완전 용입이 이루어지고, 용착량이 절감되고 판 두께가 두꺼워 질수록 유리하다. • 홈 가공이 어렵다.	15~40mm
J형	J형 양면 J형	V형 또는 K형 홈보다 두꺼운 판의 용접에 적용한다.	• J형 : 6~19mm • 양면 J형 : 12mm 이상
V형 (베벨형)		• V형, J형 홈과 비슷한 판 두께의 맞대기 용접, T형 필릿 용접, 모서리 용접 등에 적용한다. • 수평 용접일 때는 홈 가공 방향이 위로 가도록 한다.	9~14mm 이상
K형		V형 홈을 양쪽에 가공한 것으로 두께가 12mm 이상인 판에 적용한다.	12mm 이상

참고
• 기본 홈 형상 : I형, V형, 베벨형, U형, J형 홈
• 응용 홈 형상 : X형, K형, H형 홈

참고
• 6mm 이하 : I형 선정
• 6~20mm : V형 선정
• 20mm 이상 : X형, U형, H형 선정

④ 기타 이음방법에 따른 용접부 형상 구분
  ㉠ 필릿 이음부의 형상
    필릿 이음은 홈을 가공하는 경우도 있으나 구석 부분을 그대로 용접하는 경우도 있다.

종류	명칭	형상	특징
형상에 따른 구분	연속 필릿		연속적으로 비드를 용접하는 것
	단속 병렬 필릿		일정한 간격으로 비드를 놓고, 뒷면과 비드가 겹치는 용접
	단속 지그재그 필릿		일정한 간격으로 비드를 놓고, 뒷면과 비드가 지그재그 형상으로 엇갈리는 용접

▼ 하중 방향에 따른 필릿의 구분

종류	명칭	형상	특징
하중 방향에 따른 구분	전면 필릿	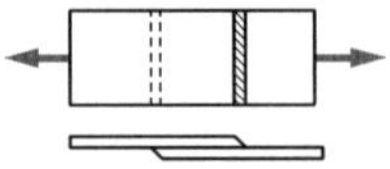	용접선과 하중의 방향이 직각이다.
	측면 필릿	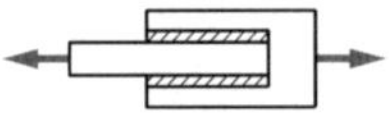	용접선과 하중의 방향이 평행이다.
	경사 필릿	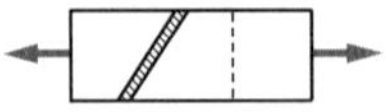	용접선의 방향과 하중의 방향이 경사방향이다.

▼ 비드 단면 형상의 구분

구분	명칭	형상
비드 단면 형상	볼록형 (⼏형)	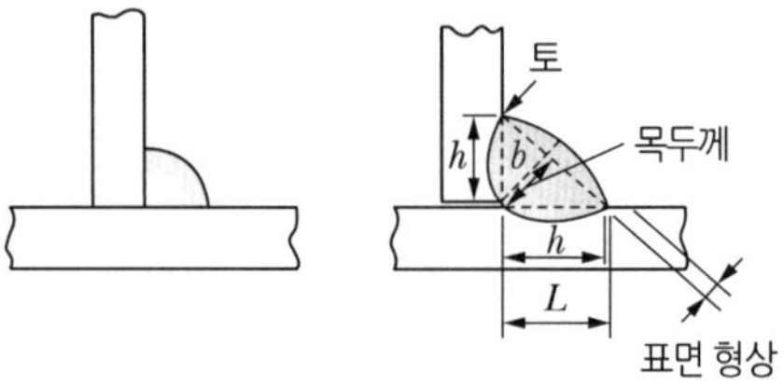
	평면형	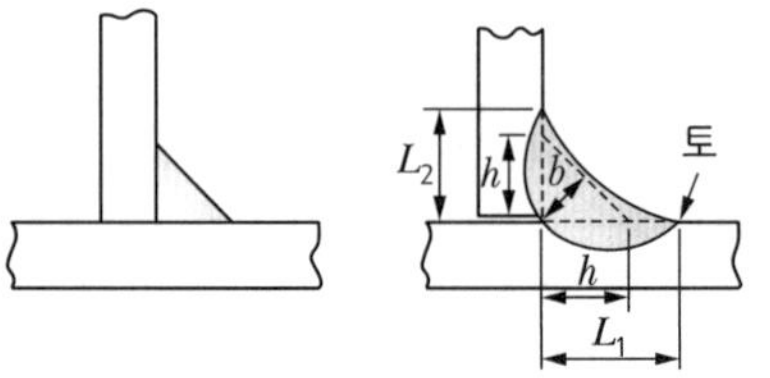
	오목형 (⌣형)	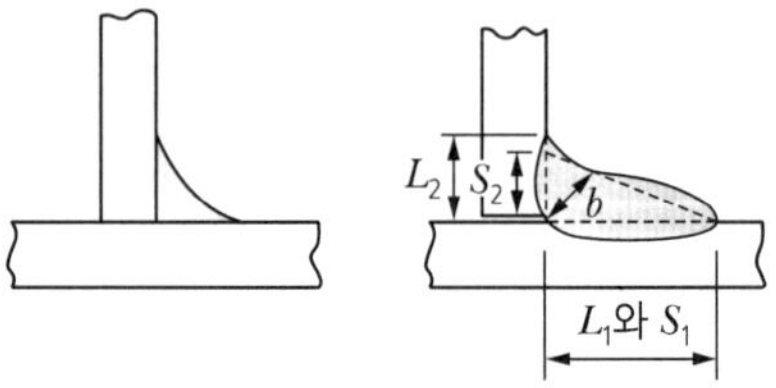

ⓒ 플러그 및 슬롯 이음부의 형상 및 특징

구분	형상	특징
플러그 이음	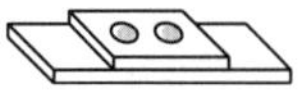	• 접합하려는 두 모재를 겹쳐 놓고 한쪽의 부재에 구멍을 뚫고 용접하는 것 • 전단강도 : 구멍의 면적당 용착 금속 인장강도의 60~70% 정도
슬롯 이음		겹쳐 놓은 2개의 모재 중 한쪽에 좁고 긴 홈을 가공한 후 용접하는 것
비드 놓기	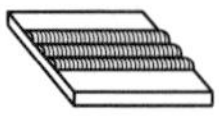	평면이 비드를 연속적으로 용접하여 놓는 것

ⓒ 플레어 이음부의 형상
- 플레어 용접 : 두 부재 사이의 휨 부분이나 곡면 부분을 용접하는 것

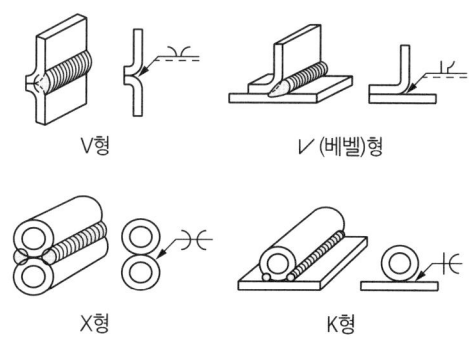

▲ 플레어 용접부 형상

2 용접 경제성의 검토

1) 용접 비용

$$용접\ 비용 = 용접\ 재료비 + 인건비 + 전력비 + 감가상각\ 및\ 유지비용$$

2) 용접 비용의 산정 시 주요 고려 사항
- 보다 경제적인 용접 공정 선정
- 적합한 용접 재료 선정
- 경제적 작업 방법 및 재료 절감 계획 수립
- 이음 형상 설계로 용접 재료의 소모량 절감
- 고정구(지그) 사용으로 작업능률 향상 도모
- 용접사의 작업능률 향상 도모
- 품질 관리와 검사 방법 수립
- 자동화 검토

3) 용접 비용 검토

① 용접 경비의 구성

구분	용접 경비율
재료 및 쥬비 가곡비	35~40%
용접 비용	15~20%
조립 비용	10~15%

② 용접 비용 절감방안
  ㉠ 효과적인 재료의 사용 계획
  ㉡ 합리적이고 경제적인 설계
  ㉢ 가공 불량에 의한 용접 손실 최소화

③ 용접 작업경비 절감방안
   ㉠ 용접선, 개선 단면적 감소
   ㉡ 최적 조립 순서를 결정
   ㉢ 가능한 아래보기 시공 우선
   ㉣ 용접사의 작업능률 향상
   ㉤ 적합한 용접 재료의 선정
   ㉥ 백 가우징의 최소화
   ㉦ 자동화 검토
   ㉧ 고정 Jig를 이용한 용접능률 향상

구분	절감 방안	
설계	• 용접선, 개선 단면적 감소 • 최적 조립 순서 선정	• 적정 모재 선정
재료	• 용접봉의 적절한 선택 • 공정에 적합한 용접 재료 선정	• 고용착 재료 선정
시공	• 작업 효율이 우수한 아래 보기 자세 최대화 • 자동화 검토	• 백 가우징의 최소화 • 용접사 기량 향상

3 용접 설계

1) 설계 시 고려사항(용접 강도 결정 시 요구 인자)

고려사항	특징
설계 압력	운전 조건에서 작용하는 내압, 외압, 진공압 또는 Half – 진공압 등 작용 압력에 대해 충분히 고려하여 두께를 결정한다.
허용 응력	재료별 허용 응력은 설계 온도에 따라 결정되며, 적용 Code에 준하여 적용한다.
부식 여유	부식성 환경 또는 사용 조건(운전 조건)에 따른 부식을 고려하여 모재의 여유를 주어야 한다.
설계 온도	• 각 재료는 온도에 따라 충격값이 달라지므로, 사용 온도를 고려하여 허용 응력 값을 선정한다. • 최저 설계 온도를 기준으로 충격시험 여부를 결정한다.
치수 결정	유효 용적과 여유율(10~20%)을 고려한 용적을 결정하고, 원소재의 재료가 낭비되지 않도록 경제적 측면을 고려하여 제품의 사이즈(내경, 유효 높이 등)를 결정한다.

2) 용접 구조물의 설계

① 용접 구조물의 설계 시 고려사항
- 용접 이음의 집중, 교차, 접근을 피한다.
- 노치 인성, 용접성이 우수한 재료를 선택하여 시공이 쉽도록 설계한다.
- 적절한 용접 이음 형상을 선택한다.
- 간섭이 발생하지 않고, 접근이 쉽도록 용접을 용이하게 설계한다.
- 겹침 부위는 모따기 또는 용접 접근공을 고려한다.

- 집중응력이 발생하는 곳은 용접을 피하도록 한다.
- 리벳과 용접을 병용할 때는 주의해서 설계한다.
- 후판 용접 시에는 용입이 깊은 용접법을 이용하여 용접 층수를 줄이도록 한다.
- 용접에 의한 변형과 잔류 응력을 감소시키는 방향으로 설계한다.
- 용접 치수는 강도상 필요 이상으로 크게 하지 않는다.

② 용접 이음 설계 시 고려사항
- 가능한 한 아래보기 용접을 실시한다.
- 결함이 발생하기 쉬운 용접방법은 피한다.
- 용접 작업에 간섭 등의 영향을 미치지 않는 충분한 공간을 확보한다.
- 맞대기 용접 시 이면 용접이 가능하도록 하여 용입 부족이 없도록 한다.
- 필릿 용접은 강도가 부족하므로 가능한 맞대기 용접을 우선한다.
- 구조상 노치부의 생성을 방지하여야 한다.(노치 형성을 방지하여 피로강도 증대)
  → 판 두께가 다른 모재의 맞대기 용접 시 테이퍼(1/4 이상)를 주어 집중 응력을 방지
- 용접 이음을 한군데로 집중하거나 근접하여 설계하지 않도록 한다.
- 용접선을 엇갈려 배치하여 겹치지 않도록 하고, 불가피하게 교차하는 경우는 원형 노치(Scallop)로 설계한다.
- 가능한 용접량을 최소화 할 수 있는 이음 모양, 루트 간격 및 홈 치수로 설계한다.
- 결함이 발생하기 쉬운 용접법은 가능한 배제한다.
- 반복 하중을 받는 이음은 이음 표면을 편평하게 시공한다.
- 용접성을 고려한 사용재료의 선정 및 열영향 문제를 고려한다.
- 용접 구조물의 사용목적(충격하중, 반복하중, 운전조건)을 고려하여 용접에 적합한 구조로 설계한다.

3) 용접이음의 강도
용접 구조물은 낮은 온도에서의 취성 파괴나 반복 하중에 의한 피로파괴가 많이 발생한다.

① 용접 이음의 강도 특성
  ㉠ 맞대기 이음

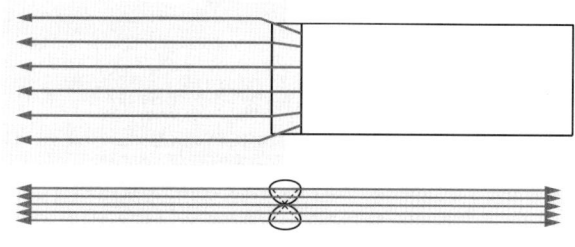

▲ 맞대기 용접 이음의 응력 분포

- 용착금속의 강도는 모재보다 약간 높도록 용접봉을 선정한다.
- 필요 이상의 용접단(토우부)은 응력 집중이 발생한다.
- 주기적인 응력을 받는 부위에 대해 항상 응력 분포를 고려한다.
- 편심 응력에 대해서 응력 집중을 피하여 설계한다.
- 급격한 두께 변화를 피하고, 모따기나 테이퍼 형상으로 설계를 변경한다.

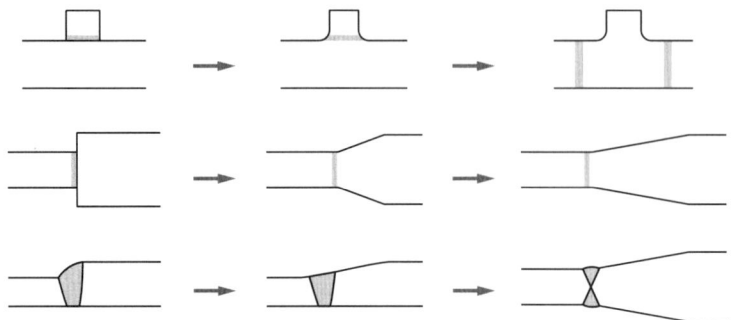

▲ 두께 변화부의 용접 이음과 응력 완화법

ⓒ 필릿 이음
- 필릿 이음은 루트부나 용접단(토우부)에 커다란 응력 집중이 발생하고, 이음 강도가 맞대기 이음보다 저하한다.
- 편심 하중이 발생하고, 용접 이음부 끝단에 모멘트가 발생한다.
- 필릿의 크기에 따라 피로강도가 변화한다.

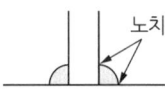

▲ 비드 용접단의 노치 효과

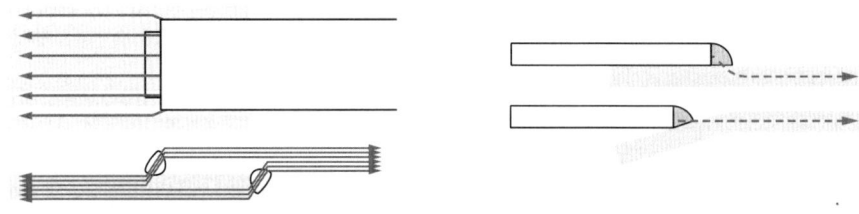

▲ 전면 필릿 용접 이음의 응력 분포   ▲ 전면 필릿 용접 이음의 응력에 의한 모멘트 발생

ⓐ 필릿 크기가 작은 경우
- 루트부로부터 파괴가 발생하여 강도상 불리하다.

ⓑ 필릿 크기가 큰 경우
- 루트부의 집중 응력은 작게 되므로 동일 응력하에서 수명이 길어진다.
- 파괴 발생 기점이 루트부로부터 용접단(토우부)로 이동하므로 피로 수명이 감소한다.
- 필릿 각도를 서서히 크게 하고, 토우 반경을 크게 하여 피로 강도를 개선한다.

4) 허용 응력과 안전율

① 허용 응력

안전 여유를 고려하여 탄성한도 이내에서 재료가 허용할 수 있는 최대 응력

② 안전율 S

기준강도(인장강도, 항복점, 피로강도, 크리프강도)와 허용응력의 비

$$S = \frac{\text{항복응력(실제강도)}}{\text{허용응력(요구강도)}} = \frac{\text{인장강도}}{\text{허용응력}} > 1$$

재료	안전율			
	정하중	반복하중	교번하중	충격하중
탄소강	3	5	8	12
주철	4	6	10	15
구리 및 연질 재료	5	6	9	15

5) 용접 이음의 효율

① 이음 효율 η_w

용접 이음의 허용 응력과 모재의 허용 응력의 비로 정의된다.

$$\eta_w = \frac{\eta_2}{\eta_1} \times 100(\%)$$

여기서, η_1 : 모재의 허용 응력, η_2 : 용접 이음의 허용 응력

② 용접 이음 결정 인자
  ㉠ 용접 이음의 종류
  ㉡ 용접 검사방법
  ㉢ 하중의 종류와 크기
  ㉣ 사용 온도, 압력, 부식환경 등 사용 조건 고려

6) 용접 이음의 강도

① 맞대기 이음

㉠ 인장 응력 σ_t

$$\sigma_t = \frac{W}{t \cdot \ell}$$

㉡ 굽힘응력 σ_b

$$\sigma_b = \frac{M}{Z} = \frac{6M}{\ell \cdot t^2}$$

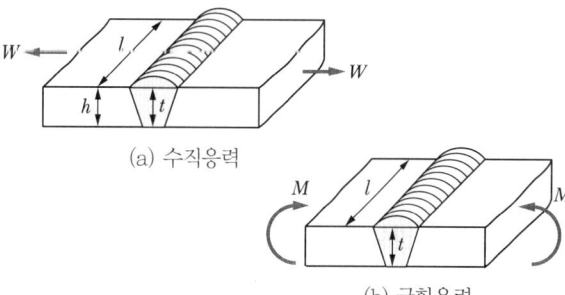

(a) 수직응력

(b) 굽힘응력

▲ 맞대기 이음

ⓒ 굽힘 모멘트 M

$$M = Z \cdot \sigma_b = \frac{\ell \cdot t^2}{6} \cdot \sigma_b$$

여기서, W : 수직하중, ℓ : 용접부 길이,
h : 강판 두께, Z = 단면 계수 $\left(= \dfrac{bh^2}{6} \right)$,
t : 비드 유효 높이

② 겹치기 이음의 강도

㉠ 인장응력 σ_t

$$\sigma_t = \frac{W}{A} = \frac{0.707 W}{f \cdot \ell}$$

여기서, f : 비드 폭, h : 판 두께, ℓ : 판길이,
W : 수직하중, t : 비드 유효 목두께

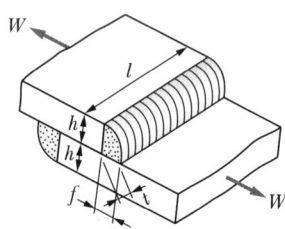

▲ 겹치기 이음

③ T형(K필릿) 이음의 강도

㉠ 전단 응력 τ

$$\tau = \frac{W}{A} = \frac{W}{h \cdot \ell}$$

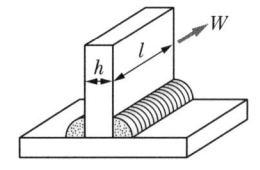

▲ 전단 응력

㉡ 굽힘 응력 σ_b

$$\sigma_b = \frac{M}{Z} = \frac{6 W \cdot \ell}{\ell \cdot h^2}$$

여기서, M : 용접부의 굽힘 모멘트
$(= \sigma_b \cdot Z = W \cdot \ell)$

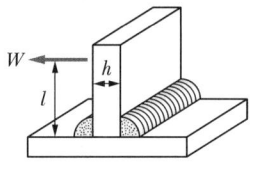

▲ 굽힘 응력

4 용접 시공

1) 용접의 작업 순서

용접 도면 이해 → 재료 준비 → 절단 및 홈 가공 → 이음부 청소 → 가접 → 본용접 → 검사 → 완료

2) 시공 전 확인사항
- 강재의 종류, 특성 확인
- 용접방법, 홈, 형상, 용접재료의 종류 및 특성

- 조립되는 재료의 가공, 상호 정밀도, 용접부의 청결도, 건조 상태, 루트 간격, 개선 각도, 개선면 확인 및 검사
- 용접재료의 건조 상태
- 용접 조건 확인과 순서 결정

3) 용접 시공 준비

① 용접 전 준비 및 검토사항
  ㉠ 제작도면 이해
  ㉡ 작업 내용을 충분히 검토하고 숙지
  ㉢ 사용 재료의 확인 : 기계적 성질, 용접성 및 용접 후 모재의 변형 등
  ㉣ 사용 성능과 경제성을 고려한 구조물의 판 두께 선정
  ㉤ 사용 재료에 따른 적절한 용접봉의 선택
  ㉥ 용접 이음과 홈의 선택
  ㉦ 용접기, 보호구, 지그 및 부속구 등 용접에 필요한 설비의 검토 및 준비
  ㉧ 용접순서, 용접조건(전류, 전압 등), 용접방법 등의 결정
  ㉨ 홈 면의 페인트, 기름, 녹 등의 불순물 확인 및 제거
  ㉩ 예열, 후열 등의 필요성 검토
  ㉪ 용접사의 기량, 경험 파악 및 고려

② 용접 장비의 준비
  ㉠ 용접봉 건조 및 모재 준비
   - 용접봉 건조가 불충분할 경우에는 기공, 균열 등 용접 결함의 원인이 된다.
   - 용접봉은 건조로에서 작업에 필요한 양만큼 사전에 건조시켜 놓아야 하며, 기름, 녹, 페인트 및 기타 불순물을 깨끗이 제거하여야 한다.
  ㉡ 보호구 착용 : 작업자는 반드시 지정된 규격품의 보호구를 착용하여 피부가 노출되지 않도록 한다.
  ㉢ 용접 설비 점검 및 전류 조정
   ⓐ 용접기 전원을 ON하기 전 아래 사항을 사전에 점검하여야 한다.
     - 용접기 접속부분의 접속 상태
     - 케이블의 손상 여부 점검
     - 용접기 케이스의 접지 여부 점검
     - 회전부나 마찰부의 윤활 상태 점검
     - 홀더의 파손 여부 및 작업장 주위의 작업 위해 요소 제거
   ⓑ 사전 점검 완료 후 전원 스위치를 기동하여 전류를 조정한다.
   ⓒ 적정 전류는 모재의 재질, 두께, 용접봉의 지름, 용접 자세 및 용접 속도 등에 따라 적절한 전류 선택이 중요하며, 전류 밀도는 용접봉 단면적당 10~13[A/mm^2] 정도가 적당하다.

- 전류가 높으면 언더컷이나 기공 및 파형이 거칠어진다.
- 전류가 낮으면 슬래그 섞임이나, 용입 불량이 발생하기 쉽다.

ⓓ 환기장치의 설치 : 밀폐 공간에서 작업할 경우에는 환기장치를 설치하여 통풍이 잘 되도록 하고 유해가스를 흡입하지 않도록 하여야 한다.

③ 용접 이음 준비
㉠ 홈 가공
- 홈 가공 및 가공 정밀도는 용접 능률과 용접 이음 성능에 큰 영향을 끼친다.
- 용입이 허용되는 한 홈 각도를 작게 하여 용착 금속량을 적게 하는 것이 능률면에서 우수하다.
- 루트 간격은 좁을수록 균열의 관점에서 우수하다.
- 피복 아크 용접의 홈 각도 : 54~70°가 적당
- 피복 아크 용접의 홈 가공 불량 → 용입 불량, 루트 균열, 슬래그 섞임, 수축 과다
- 자동 용접의 홈 정밀도는 수동 용접보다 정밀해야 한다.
- 자동, 반자동 용접 홈의 가공 불량 → 용락, 용입 불량 발생
- 엔드 탭(End Tab)은 모재의 홈과 같은 형상으로 하는 것이 효율적이다. (End Tab 길이는 50mm 이상)
- 홈 가공의 종류 : 기계 가공법, 가스 절단법, Plasma 절단 등

㉡ 조립 및 가접
ⓐ 조립
- 용접 순서 및 용접 작업의 특성을 고려하여 변형을 방지할 수 있도록 조립 순서를 결정한다.
- 구조물의 형상을 고정하고 지지할 수 있도록 조립해야 한다.
- 적합한 가접용 정반이나 지그를 선택해야 한다.
- 용접 이음의 형상을 고려하여 적절한 용접법을 선정한다.

ⓑ 가접
- 가접은 본 용접을 실시하기 전에 두 모재를 임시로 접합하는 점 또는 단속 용접이며, 균열, 기공, 슬래그 잠입 등 용접 결함이 발생하기 쉽다.
- 가접은 두 모재를 임시로 고정하여 용접 중의 변형을 방지하거나 제품의 형태를 유지하기 위해 실시한다.
- 개선 홈 내의 가접부는 백 치핑으로 완전히 제거한다.
- 가접을 하기 전 개선면의 녹, 페인트, 기름 등의 이물질은 깨끗이 제거한다.
- 강도상 중요한 곳, 용접의 시점 및 종점은 가접을 피하도록 한다.
- 본 용접부을 하는 부분에 가접은 피해야 하며, 불가피할 경우에는 본 용접 전에 제거하여야 한다.
- 가접의 길이는 모재 두께의 2~3배 정도로 하며, 예열 온도는 본 용접과 비슷하게 실시한다.
- 용접봉의 지름은 본 용접보다 작은 것을 사용하고, 전류는 높인다.

- 본 용접을 실시하는 용접공과 비슷한 기량을 가진 용접공이 가접을 실시한다.
ⓒ 루트 간격과 루트 면
- 루트 간격과 면은 모재의 두께, 홈의 각도 및 용접법 등에 따라 결정한다.
- 홈 각도가 클 경우에는 루트 간격이 작아지고, 루트 면은 커지도록 용접을 실시한다.
- 홈 각도가 작아질 경우에는 루트 간격이 커지고, 루트 면이 작아지도록 용접을 실시한다.
ⓔ 이음부 청소
- 이음부의 수분, 녹, 스케일, 페인트, 기름, 슬래그 등의 불순물은 기공이나 균열의 원인이 되므로 용접 전에 제거하여야 한다.
- 자동 용접의 경우에는 용접 전에 가스 불꽃으로 홈의 면을 80℃ 정도의 온도로 가열하여 수분이나 기름을 사전에 제거하여야 한다.

> **Key Point** 이음부 청소방법
> 와이어 브러시, 그라인더, 숏 블라스트, 화학약품

ⓜ 백 플레이트(뒷받침제)의 사용 목적
- 용착금속의 용락 방지
- 용착금속 내 기공의 생성 방지
- 산화에 의한 변형 방지

4) 용접 작업
① 용접 시공 전 검토사항
ⓐ 기온 및 천후 고려
- 기온이 0℃ 이하인 경우 접합부의 100mm 범위의 모재부를 36℃ 이상 예열한다.
- 방풍 장치 설치
- 우천 시 또는 습도가 높은 경우 모재 표면 및 밑면의 습기를 토치로 가열, 제거
ⓑ 용접 순서를 사전에 결정하여 변형이나 잔류 응력의 누적을 최소화하여야 한다.
ⓒ 용접 시점부의 기공 발생을 방지하기 위해 핫 스타트 장치를 사용한다.
ⓓ 구조물의 끝이나 모서리, 구석 등 응력이 집중되는 곳은 용접봉을 교체하지 않는다.

② 용접 시공순서 결정
조립 조건 등을 고려하여 변형과 잔류 응력을 줄일 수 있는 순서로 결정한다.
ⓐ 용접 이음 순서 결정
- 제품의 완성도가 높아짐에 따라, 용접 작업이 불가능한 부분이나 곤란한 부분이 없도록 해야 한다.
- 용접물의 중심에 대해서 항상 대칭으로 동시에 용접을 실시한다.
- 수축이 큰 부분을 먼저 용접하고 수축이 작은 부분은 나중에 용접한다.

- 용접물의 중립축을 고려하여 그 중립축에 대한 용접 수축력의 모멘트 합이 0이 되도록 하면 용접선 방향에 대한 굽힘이 없어진다.
- 동일 평면 내 많은 이음이 있을 때는 수축은 가능한 한 자유단으로 보낸다.
- 작은 부품부터 큰 부품의 순서로 용접한다.
- 구조물을 가장 강하게 보강하는 용접은 가장 마지막에 한다.
- 용접의 시점이나 끝점이 중요한 부분일 때는 엔드 탭을 사용한다.
- 다층 용접 시 용접면의 방향과 용접 방향을 층마다 바꾸면서 용접한다.
- 맞대기 이음 → 필릿 이음의 순으로 용접
- 짧은 이음 → 긴 이음 순으로 용접
- 원통 구조물 : 길이 방향 → 원주 방향 순으로 용접
- 전단 응력이 걸리는 부분 용접 → 인장 응력이 걸리는 부분 용접 순
- 박판의 경우 구속재 또는 보강재를 먼저 용접한다.
- 조립 용접 시 발생된 변형을 먼저 교정한 후 조립한다.
- 리벳 작업과 같이 용접을 할 때는 용접을 먼저 실시한다.

ⓒ 용접 구조물의 조립 순서 결정
- 구조물의 형상을 유지할 수 있도록 한다.
- 용접 변형이나 잔류 응력을 최소화할 수 있도록 한다.
- 큰 구속 용접은 피하고, 적용할 수 있는 용접법과 이음 형상을 고려한다.
- 변형 제거를 쉽게 할 수 있도록 한다.
- 작업환경, 용접 자세, 용접 기기 등을 고려한다.
- 비용이 저렴하고 품질이 높은 제품을 얻을 수 있도록 한다.

③ 용접 예열 결정

재료의 특성 또는 기후에 따라 용접의 급열, 급냉으로 인한 재료의 균열을 방지하기 위해 모재의 일부 또는 전체를 가열하는 것으로, 용접 전에 실시한다.

㉠ 예열의 목적
- 온도 분포를 완만히 하여 열 응력을 감소시켜 용접부의 수축 변형 및 잔류 응력 경감
- 용접 열영향부(HAZ)의 연성 및 인성을 향상시켜 균열 방지
- 냉각속도를 느리게 하여 용접부의 연성, 인성 부여(기계적 성질 향상) 및 경화조직의 석출 방지 → 기계적 성질 개선
- 금속에 함유된 수소 등의 가스를 방출하여 기공 발생 및 균열 방지
- 용접부의 용입 부족 방지 → 오버랩 생성 방지, 용입 부족 방지 등 용접 작업성 향상
- 용접될 부분의 습기 및 가변물 제거

㉡ 가열방법
- 가스토치를 사용하는 방법

- 특수 형상의 가스 토치를 사용하는 방법
- 전기 가열 밴드를 사용하는 방법

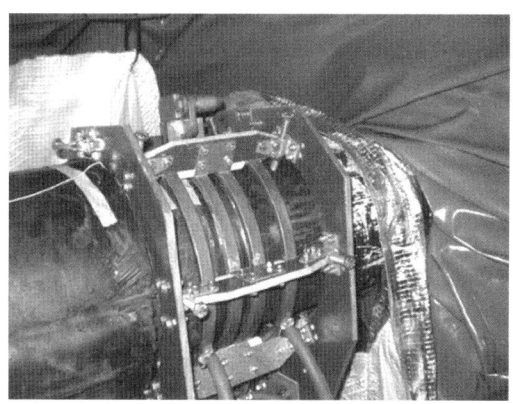

▲ 전기 가열 밴드

ⓒ 모재의 종류별 예열 방법

재료	예열방법
연강	• 탄소 함유량 0.3% 이하는 예열이 필요 없으나, 두께 25mm 이상의 연강판의 경우 0℃ 이하에서 용접 시 저온 균열 발생이 쉬움 • 이음의 양쪽 폭 약 100mm 정도에 대해 50~70℃ 정도로 예열
저합금강 (고장력강)	• 급냉 경화에 의한 비드 밑 터짐 및 균열 등이 발생하기 쉬움 • 50~350℃ 정도로 예열
주철	용접이 어려운 재질이며 급냉에 의한 취성을 방지하기 위해 예열을 실시하기도 함 • 냉간 용접 시 : 100~200℃에서 예열 실시 • 고온 예열 용접 : 약 540~560℃로 전체 또는 일부 예열
주물 및 내열 합금	용접 균열을 방지하기 위해 예열 실시
후판, 구리, 알루미늄	• 열 전도도가 높으므로 열 집중 부족에 의한 용입 부족, 융합 불량 등 발생 • 200~400℃ 정도의 온도로 예열
다층 용접	다층 용접 시에는 첫 층만 예열을 실시하고, 제2층부터는 앞층 용접에서 예열효과가 있으므로 예열하지 않음
저합금강, 스테인리스 강	• 스테인리스 강(펄라이트, 마텐자이트 조직)은 급냉에 의한 균열 등이 발생하기 쉬움 • 재질에 따라 50~350℃로 예열

④ 용접 시공

㉠ 용접 사양 절차서(WPS ; Welding Procedure Specification)에 의거하여 주어진 용접 조건에 따라 용접 시공

㉡ 용접 조건들은 현장의 편리성에 의해 과도하게 넓은 범위로 주어져서는 안 된다.

㉢ 완전 용입 용접 실시
- 용접 중 균열 등 결함이 발생한 경우 그 부분을 완전히 제거 후 재용접한다.

- 필릿 용접의 시작, 끝 부분 및 모서리 부분은 필히 돌림 용접을 실시한다.
ㄹ) 비드 용착법의 결정
- 본 용접의 비드(Bead) 만들기 순서는 용접 방향에 따라 전진법과 후진법, 대칭법(Symmetry Method), 스킵법(Skip Method) 등이 있다.
- 다층 쌓기에는 덧살 올림법, 캐스 케이드법 및 전진 블록법이 있다.

▼ 단층 용접법

용착법	특징	그림
전진법 (좌진법)	용접봉의 방향과 용접 진행 방향이 동일하고, 진행각은 용접 진행 방향과 반대로 기울여 용접 • 용접 이음이 간단하거나 짧은 경우 • 변형과 잔류 응력이 다소 많이 발생하더라도 문제가 되지 않을 경우 • 용입이 얕고, Arc가 불안하며, Spatter 발생량이 많음 • 슬래그가 혼입되어 불량 발생 소지가 높고, 기계적 성질이 저하 • 수축과 잔류 응력이 용접의 시작 부분보다 끝 부분이 더 큼 • 얇은 모재의 용접에 적용	
후진법 (우진법)	용접봉의 방향과 용접 진행 방향이 반대이며, 진행각은 용접 진행 방향과 동일 • 잔류 응력이 적게 발생함 • 모재는 쉽게 용융 Pool을 형성하며 비드 폭이 좁고 깊은 용입을 얻을 수 있음 • 전진법보다 용입이 깊고, 아크가 안정 • 스패터 발생량이 상대적으로 적고, 비드 폭이 좁고 높음 • 작업의 능률이 낮음 • 두꺼운 모재의 용접에 적용	
대칭법	중앙에서부터 양 끝을 향해 대칭적으로 용접 • 이음의 수축에 따른 변형이 서로 대칭이 되게 하여 변형을 경감하기 위해 적용	
비석법 (스킵법)	용접 길이를 짧게 나누어 간격을 두면서 이전 이음을 뛰어 넘어 가면서 용접 • 변형과 잔류응력을 최소화시켜야 할 경우에 용접 후 비틀림을 방지하기 위해 적용 • 용접 시작과 끝 부분에 결함이 발생하기 쉬움 • 매우 얇은 판에 적용	

▼ 다층 용접법(다층 비드 올리기)

용착법	특징	그림
덧살 올림법 (Build up -Method)	각 층마다 전체의 길이를 용접하면서 비드를 쌓아 올려 다층 용접을 실시하는 방법 • 이종 금속 용접과 덧살에 의한 새로운 기계적 성질을 얻고자 할 경우에 적용한다. • 대기 온도가 낮거나, 구속이 크거나, 두꺼운 판의 경우 첫 번째 층에 균열이 발생할 수 있다.	
캐스케이드법 (Cascade -Method)	한 부분의 몇 층을 용접하다가 이것을 다음 부분의 층으로 연속시켜 전체가 단계를 이루도록 용착시켜 나가는 방법	
점진 블록법 (전진 블록법)	한 개의 용접봉으로 살을 붙일만한 길이로 구분해서 홈을 한 부분씩 여러 층으로 쌓아 올린 다음, 다음 부분으로 진행하는 방법	

ⓓ 이면 치핑
- 맞대기 용접에서 중요한 이면은 치핑을 하고 이면 용접을 실시해야 한다.
- 제1층은 용입 불충분 등이 발생하기 쉬우므로, 제2층 용접이 끝난 후 치핑으로 제거하여 이면을 용접한다.
- 이면 치핑의 방법 : 기계 절삭, 가스 가우징, 아크 에어 가우징 등

⑤ 용접 후처리
ⓐ 형상 가공 : 보강 덧살 제거, 용접 토우부 연삭 또는 GTAW로 재용융, 거친 비드 표면 가공 등
ⓑ JIG 제거 : 해머 사용을 피하고 절단 토치를 사용하여 용접 지그를 제거한다.
ⓒ 잔류 응력 제거 : 용접 열이 냉각되어 모재가 수축하면서 잔류 응력이 발생한다.
  ⓐ 잔류 응력의 발생 원인
  - 용접 시 용접 변형이 발생하지 않도록 구속하거나, 모재가 두꺼울 때 발생
  - 잔류 응력 영향 인자 : 이음 형상, 용접 입열, 판 두께, 모재 크기, 용착 순서, 외적 구속 등

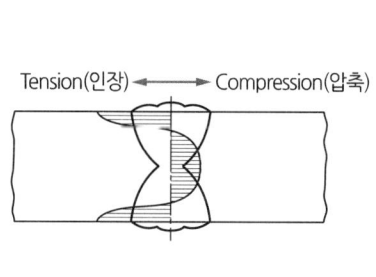

▲ 다층 x-GROOVE 용접부의 응력 분포

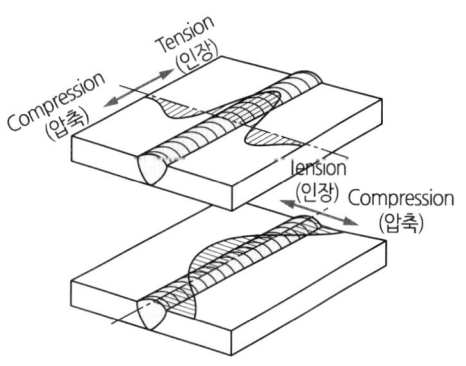

▲ 단층 용접 잔류 응력 분포

ⓑ 잔류 응력의 영향
- 박판은 뒤틀림(변형)이 발생하고, 후판은 변형대신 균열이 발생하기도 한다.
- 뒤틀림으로 제품의 품질 저하 및 외관이 불량하다.
- 잔류응력의 최대치는 고온항복강도와 같으며, 통상적인 강재의 경우 상온항복강도의 약 60%에 달한다.
- 재료에 인성이 빈약한 경우 파단강도가 극히 저하된다.
- 운전 환경에 따라 부식을 촉진한다.

ⓒ 잔류 응력의 제거방법

종류		특징
기계적 응력 완화법		잔류 응력이 있는 제품에 소성 변형을 주어 잔류 응력 제거
피닝법		치핑 해머로 비드 표면을 연속적으로 가볍게 때려 용접부 표면의 소성 변형으로 잔류응력 제거
후열처리	노 내 풀림법	• 응력 제거 열처리법 중 가장 많이 이용되며, 가장 효과가 큼 • 소형의 용접물을 노 안에 넣고 적당한 온도로 가열한 다음 노 내에서 서냉하여 응력을 제거 • 재료의 노 내 출입 온도는 300℃ 이하로 함 • 유지 온도가 높을수록, 유지시간이 길수록 효과가 좋음

	국부 풀림법	• 대형의 용접물을 국부적으로 가열한 다음 서냉하여 응력을 제거(탄소강 주강 : 625℃ ±25℃에서 판두께 25mm에 대해 1시간 실시)
		• 유도가열장치 사용
		• 종류
		  - 전기 저항 가열 - 전기 유도 가열
		  - 버너 가열 - 화학반응에 의한 발열 등

	내부 가열	• 대형의 원형 탱크와 같이 노 내 후열 처리가 불가능한 구조물은 현지에서 내부 가열을 실시 • 대상물이 클 때, 현장에서 실시됨
	저온 응력 완화법	• 용접선 양측으로 가스 불꽃을 정속으로 이동시켜 폭 150mm, A_1점 이하(150~200℃ 정도)로 가열한 후 즉시 수냉하여 주로 용접선 방향의 인장응력 완화 • 용접부의 용접 잔류응력과 방향이 일치하는 인장응력이 발생하면서 소성 변형을 통해 용접선 방향의 응력이 완화됨

ⓔ 후열

용접 후 용접물의 잔류 응력을 제거하기 위해 용접물을 적당한 고온(재결정 온도 이하)으로 유지하면 크리프 변형이 발생하고 이에 의한 소성 변형으로 잔류 응력을 제거하는 방법이다.
- 후열 처리 여부는 모재의 재질 등에 의해 결정된다.

ⓐ 후열의 목적
- 용착금속 중의 수소를 제거하여 연성, 강도 및 인성을 향상시켜 균열 및 층상 터짐을 방지
- 용접부의 경화를 방지 및 열 영향부의 경화 조직을 소둔하여 금속 내부의 잔류 응력을 제거

- 조직의 안정성 향상을 통한 저응력 파괴, 내식성, 내부식성, 크리프 성능 및 피로강도를 개선
ⓑ 용접부 급랭을 방지하는 목적
- 용접부가 담금질되는 경화 현상을 방지
- 용접부의 균열을 방지
- 금속 내 가스를 배출하여 기공, 슬래그 혼입 등의 결함 방지

> **Key Point** 용접 이음의 냉각성
>
> 이음이 많을수록, 대기와 접촉 면적이 넓을수록 용접열이 분산되어 냉각속도가 빠르다.
>
> [냉각속도가 빠른 순서]
>
>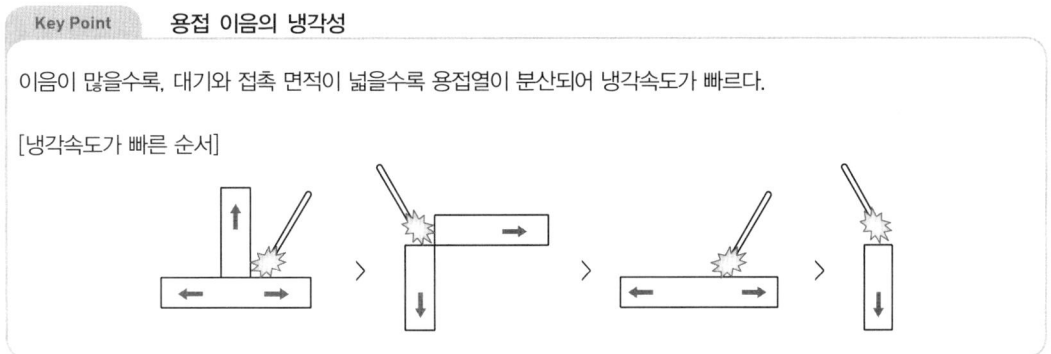

ⓜ 변형 교정 : 롤링, 피닝, 가열, 해머링 등에 의한 변형 교정 실시
ⓑ 보수 용접 : 용접 시 발생한 결함은 깎아내고 재용접 실시
ⓢ 시험 및 검사

5) 양호한 용접부를 얻기 위한 조건
- 모재의 기름, 녹, 이물질 등을 사전에 제거한다.
- 용착금속의 용입 상태가 양호해야 한다.
- 용접부에 첨가된 금속의 성질이 양호해야 한다.
- 모재의 어느 부분이라도 지나치게 과열되어서는 안 된다.
- 용접 개선면은 일직선으로 정교해야 한다.
- 용접부는 노치가 없어야 한다.

5 용접 열영향부(HAZ ; Heat Affected Zone)

열을 이용한 용접 후 용접 금속의 바깥면 수 mm 구역의 모재가 본래의 모재 조직과 성질이 다른 조직으로 형성된 것이며, 열처리를 받은 것과 동일한 특성을 보인다.
- 열영향부의 기계적 성질과 조직의 변화에 영향을 미치는 요인 : 모재의 화학적 성분, 냉각속도, 용접속도, 예열 및 후열 등

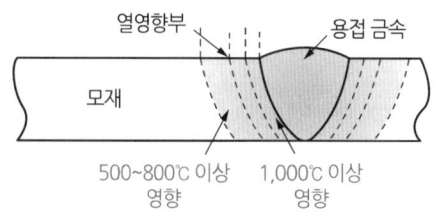

▲ 용접부와 용접 열영향부

- 모재의 화학성분, 용접 속도, 냉각속도, 예열 및 후열에 따라 기계적 성질과 조직의 변화가 발생한다.
- 결정립의 조대화, 재결정 및 기계적 성질과 물리적 성질의 변화가 나타나는 영역이 있다.
- 연강의 준 열영향부는 노치 인성이 저하되므로 취성영역이라고도 한다.
- 강의 열영향부는 모재 쪽으로 갈수록 최고 가열온도가 낮게 되고 냉각 속도는 빨라진다.
- 오스테나이트계 스테인리스강(STS300계열)은 열처리가 되지 않으므로 조립부가 오히려 연약하게 된다.
- 오스테나이트강, 페라이트 강, 동합금, 알루미늄 합금 등은 변태점이 없으므로 용접 단면의 조직을 나타내지 않는다.
- 용접 조건이 같을 경우, 박판이 후판보다 열 열영향부의 폭이 넓다.

1) 열영향부의 기계적 성질

① 경도의 증가 : 본드부에 인접한 조립부의 경도가 가장 높다.
② 인성 및 연성의 저하 : 조립부의 신율이나 인성은 현저히 저하한다.
③ 조직의 취화 : 냉각속도가 빠를수록, Martensite가 증가할수록 조립부의 충격치는 높아진다.

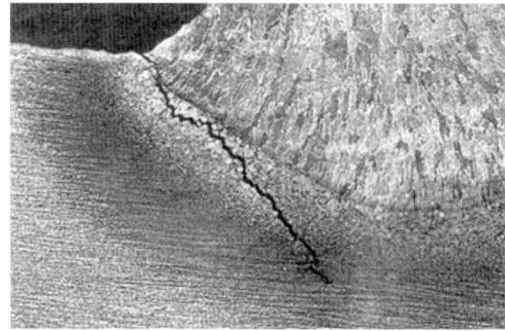
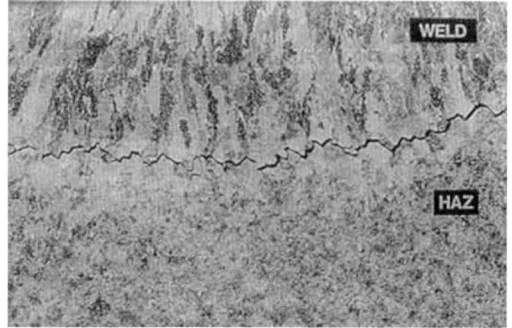

▲ 용접 열 영향부의 조립부에서의 균열

2) 용접 열영향부 조직

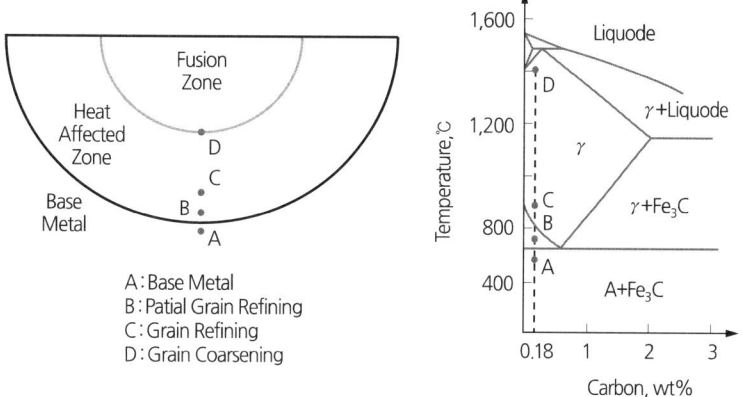

A : Base Metal
B : Patial Grain Refining
C : Grain Refining
D : Grain Coarsening

∴ A : 원질부, B : 취화부, C : 미립부, D : 조립부, Fusion Zone : 용융부

▲ 용접 열영향부와 냉각변태도

▲ 용접 열영향부 조직

조직	온도(℃)	특성
용착(금속)부	1,500 이상	• 용융 응고한 부분으로 수지상(Dendrite)조직을 나타냄
본드부 (Bond) *용융면	1,400	• 모재의 일부가 녹고 일부는 고체인 상태로 용융점, 또는 응고 온도까지 가열된 부분으로 문제가 많이 발생한다. • 용접 금속과 열영향부의 경계에 형성되며, 아주 거친 위드만(Widmanstatten)조직
조립부	1,100	• Austenite 결정립이 성장하여 조립화(거침)가 현저함 • 일부는 위드만 조직으로 나타나고 급냉·경화로 인해 경도가 최대이다. • 경화로 인한 균열, 인성열화의 문제점 등을 수반한다.
미립부 (세립부)	900	• 가열온도가 낮아 Austenite 결정립이 미세화에 의한 균질화 조립역 • 조직의 미세화 및 인성이 크고, 물성치가 양호하다.
입상 펄라이트부	700	• 조직의 구상화 영역이다. • 급냉되면 인성이 저하된다.
취화부 (준 열영향부)	500	• 현미경 조직 검사로는 조직의 변화가 없으나, 기계적 성질이 변화(취화)하는 구역이다.
원질부	200~상온	• 용접 열을 받지 않는 원소재 부분

3) 개선 방법
- 적절한 용접봉 선택
- 예열 및 후열 처리
- 합금 원소에 의한 최고 경도값을 추정하고 사전 용접모재의 특성에 따른 용접 입열량 등을 고려하여 냉각속도 및 시간 관리
- 연속냉각곡선(CCT – Diagram)을 이용한 상변태 사전 예측 냉각방법 선정

6 자기 쏠림(아크 쏠림, Arc Blow, Magnetic Blow)

용접 중 아크가 자성을 가진 재료의 자장에 의해 정방향에서 측방향으로 편향되게 흐르는 것으로, 아크 불림이라고도 한다.

1) 발생 원인
- 직류, 나봉의 경우에 발생하고, 교류에서는 Cycle이 있으므로 거의 발생하지 않는다.
- 전극 경로의 방향 변환, 전극 위치의 기울어짐, 용접봉이 모재의 중심에서 벗어남 등에 의해 자기장의 대칭 균형이 깨져 발생한다.
- 생산성 증대를 위한 다중 용접 시 자기력의 상호작용에 의해 발생한다.

2) 발생 현상
- 아크가 불안정해지고, 불규칙한 소리가 발생한다.
- 용융 풀의 형성 및 유지가 곤란하다.(불완전 용융 발생)
- 용적이 큰 스패터가 많아지며, 용착금속의 재질이 변화한다.
- 언더컷, 슬래그 섞임, 기공 등 용접 결함이 발생한다.

3) 방지대책
- 교류 용접을 시행한다.
- 아크 길이를 짧게 유지한다.
- 용접봉을 아크가 쏠리는 반대 방향으로 기울인다.
- 이미 용접이 끝난 용접부 방향으로 용접한다.
- 접지점을 2중으로 양쪽 끝에 연결하고, 용접부에서 가능한 한 멀게 한다.
- 이음의 처음과 끝에 엔드 탭 등을 이용하여 용접한다.
- 긴 용접에는 후퇴법으로 용착한다.
- 용접부의 틈을 적게 한다.

CHAPTER 02 용접 결함

1 용접 결함의 종류

용접 결함 : 기준, 시방서 등의 일정 합격 기준을 만족하지 못하는 크기, 형상, 방향 및 위치 등이 발생한 용접부

결함	특징	종류	
치수상 결함	• 국부적인 온도 구배의 불균형에 의한 열 변형 • 잔류 응력에 의해 발생하는 결함 • 용접사의 기량 부족 및 도면 이해 부족에 의한 결함	치수 불량	
		형상 불량	
		변형	수축 변형, 처짐 변형
구조상 결함	용접 불량에 의해 발생하는 결함으로, 균열을 유발	기공, 은점, 언더컷, 오버랩, 균열, 선상조직, 용입불량, 융합불량, 표면결함, 슬래그 혼입, 비금속 개재물 등	
성질상 결함	• 요구되는 기계적·물리적·화학적 성질에 도달하지 못하는 용접에 의한 결함 • 부적절한 용접법 선택에 의해 발생	기계적 불량	인장강도, 항복강도, 피로강도, 경도, 연성, 충격값 등의 부족
		화학적 불량	화학성분의 부적당
			부식(내식성 불량)

2 변형

용접 열 영향에 의해 용접부는 균열 및 잔류응력 등 여러 가지 변형이 발생하며, 변형은 용접 구조물의 치수, 정밀도, 외관 불량 및 기계적 성질 저하의 원인이 된다.

1) 변형의 종류

변형의 종류		형상	특징
수축 변형	가로 수축		• 용접선에 직각인 방향의 수축 • 맞대기 용접에서 가장 많이 발생 • 홈 단면적의 크기가 클수록, 용착량이 증가할수록 커진다. → 모재가 두꺼울수록, 루트 간격이 클수록, X형보다 V형 홈이 많이 수축된다.
	세로 수축		• 용접선 방향의 수축 • 용접 조건이 일정하고, 모재의 단면적이 클수록 세로 수축량은 감소한다.
	회전 변형		• 판의 홈 용접 시 용접의 진행과 더불어 이동하는 용접 열원의 전방에 있는 홈 간격이 개폐되는 현상 • 제1층 용접 방향 및 순서가 영향을 미치고, 그 이상 층 용접에서는 비교적 적게 발생한다. • 회전 변형량 경감방안 　- 첫 층 용접 시 충분한 가접(Tack Weld) 실시 　- 용접 순서 등을 고려하여 후진법, 대칭법, 비석법 등을 적용

변형의 종류		형상	특징
처짐 변형 (굽힘 변형)	각 변형 (가로 굽힘 변형)		판이 용접선에 직각으로 굽혀지는 변형 • 용접길이가 짧은 경우에 발생 • 맞대기 이음 등의 양면 용접 시에 주로 발생 • V형 이음에 비해 X형 이음의 각 변형량이 적음 → 용접 홈의 비대칭 정도가 클수록 각 변형량이 큼
	세로 굽힘 변형		판이 용접선 길이 방향으로 굽혀지는 변형 • 용접부의 세로방향 수축 중심이 부재의 단면 중심축과 일치하지 않을 경우에 많이 발생 • 세로 굽힘 변형은 굽힘 모멘트에 비례하고, 부재의 굽힘 강성에 반비례함
	좌굴 변형		용접선 방향으로 작용하는 압축 열응력에 의해 판의 용접선 방향으로 좌굴 형식 변형이 발생 • 박판 용접 시 주로 발생

2) 용접 변형의 원인

① 모재의 열팽창 계수 및 열전달이 큰 재질일수록 용접 변형이 쉽게 발생한다.
② V형 홈 등 비대칭인 용접 홈은 각 변형량이 크다.
③ X형 홈 등 양면이 대칭인 용접 홈은 각변화가 상쇄된다.
④ 용접 속도를 빠르게 하는 것이 변형 방지에 유효하다.
⑤ 용접 Pass 수가 적을수록 각 변형 및 세로 방향 뒤틀림이 적어진다.
⑥ 높은 전류가 공급되는 대입열 용접일수록 수축량이 크므로, 가능한 저입열 용접을 실시한다.

3) 방지대책(용접 전 변형 방지대책)

① **구속법(억제법)** : 구속 지그를 사용하여 변형 억제
② **용착량 최소화** : 개선각도 및 개선면을 작게 하여 용접 패스(Pass) 수를 최소화로 시공한다.
③ **역변형법** : 사전에 모재에 역변형을 주어 용접 후 휨을 방지한다.

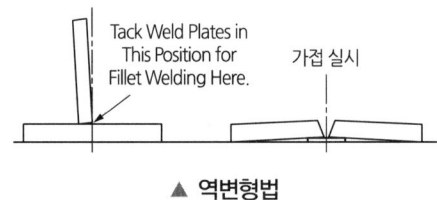

▲ 역변형법

④ 열 분포 분산 용접 실시
   ㉠ V형 개선면보다는 X형 개선면 등 대칭 형상의 홈을 가공하여 대칭 용접 실시
   ㉡ 후퇴법, 스킵법 시행
   ㉢ 단속 용접 실시 후 메우기 용접 실시
      → 열 변형을 최소화 하기 위하여, 용접을 일률적으로 실시하지 않고 부분적으로 실시하여 열 분포를 분산하여 열 변형을 최소화하는 방법이다.
      예 용접 시작점을 중립축 또는 단면 중심 부근에 위치시켜 양면 용접 시 교대로 용접

⑤ 도열법 실시 : 용접선을 따라 용접부 이면 또는 주변을 물 또는 열전도율이 높은 구리로 강제 냉각하여 변형 최소화
⑥ Peening 실시 : 용접부를 해머 등으로 타격하여 소성변형에 의해 잔류 응력을 제거하는 방법
⑦ 요구 강도에 맞는 적절한 용접 설계 : 필요 이상의 과한 설계는 많은 응고 응력을 유발하여 변형으로 나타난다.
⑧ 용접 속도를 빨리 한다.

4) 변형 교정(용접 후 변형의 수정)
① 변형 교정 : 용접 시 발생한 변형을 교정하는 것
② 제품의 종류, 변형 모양과 변형량 등에 따라서 여러 가지 방법을 사용한다.

방법	특징
기계적 방법 (가압법)	외력에 의한 소성 변형으로 변형을 교정 • 판재나 직선 모양의 간단한 재료의 교정에 사용 • 방법 : 프레스, 롤러 등
피닝법	각 층마다 용접 비드 표면을 두드려 소성 변형에 의한 교정 • 특히 두꺼운 판에 유리하다.

후열처리 실시
(가열법)
	가열하여 크리프 현상에 의한 소성변형으로 잔류응력을 제거
	• 최고 가열 온도를 600℃ 이하로 하는 것이 좋다.
	가열 방법의 종류
	㉠ 점 수축법 실시
	  • 얇은 박판에 대한 점가열 법
	  • 박판 : 지름 20~30mm 부분을 500~600℃ 정도로 약 30초간 가열 후 즉시 수냉
	㉡ 직선 수축법 실시 : 형강 등의 강재에 대한 직선 가열
	㉢ 가열 후 해머링
	㉣ 두꺼운 판을 가열 후 압력을 걸고 수냉을 실시

절단에 의한 정형 및 재용접	힘이 발생한 재료를 잘라 다시 붙이거나, 역으로 재용접하여 변형을 교정

❸ 용접 불량의 특성 및 방지대책

1) 언더 컷(Under Cut)과 오버 랩(Over-lap)

구분	언더 컷	오버 랩
개요	모재의 일부가 과다한 전류 등에 의해 녹이 들어가 상부의 홈을 형성하는 것	용융 금속이 모재와 완전히 일치하지 않고, 모재를 덮은 형태
형태		
발생 원인	• 용접전류가 너무 강할 때 • 용접봉의 이송속도가 너무 빠를 때 • 아크 길이가 너무 길 때 • 부적당한 용접봉을 사용할 때 • 용접봉 각도 및 운봉이 부적절할 때	• 용접전류가 너무 약할 때 • 용접속도가 너무 느릴 때 • 아크 길이가 너무 짧을 때 • 부적당한 용접봉을 사용할 때 • 용접봉의 각도 및 운봉이 불량할 때

구분	언더 컷	오버 랩
방지 대책	• 전류를 적당히 낮춘다. • 용접봉의 이송속도를 적당히 낮춘다. • 아크 길이를 짧게 유지한다. • 적정한 용접봉을 사용한다. • 용접봉 각도 선택 및 운봉을 적절히 실시한다.	• 전류를 적당히 올린다. • 용접 속도를 적당히 빠르게 한다. • 적정한 용접봉을 사용한다. • 용접봉 각도 및 운봉을 적절히 실시한다.
보수 방법	일부분을 파내고 재용접	

2) 용입 부족(용융 불량)

구분	내용
개요	용접 입열량의 불충분으로 인해 용접부의 용입이 불충분한 것
발생원인	• 전류가 낮을 때 • 용접속도가 너무 빠를 때 • 홈 각도와 루트 간격이 좁을 때(이음 설계의 부적합) • 불순물 또는 산화물에 의해 용입이 방해될 때 • 부적절한 용접봉을 사용할 때
방지대책	• 전류를 적당히 높인다. • 용접속도를 적당히 늦춘다. • 홈 각도와 루트 간격을 적당히 넓혀준다. • 용접 전 개선면 및 용접부를 청결히 한다. • 적합한 용접봉을 사용한다.

3) 크레이터 결함(Crater Crack)

구분	내용
개요	• 용접이 끝나는 크레이터부에 아크를 중단하는 경우에 발생 • 비드가 오목하며, 크랙을 유발
발생원인	• 크레이터 중심부에 불순물 석출로 인한 편석에 의해 생성 → 불균일한 냉각속도로 인한 잔류응력으로 균열로 진전 • 고장력 강이나 합금 원소의 성분이 많은 금속에서 자주 발생
방지대책	• 아크를 갑자기 끊지 않고, 잠시 멈춘 채 끊음 • 후퇴법 시행
영향	• 냉각 중 균열 발생 • 불순물과 편석 생성 • 파손 및 부식 발생

4) 스패터(Spatter)

구분	내용
개요	• 용접 중 용융 금속의 입자 또는 슬래그가 비산하여 모재 표면에 부착하는 것 • 전류와 보호 가스에 의해 발생 정도가 변동됨
발생원인	• 전류가 높을 때 • 건조되지 않은 용접봉을 사용할 때 • 아크 길이가 너무 길 때 • 운봉 각도가 부적당할 때 • 모재 표면에 녹, 페인트, 유기물 등으로 오염물이 부착된 경우
방지대책	• 모재 두께, 용접봉 지름에 맞는 최소 전류로 용접 → 전류를 최소로 낮춘다. • 건조된 용접봉을 사용한다. • 위빙을 크게 하지 않고, 적정한 Arc 길이로 한다. • 직류보다는 교류 용접이 spatter 발생량이 적다. • 모재를 청결히 한다.

5) 은점(Fish Eye), 기공(Blow Hole) 및 피트(Pit)

구분	내용
개요	• 은점 : 용접 금속 내부의 은백색 파단면 • 기공 : 용접 금속 내부에 형성되는 다량의 기포 • 피트 : 비드 표면에 발생하는 큰 기공 ▲ 은점　　　　　▲ 기공과 피트
발생원인	근본적인 원인은 용접 시 발생되거나 유입되는 수소(H), 산소(O), 질소(N) 가스 등 • 건조되지 않은 용접봉의 사용 • 용접부의 습기, 페인트, 녹 및 오염물 • 아크의 길이가 너무 길 때 → 용접 전류가 높을 때 • 용접부가 급랭될 때 • 황의 함량이 많을 때 • 보호 가스의 유량이 부족하거나, 바람에 의해 날릴 때
방지대책	• 건조된 용접봉 및 저수소계 용접봉을 사용 • 모재의 오염, 녹, 페인트 등을 제거하여 모재를 청결히 함 • 용접 전류를 적당히 낮춤 • 충분히 가스를 공급하고, 바람을 막는 방풍장치를 설치 • 용접부를 서서히 냉각시킴 • 예후열을 실시

6) 슬래그 혼입

구분	내용
개요	용접 금속 응고 시 슬래그가 표면에 나오지 못하고 용착 금속 내 갇히거나, 가스의 반응으로 생긴 비금속 불순물
발생원인	• 다층 용접 시 전 층 용접부의 슬래그 제거가 불충분할 때 • 저전류로 용접 시 • 운봉속도가 느릴 때 • 용접 개선 각도 및 전극 와이어의 각도가 부적절할 때 • 전진법이 후진법보다 많이 발생 • 용접사의 부적절한 운봉으로도 발생
방지대책	• 슬래그를 완벽히 제거한다. • 전류를 적당히 높인다. • 운봉속도를 적당히 빠르게 한다. • 넓은 개선 및 루트 간격으로 설계한다.

> **참고** 비금속 개재물 혼입의 영향
> • 인장강도, 압축강도 등이 저하되어 취성 증가 ⇒ 인장강도 저하로 취성 증가
> • 열처리 시 균열 발생
> • 알루미늄 산화물, 산화철 개재물은 고온 취성의 원인이 됨

7) 선상 조직

구분	내용
개요	용접 금속의 파단면에서 볼 수 있는 미세한 주상 결정의 서릿발 형태의 조직
발생원인	• 용착 금속의 냉각속도가 빠를 때 • 모재 재질이 불량할 때
방지대책	• 급냉을 피한다. • 고산화철계, 저수소계 용접봉을 선택한다. • 예열 및 후열을 실시한다.

4 용접 균열

용접 열 영향에 의해 용접부는 균열 및 잔류응력 등 여러 가지 변형이 발생하며, 변형은 용접 구조물의 치수, 정밀도, 외관 불량 및 기계적 성질 저하의 원인이 된다.

1) 균열의 종류

구분방법	종류	특징
크기에 따른 구분	거시적 균열	육안으로 확인 가능
	미시적 균열	현미경으로 확인 가능
발생 온도에 따른 구분	고온 균열	합금강, 특수강 등 강도가 높은 강종에서 주로 발생하며, 550℃ 부근의 용접 금속의 열영향부 및 부분 용융역에서 발생한다. **종류** 입계 Micro 균열, 크레이터 균열, 응고 균열, HAZ 균열 등

구분방법	종류	특징
발생 온도에 따른 구분	저온 균열	• 발생온도 범위 : 200~300℃ • 220℃ 이하의 비교적 낮은 온도에서 발생하는 균열로서, 용접부가 상온(약 24℃)부근에서 발생하는 모든 균열을 일컫는다. 종류 세로균열, 가로균열, 비드 밑 균열, 토우 균열, 힐 균열, 각 변형 균열, 층상 균열 등
	재열 균열	• 300~550℃로 가열 후 서냉하거나, 500~750℃에서 소성변형의 형태로 주로 모재 열영향부에 발생하는 균열이다. • 주로 고온에서 발생하며, 후열 중 또는 후에 발생하거나, 후속용접 또는 구조물의 사용 중에 발생하기도 한다. • 응력 제거 균열(Stress Relief Cracking)이라고도 한다.
발생 위치에 따른 구분	용착 금속 균열	용융된 금속에서 발생하는 균열
	열영향부 균열	용접부와 가까운 열영향을 받는 모재에서 발생하는 균열

2) 용접 균열의 특징

용접 균열은 급랭, 수소, 오염물질 등에 의해 발생하기도 한다.

▲ 균열의 형상 분류

균열의 종류	특징
가로 균열	• 용접 방향에 수직으로 발생하는 균열 • 용접 금속의 인성이 극히 작을 때 발생 방지 대책 예열 실시
세로 균열	• 용접 방향과 같거나 평행하게 발생하는 균열 • 용접부가 냉각될 때 용접선의 중심에서 나타나며 주로 크레이터 균열에서 진행된다. 방지 대책 적절한 용접전류, 적합한 용접봉 및 모재 선택
설퍼 균열	• 강 중 황이 층상으로 존재하는 대표적인 고온 균열 • 황의 편석이 많아 설퍼 밴드를 가진 재료를 서브머지드 아크 용접할 때 많이 발생 방지 대책 - 저수소계 용접봉으로 수동 용접 - 황의 영향을 덜 받는 용접 금속과 용제 선택 - 우수한 재료의 사용(세미 킬드 강, 킬드 강)
라미네이션 균열	• 재료가 강괴일 때 내부의 기포가 압연되어 균열로 변형된 모재의 재질 결함 • 강괴 내의 각종 불순물, 편석 등이 압연으로 인해 층상으로 납작하게 퍼져가는 현상

균열의 종류	특징
루트 균열	• 첫 층 용접 시 루트 부근 열영향부에 발생 • 열 영향부의 조직, 수소 함유량에 따라 발생 **방지 대책** 용접 금속 내 수소량 저감 : 예후열 실시, 저수소계 용접봉으로 용접 실시
힐 균열	• 필릿 용접의 루트에 발생하는 균열 **방지 대책** 용접 금속 내 수소량 저감 : 예후열 실시, 저수소계 용접봉으로 용접 실시
토우 균열	• 맞대기 이음, 필릿 이음 등의 비드 표면과 모재와의 경계부에 발생하는 균열 • 구속 응력이 클 때 용접부의 가장자리에 발생하여 성장 **방지 대책** − Under−Cut이 발생하지 않도록 용접을 실시 − 예열 실시 및 강도가 낮은 용접봉 사용
비드 밑 터짐 (비드 밑 균열)	• 비드 바로 아래에서 용접선에 아주 가까이 평행하게 열 영향부에 발생 • 구속도가 높은 재료(고탄소강, 저합금강)를 용접 시 아크 분위기 중 수소량이 많을 때 열 영향부에서 발생 **방지 대책** 용접 금속 내 수소량 저감 : 예후열 실시, 저수소계 용접봉으로 용접 실시, 급냉을 피하고 서냉 실시
라멜라 티어	• 강의 내부에 강판 표면과 평행하게 층상으로 발생 • 압연 판재를 판 두께 방향으로 구속을 주었을 때나, 구속도가 높은 재료인 경우에 발생 • T형 필릿, 모서리 이음에서 주로 발생 **방지 대책** Al 등으로 탈산한 강재 및 주조 혹은 단조품에서는 잘 발생하지 않음

참고 구속도가 높은 재료
• 탄소 함유량이 높거나 망간, 크롬 등 합금 원소 성분비율이 높아 강도가 높거나 취성이 큰 재료
• 판의 두께가 너무 두꺼워서 모재 자체의 강도만으로 구속 상태가 되는 재료

3) 균열의 발생 원인과 방지법

구분	내용
발생 원인	• 모재의 강도 및 취성이 높다 → 탄소, 망간 등 합금 원소 성분 함량이 높다. • 강도상 유해한 황의 성분이 높다. • 용접부에 수소가 많이 포함된다. • 기공이 많다.
방지 대책	• 용접성이 우수한 재료를 선택한다. → 세미킬드강, 킬드강의 사용 • 노치를 피하고, 응력의 집중을 피하도록 용접을 실시한다. • 수소 혼입의 방지 → 저수소계 용접봉을 사용한다. • 적정한 용접 시공방법을 선정한다.

4) 용접 결함 보수방법

① 용접 결함 보수방법
- 덧붙임 용접으로 보수 가능한 한도를 초과한 경우 결함 부분을 잘라내어 맞대기 용접으로 보수한다.
- 결함이 제거된 부분의 모재 두께가 필요한 치수보다 얇게 된 경우, 덧붙임 용접으로 보수한다.

용접 결함	보수방법
언더컷	• 가는 용접봉으로 채움 용접 실시
기공, 슬래그, 오버랩	• 그라인더 또는 가우징 등으로 결함 부분을 제거한 후 재용접
균열	• 결함 부분은 그라인더, 가우징 등으로 제거하고 다시 용접한다. • 균열의 끝 부분은 드릴로 구멍을 뚫어서 정지 구멍을 만들고 다듬질 후 보수용접을 실시한다.

② 루트 갭의 보수방법

㉠ 맞대기 이음의 루트 갭 보수방법

루트 갭	보수방법
6mm 이하	이음부의 한쪽 또는 양쪽을 덧붙임 용접 후 다시 개선하여 용접
6~15mm	이음부의 뒷면에 두께 6mm 정도의 뒷댐판을 대고 용접
15mm 이상	판을 전후 또는 300mm 이상의 일부로 바꾼다.

㉡ 필릿 이음의 루트 갭 보수방법

루트 갭	보수방법
1.5mm 이하	규정된 다리길이로 용접
1.5~4.5mm	그대로 용접하거나, 갭만큼 각장 길이를 높여서 용접
4.5mm 이상	루트 갭 사이에 라이너를 삽입하고 용접

CHAPTER 03 용접 검사

1 용접 검사

1) 용접 검사의 목적
용접부의 안정성 및 신뢰성을 확보

2) 종류

파괴 검사	기계적 시험	• 인장 시험 • 경도 시험 • 피로 시험	• 굽힘 시험 • 충격 시험 • 크리프 시험
	물리적 시험	• 물성 시험 • 전기·자기적 특성시험	• 열특성 시험
	화학적 시험	• 화학분석 시험 • 수소 시험	• 부식 시험
	야금학적 시험	• 파면 시험 • 매크로 시험 • 설퍼 프린트 시험	• 육안 조직 시험 • 현미경 조직검사
	용접성 시험	• 용접 연성 시험 • 용접 균열 시험 • 용접봉 시험	• 용접 노치 취성시험 • 용접 경화 시험
	압력 시험(누설 검사)	• 가압법	• 진공법
	낙하 시험		
비파괴 검사	방사선 투과 시험(Radiographic Test ; RT)	• X선 투과 검사 • γ 선 투과 검사	내부검사
	초음파 검사(Ultrasonic Test ; UT)	• 펄스 반사법 • 투과법 • 공진법	
	육안 검사(Visual Test ; VT)		표면검사
	자분 담상 시험(Magnetic Test ; MT)		
	액체 침투 탐상 시험(Penetrant Test ; PT)	• 형광 침투 검사 • 염료 침투 검사	
	와전류 탐상시험(Eddy Current Test ; ET) (맴돌이 전류 시험)		
	누설 탐상시험(Leaking Test ; LT)		
	음향 방출 검사(Acoustic Emission test ; AE)		

① 검사 공정에 따른 구분
  ㉠ 작업 검사
    ⓐ 좋은 용접 결과를 얻기 위해서 용접 전, 중, 후에 실시하는 검사
    ⓑ 검사 내용 : 용접공의 기능도, 용접 재료, 용접 설비, 용접 시공 상황, 용접 후 열 처리 방법 및 상태 등
  ㉡ 완성 검사
    ⓐ 용접 후 용접 제품이 요구하는 품질을 만족하는지 검사
    ⓑ 검사 내용
      • 비파괴 시험(NDT ; None Destructive Test)
      • 파괴 시험(DT or DI ; Destructive Test of Destructive Inspection)

② 검사방법에 따른 구분
  ㉠ 표면검사 : 육안검사, 자분 탐상시험, 침투 탐상시험
  ㉡ 내부검사 : 방사선 투과시험, 초음파 탐상시험
  ㉢ 기타 검사 : 누출검사, 와류검사, 외관검사, 자기검사, 화학적 및 야금학적 시험법

❷ 파괴 검사(DT ; Destructive Test)

소재를 절단, 굽힘, 인장 혹은 소성변형 등 원래의 형상이 파괴되거나 변형되는 시험을 통하여 모재와 용접이음의 강도, 전연성 및 결함 등을 검사

1) 기계적 시험

① 인장 시험
  • 시험편을 축 방향으로 잡아 당겨 파괴되기까지의 변형과 힘을 측정하여 하중과 변형의 관계를 조사
  • 측정 : 비례한도, 탄성한도, 내력, 항복점, 인장 강도 및 연신율, 단면 수축률, 응력 – 변형률 곡선 등
  • 표준 시험편의 규제 사항 : 시험편의 직경, 평행부 길이, 표점 거리, 모서리 반경 등

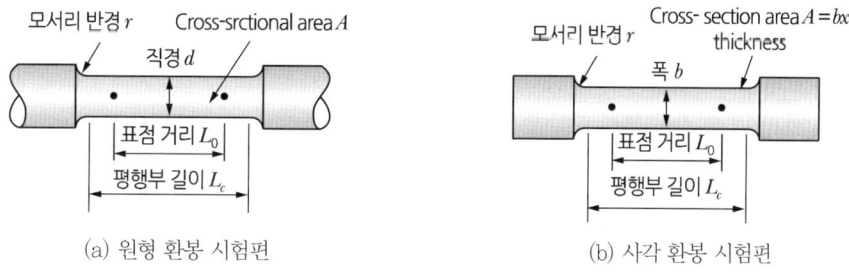

▲ 표준 시험편

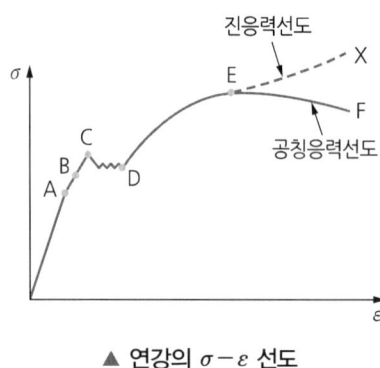

▲ 연강의 $\sigma - \varepsilon$ 선도

㉠ 하중 – 연신율 곡선
  ⓐ 비례 한도(A)
    재료에 하중을 가했을 때 응력과 변형률이 비례관계(직선관계)를 가지는 최대 응력
    → 즉, 재료에 하중이 가해졌을 경우, 재료의 변형과 원상회복이 직선적으로 변화하는 구간이다.
  ⓑ 탄성 한도(B)
    재료에 가해진 하중을 제거하면 변형이 제거되고, 재료는 하중이 가해지기 전의 상태로 완전히 원상 회복되는 최대 구간
  ⓒ 항복점(C, D)
    재료에 가해진 하중을 제거하더라도 영구적인 소성변형이 발생하는 순간의 구간
  ⓓ 인장 강도(E) : 공칭응력
    재료가 파단하기 전 발생하는 가장 높은 응력으로 재료의 '공칭 응력'으로 나타낸다.(재료의 최대 하중점)
    • 시편에 작용하는 하중을 시험편의 초기 단면적으로 나눈 비
    $$\sigma_n = \frac{\text{작용하중}}{\text{원래 단면적}} = \frac{W}{A_0}$$
  ⓔ 파단점(F)
    재료가 파단되는 지점의 응력(파괴응력)이다.
㉡ 연신율(공칭 변형률)
  시편의 변형된 길이(ΔA)와 변형 전의 길이(L_0)와의 비
  $$\varepsilon_n = \frac{\text{변형후 길이} - \text{처음 길이}}{\text{처음 길이}} = \frac{\text{변형된 길이}}{\text{처음 길이}} = \frac{\Delta L}{L_0}$$

ⓒ 단면적 수축률(ε_A)

재료가 하중을 받아 변형된 단면적(ΔA)과 원래 단면적(A_0)과의 비이다.

$$\varepsilon_A = \frac{처음\ 단면적 - 파단\ 후\ 단면적}{처음\ 단면적} = \frac{A_0 - A_1}{A_0} = \frac{\Delta A}{A_0}$$

여기서, ΔA : 단면적 변화량, A_0 : 재료의 처음 단면적, A_1 : 재료의 나중 단면적

② 굽힘 시험

용접부의 연성과 결함 유무를 조사하기 위해 실시한다.

- 측정 : 재료 표면의 균열, 불연속적인 결함
- 굽힘 각도는 일반적으로 180°까지 실시한다.

▲ 굽힘 시험 지그 　　▲ 굽힘 시험 　　▲ 굽힘 시험 후 시편

구분	내용
굽힘 방법	• 자유 굽힘, 롤러 굽힘, 형틀 굽힘 등
굽힘 방향	• 표면 굽힘, 이면 굽힘, 측면 굽힘 등 ▲ 표면 굽힘　▲ 이면 굽힘　▲ 측면 굽힘

③ 경도 시험

용착 금속의 경도를 조사할 목적으로 실시하며, 시험면의 비드를 매끈하게 연마한 다음 경도를 측정한다.

- 측정 : 재료의 외력에 대한 저항의 크기(경도)를 측정

구분	시험 방법	특징
브리넬 경도 (H_B)		• 압입자(고탄소강 강구)에 하중을 걸어 자국의 표면적을 하중으로 나누어 경도 측정 • 압입면적이 커서 정확한 측정 가능 • $H_B = \dfrac{P}{A} = \dfrac{P}{\pi D \cdot t}$

구분	시험 방법	특징
비커스 경도 (H_V)		• 압입자(대면각 136°의 사각추)에 하중을 걸어 대각선 길이로 경도를 측정한다. • 오차가 적고, 경도가 아주 높은 재료의 시험에 적합 • 시험 재료 　− 작은 물품, 박판 표면 등 　− 질화, 침탄, 담금질 강 등 • $H_V = \dfrac{1.8544P}{D^2}$
로크웰 경도 (H_R)	▲ B스케일　　▲ C스케일	• 압입자에 하중(기준 하중 10kg)을 걸어 홈 깊이로 경도 측정 • 경도는 직접 눈금판에서 직접 읽는다.
쇼어경도 (H_S)		• 추를 일정 높이에서 낙하시켜 반발 높이로 경도 측정 • 운반, 취급이 용이 • 시험 재료 : 완성제품 경도 측정 • $H_S = \dfrac{10,000}{65} \times \dfrac{h}{h_0}$

④ 충격 시험

V형 또는 U형의 노치를 가진 재료를 충격으로 급격히 파단시켜, 이 파단에 소비된 에너지를 측정하여 재료의 인성 및 취성값을 측정한다.

- 측정 : 재료의 인성, 취성
- 파단에 소비된 에너지가 클수록 점성이 강한 재료이다.
- 종류 : 샤르피, 아이조드식

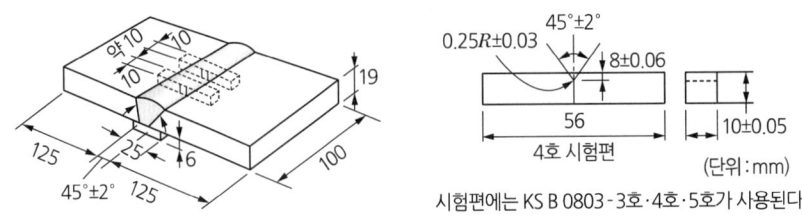

시험편에는 KS B 0803 - 3호·4호·5호가 사용된다.

▲ 용착 금속의 충격 시험편

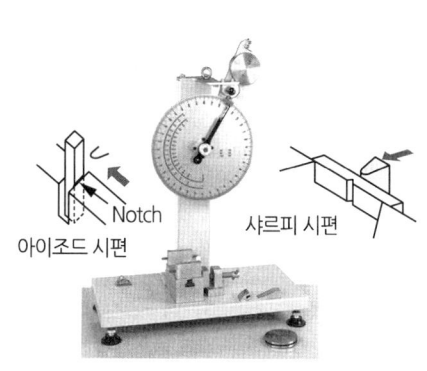

▲ Charpy와 IZOD 시험 비교

   ㉠ 샤르피 시험 : 시험편은 단순보의 상태로 고정된다.
   ㉡ 아이조드 시험 : 시험편은 내다지보의 상태로 고정된다.

⑤ 피로 시험

   피로 강도를 측정하기 위해 무수히 많은 반복된 하중으로 시험
   - 측정 방법 : 압축, 인장, 굽힘, 뒤틀림 등

⑥ 크리프 시험

   고온에서 재료에 일정한 하중을 걸고 시간 경과에 따른 변형량을 측정
   - 시간 – 온도 – 응력의 관계를 나타낸다.

3 비파괴 검사(NDT ; Non-Destructive Test)

1) 비파괴 검사

재료나 시험체를 파손하지 않고, 원형을 보존한 상태로 용접의 건전성, 성질, 상태 및 내부 구조를 검사한다.

2) 종류

① 육안검사(VT ; Visual Test)

   육안 또는 보조 기구에 의해 시험체를 관찰하여 검사한다.
   - 다른 비파괴 검사 이전에 적용한다.
   - 비드 형태, 언더 컷, 오버 랩, 균열, 슬래그 섞임, 블로우 홀, 스패터, 표면 균열, 변형 등 육안으로 확인 가능한 전반적인 외관 검사
   - 검사 방법 : 렌즈, 반사경, 현미경 등으로 검사

② 방사선 투과시험(RT ; Radiographic Test)

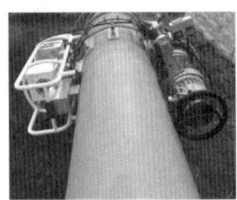

▲ 배관 RT 탐상 장비와 탐상 예

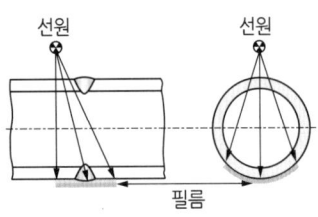

▲ 단벽 단상 촬영법

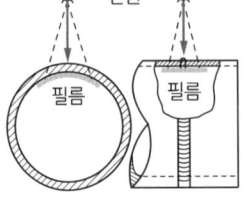

▲ 단벽 단상 촬영법

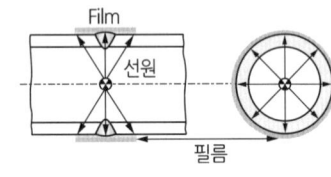

▲ 배관 내면 촬영법

탐상 방법	• X선 또는 γ선을 이용하여 재료를 투과하고, 그 투과 강도에 따라 필름을 감광하여 재료 내부의 결함 유무를 검사 • 방사선의 에너지와 피사체의 밀도 및 두께별로 투과된 방사선량에 따라 필름의 감광 정도가 달라지며, 필름에 나타난 밝고 어두운 정도로 시험체 내부를 확인한다.	
특징	• 판 이음 용접부의 내부 결함 검사가 용이 • 자성, 판 두께, 표면 상태 등에 구애받지 않고 검사가 가능하다. • 모든 재질에 적용이 가능하며, 특히 주조 및 용접부에 유리하다. • 검사결과는 필름으로 보존하므로 기록성이 있다. • 비파괴 검사 방법 중 가장 신뢰성이 높으므로 폭넓게 적용한다. • 라미네이션 및 미세균열은 검출이 어렵다.	
종류	X선	• 고속 전자의 흐름을 물질에 충돌하였을 때 발생하는 파장이 짧은 전자기파다. • 얇은 판 검사 시 적용한다. • 물체 투과 시 일부는 물체에 흡수된다. • 검출 : 비금속 개재물, 언더컷, 용입 불량 등
	γ선	• γ-선은 방사선 물질에서 핵이 분열하거나 붕괴 시 발생한다. • X-선에 비해 에너지가 크고, 파장이 짧다. • 투과력은 X-선보다 훨씬 강하므로 두꺼운 판 검사 시 적용한다. • 선원 : 이리듐 192, 코발트 60, 세슘 134

㉠ 방사선 검사의 기본 3요소 : 방사선원, 시험체, 필름
㉡ 결함의 분류 : KS에서는 강의 용접부에 나타나는 결함을 4종으로 구분하고 있다.

구분	정의
제1종	둥근 Blow Hole 및 유사한 결함
제2종	가늘고 긴 슬래그 혼입, 파이프, 용입 불량, 융합 불량 및 유사한 결함
제3종	갈라짐 및 유사한 결함
제4종	텅스텐 혼입

ⓒ 필요 기구 : 투과도계, 계조계, 증감지 등

③ 초음파 검사(UT ; Ultrasonic Testing)

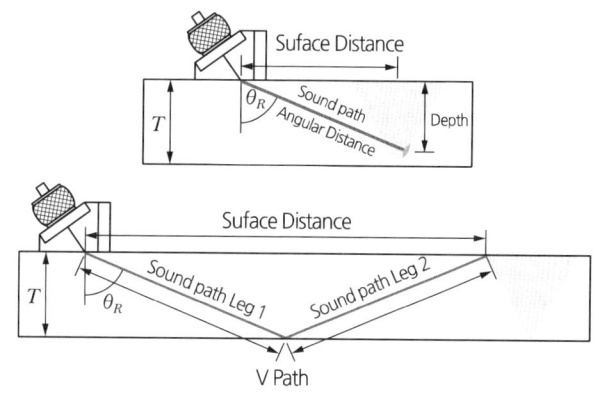

▲ 강판의 UT 검사 방법

㉠ 탐상 방법

초음파(주파수 약 20(KHz) 이상)를 이용하여 금속 내부의 결함을 탐상한다.

장점	단점
• 시험체의 두께에 제한이 없다. • 한 면에서 검사를 시행할 수 있다. • 균열 등 면상 검출 능력이 방사선 투과 검사(RT)보다 우수하고, 침투력이 높아 두꺼운 판재의 검출도 용이하다. • 모서리 용접부, 현장 맞이음 용접부 등 방사선 투과시험 불가 부분도 가능 • 균열 등 면상 결함 능력이 방사선 투과 검사보다 우수하다. → 미세한 균열 검출 능력이 뛰어나다. • 라멜라티어의 검출 능력이 탁월하다. • 내부 불연속의 위치, 크기, 방향 및 모양의 정확한 측정이 가능하다. • 검사 결과를 즉시 알 수 있다. • 방사선에 의한 해가 없다. • 검사자 및 주변에 장해가 없다.	• 필름이 없으므로 기록의 보존이 곤란하여 기록성이 약하다 • 표면이 거칠거나, 불규칙한 모양, 평행하지 않는 반사면은 탐상이 곤란하므로 편평하게 가공하여야 한다. • 결함의 위치, 종류식별이 어렵고 금속조직의 영향을 받기 쉽다 • 내부 조직이 조대하거나, 기포가 많은 경우, 미세한 블로우 홀 등은 탐상이 곤란하다. • 접촉 매질이 필요하고, 재료 내부 온도가 고온이면 측정이 어렵다. • 검사원의 숙련도에 따라 검사결과가 달라질 수 있다.

㉡ 종류

종류	특징
펄스 반사법	• 초음파를 시험체에 투과하여 내부의 결함으로부터 반사하는 초음파의 형태를 시험체의 한 면으로부터 송신하여 결함을 판정 • 주로 많이 사용됨
투과법	• 초음파 펄스 또는 연속파를 투과하여 뒷면에서 수신하여 초음파의 장애 및 쇠약 정도를 조사 • 시험체의 양면에서 투과하여 검사
공진법	• 시험체의 두께 또는 라미네이션 균열일 때 발생하는 시험체 속 초음파의 공진현상을 이용하여 판 두께 측정 또는 라미네이션 검출

참고 라미네이션 : 모재결함에 따른 균열

④ 자분 탐상법(MT ; Magnetic particle Testing)

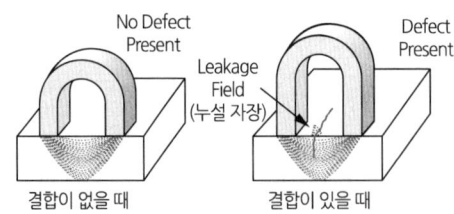

▲ 자분 탐상법

㉠ 탐상 방법

강자성체인 시험체에 자장을 걸어 자화시킨 후 자분을 적용하면 누설자장에 의해 형성된 자분모양을 관찰하여 결함의 크기, 위치 및 형상을 검사하는 방법
- 시험체의 표면 또는 표면 바로 아래의 불연속 결함을 검출한다.

참고 강자성체 : 철, 니켈 등과 같이 자기 변태점이 있는 금속

장점	단점
• 미세한 표면균열의 검출에 적합하다. • 검사품의 크기, 형상에 제약이 없다. • 전방향 검출이 가능하다. • 검사품에 얇은 도장이 되어 있어도 가능하다. • 취급이 간단하고, 인체에 해롭지 않다. • 검사비용 저렴하다.	• 강자성체에만 국한된다. • 전류를 직접 통전하면 전기 접촉부에서의 아크 발생으로 검사품 손상이 우려된다.

㉡ 종류

ⓐ 원형 자화(Circular Magnetic Field) : 자장이 원형으로 형성된다.

종류	그림	특징
축 통전법		시험편의 축방향으로 전류를 흘려 발생하는 자장으로 결함을 검출 → 축방향인 전류에 평행한 결함을 검출
직각 통전법		시험편의 축 직각 방향으로 전류를 흘려 발생하는 자장으로 결함을 검출 → 축방향인 전류에 평행한 결함을 검출

종류	그림	특징
전류 관통법		• 속이 빈 튜브와 같은 시험편의 구멍을 통과한 도체에 전류를 흘려 발생하는 원형자장으로 결함을 검출 • 관통 봉과 평행한 방향의 결함은 검출되기 쉬우나 원주방향의 결함은 검출되기 어렵다.
프로드법		시험편의 표면에 근접한 두 위치에 전극을 가깝게 접촉하여 발생하는 자장으로 결함을 검출
자속 관통법		시험편의 구멍으로 철심을 넣고 교류 자속을 흘려 시험체 주위에 발생하는 유도전류에 의한 자장으로 결함을 검출

ⓑ 선형 자화(Longitudinal Magnetic Field) : 자장이 선형으로 형성된다.

종류	그림	특징
코일법		시험편의 전자석으로 자화시킨 다음에 시험편을 따라 탐상 코일이 이동하면서 발생하는 전자 유도 전류에 의한 자장으로 결함을 검출
극간법		시험편의 전체나 일부분을 자석의 자극 사이에 놓고 자화하는 방법

⑤ **액체 침투탐상검사(PT ; Penetrant Testing)**

시험체 표면에 침투액을 도포하여 일정 시간이 지난 후 표면의 침투제를 제거하고 현상제를 도포하면 결함부는 침투액이 현상액과 반응하여 드러나는 것을 관찰하여 결함의 위치, 크기, 모양 등을 검출
• 용접부, 주강품, 단조품 및 세라믹, 플라스틱, 유리 등 비금속 재료 가능

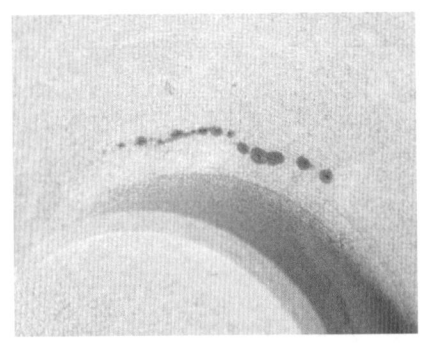

▲ 액체 침투탐상 결과

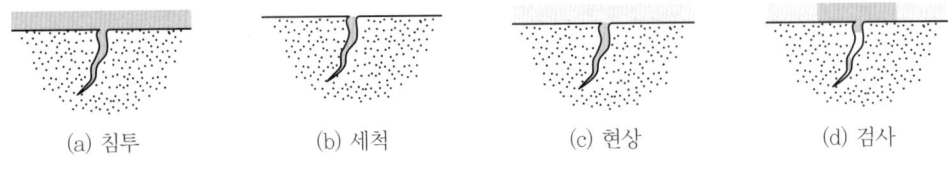

▲ PT 검사 순서

장점	단점
• 검사 속도가 빠르고 시험 방법이 간단하며, 비용이 저렴하다. • 제품의 크기, 형상 및 재질에 제한이 없다. → 철, 비철, 세라믹, 플라스틱 등 거의 모든 제품에 적용 • 국부적 시험이 가능하다. • 미세균열 탐상이 가능하다. • 판독이 용이하다. • 검사자의 숙련도가 요구되지 않는다.	• 시험 전 전처리가 필요하다. • 표면 검사만 가능하다. • 표면이 너무 거칠거나 다공성인 경우 탐상이 불가하다. • 침투면이 침투제와 반응하여 손상을 입지 않아야한다. • 시험 표면온도에 제한을 받는다.(시험 가능 온도 : 15~50℃) • 침투제로 인한 오염이 쉽다.

⑥ 와전류 탐상검사(맴돌이 전류 탐상, ET ; pulse Eddy current Test)

변화하는 자기장 내에서 도체로 흐르는 와류전류에 의해 금속표면이나 표면과 가까운 내부의 결함을 검사한다.

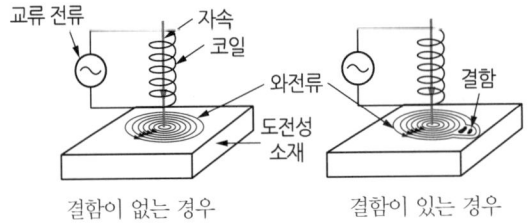

▲ 와전류 탐상

장점	단점
• 표면의 검출 능력이 우수하다. • 비접촉 검사이므로 피검사체의 단열재, 코팅 제거 필요가 없다. • 유체 이송 및 온도에 제약이 없다. → 고온, 고압에서도 검사가 가능하다. • 검사 속도가 빠르며 자동화 검사가 가능하다. • 검사 결과의 기록 · 보존이 가능하다. • 장비가 비교적 간편하고, 유지비가 저렴하다.	• 강자성의 금속에는 적용이 어려우므로, 저합금강에만 적용 가능하다. • 결함의 종류 및 형상의 판별이 어렵다. • 정밀도가 타 검사에 비해 낮다. • 독립 Pitting 측정이 불가하다. • 두꺼운 재료의 내부 결함 검사가 불가능하다. • 주변의 전기적 · 기계적 요인에 의해 검사결과가 달라진다.

4 화학적 및 야금학적 시험법

종류		특징
화학적 시험법	화학분석	• 용접봉과 심선, 모재, 용착 금속의 화학 조성 분석과 불순물의 함유량 조사
	부식시험	• 부식성 분위기를 만들어서, 용접 구조물의 내식성을 조사
	수소시험	• 용착 금속 중에 침입된 수소량을 측정
야금학적 시험법	파면시험	• 용접부를 프레스나 해머로 절단하여 용접 금속과 모재의 파단면을 육안으로 검사 • 육안 혹은 낮은 배율의 확대경으로 검사
	육안조직시험 (Visual Test)	• 용접부의 용입 상태, 열영향부의 범위, 결함의 분포 상황 등을 조사 • 조직 시험편을 만들어 육안으로 검사
	매크로 시험 (Macro Test)	• 용접 단면을 연마한 다음 매크로 부식액을 이용하여 부식한 후, 물로 깨끗이 씻고 건조하여 육안 또는 저배율의 확대경으로 용접 결함을 관찰 • 용입 상태 및 모양, 각 용접층의 상태, 열 영향부의 범위, 결함 유무 등 관찰 • 매크로 부식액 : 염산용액(염산 : 물=1 : 1), 초산 용액(초산 : 물=1 : 3), 염산과 황산 용액(염산 : 황산 : 물=3.8 : 1.2 : 5) 등

	현미경 조직 검사
	(Micro Test)
		• 용접 단면을 거울과 같이 연마한 다음 부식액을 이용하여 부식한 후, 물로 깨끗이 씻고 건조하여 50~2,000배율의 금속 현미경으로 금속 조직, 용접부의 용입 상태, 열 영향부의 범위 및 미세한 용접 결함의 분포 상황 등을 관찰
		• 조직 시험편을 만들어 약 50배율 이상의 현미경으로 검사
		• 시험 순서 : 시험편 채취 → 마운팅 → 샌드 페이퍼 연마 → 폴리싱 → 부식 → 현미경 검사
		• 부식액 : 왕수, 연화철액, 플루오르화 수소액 등
		  －알루미늄 : 수산화 나트륨 용액
		  －구리 : 왕수, 연화철액, 피크린산, 수산화 나트륨
		  －연강 : 플루오르화 수소액

	설퍼 프린트 시험	• 유화물의 함유량과 분포 상태를 검출 • 묽은 황산에 담근 사진용 인화액을 단면에 밀착시킨 후 정착액으로 검사

5 기타 검사

1) 누설 검사(LT ; Leak Test)
수압, 공압 Test 등 기체나 액체와 같은 유체를 사용하여 용기 내부 압력을 외부 압력보다 크게 했을 때 누설되는 압력 변화와 기포 발생 또는 압력계 바늘의 변화를 측정하여 검사를 실시
① 탱크 및 용기 등 용접부 수밀 또는 기밀 등을 검사
② 종류
- 가압법 : 시험체 내부에 압력을 가하여 누설 측정
- 진공법 : 시험체 내부의 압력을 감압하여 누설 측정

2) 음향 방출 시험(AE ; Acoustic Emission test)
재료에 외력을 가하면 재료 내부의 전위가 움직여 어느 점에서 집적하거나, 또는 쌍정 변형을 일으켜 소성변형이 발생할 때 에너지로 방출되면서 초음파(50KHz~100MHz)가 발생하는데, 이 초음파를 검출함으로써 시험체 내부의 변화와 파괴를 감지하는 방법
- 고체 내부에 형성된 변형 에너지의 급격한 방출로 발생하는 탄성 에너지파를 검출한다.
- 고압 용기, 배관 등의 검사, 용접, 응력 부식 균열 발생 및 재료 특성 평가에 적용한다.

3) 표면 복제법(Replication Method)
고온, 고압 등 특수 환경에서 운전되는 설비에서 직접 검사는 불가능하므로, 금속 조직을 다른 물질에 복제하여 실험실에서 간접적으로 관찰 및 분석하는 방법

CHAPTER 04 로봇 자동 용접 및 용접 자동화

1 자동제어

1) 수동제어와 자동제어
① 수동제어 : 사람에 의한 조작
② 자동제어 : 사람이 아닌 제어장치에 의해 자동적으로 조작이 이루어지는 것

2) 자동제어의 종류

시퀀스 제어	피드백 제어
• 미리 정해진 순서에 따라 제어의 각 단계별로 자동적으로 진행되는 제어 방식 • 개회로 제어라고도 한다.	• 제어량을 측정하여 목표값과 비교하고, 그 차를 적절한 정정 신호로 교환하여 제어 장치로 되돌리며, 제어량이 목표값과 일치할 때까지 수정 동작을 하는 자동 제어방식 • 폐회로 제어라고도 한다. • 구성 : 검출부, 조절부, 조작부 등

3) 자동제어의 특성

장점	단점
• 제품의 품질이 균일화되고, 불량률이 감소된다. • 작업속도가 상당히 빠르다. • 연속작업 및 정밀작업이 가능하다. • 안전사고 발생률이 낮아진다.	• 초기 설치 투자비용이 높다. • 한 번 불량이 발생하면 대량으로 발생한다.

2 로봇 자동용접, 용접의 기계화 및 자동화

일반적으로 용접의 수동, 자동 및 반자동의 선택은 용접 특성과 효율 등 여러 면에서 검토해서 결정되어야 한다.

1) 자동용접의 장점
- 생산성이 증대되고, 품질이 향상된다.
- 저가의 비용으로 대량 생산이 가능하여 원가가 절감된다.
- 용접 조건에 따른 공정이 감소되고, 작업 환경이 개선된다.
- 일정한 전류값을 유지할 수가 있다.
- 인력에 의한 아크시간(30%가량)보다 현저히 높은 아크시간(80~90%가량)으로 용접 효율이 높다.
- 용접봉 손실이 적고, 용착 효율이 높다.
- 슬래그 제거가 불필요하고, 열변형이 감소되며, 용접부의 기계적 성질이 뛰어나게 향상된다.

- 일정한 아크 길이 유지가 가능하고, 비드폭, 높이, 용입이 균일하여 비드 외관이 양호하다.
- 수동 및 반자동 보다 전류 사용 범위가 넓다.

2) 산업용 로봇의 기능
작업 기능, 제어 기능, 계측 인식 기능

3) 용접 로봇의 동작 형식에 따른 분류

종류	형상	특징
직각 좌표 로봇		• 일반적으로 직선 운동을 수행하는 X, Y, Z의 3축으로 구성 • 기계적으로 튼튼하고 안정적이며 위치 정밀도가 우수 • 이용자가 쉽게 사용 가능 • 동작 영역에 비하여 설치 면적이 넓음
원통 좌표 로봇		• 원통의 길이와 반지름 방향으로 움직이는 2개의 직선축과 원주 방향으로 움직이는 하나의 회전축으로 구성 • 작업 영역이 넓고, 설치 면적도 적으며, 위치 정밀도가 우수 • 로봇의 끝에 과중한 하중이 걸리는 작업이나 일감의 중량이 크면, 위치 정밀도가 떨어짐
극좌표 로봇		• 1개의 직선축과 2개의 회전축을 조합하여 구성 • 수직면에 대하여 상하 운동 특성이 우수하여 작업 영역이 넓고 경사진 위치에서 작업이 가능하여 용접 작업이나 도장 작업에 적합
다관절 로봇	(a) 수평 다관절 (b) 수직 다관절	중앙에 회전하는 컬럼 위에 수평 또는 수직의 다관절을 구성

종류	형상	특징
이동 로봇	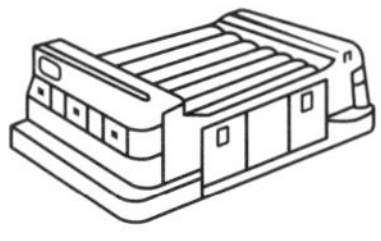 (a) 무인 반송차 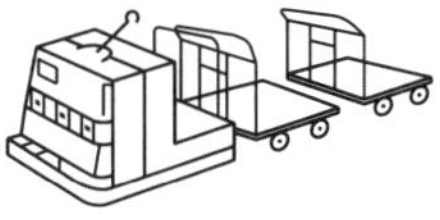　(b) 무인 견인차 　(c) 무인 포크 리프트	바퀴 또는 그 밖의 구동 장치에 의하여 이동할 수 있는 기능을 가진 로봇을 총칭

4) 로봇 용접

① 구성 요소

종류	특징
용접 로봇	• 용접 와이어는 연속적으로 공급되며, 주위에 차폐가스가 공급된다. • 조종 센터로부터 입수된 정보에 따라 용접이음 전방으로 용접 총을 유지시켜 위치를 결정한다.
취부용 회전대	피용접물을 고정하는 작업대
고정구	• 회전대에 고정하여 유압 또는 기압에 의해 피용접물을 취부 • 숙련된 작업이 필요
컴퓨터 제어센터	회전대에 고정용접경로 및 공정변동에 대해서 자동적으로 교정
수신장치	공작물 위치를 수신
이음매 추적장치	• 일방향성 장치 • 이방향성 장치

② 필요 기구

종류	특징
포지셔너 (Positioner)	포지셔너의 테이블은 어느 방향으로든지 기울일 수 있어서 어떠한 구조의 용접물이든 용접이 쉽고 품질이 우수한 아래보기 자세 용접이 가능하도록 하여 생산 가격을 절감한다. 
터닝 롤 (Turning Roll)	대형 파이프의 원주 용접을 단속적으로 아래보기 용접하기 위해 모재의 바깥 지름을 지지하면서 회전시키는 장치이다. 

종류	특징
헤드 스톡 (Head Stock)	용접 물체의 양끝을 고정한 후 수평 축으로 회전시키면서 아래보기 자세 용접을 가능하게 하는 것으로 주로 원통형 용접물에 많이 사용된다.
턴 테이블 (Turn Table)	용접물을 테이블 위에 고정하고, 정해진 속도로 회전시키면서 용접할 수 있는 일종의 Jig이다.
매니퓰레이터 (Manipulator)	Arm이 수직, 수평으로 이동 가능하며, 완전히 회전이 가능하여 서브머지드 용접기나 다른 자동 용접기를 수평 암에 고정시켜 아래보기 및 원주 맞대기 용접이나 필릿 용접을 가능하게 한다.
기타	트랙, 갠트리, 컬럼 등

③ 설치 장소
- 로봇의 움직임이 충분히 보이는 장소
- 로봇의 케이블 등이 사람의 발에 걸리지 않도록 설치되어야 한다.
- 로봇의 팔이 제어판넬, 조작판넬 등과 간섭을 일으키지 않는 장소
- 로봇의 움직임이 적절한 장소

CHAPTER 05 용접 안전

1 작업 안전 일반

1) 안전표지

① 안전표지

작업장에서 작업자가 판단이나 행동의 실수가 발생하기 쉬운 장소 또는 실수하면 중대한 재해를 일으킬 우려가 있는 장소에 안전을 확보하기 위해 표시하는 표지
- 각종 사업장에서 안전 확보를 위해 부착
- 규정에 따라 도형·색채로 제작하여 직관적으로 위험에 대한 주의를 환기
- 안전사고를 사전에 방지

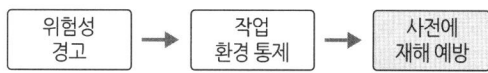

② 안전표지의 종류 및 색상

색상	용도	내용
빨간색	금지	정지신호, 소화설비 및 그 장소, 유해 행위의 금지
	경고	화학 물질 취급 장소의 유해 및 위험 경고
노란색	경고	화학 물질 취급 장소의 유해 및 위험 경고 이외의 위험 경고, 주의 표지, 기계 방호물
파란색	지시	특정 행위의 지시 또는 사실의 고지
녹색	안내	비상구, 피난소, 사람 또는 차량의 통행 표지
흰색	보조색	지시표지(파란색), 안내표지(녹색)의 보조색
검은색	보조색	금지표지(빨간색), 경고표지(노란색)의 보조색 또는 문자

참고 안전표지 사용 예

2) 통행 안전

구분	안전 기준
통로의 조명	75Lux 이상
장애물	통로 바닥면으로부터 높이 2m 이내에는 장애물이 없어야 한다.
통로의 폭	기계설비, 통행로의 최소 폭은 0.6m 이상
계단 및 계단참	• 높이 3m 초과 시마다 1.2m의 계단 참 설치 • 계단 폭 : 1m 이상(급유, 보수, 비사용, 나선형 계단 제외) • 높이 1m 이상인 계단은 개방된 쪽에 안전 난간을 설치해야 함 • 계단을 설치하는 경우 바닥면으로부터 높이 2m 이내의 공간에 장애물이 없어야 함 • 하중 기준 : 500kg/m², 안전율 기준 : 4 이상 • 계단에 손잡이를 설치하는 것 외에 다른 물건 등을 쌓아 두지 않아야 함

3) 작업복의 관리

- 몸에 맞고 가벼워야 한다.
- 실밥이 풀리거나 터진 것은 즉시 수선하도록 한다.
- 늘 깨끗이 하고 특히 기름이 묻은 작업복은 불이 붙기 쉬우므로 위험하다.
- 더운 계절이나 고온 작업 시에도 작업복을 절대로 벗지 않아야 한다.
- 착용자의 연령, 직종 등을 고려하여 적합한 스타일로 선정한다.

4) 보호구

① 보호구 : 인체에 미치는 각종 유해 및 위험으로부터 인체를 보호하기 위해 착용하는 보조 기구

② 보호구의 구비 요건
- 착용이 간편할 것
- 작업에 방해가 되지 않을 것
- 유해, 위험요소에 대한 방호 성능이 충분할 것
- 제품의 품질이 양호할 것
- 구조와 끝 마무리가 양호할 것
- 외양과 외관이 양호할 것

③ 보호구 선정 시 유의 사항
- 사용 목적에 적합할 것
- 검정에 합격하고 성능이 보장된 것
- 작업에 방해가 되지 않을 것
- 착용이 쉽고, 크기 등이 사용자에게 적합할 것

④ 보호구의 종류와 착용 기준

착용 보호구	작업 종류
보안경, 보안면	• 물체가 흩날릴 위험이 있는 작업 • 용접 시 불꽃이나 물체가 흩날릴 위험이 있는 작업
안전모, 안전대, 안전화	• 높이 또는 깊이 2m 이상의 추락 위험이 있는 장소에서의 작업 • 물체의 낙하, 충격, 물체 사이에 끼임, 감전 또는 정전기에 의한 위험이 있는 작업
방진 마스크	분진이 심하게 발생하는 장소에서의 작업
절연 보호구	감전의 위험이 있는 작업
방열복	고열에 의한 화상 등의 위험이 있는 작업
방한모, 방한복, 방한화, 방한장갑	−18℃ 이하인 냉동창고에서의 작업

⑤ 안전모
  ㉠ 안전모의 각부 명칭

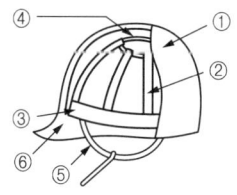

번호	명칭	
①	모체	
②	착장체	머리받침끈
③		머리고정대
④		머리받침고리
⑤	턱끈	
⑥	챙(차양)	

ⓒ 안전모의 거리 및 간격 기준

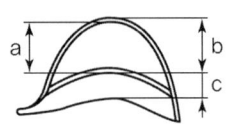

기호	명칭	간격 기준
a	내부 수직거리	25mm 이상, 50mm 이하
b	외부 수직거리	80mm 미만
c	착용높이	85mm 이상

ⓒ 안전모의 등급

등급	사용 용도	비고
A	비래, 낙하 방지	–
AB	비래, 낙하, 추락 방지	–
AE	비래, 낙하, 감전 방지	내전압성
ABE	비래, 낙하, 추락, 감전 방지	내전압성

참고
- 비래 : 날아오는 물건, 또는 떨어지는 물건이 사람에 부딪히는 것
- 내전압성 : 7,000V 이하의 전압에 견디는 조건

ⓔ 안전모의 일반 기준
- 안전모는 모체, 착장체 및 턱끈을 가질 것
- 모체, 착장체 등 안전모의 부품은 착용자에게 상해를 줄 수 있는 날카로운 모서리 등이 없을 것
- 착장체의 머리 고정대는 착용자의 머리 부위에 적합하도록 조절할 수 있을 것
- 착장체의 구조는 착용자의 머리에 균등한 힘이 분배되도록 할 것
- 턱끈은 사용 중 탈락되지 않도록 확실히 고정되는 구조일 것
- 머리 받침끈이 섬유인 경우에는 각각의 폭은 15mm 이상이어야 하며, 교차되는 끈은 폭의 합이 72mm 이상일 것
- 안전모의 수평간격은 5mm 이상일 것
- 안전모의 모체, 착장체를 포함한 질량은 440g을 초과하지 않을 것
- 사용 목적에 따라 내열성, 내한성 및 내수성을 보유할 것
- 모체의 표면은 밝고 선명한 색채로 할 것
- 안전모는 통기의 목적으로 모체에 구멍을 뚫을 수 있으며 통기구멍의 총 면적은 150mm² 이상, 450mm² 이하일 것
- 쉽게 부식되지 않을 것
- 피부에 해로운 영향을 주지 않을 것

⑥ 보안면의 일반 기준
- 복사열에 노출되는 금속부분은 단열 처리를 해야 한다.
- 착용자와 접촉하는 보안면의 모든 부분은 피부자극을 유발하지 않는 재질을 사용해야 한다.
- 보안면은 돌출부분, 날카로운 모서리 혹은 사용 도중 불편하거나 상해를 줄 수 있는 결함이 없어야 한다.

⑦ 보안경

보안경은 비산물로부터 작업자의 눈을 보호하기 위한 것이다.

㉠ 보안경의 종류 : 렌즈의 재질에 따라 유리, 플라스틱, 도수 안경으로 구분된다.

㉡ 보안경의 일반 기준
- 돌출부분, 날카로운 모서리 등이 없어야 하며, 사용 도중 불편함 및 상해의 위험이 없어야 한다.
- 착용자와 접촉하는 보안경의 모든 부분은 피부 자극을 유발하지 않는 재질이어야 한다.
- 머리띠 착용 시 착용자의 머리와 접촉하는 모든 부분의 폭이 최소한 10mm 이상, 머리띠는 조절이 가능해야 한다.

⑧ 안전화

㉠ 안전화는 외부의 충격이나 날카로운 물체 등 위험물로부터 작업자의 발을 보호하기 위한 것이다.

㉡ 안전화의 종류 및 성능시험

종류	성능시험 종류
가죽제	내압박 시험, 충격시험, 박리시험, 내답발성 시험
고무제	압박시험, 충격시험, 침수시험
절연화	내전압 시험 • 60Hz, 14,000V의 전압에 1분간 견딜 것 • 충전 전류는 0.5mA 이하

참고 내답발성 시험
날카로운 물체가 신발 바닥창을 뚫지 못하는 성능시험

⑨ **귀마개** : 각종 신호수(크레인, 백호, 덤프 등) 등은 귀마개를 착용하면 안 된다.

⑩ 장갑
- 장갑을 착용하는 작업 : 용접 및 산소 절단 등의 작업은 감전 및 스패터 등에 의한 화상으로부터 작업자를 보호하기 위해 착용
- 장갑을 착용하지 않는 작업 : 드릴링, 선반, 밀링 등 기계 가공, 측정 및 금 긋기 작업

2 용접 안전 관리

1) 용접 안전
- 화재를 대비하여 소화기 등 방화설비를 비치한다.
- 용접 작업 부근에는 인화성 물체를 두지 않는다.
- 배관 및 기기에서 가스가 누출되지 않도록 해야 한다.
- 가연성 가스는 항상 세워서 보관해야 한다.
- 여러 사람이 공동으로 작업할 때는 차광막을 설치하여 유해광선의 해를 서로 끼치지 않도록 해야 한다.

- 좁은 장소에서 용접 시 통풍을 실시한다.
- 부득이 가연성 물체 주변에서 작업 시에는 화재 발생 예방 조치를 취한다.

2) 전기 안전

① 안전 전압 : 30V

② 전격(전기적 충격)

전류	증세
1mA	감전을 조금 느낀다.
8~15mA	고통을 수반하는 쇼크를 느낀다.
15~20mA	고통을 느끼고 근육 경련을 일으킨다.
20~50mA	고통을 느끼고 강한 근육 수축 발생, 호흡이 곤란, 피해자가 회로에서 떨어지기 힘들다.
50~100mA	심장마비를 일으켜 순간적으로 사망할 수 있다.

③ 감전사고(전격)의 원인
- 캡타이어 케이블의 피복불량 및 접지불량
- 홀더 불안정 및 사용 후 방치
- 용접기 절연 불량
- 개로전압이 너무 높음
- 몸에 수분(땀)이 많음
- 의복에 수분 또는 기름기 많음
- 습기가 많은 장소에서의 작업

④ 전격 방지대책
- 가죽 장갑, 앞치마 등 보호구를 반드시 착용한다.
- 젖은 손으로 전기기기를 만지지 않는다.
- 땀, 물 등에 의해 젖거나 습기가 찬 작업복, 장갑, 구두 등을 착용하지 않는다.
- 홀더나 용접봉은 절대 맨손으로 만지지 않는다.
- 용접기 절연 홀더의 절연 부분이 노출 또는 파손되면 즉시 수리하거나 교체한다.
- 용접기의 내부에 함부로 손을 대지 않는다.
- 전격 방지기 및 누전 차단기를 설치한다.
- TIG 용접에서 용접을 하지 않을 때는 전극봉을 제거하거나 노즐 안쪽으로 밀어 넣는다.
- 전기기기, 전선, 코드 접속부는 절연물로 완전히 피복하여야 한다.
- 개폐기에는 반드시 정격 퓨즈를 사용한다.
- 고장 난 전기제품은 사용하지 않는다.
- 용접 작업이 끝났을 때는 반드시 스위치를 차단한다.
- 스위치 차단 순서는 용접기 → 메인전원 순서이다.(스위치 작동순서는 역순이다.)

⑤ 전기 스위치류 취급에 관한 안전사항
- 운전 중 정전이 되었을 때는 스위치를 반드시 끊는다.
- 스위치를 끊을 때는 부하를 가볍게 해 놓고 끊는다.
- 스위치는 노출시키지 않고 반드시 뚜껑을 장착한다.
- 스위치의 근처에는 여러 가지 재료를 놓아두지 않는다.

⑥ 감전 사고 조치사항
- 즉시 전원 스위치 차단 후 감전 사고자를 전원으로부터 이탈
- 구조 후 필요에 따라 인공호흡 실시
- 의사에게 연락 후 치료

3) 아크 용접 안전 관리

① 아크 용접 재해의 종류
- 아크 광선에 의한 전안염
- 스패터 비산에 따른 화상
- 전격에 의한 감전

② 아크 용접 안전수칙
- 용접 전 반드시 보호구 및 헬멧을 착용한다.
- 용접 전 가죽장갑, 보호안경을 착용한다.
- 옷이나 장갑에 기름 및 기타 오물이 묻지 않도록 주의해야 한다.
- 용접봉을 교환할 때는 충전부에 몸이 닿지 않도록 한다.
- 아크 발생 시에는 항상 주의해야 한다.
- 2차 측 단자의 한쪽과 용접기 본체는 반드시 접지한다.
- 파손되거나 벗겨진 용접 홀더는 반드시 수리하거나 교체한다.
- 용접을 하지 않을 경우에는 전원 스위치를 OFF, 커넥터를 풀고, 홀더와 용접봉을 분리한다.
- 용접기의 리드 단자와 케이블의 접속부는 반드시 절연물로 보호한다.
- 용접기는 정격 이상으로 사용하지 않는다.
- 우천 시 옥외작업을 하지 않는다.
- 모든 가연성 물질 등을 작업장 주변에서 제거한다.
- 작업장은 적당한 통풍장치를 구비하여, 유해가스로부터 작업자를 보호해야 한다.
- 아크 발생 중에는 용접 전류를 조정(탭 전환)하지 않는다.

4) 가스 용접 및 절단의 안전 관리

① 가스 용접 및 절단의 재해 종류
- 아크 광선에 의한 전안염
- 스패터 비산에 따른 화상
- 역화로 인한 화재

② 가스 용접 안전 수칙

가장 우선 대책 : 가스 누설 방지

㉠ 폭발 주의
- 산소의 조정기에 기름이 묻어 있지 않도록 한다.
- 산소병 밸브, 압력 조정기, 도관, 연결부위는 기름 묻은 천으로 닦지 않는다.
- 작업 전 가스 누출검사를 실시한다.
- 인화성 물질, 가연성 분진, 위험물 등을 용접 전 스팀 세척(증기 열탕물) 또는 중화제로 완전히 제거한다.
- 환기구를 확보한다.

㉡ 화재 주의
- 작업장 주변 인화물, 폭발물, 가연물을 제거한다.(화기로부터 5m 이상)
- 소화기를 비치한다.

㉢ 화상 주의

비산하는 불꽃 및 발열에 주의해야 한다.

㉣ 중독 주의
- 작업장은 적당한 환기가 필요하다.
  → 납이나 아연 합금 또는 도금 재료에서 발생하는 가스와 작업 가스에 의한 중독 방지
- 보호마스크를 착용한다.

③ 가스 용접 및 절단의 안전관리
- 작업에 알맞은 보호구를 착용한다.
- 용접 또는 절단 진행 중에는 시선이 용접 면 또는 절단면을 떠나서는 안 된다.
- 가스가 용융금속이나 산화물의 비산으로 손상되지 않도록 한다.
- 산소 호스와 아세틸렌 호스는 반드시 색깔을 구분하여 사용한다.
- 불필요하게 과도한 긴 호스는 사용하지 않는다.

④ 장비의 관리

㉠ 아세틸렌 용기 취급 주의사항
- 용기는 충격을 받지 않도록 취급해야 하며, 반드시 세워서 보관해야 한다.
- 통풍이 잘 되고, 화기가 없는 곳에 보관해야 한다.
- 40℃ 이하의 온도로 보관하고, 이동을 할 때는 반드시 캡을 씌운다.
- 가스 사용을 중지할 때는 토치의 밸브와 함께 용기의 밸브도 잠근다.
- 정기적으로 가스의 누기를 점검해야 하며, 누설검사는 비눗물을 이용한다.
- 밸브 등이 동결된 경우 35℃ 이하의 온수로 녹인 후에 사용해야 한다.
- 밸브 이상 시 즉시 안전한 조치를 하여야 한다.(구매처로 연락)
- 아세틸렌 용기의 밸브는 1.5회전 이상 열지 않는다.

ⓒ 산소 용기 취급 주의사항
- 용기는 운반 시 끌거나, 눕혀서 굴리는 등의 충격을 받지 않도록 취급해야 하며, 반드시 세워서 보관해야 한다.
- 직사광선을 피하고, 화기가 있는 장소에 보관하지 않아야 한다.
- 산소병은 40℃ 이하로 유지해야 하고, 화기나 고온으로부터 멀리하여야 한다. (화기로부터 5m 이상)
- 용기 내압은 170기압이 넘어서는 안 된다.
- 산소 용기 속에 다른 가스를 혼합해서는 안 된다.
- 다른 가스에 사용한 조정기, 호스 등을 그대로 재사용하지 않는다.
- 용기를 운반할 때는 밸브를 잠그고 캡을 씌우고 철제 상자에 넣어 운반한다.
- 안전 캡으로 용기 전체를 들지 않아야 한다.
- 사용 전에는 누설 여부를 확인해야 하며, 누설검사는 비눗물을 이용한다.
- 밸브 및 조정기 등은 기름이 묻어서는 안 되며, 동결되었을 때는 온수나 증기로 녹여야 한다.
- 밸브 이상 시 즉시 안전한 조치를 하여야 한다(구매처로 연락).
- 사용 시 밸브는 천천히 개폐해야 하고, 완전 개방한다.
- 사용이 끝나거나 사용을 하지 않는 용기의 밸브는 반드시 닫고 안전 캡을 씌운다.

> **Key Point** 산소 용기 표시사항
> 용기 제작사명 및 기호, 충전 가스명, 용기 중량, 충전 압력(FP), 내압 시험압력(TP), 내용적

ⓒ 토치
ⓐ 토치의 관리
- 알맞은 용접 팁이나 절단 노즐을 선택해서 주의하여 토치에 결합을 하여야 한다.
- 작업을 완료했을 때는 아세틸렌 밸브를 먼저 잠그고, 산소 밸브 순으로 잠근다.
- 잠시 작업을 중단할 때는 토치의 밸브를 잠근다.
- 장시간 작업을 중단할 때는 용기의 밸브를 잠그고, 토치의 밸브를 열어서 조정기 내의 모든 가스를 빼낸다.
- 토치의 팁 구멍이 막히거나 이물질이 있는 경우, 팁 구멍 사이즈보다 한 단계 낮은 팁 클리너로 청소한다.

ⓑ 토치의 취급 주의사항
- 토치의 팁 구멍이 막히거나 이물질이 있는 경우, 팁 구멍 사이즈보다 한 단계 낮은 팁 클리너로 청소한다.
- 토치를 해머, 갈고리 등 공구 대용으로 사용하지 않는다.
- 팁이 과열되었을 때는 산소를 조금 분출하면서 물속에 담가 냉각시킨다.
- 작업 중 역류, 역화 및 인화에 항상 주의한다.

- 팁의 교체는 양쪽 밸브를 모두 잠근 후에 교체한다.
- 팁 및 토치는 작업 후 함부로 방치하지 않는다.

> **참고** 역류, 역화 및 인화
>
> | 구분 | 발생 원인 및 특징 | 대책 |
> |---|---|---|
> | 역류
(Contra Flow) | • 팁의 끝이 막혀 산소가 흘러나오지 못하고 압력이 낮은 아세틸렌 쪽으로 흘러들어가는 것
• 폭발할 수 있다. | • 역화 방지기 사용
• 팁을 깨끗이 청소
• 역류가 발생하였을 경우 산소를 차단한 후 아세틸렌을 차단 |
> | 역화
(Back Fire) | • 불꽃이 토치 팁 끝에서 폭발음을 내며 불꽃이 꺼졌다가 살아나는 등 불완전한 불길이 발생하는 것
• 토치 끝이 모재에 접촉하는 등의 토치 취급 불량에 의해 발생 | 아세틸렌 밸브를 잠그고, 산소 밸브를 잠가 완전히 소화한다. |
> | 인화
(Flash Back) | • 팁의 가열, 막힘, 불순물 등에 의해 팁 끝이 순간적으로 막혀 불꽃이 혼합실까지 밀려들어 오는 것
• 폭발의 위험성이 있다. | 즉시 아세틸렌 밸브 – 산소 밸브 순으로 잠근다. |

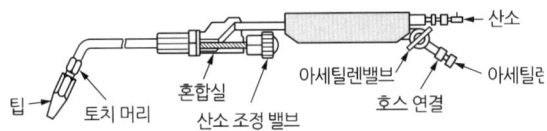

▲ 토치의 구조

ㄹ) 압력 조정기 취급 주의사항
- 1개의 안전기에는 반드시 1개의 토치를 사용해야 한다.
- 하루에 1회 이상 이상 수위를 점검한다.
- 빙결 시에는 화기를 사용하지 말고 따뜻한 물이나 증기로 녹인다.
- 수위점검을 확실히 할 수 있도록 수직으로 거치해야 한다.
- 압력 조정기가 설치될 나사부는 먼지를 깨끗이 닦아내고 설치한다.
- 압력 조정기의 설치부분이나 압력 조정기는 기름이나 그리스 등을 바르지 않고, 기름이 묻은 장갑을 사용하지 않아야 한다.
- 압력 지시계가 잘 보이도록 수직으로 설치하여 유리가 파손되지 않도록 해야 한다.
- 설치 후 반드시 비눗물로 가스 누설검사를 실시한다.
- 압력 조정기를 바르게 설치한 다음 감압밸브를 풀고 용기의 밸브를 천천히 열어야 한다.

5) 유해광선 안전사항
- 아크 광선에서 조사되는 가시광선, 자외선, 적외선 등은 눈에 해로우므로 반드시 차광 유리가 부착된 보안경을 착용하도록 한다.
- 용접 시에는 용접면 또는 핸드 실드에 부착된 차광 유리를 반드시 사용한다.
- 차광 유리 앞의 보호 유리는 차광 유리를 보호하기 위해 부착한다.

▼ 용접 중 발생하는 광선과 인체의 영향

광선의 종류	인체에 미치는 영향
가시광선	강렬한 가시광선은 눈의 결막염을 유발하거나 잠시 동안 시력을 잃게 한다.
자외선	맨 살에 쏘이면 화상이나 피부의 손상을 가져오게 되며, 눈이 노출될 경우 눈물이 나고 눈 속에 모래가 들어간 것 같은 느낌을 갖는다.
적외선	눈이 노출될 경우 점차적으로 눈이 악화되고, 나중에는 백내장이 되기도 하며, 열을 동반하므로 피부가 노출될 경우 화상을 입게 된다.

6) 용접 발생 가스와 영향

용접 시 발생하는 가스는 보호 가스, 피복제, Flux의 분해 산화, Arc와 공기 구성성분의 반응, 자외선 방출에 의해 발생하며 인체에 유해하다.

① 용접 가스의 영향

가스 종류	증세
일산화탄소(CO)	중독 및 질식이 발생할 수 있다.
이산화탄소(CO_2)	무색, 무취의 가스이며, 질식이 발생할 수 있다.
오존	피로, 두통, 눈 등에 나쁜 영향을 준다.
이산화질소(NO_2)	폐부종을 일으킬 수 있다.

② 이산화탄소의 농도에 따른 영향

농도	영향
1%	무해하나, 호흡 속도가 증가
2%	호흡 속도가 증가하고, 지속될 경우 피로감을 느낌
3~4%	호흡 속도가 빨라지고, 두통, 뇌빈혈, 혈압이 상승
6%	피부 혈관의 확장, 구토 발생
7~8%	호흡곤란, 정신장애, 수 분 내 의식 불명
10% 이상	• 시력 장애 발생, 2~3분 내 의식을 잃으며 방치 시 사망 • 30분 이내 인공호흡을 해야 하며, 의사의 조치가 필요
15% 이상	위험, 즉시 인공호흡을 해야 하며, 의사의 조치가 필요
30% 이상	극히 위험하며 사망에 이름

7) 납땜 안전

염산이 몸에 튄 경우 빨리 물로 세척해야 한다.

8) 산업용 로봇 안전 수칙

- 방호울 또는 방책 등을 개방할 때는 로봇의 상태를 확인해야 한다.
- 한 동작을 반복한다고 하여도 그 동작만을 계속 반복한다고 가정하지 않는다.
- 일시적으로 로봇이 정지하여도 완전히 움직이지 않는다고 속단하지 않는다.

3 화재 방지

1) 연소

① 연소의 3요소 : 가연물, 산소, 점화원

② 연소가 잘 일어나는 조건
- 공기와 접촉 면적이 크다.
- 가연성 가스 발생이 많다.
- 축적된 열량이 크다.
- 물체의 내화성이 작다.

③ 연소의 형식

구분	정의
확산연소	수소, 메탄, 프로판 등과 같은 가연성 가스가 버너 등에서 공기 중으로 유출하여 확산되면서 연소하는 것
비화연소	불티가 튀거나 바람이 날려서 발화점과 떨어져 있는 곳의 대상물에 착화하면서 연소하는 것
접염연소	불꽃이 가연물에 직접 접촉함으로써 발생하는 연소
복사연소	서로 떨어져 있는 두 물체 사이에서 전자파 형태로 열에너지가 방출되어 물체에 복사됨으로써 발생하는 연소
대류연소	뜨거운 공기 또는 액체의 흐름에 의해 열에너지가 전달되어 발생하는 연소

④ 연소 한계 : 연소에 필요한 가연성 기체와 공기 또는 산소와의 혼합 가스 농도의 범위

⑤ 발화점, 인화점 및 연소점

구분	정의
발화점	반사열만으로도 연소가 시작되는 최저 온도
인화점	섬광을 내면서 연소하기 시작하는 최저 온도(점화되기 시작하는 온도)
연소점	점화가 되어 계속적으로 연소하는 최저 온도 → 연소까지 지속되기 위한 온도로서, 인화점보다 다소 높다.

2) 화재

① 화재의 분류 및 소화방법

화재 등급	내용	소화방법
A급	일반 화재 : 나무, 종이, 섬유 등과 같은 물질의 화재	분말 소화기, 포말, CO_2 소화기
B급	유류 화재 : 기름, 윤활유, 페인트 등과 같은 액체의 화재	포말, 분말, CO_2 소화기
C급	전기 화재 : 전기로 인해 발생한 화재	분말, CO_2 소화기, 할로겐 화합물 소화기, 무상 강화액 소화기
D급	금속 화재 : 가연성 금속의 화재 (예 금속 나트륨, 마그네슘 등)	모래, 질식

② 소화기 보관방법
- 소화기는 가연성 물질이나 위험물 가까이 두지 않는다.
- 눈에 잘 띄고, 사용하기 쉬운 장소에 둔다.
- 실외 보관 시 보관 상자에 넣어둔다.
- 정기적으로 점검하고 항상 사용이 가능하여야 한다.

③ 화재 예방
- 인화성 액체는 반응이나 폭발 범위 이하의 농도만 취급한다.
- 배관이나 기기에서 가연성 가스나 증기의 누출 여부를 철저히 점검해야 한다.
- 작업 중 정전 등으로 인하여 화재 발생 위험이 있으므로 예비전원을 확보해야 한다.
- 석유류와 같이 도전성이 나쁜 액체의 취급이나 수송 시 유동이나 마찰로 인해 정전기 발생 위험이 있으므로 주의해야 한다.
- 화재 진화를 위한 방화 설비를 갖추어야 한다.
- 가스 폭발을 방지하기 위해 가스 누설 방지를 가장 우선적으로 실시한다.

④ 폭발 방지책
- 배관 또는 기기에서 가연성 가스가 누출되지 않도록 한다.
- 대기 중에 가연성 가스를 누설 또는 방출시키지 않는다.
- 용접 작업 부근에 점화원을 두지 않는다.
- 인화성 액체나 가스는 폭발 범위 이하의 농도만 취급한다.

⑤ 가연물의 자연발화 방지법
- 공기의 유통이 잘 되게 할 것
- 가연물의 열축적이 되지 않도록 할 것
- 공기와 접촉 면적을 적게 할 것
- 저장실의 온도를 낮게 유지할 것

3) 상처 및 화상
① 상처의 종류

종류	특징
찰과상	넘어지거나 긁히는 등의 마찰에 의해 피부 표면에 수평적으로 발생하는 외상
타박상	• 외부의 충격, 물체와의 가벼운 충돌 또는 부딪힘 등에 의해 연부 조직과 근육 등의 손상으로 피부 표면에 창상이 없는 상처 • 통증이 발생되며 충격을 받은 부위가 부어오른다.
화상	불이나 뜨거운 물, 화학 물질 등에 의해 피부 조직이 손상되는 상처
출혈	혈관의 손상에 의해 혈액이 혈관 밖으로 나오는 상처

② 화상의 등급과 손상 정도

화상 등급	손상 정도
1도 화상	• 뜨거운 물이나 불에 의해 가볍게 표피만 화상을 입은 상태 • 증상 : 따갑고, 피부가 붉게 변한다.
2도 화상	• 표피와 진피가 화상을 입은 상태 • 증상 : 피부가 붉게 변하며, 물집, 통증이 생기고 부어오른다.
3도 화상	• 표피, 진피, 피하지방까지 화상을 입은 상태 • 증상 : 살이 벗겨지며, 피부 표면 아래 혈관이 응고되는 등 매우 위험하다.
4도 화상	• 피하지방 이하의 근육, 힘 줄, 신경 및 뼈조직까지 화상을 입은 상태 • 증상 : 표피와 진피 조직 등이 탄화되어 검게 변한다.

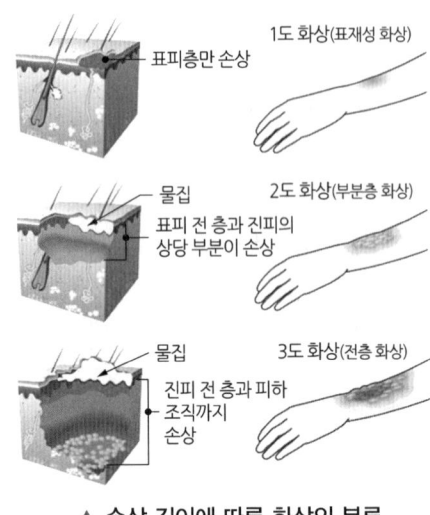

▲ 손상 깊이에 따른 화상의 분류

③ 화상 예방책
- 적합한 차광도의 보호 안경을 착용하여 스패터 및 슬래그 조각으로부터 눈을 보호한다.
- 가죽장갑을 착용하여 손 부위의 화상을 방지한다.
- 팔 덮개를 착용하여 장갑 틈 사이로 들어오는 스패터와 슬래그를 방지한다.
- 앞치마를 착용하여 작업자의 가슴부터 무릎까지 보호한다.
- 발덮개를 착용하여 스패터로부터 발을 보호한다.
- 수건으로 목 주위를 둘러 스패터, 슬래그, 방사선으로부터 보호한다.

4) 응급처치 구호 4단계

단계	응급 처치	내용
1단계	기도 유지	• 질식을 막기 위해 기도를 개방하고, 기도 내 이물질을 제거한다. • 호흡이 끊어지면 인공호흡을 실시한다.
2단계	지혈	상처 부위의 피를 멈추게 하여 혈액 부족으로 인한 혼수상태를 예방한다.
3단계	쇼크 방지	호흡곤란이나 혈액 부족을 제외한 심리적 충격에 의한 쇼크를 방지한다.
4단계	상처 치료 (상처 보호)	환자의 의식이 있는 상태에서 치료를 시작하며, 쇼크를 해소한다.

06 CHAPTER 산업 안전

1 재해와 산업재해

1) 재해
① 재해 : 통제를 벗어난 비상 상황에서 입은 인명과 재산의 피해
② 산업재해 : 근로자가 업무에 관계되는 물질 또는 기타 작업 업무에 기인하여 사망 또는 부상하거나 질병이 발생하는 것

2) 중대 재해
① 중대 재해의 기준
- 사망자 발생
- 3개월 이상의 요양을 필요로 하는 부상자 또는 직업성 질병자가 동시에 2인 이상 발생한 재해
- 부상자 또는 직업성 질병자가 동시에 10명 이상 발생한 재해

② 중대 재해 발생 시 관할 지방 노동관서에 보고할 내용
- 발생 개요 및 피해 사항
- 조치 및 전망
- 기타 중요 사항

3) 재해 발생 형태
① 집중형 : 발생 요소가 각각 독립적으로 작용하여 재해가 집중적으로 발생
② 연쇄형 : 원인들이 연쇄 작용을 일으켜 결국 재해를 발생
③ 복합형 : 집중형과 연쇄형의 혼합형으로 대부분의 재해가 여기에 포함됨

4) 재해의 발생 경향
- 4계절 중 여름철에 가장 많이 발생
- 하루 중 오후 3시경 가장 많이 발생
- 휴일 다음날 가장 많이 발생
- 경험이 1년 미만인 근로자에게 가장 많이 발생

5) 재해의 원인

구분	원인	내용	
간접원인	기술적 원인	• 건물, 기계장치 설계 부적합 • 생산 공정의 부적합	• 구조 및 재료의 부적합 • 점검 및 정비 상태의 불량 등
	교육적 원인	• 안전의식 부족 • 경험 훈련의 미숙 • 유해 위험 작업의 교육 불충분 등	• 안전수칙 오해 • 작업 방법의 교육 불충분
	작업 관리상 원인	• 안전관리 조직의 결함 • 작업 준비 불충분 • 작업 지시의 부적합 등	• 안전수칙 미제정 • 인원 배치의 부적합
직접 원인	불안전한 행동	• 위험장소 접근 • 복장 보호구의 오사용 • 운전 중인 기계장치의 점검 • 위험물 취급 부주의 • 불안전한 자세 동작	• 안전 장치의 기능 제거 • 기계 기구의 오사용 • 불안전한 속도 조작 • 불안전한 상태의 방치 • 감독 및 연락의 불충분 등
	불안전한 상태	• 안전 방호장치 결함 • 건물 배치 및 작업 장소의 결함 • 생산 공정의 결함	• 보호구의 결함 • 작업 환경의 결함 또는 열악 • 설비의 결함 등

2 재해 예방대책

1) 재해 예방의 기본 원칙

① 손실 우연의 원칙 : 사고에 의해서 발생하는 손실(상해)의 종류와 정도는 우연적이다.
② 원인 계기의 원칙 : 모든 재해는 필연적인 원인에 의해서 발생한다.
③ 예방 가능의 원칙 : 모든 재해는 원칙적으로 모두 방지가 가능하다.
④ 대책 선정의 원칙 : 재해 방지 대책은 신속하고 확실하게 실시되어야 한다.

2) 하인리히의 사고방지 5단계

단계	내용
1단계	안전관리 조직의 구성
2단계	사실의 발견
3단계	분석 평가
4단계	시정 방안의 마련 → 인사 조정, 교육 및 훈련방법 개선 등
5단계	시정 방안의 적용 → 3E, 3S 운동의 전개 등

3) 재해 발생 시 조치 순서

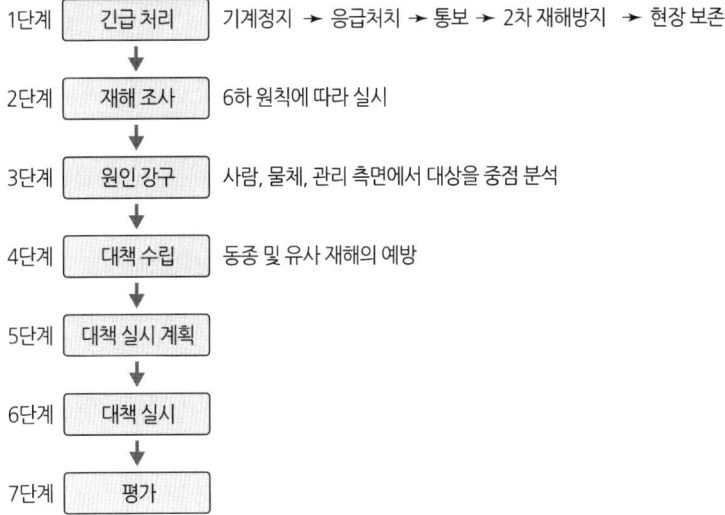

4) 재해 사례 연구 순서

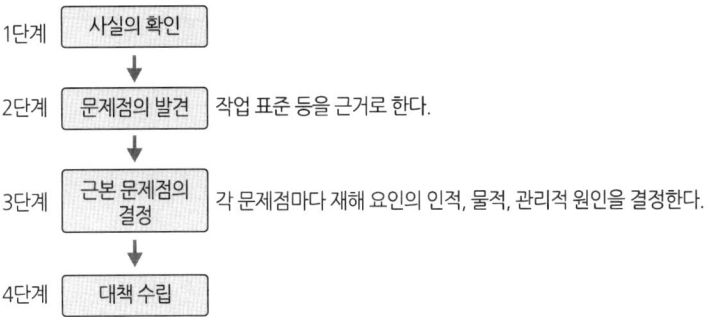

3 무재해 운동

1) 정의 및 기본 이념
① 사업주와 근로자가 참여하여 재해 예방을 위한 자율적인 운동으로 사업장 내의 잠재적인 재해 요인을 사전에 발견하여 근원적으로 이를 제거하기 위한 운동
② 무재해 운동의 근본 이념은 인간존중의 이념이며, 안전과 건강을 다 함께 선취하는 운동이다.

2) 기본 3원칙

기본 원칙	내용
무(Zero)의 원칙	산재 위험의 잠재 요인을 근원적으로 해결하기 위한 원칙
선취의 원칙	위험 요인을 사전에 예측 및 발견
참가의 원칙	전원(근로자, 전 종업원 등) 참가

3) 무재해 추진 운동의 3요소
① 최고 경영자의 경영자세
② 라인화의 철저 : 관리 감독자에 의한 안전 보건의 추진
③ 직장(소집단)의 자주 활동의 활발화

4) 무재해 추진 운동 적용 사업장
① 안전 관리자를 선임해야 할 사업장(상시 근로자 100인 이상의 사업장)
② 도급액이 10억 원 이상의 건설현장
③ 상시 근로자 수 500인 이상 또는 도급금액이 1억 달러 이상의 건설현장

용 / 접 / 기 / 능 / 사 / 필 / 기

PART 03

용접 재료

CHAPTER 01 금속 재료 ·················· 179
CHAPTER 02 탄소강 ······················ 186
CHAPTER 03 주철과 주강 ··············· 198
CHAPTER 04 합금강 ······················ 205
CHAPTER 05 열처리 ······················ 216
CHAPTER 06 스테인리스 강 ············ 225
CHAPTER 07 비철 금속 ·················· 231
CHAPTER 08 기타 합금 ·················· 240

CHAPTER 01 금속 재료

1 금속의 특성 및 성질

1) 금속의 특성
- 상온에서 결정 입자로 된 고체이다.

  예외 수은(Hg)은 상온에서 액체로 존재한다.
- 고유의 광택을 가지고 있으며, 빛을 반사한다.
- 연성과 전성이 풍부하여 가공이 용이하며, 변형이 쉽다.
- 열전도도가 우수하고, 전기 전도성이 좋다.(열과 전기의 양도체)
- 용융점이 높고, 비중과 경도가 크다.

2) 물리적 성질
① 비중 : 물질의 단위 무게와 표준 물질(4℃의 물)의 무게와의 비

종류	특성	해당 금속
경금속	비중이 4.5 이하의 가벼운 금속	알루미늄(Al), 마그네슘(Mg), 나트륨(Na), 베릴륨(Be), 규소(Si), 리튬(Li), 티탄(Ti)
중금속	비중이 4.5 이상의 무거운 금속	철(Fe), 구리(Cu), 니켈(Ni), 금(Au), 은(Ag), 주석(Sn), 납(Pb), 이리듐(Ir), 텅스텐(W)

> **Key Point** 비중 크기 순서(큰 것부터)
>
> 금(Au) > 텅스텐(W) > 납(Pb) > 은(Ag) > 몰리브덴(Mo) > 구리(Cu) > 니켈(Ni) > 철(Fe) > 망간(Mn) > 주석(Sn) > 크롬(Cr) > 티타늄(Ti) > 알루미늄(Al) > 마그네슘(Mg) > 리튬(Li)

② 기타 물리적 특성

㉠ 선팽창 계수
- 금속에 열을 가하여 1℃마다 길이가 변화하는 비율
- 크기 : 알루미늄(Al) > 마그네슘(Mg) > 나트륨(Na) > 규소(Si) > 리튬(Li)

참고 열팽창 계수가 작을수록 용접이 용이

㉡ 열 전도율
- 길이 1cm에 대해 1℃의 온도차가 있을 때 $1cm^2$의 단위 면적을 통해 1초 사이 전달되는 열량[cal]
- 크기 : 은(Ag) > 구리(Cu) > 금(Au) = 백금(Pt) > 알루미늄(Al)

ⓒ 전기 전도율
- 전기를 전도하는 정도이며, 재료 고유 저항의 역수로서 순구리의 전기 전도율과의 비(%)로 나타낸다.
- 크기 : 은(Ag) > 구리(Cu) > 금(Au) = 백금(Pt) > 알루미늄(Al) > 마그네슘(Mg) > 아연(Zn) > 니켈(Ni) > 철(Fe) > 납(Pb) > 안티몬(Sb)

ⓔ 자성
- 금속을 자장에 놓으면 유도작용에 의해 자기를 띠어 자석으로 자화하는 성질
- 종류 : ⓐ 강자성체 : 철(Fe), 니켈(Ni), 코발트(Co)
  ⓑ 자성체 : 비스무트(Bi), 안티몬(Sb), 금(Au), 수은(Hg), 구리(Cu)
  ⓒ 비자성체 : 크롬(Cr), 백금(Pt), 망간(Mn), 알루미늄(Al)

ⓜ 용융점
- 금속을 가열시켜 고체에서 액체로 변하는 온도
- 크기 : 텅스텐(W) > 철(Fe) > 수은(Hg)

ⓑ 비열
- 단위 질량의 물질 1g의 온도를 1℃만큼 높이는 데 필요한 열량
- 크기 : 마그네슘(Mg) > 알루미늄(Al) > 망간(Mn)

3) 기계적 성질

기계적 성질	내용
강도	• 재료가 외력에 대해 견디는 최대 저항력으로 보통 인장강도를 뜻한다. 종류 굽힘 강도, 전단 강도, 압축 강도, 비틀림 강도 등
경도	재료 표면에 압력이 작용할 때 저항하는 성질로서 재료 표면의 단단한 정도이다.
인성	• 충격에 대한 재료 저항이다. • 취성의 반대현상으로, 인성이 높을수록 파괴에 대한 저항성이 크다.
연성	• 외력을 잡아당기는 길이방향으로 가했을 때 길이 방향으로 늘어나는 성질이다. 연성이 우수한 순서 금(Au) > 은(Ag) > 알루미늄(Al) > 구리(Cu)
전성	외력을 가해 눌렀을 때 펼쳐지는 성질로서, 박판을 만들 때 필요한 성질이다.
탄성	재료에 외력을 가했다가 제거했을 때 원래상태로 되돌아오는 성질이다.
가단성	단조나 압연 등 소성 변형에 의해 변형되는 성질이다.
주조성	용융된 금속의 주조에 유용한 유동성
연신율	재료에 외력을 가하여 처음 길이와 늘어난 길이와의 비
변형률	재료에 외력을 가했을 때 변형된 정도이다.
항복점	재료에 가하던 외력을 증가하지 않아도 시험편이 늘어나는 항복 현상이 발생하는 점
취성(메짐)	• 재료가 외부 저항에 대해 견디지 못하고, 유리처럼 부서지거나 잘 깨어지는 성질이다. • 재료가 강도가 크면서 연성이 없다.

참고 원소 기호
① 자주 사용하는 원소

기호	원소명	기호	원소명	기호	원소명	기호	원소명
Au	금	Co	코발트	Na	나트륨	Si	규소, 실리콘
Ag	은	Cr	크롬	Ni	니켈	Sn	주석
Al	알루미늄	Fe	철	P	인	Ti	티탄
As	비소	Hg	수은	Pb	납	V	바나듐
B	붕소	Mg	마그네슘	Pt	백금	W	텅스텐
C	탄소	Mn	망간	S	황	Zn	아연
Ca	칼슘	Mo	몰리브덴	Sb	안티몬		

② 그 외 원소

기호	원소명	기호	원소명	기호	원소명	기호	원소명
Ba	바륨	Ga	갈륨	Os	오스뮴	Ta	탄탈륨
Be	베릴륨	Ge	게르마늄	Pd	팔라듐	Te	텔루륨
Bi	비스무트	In	인듐	Rb	루비듐	Th	토륨
Cb (Nb)	콜롬비움 (니오브)	K	칼륨	Rh	로듐	Tl	탈륨
Cd	카드뮴	La	란탄	Ru	루테늄	U	우라늄
Ce	세륨	Li	리듐	Se	셀렌	Zr	지르코늄
Cs	세슘	Ir	이리듐	Sr	스트론튬		

2 원자와 결정 구조

1) 금속 결정 구조

원자 → 결정 → 결정체 → 결정계

2) 원자와 격자

구분	내용
원자	• 물질을 구성하는 가장 기본이 되는 단위 입자로서, 원자핵과 전자로 구성된다. • 원자핵은 (+)전하를 띠며 원자의 중심에 있고, 그 주위에 (-)전하를 띤 전자가 이동한다.
단위 격자	결정 내 원자가 만드는 가장 간단한 격자
격자 정수	단위 격자 한 변의 길이

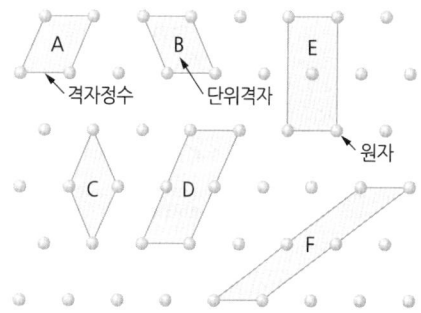

3) 결정과 결정 격자

① **결정** : 원자나 이온들이 규칙적으로 배열된 고체 상태의 물질로서, 대부분의 고체가 해당된다.

> 참고 비결정 : 원자나 이온들이 불규칙적으로 배열된 고체(예 유리, 아교 등)

② **결정 격자** : 결정의 원자 배열의 상태를 나타내는 입체 모형으로, 단위포의 각 모서리의 길이의 조합에 의해 금속의 결정구조를 표시한다.

> 참고 금속의 종류에 따라서 원자의 배열이 다르고, 동일한 금속이라 할지라도 원자의 배열이 달라지면 그 특성이 달라진다.

결정격자	금속조직	특성	금속
체심입방격자 (B.C.C)	α-Fe δ-Fe	사각 육면 입방체의 각 모서리와 입방체의 중심에 원자가 1개씩 존재하는 구조 • 융점이 높고 강도가 크다. • 전연성이 낮다.	크롬(Cr), 텅스텐(W), 몰리브덴(Mo), 바나듐(V), 리듐(Li), 나트륨(Na), 탄탈륨(Ta), 칼륨(K)
면심입방격자 (F.C.C)	γ-Fe	사각 육면 입방체의 각 모서리와 각 면에 1개씩 원자가 존재하는 구조 • 전연성 및 가공성이 크다. • 전기 전도율이 크다.	알루미늄(Al), 은(Ag), 금(Au), 구리(Cu), 니켈(Ni), 납(Pb), 칼슘(Ca), 코발트(Co)
조밀육방격자 (H.C.P)	-	육각기둥의 구조이며, 기둥의 각 모서리와 상하면의 중심에 원자가 있고, 6개의 6각주 중 3개의 3각주의 중심에 원자가 있는 구조 • 전연성, 접착성, 가공성이 불량하다.	마그네슘(Mg), 아연(Zn), 카드뮴(Cd), 티탄(Ti), 베릴륨(Be), 지르코늄(Zr), 세륨(Ce)
단순입방격자 (S.C.L)	-	단위격자의 꼭지점만을 격자점으로 가지는 격자	-

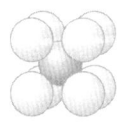
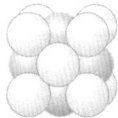

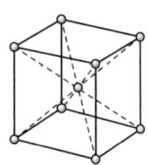
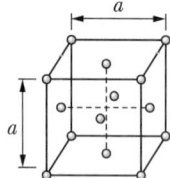
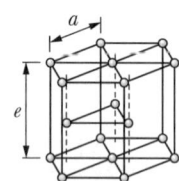

▲ 체심입방격자   ▲ 면심입방격자   ▲ 조밀육방격자

3 금속재료의 응고와 결정

1) 용해와 융점

① 용해
- 고체가 녹아서 액체로 변하는 과정
- 순금속은 용해가 시작되어 완료될 때까지 전혀 온도가 변화하지 않는다.

② 용융점(융점) : 금속이 용해되는 온도

2) 금속의 결정
- 금속은 다결정체의 집합체로서, 그 결정의 배열은 일정한 규칙을 가지고 있다.
- 금속 단면을 관찰하면 반사 정도가 다른 몇 개의 영역으로 구분이 된다.

① 결정 순서

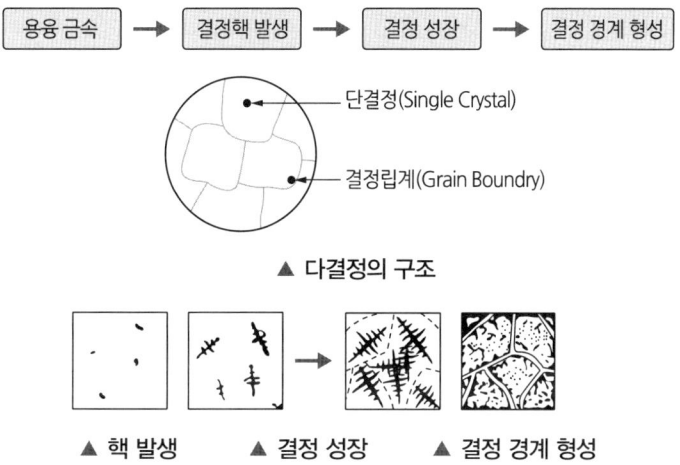

▲ 다결정의 구조

▲ 핵 발생   ▲ 결정 성장   ▲ 결정 경계 형성

② 종류 : 수지상 결정, 주상 결정

4 소성 변형

1) 소성 변형
- 금속을 탄성한계 이상의 외력을 가하면 영구 변형으로 나타나는 현상이다.
- 소성 변형의 성질을 이용하여 소성가공을 한다. (예 압연, 단조, 인발, 압축, 프레스 등)

2) 탄성 변형
- 탄성한계에 이르지 않는 범위에서 가해진 외력을 제거하면 원형으로 돌아가는 현상이다.
- 외력에 의한 일시적 변형으로 소성 변형을 일으키지 않는 구간에서 발생한다.

3) 소성 변형의 원리

① 슬립(Slip)
- 인장이나 압축력으로 인해 원자가 원자밀도가 가장 큰 원자면을 따라 미끄럼을 일으키는 변형이다.
- 소성 변형이 진행될수록 슬립에 대한 저항성이 점점 증대되고, 강도와 경도가 증가하게 되며, 가공 경화(또는 변형 경화)가 된다.

② 쌍정(Twin)
- 결정의 원자배열이 어떤 경계선을 기준으로 대칭 변형을 일으킨 원자변형의 형태이다.
- 영구 변형 시 이 부분만 결정이 일정 각도로 회전하여 발생하며, 변형 후 소둔이 행해질 때 발생한다.

③ 전위(Dislocation) : 외력이 작용할 때 금속의 불완전하거나 결함이 있는 곳부터 이동이 생기는 것이다.

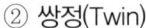

▲ 슬립   ▲ 쌍정

5 냉간가공과 열간가공

냉간가공	열간가공
재결정 온도보다 낮은 온도에서 실시하는 소성가공이다. • 강도나 경도가 증가되나 강인성은 줄어든다. • 연신율이 감소한다. • 조직이 균일하고, 치수가 정밀하며, 매끈한 면을 얻을 수 있다(제품의 표면이 우수하다). • 가공 공수가 적어 가공비가 적게 든다. • 청열 취성이 발생할 수 있다.	재결정 온도보다 높은 온도에서 실시하는 소성가공이다. • 금속을 가열하면 재료는 연하게 되어 소성이 증가되므로 성형하기 쉬워진다. • 가공에 필요한 힘이 적게 들므로 경제적이고 대량 생산이 가능하며, 대형 제품의 생산이 유리하다. • 연신율이 증가한다. • 가공 경화가 발생하지 않으며, 조밀하고 균질한 조직을 얻을 수 있다.

6 시효 및 가공 경화

구분	특성
시효경화 (Age Hardening)	시간이 지남에 따라 재료의 강도가 증가하고 인성이 저하하는 현상 • 시효경화는 재료의 고유한 성질이며, 온도 및 시간에 따라 변화하며, 나중에는 일정한 값을 나타낸다. • Fe, 황동, 두랄루민 등이 시효 경화를 잘 일으킨다.
인공 시효 (Artifical Aging)	인공적으로 시효 경화를 촉진시키는 것 방법 : 재료를 상온에서 100~200℃ 정도 높여준다.
가공 경화 (Working Hardening)	금속가공 시 열처리나, 합금 원소의 추가 없이도 가공에 의한 소성변형에 의해 금속이 경화되어 기계적 성질이 개선되는 현상

7 회복, 재결정 및 재결정 온도

구분	특성
회복	소성가공에 의해 경화된 금속을 적당한 온도로 가열하면, 재료가 물러지고 응력이 제거되어 본래의 상태로 돌아오는 것이다. → 가공에 의한 내부응력이 제거된 것
재결정	가공에 의해 내부응력이 발생한 재료를 일정 온도(재결정 온도) 이상으로 가열하면 결정 슬립이 해소되고 새로운 핵이 생성되어 전체가 새로운 결정으로 변화하여 내부 응력이 제거되는 것 • 금속이 회복이 되더라도 경도는 변화하지 않는다. • 완전한 재결정이 되면, 가공에 의한 내부 응력은 재결정에 의해 상쇄되며, 가공 경화가 발생하지 않는다. • 재결정 입자의 크기는 가공도가 낮을수록 커진다.
재결정 온도	재결정이 이루어지는 온도이며, 철(Fe)은 350~450℃이다. • 가공시간이 길수록, 재결정 온도는 낮아진다.

▼ 주요 금속의 재결정 온도

금속 원소	재결정 온도(℃)	금속 원소	재결정 온도(℃)
Au	200	Al	150~240
Ag	200	Zn	5~25
Cu	200~300	Sn	-7~25
Fe	350~450	Pb	-3
Ni	530~660	Pt	450
W	1,000	Mg	150

▲ 재결정온도

CHAPTER 02 탄소강

1 철강재료

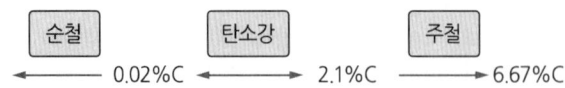

1) 순철
- 탄소 함유량 : 0.02%C 이하
- 생산 : 전기로
- 담금질이 불가능하다.
- 연질이므로 기계 구조용으로 사용이 불가능하다.
- 전기전도율이 우수하여 전기재료로 사용된다(예 변압기 철심 등)
- 상온에서 강자성을 띠며, A2(768℃)에서 자기 변태점을 갖는다.
- $\alpha, \gamma, \delta - Fe$의 동소체로 존재한다.
- 종류 : 암코철, 전해철, 카보닐철

2) 강(탄소강)
- 탄소 함유량 : 0.02~2.1%C
- 강도 및 경도가 우수하여 기계 재료로 사용된다.
- 담금질성이 우수하다.
- 생산 : 전로
- 종류

① 경도에 따른 분류

종류	탄소 함유량	용도 및 특성
극연강	0.02~0.13%C	아연 도금강판, 함석판, 리벳 등
연강	0.13~0.2%C	강판, 강선, 못, 파이프, 볼트, 리벳 등 / 연신율이 약 22%
경강	0.5%C	차축, 크랭크축, 철도레일, 스프링, 피아노선 등

② 탄소 함유량에 따른 분류

종류	탄소 함유량	용도 및 특성	
저탄소강	0.3%C 이하	• 피복 아크 용접성이 가장 우수 • 노치 취성, 용접 터짐의 우려가 높다. 　→ 용접 전 예열, 저수소계 용접봉을 사용	
중탄소강	0.3~0.45%C	• 가공성과 강인성이 우수	• 예열온도 : 100~200℃
고탄소강	0.45%C	• 용접성 불량 • 내마모성, 고항복 강도가 요구되는 곳에 사용(예 베어링, 스프링, 기차 레일 등)	• 용접 균열 발생이 높다.

3) 주철

탄소 함유량 : 2.1~6.678%C

① 생산 : 큐폴라

② 종류
- 가단 주철 : 2.6~2.8%C
- 고급 주철 : 2.8~3.2%C
- 보통 주철 : 3.2~4.0%C

2 철강의 제조방법

1) 제선법과 제강법의 흐름

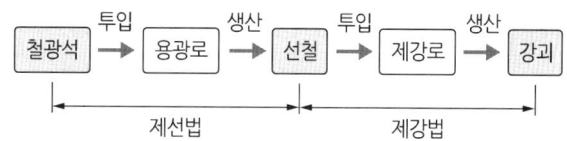

2) 강괴 : 제강법에 의해 정련이 끝난 용강(용해된 강)을 주형에 주입하여 굳힌 강

- 탈산 정도에 따라 림드 강, 세미킬드 강, 킬드 강으로 분류한다.

종류	형상	특징
림드강 (Rimmed Steel)	(기포)	탄소 함유량 : 0.3%C 이하 • 산화철(FeO)을 다량 함유한 탕을 주형에 주입할 때 제조되며, 페로망간(Fe-Mn)으로 약하게 탈산한 강괴 • 강괴 내부는 수많은 기공과 편석이 있다. • 표면의 급냉층은 순철에 가깝고, 내부로 갈수록 점차적으로 C 함유량이 높고, C, S, P 등의 편석이 많아 용접 시 나쁜 영향을 미친다. • 중앙부의 응고가 지연되며, 먼저 응고한 바깥부터 주상정이 발생한다. • 용도 : 박판, 철사, 구조용강 용접봉 심선
캡트 강	기공(기포) 림드층	림드강에 탈산제를 투입하거나, 두껑을 닫고 조용히 응고시킨 것 • 강괴 표면은 림드강, 내부는 킬드강의 특징을 보인다.

종류	형상	특징
세미킬드 강 (Semi-Killed Steel)	(일심기포대 Pipe성, 관상기포 발생범위, 기포대, Pipe, 농후편석, 편석, 편석, 표면 기포)	• 림드강과 킬드강의 중간 정도로 약하게 탈산한 강 • 약간의 CO 가스가 생성되며, 킬드강과 같은 큰 수축공이 발생하지 않는다. • 용도 : 용접 구조물
킬드 강 (Killed Steel)	(응고 수축관)	탄소 함유량 : 1.5%C 이하 • 페로실리콘(Fe-Si), 알루미늄(Al), 티탄(Ti), 페로망간(Fe-Mn) 등의 탈산제로 완전히 탈산한 강 • 기공, 편석, 설퍼 밴드(Sulphur Band) 등이 없다. • 기계적 성질 및 방향성이 좋아 합금강, 단조강, 침탄강의 원재료 등으로 사용된다. • 기공이 적은 양질의 단면을 형성하나 강괴 중앙에 큰 수축공(Shrinkage Cavity)이 생성되며 가공 시 압착되지 않아 제거해야 한다. • 용도 : 고급 합금강의 제조

3 탄소강

1) 탄소강의 5대 원소

함유 성분	특징
탄소(C)	• 강도, 경도, 전기저항, 항복점이 증가한다. • 내열, 내식, 경화능을 증대시킨다. • 연신율, 인성, 전연성, 충격값 등이 감소한다. • 다량의 C는 편상으로 존재하며, 취약해지기 쉽다.
규소(Si)	• 유동성과 주조성이 우수해진다. • 강도, 경도, 탄성한계가 증가한다. • 연신율, 가단성, 연성 및 충격값이 감소되어 단접성과 냉간 가공성이 저하된다. • 흑연화 촉진제
망간(Mn)	• 황과 화합하여 황화망간(MnS)이 되어 적열취성을 방지(Mn : S = 5 : 1비율) • 고온에서 결정립의 성장을 억제한다. • 연신율의 감소가 적고, 강도, 경도, 인성증가, 항복강도 향상된다. • 주조성 및 탄소강의 담금질 효과가 증대된다. • 강에 점성을 부여하며, 소성을 증가시켜 고온 가공을 용이하게 한다. • 탈산제로 사용

함유 성분	특징
인(P)	• 청열취성, 상온취성의 원인이 된다. • 절삭성 개선, 강도 및 경도가 증가한다. • 연신율 및 충격치가 감소된다. • 적당량의 P은 유동성을 개선하여 주조성을 좋게 한다. • 고온에서 결정입자의 성장을 방해한다. • 가공 시 균열이 발생하며, 결정 입자가 거칠어진다. • 담금질 효과를 크게 하며, 탈산제로도 사용한다.
황(S)	• 적열 취성의 원인이 되고, 열간 및 냉간가공 시 균열의 원인이 된다. • 강도, 연신율, 충격값, 용접성 및 유동성이 저하한다. • 피삭성 개선 방법 : 망간(Mn), 아연(Zn), 티탄(Ti), 몰리브덴(Mo) 원소 첨가

> **Key Point** 탄소강의 5대원소
>
> C, Si, Mn, P, S

> **Key Point** 담금질성 향상 효과의 크기
>
> 망간(Mn) > 인(P) > 규소(Si) > 구리(Cu)

> **Key Point** 탄소(C) 함유량에 증가에 따른 탄소강의 성질 변화
>
> • 용융점이 낮아지고, 비열과 전기저항이 증가
> • 비중, 열팽창계수, 탄성률, 열전도율, 내식성 등이 감소
> • 연신율, 단면 수축률, 인성 및 충격값 등 감소
> • 강도 및 경도가 증가(공석 조직에서 최대)하고, 가공 변형이 어렵게 되어 냉간 가공에 영향을 미친다.
> • 용접성이 저하된다.
> • 내마모성과 경도가 동시에 요구되는 경우의 탄소 함유량 : 0.65~1.2%C

2) 탄소강의 기타 원소

함유 성분	특징
크롬(Cr)	• 내식성이 증대된다. • 압연 시 균열의 원인이 된다.
몰리브덴(Mo)	• 담금질 시 뜨임 취성을 방지하고, 담금질 깊이를 증가시킨다. • 질량효과가 감소된다. • 단조 시 스케일 분리가 잘되어 강의 표면이 매끈하게 된다.
구리(Cu)	• 인장강도, 탄성한도, 내식성이 증가된다. • 압연 시 균열의 원인이 되며, 특히 0.2%Cu는 고온 균열의 원인이 된다.
기타 Gas	• H_2(수소) : 기공, 헤어크랙, 백점의 원인으로 지연 균열의 원인 • O_2(산소) : 적열 취성의 원인, 용접 시 기공의 원인 • N (질소) : 경도와 강도가 증대

> **참고** 질량효과
> - 재료의 질량 및 단면 치수의 크기에 따른 열처리 효과로서, 큰 치수의 재료일수록 내외부의 열처리 효과의 차이가 발생하는 것이다.
> - 질량효과가 적다는 것은 열처리 효과가 좋다는 것이다.

3) 취성(메짐)의 종류

취성	특징	발생 온도
냉간 취성 (저온 취성)	• 일반적으로 강이 천이 온도인 0℃ 이하에서 급격하게 취약해지는 현상 • 냉취성(冷脆性), 저온 취성 또는 저온 메짐이라고도 한다.	0℃
상온 취성	• 상온에서 연신율, 충격치, 피로 등에 대해 깨어지는 현상 • 인(P)이 많은 강에서 발생	상온
청열 취성	• 200~300℃(A_0변태점 이상)에서 강의 강도는 커지나, 연신율이 급격히 저하하여 취성이 발생하는 현상 • 인(P)이 원인이 된다. • 청열 취성 온도 구간에서 강은 청색의 산화 피막이 생성된다.	200~300℃ (A_0변태점 이상)
적열 취성	900℃ 이상(A_3변태점 이상)에서 S에 의해 발생하는 메짐현상	900℃이상 (A_3변태점 이상)
고온 취성	강의 Cu 함유량이 0.2% 이상일 때 고온에서 현저히 여리게 되는 현상	고온
뜨임 취성	• 담금질 강을 뜨임하면 충격값이 현저히 감소하게 되는 현상 • 몰리브덴(Mo)을 첨가하여 방지	상온

> **참고** 천이 온도
> 재료의 충격치가 급격히 저하하거나, 절단면의 형상이 연성에서 취성으로(또는 취성에서 연성으로) 급격히 변화하는 온도 구간으로, 물리적 성질이 급변하는 온도구간을 일컬으며, 탄소강의 천이온도는 0℃이다.

4 철-탄소(Fe-C) 평형 상태도

1) 변태

같은 물질이 다른 상으로 변하는 것으로 액체, 고체, 기체로 변하는 것을 의미한다.

① 동소체 : 동일 원소의 고체가 원자 배열의 변화에 따라 서로 다른 상태로 존재하는 것

② 동소 변태
- 온도 변화에 의해 고체 내의 원자배열이 변화하여 결정격자가 다른 결정격자로 변하는 것
- 철은 동소 변태에 의해 α, γ, δ의 3가지 동소체의 형태로 존재한다.

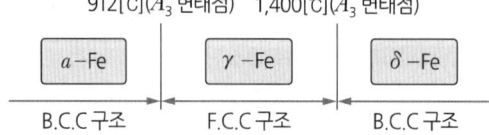

- Fe, Co, Zr, Ti 등에서 나타난다.

③ 자기 변태(퀴리점)
- 일정 온도에서 금속의 자기의 세기가 급격히 변화하는 현상
- 결정격자의 변화를 일으키지 않고 원자 내부구조만 변화하는 변태
  → 강자성의 금속이라 하더라도 어느 온도에서는 자성이 급격히 감소한다.

> 참고 각 금속의 자기 변태점
> - Fe : A_2점(768℃)부근
> - Ni : 358℃
> - Co : 1,150℃

2) 철-탄소(Fe-C) 평형 상태도

① 탄소강의 탄소 비율과 온도 상태에 따라 용융 상태에서부터 상온의 응고에 이르기까지의 탄소강 조직의 상태 변화를 나타낸 선도

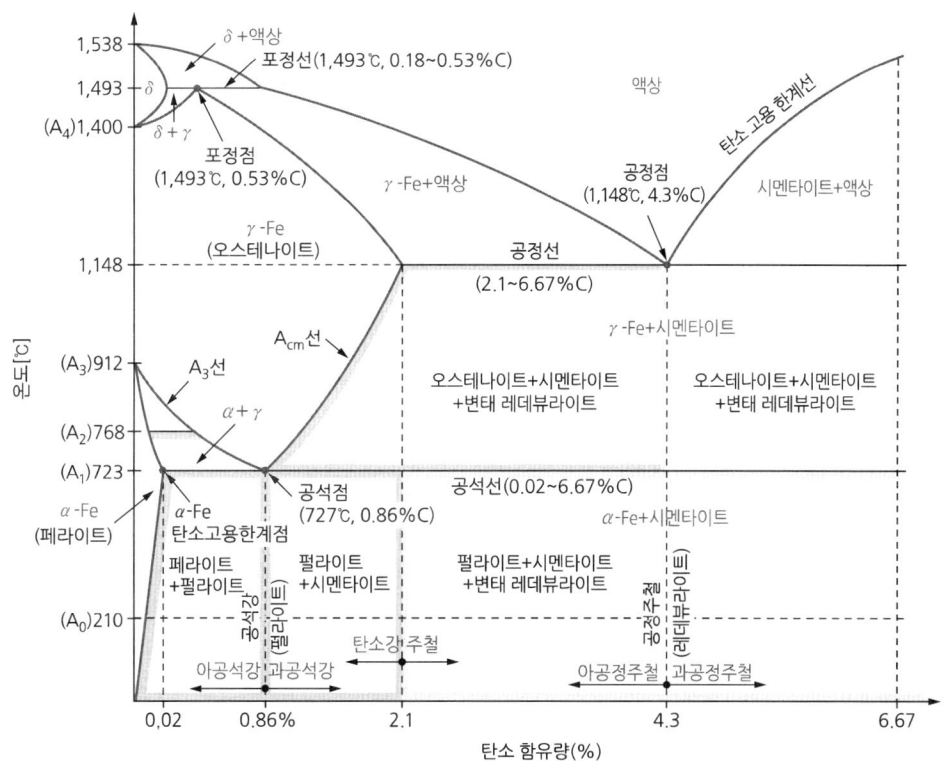

▲ Fe-C 평형 상태도

② 변태 온도

변태점	온도	특성
A_0	210℃	• 철의 자기 변태점 • A_0변태점 이상에서는 강도는 크나 연신율이 현저히 저하하는 청열 취성이 발생한다.
A_1	723℃	공석선 : 탄소강의 공석 반응이 발생하는 선
A_2	768℃	순철의 자기 변태점
A_3	723~912℃	• 철의 동소 변태점 : α-Fe에서 γ-Fe로 변화 • 응고 시 오스테나이트로(γ-Fe)부터 페라이트(α-Fe)가 석출되기 시작하는 온도선 • A_3변태점 이상에서는 S에 의한 적열 취성이 발생한다.
A_4	1,400℃	δ-Fe은 γ-Fe로, γ-Fe은 δ-Fe로 변태하는 온도(동소 변태)
A_{cm}	727~1148℃	응고 시 오스테나이트(γ-Fe)로부터 시멘타이트(Fe_3C)의 석출 시작 온도

3) 합금의 상태

① 공석반응(Eutectoid Reaction)

일정 온도(공석선)에서 한 개의 고용체로부터 동시에 다른 두 개의 고체가 석출되는 현상

고용체 ⇔ 고체A + 고체B

㉠ Fe-C 평형 상태도에서의 공석반응

0.86%C의 오스테나이트(γ-Fe)가 723℃(A_1변태점)의 온도에서 펄라이트(α-Fe, 0.02%C)와 시멘타이트(Fe_3C)로 분해되는 반응

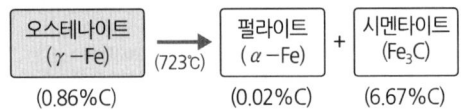

구분	특성
공석선	Fe-C 합금이 공석 반응을 일으키는 선
공석점	공석 반응이 일어나는 조성과 온도(0.86%C, 723℃)
공석 조직	공석 반응에 의해 생성된 조직 → 페라이트(α-Fe)와 시멘타이트(Fe_3C)가 층상으로 성장하여 펄라이트(β-Fe)로 생성된 조직

㉡ 공석 조직

공석 조직	탄소 함유량	특성
아공석강	0.86%C 이하	• 0.86%C 이하의 강을 A_3선 이상에서 냉각할 때 형성된다. • 조직 : 페라이트 + 펄라이트
공석강	0.86%C	• 공석 반응에 의해 형성된 강이며, 공석 조직을 띤다. • 조직 : 펄라이트
과공석강	0.86%C 이상	• 0.86%C 이상의 강을 A_{cm}변태선 이상에서 냉각할 때 형성된다. • 조직 : 시멘타이트 + 펄라이트 • 경도가 매우 높고, 단단하다

② 공정 반응(Eutectic Reaction)
- 액체가 응고할 때 일정 온도(공정점)에서 두 고상이 동시에 정출하는 현상
- 미세한 입상과 층상을 형성하며, 분리가 가능한 2개 금속의 기계적 혼합상태로 존재한다.

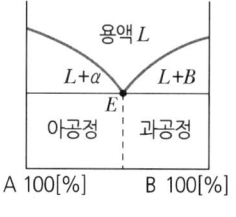

▲ 공정형 상태도

$$액체 \Leftrightarrow 고체A + 고체B$$

㉠ Fe-C 평형 상태도에서의 공정반응

1,148℃의 온도에서 4.3%C의 액상으로부터 오스테나이트(γ-Fe, 2.1%C)와 시멘타이트(Fe₃C, 6.67%C)로 동시에 일정비율로 변화하여 반응하는 정출현상이다.

액상 (4.3%C) →(1,148℃) 오스테나이트(γ-Fe) (2.1%C) + 시멘타이트(Fe₃C) (6.67%C)

구분	특성
공정선	Fe-C 합금이 공정 반응을 일으키는 선
공정점	공정 반응이 일어나는 조성과 온도(4.3%C, 1,148℃)
공정조직	공정 반응에 의해 생성된 조직

㉡ 공정 조직

공정 조직	탄소 함유량	특성
아공정주철	2.1~4.3%C	• 일반적으로 3~4% C의 범위 • 오스테나이트 조직(γ-Fe)을 초정으로 정출하므로 구조용재로서 적합하다.
공정주철	4.3%C	• 조직 : 레데뷰라이트
과공정주철	4.3~6.68%C	• 조직 : 레데뷰라이트 + 시멘타이트

③ 포정 반응(Peritectic Reaction)

한 개의 고상과 액상으로부터 반응하여 새로운 고상이 정출되는 항온 변태 반응이다.

$$고체A + 액체 \Leftrightarrow 고체B$$

㉠ Fe-C 평형 상태도에서의 포정반응

1,495℃의 온도(포정온도)에서 용융 금속(0.53%C)과 δ-Fe(0.07%C)이 오스테나이트(γ-Fe, 0.17%C)로 변화하는 반응

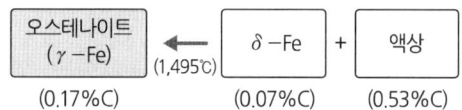

오스테나이트(γ-Fe) (0.17%C) ←(1,495℃) δ-Fe (0.07%C) + 액상 (0.53%C)

구분	특성
포정선	Fe-C 합금이 포정 반응을 일으키는 선
포정점	포정 반응이 일어나는 조성과 온도(0.18~0.53%C, 1,493℃)
포정 조직	포정 반응에 의한 조직. 일정 온도의 용융금속으로부터 한 금속이 정출된 후 나머지 금속(γ상)이 정출되어 먼저 생성된 금속(δ상)을 둘러싸 새로운 금속을 형성한 조직

Key Point

합금 상태	특성	반응
공석반응	일정 온도(공석선)에서 한 개의 고용체로부터 동시에 다른 두 개의 고체가 석출되는 현상	고용체 ⇔ 고체A + 고체B
공정 반응	액체가 응고할 때 일정 온도(공정점)에서 두 고상이 동시에 정출하는 현상	액체 ⇔ 고체A + 고체B
포정 반응	한 개의 고상과 액상으로부터 반응하여 새로운 고상이 정출되는 항온 변태 반응	고체A + 액체 ⇔ 고체B

④ 편정 반응(Monotectic Reaction)
- 하나의 액체로부터 다른 액체와 고용체를 동시에 생성하는 반응이다.
- Fe-C 평형 상태도에서는 나타나지 않는다.

$$고체 + 액체A ⇔ 액체B$$

⑤ 고용체(Solid Solution)
한 성분의 금속 중에 다른 성분의 금속 또는 비금속이 혼합되어 용융상태에서 합금이 되었을 때, 또는 균일한 융합상태가 되어 각 성분금속을 기계적인 방법으로는 구분할 수 없는 것

$$고체A + 고체B ⇔ 고체C$$

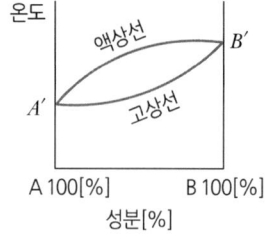

▲ 고용체

㉠ 종류
- 1차 고용체 : 결정 구조가 용매 원자(모체 금속)와 같은 것

합금 상태	특성	예
침입형 고용체	용질 원자가 용매 원자(보제 금속) 사이에 들어간 것 → 즉, 원자 사이의 틈에 다른 원소의 원자가 끼어들어가 있는 형태	C, B, N 등
치환형 고용체	용질 원자가 용매 원자를 밀어내고 들어간 것	Ag-Cu, Cu-Zn 등
규칙 격자형 고용체	고용체 내에서 용질 원자의 치환 위치가 규칙적 상태인 어느 영역에 걸쳐서 있는 것	Cu_3-Au, Ni_3-Fe, Fe_3-Al 등

▲ 침입형 고용체

▲ 치환형 고용체

▲ 규칙 격자형 고용체

- 중간 고용체 : 결정 구조가 성분 금속의 어느 것과도 다른 구조를 가지는 것

> **Key Point 고용체의 특성**
>
> - 기계적 성질(강도, 경도 등)이 증가
> - 전·연성이 저하
> → 구조용으로 사용

⑥ 금속 간 화합물

두 가지 이상의 금속 원자가 화학적 작용에 의해 화학식으로 표현되는 성분비율로 화합물을 만든 것

- 원래의 원소와 전혀 다른 성질을 갖는다.
- 일반 화합물에 비해 결합력이 약하다.

5 탄소강의 표준 조직

1) 서냉조직

탄소강의 표준조직으로, 탄소강을 A_1변태점 이상으로 가열한 다음 서냉(노냉, 공랭)한 조직

조직	특징
페라이트 (Ferrite)	- α철, 체심입방격자(B.C.C) 조직, 강자성체 - 탄소량이 극히 미세한 순철 조직으로, 현미경 조직으로 흰 결정을 나타낸다. - 전연성 및 전기 전도도가 우수하다. - 경도, 인장강도가 낮다.
펄라이트 (Pearlite)	- 페라이트와 시멘타이트가 혼합된 층상조직(β – Fe)이다. - 탄소량 0.86%C(공석강)를 900℃에서 서냉한 공석조직이다.(Austenite의 서냉 조직) - 강도 및 경도가 우수하다. - 담금질 효과가 있고, 가공성(절삭성)이 우수하다. - 전연성이 다소 있다.
오스테나이트 (Austenite)	- γ 고용체, 면심입방체(F.C.C) 조직, 비자성체 - 탄소량 2.1%C를 900℃에서 서냉한 조직 - 상온에서는 불안정한 조직으로 상온가공을 하면 마텐자이트(Martensite) 조직으로 변태한다. - 경도가 낮다. - 전기저항 및 연신율이 높다.

조직	특징
시멘타이트 (Cementite)	• 탄소량 2.1%C 이상의 철과 탄소의 화합에 의한 침상 또는 망상 조직(6.68%C 조직) • 1,153℃로 가열하면 빠른 속도로 흑연이 분리된다. • 강자성체 • 연성이 거의 없다. • 경도가 우수하나 취성이 높다. • 담금질 효과가 없다.
레데뷰라이트 (Ledeburite)	• 2.1%C의 γ고용체와 시멘타이트(Fe_3C, 6.68%C)의 공정 주철 조직으로 A_1변태점 이상에서 안정적으로 존재한다. (4.3%C) • 경도가 크다.

2) 급냉조직(열처리 조직)

강을 A_1 변태점 이상으로 가열 후 급랭(수냉, 유냉)하여 얻어지는 조직

조직	특징
마텐자이트 (Martensite)	• 탄소강을 고온으로 가열한 후 수중에서 급랭하여 탄소를 과포화한 침상 조직이다. • 내식성이 우수하고 인장강도 및 경도가 우수하다. • 취성이 있고, 연신율이 적으며, 강자성체이다. • 체적 팽창에 의한 균열이 쉽고, 가열을 하면 균열이 발생하기도 한다. **용도** 바이트, 드릴, 끌, 다이스 등 공구재료로 사용
트루스타이트 (Troostite)	• 유냉 시 발생하는 조직이다. • 마텐자이트(Martensite)를 약 400℃로 뜨임하거나 담금질할 때 A_1변태가 550~600℃에서 발생하여 생성된다. • 경도는 마텐자이트보다 낮고 솔바이트보다 크다. • 탄성한도가 높고 점성이 있다.
솔바이트 (Sorbite)	• 공냉 또는 유냉에 의한 조직 • 트루스타이트보다 연질이며 경도가 낮고, 펄라이트보다는 인장강도 및 경도가 높다(**예** 스프링 강을 830~860℃에서 담금질한 후 450~570℃ 사이에서 뜨임처리하여 얻어진다). • 인성 및 탄성이 높은 조직으로 구조용으로 사용된다. **용도** 구조용 강재, 스프링, 와이어로프 등의 기계 부품에 사용
베이나이트 (Bainite)	• 열처리에 의한 응력 발생이 적고, 경도가 적당하며, 점성이 커서 탄소 강재로서는 우수한 성질을 가진다. • 마텐자이트와 트루스타이트의 중간상태의 조직이다. • 상부 베이나이트와 하부 베이나이트로 구분된다.

6 탄소강의 용접성

1) 용접 방법

일반적으로 피복 금속 아크 용접을 적용하며, 가스 용접, 서브머지드 아크 용접, 산소-아세틸렌, CO_2 가스 아크 용접 등을 적용한다.

2) 강종별 용접 특성

탄소강의 용접성에 가장 큰 영향을 미치는 요소는 탄소 함유량이다.

① 저탄소강
- 용접법에 제한이 적고, 용접성이 우수하다.
- 용접 균열의 발생 위험성이 가장 낮다.
- 피복 아크 용접봉은 모재와 강도 수준이 동일한 것을 사용한다.
- 판의 두께가 두껍고 구속이 큰 경우에는 예열을 검토하고 저수소계 용접봉을 사용한다.

② 중·고탄소강
- 피복 금속 아크 용접 시에는 저수소계 용접봉을 사용한다.
- 서브머지드 아크 용접 시에는 용접부의 강도 수준을 고려하여 적합한 와이어와 용제를 선정해야 한다.
- 탄소량 0.4% 이상은 후열처리를 고려해야 한다.
- 탄소량 증가에 따라 용접성이 저하되고, 예열 및 후열이 필요하다.
- 발생 문제점 : 용접부 경화, 연성 및 인성 저하, 용접균열 등

CHAPTER 03 주철과 주강

1 주철

탄소 함유량 : 2.1~6.68%C

- 경도가 높고 내마모성 및 압축강도가 우수하다.
- 주조성이 우수하고, 복잡한 부품의 성형이 가능하다.
- 마찰저항이 우수하고 기계 절삭가공이 쉽다.
- 가격이 저렴하다.
- 강에 비해 융점이 낮다.(융점 : 1,150℃)
- 인장강도, 휨강도, 충격값, 연신율이 작고, 취성이 커서 충격에 약하다.
- 가단성과 연성이 없으므로 소성 가공이 불가능하다.
- 담금질, 뜨임이 불가능하다.
- 산(질산, 염산)에 대한 내식성이 불량하다.
- 용접 시 수축이 많아 균열 등이 발생하는 등 용접이 거의 불가능하다.

1) 주철의 함유 성분

함유 성분	특징
몰리브덴 (Mo)	• 내마모성을 증대하고, 두꺼운 주물 조직을 균일하게 한다. • 흑연화 방지제
크롬 (Cr)	• 내식성, 내열성을 증대시킨다. • 흑연화 방지제로 탄화물을 안정화시킨다.
니켈 (Ni)	• 내열, 내산화, 내알칼리성을 갖게 하며 내마모성이 우수해진다. • 내식성 증대, Chill 발생을 방지 • 흑연화 촉진제
황 (S)	• 기공 발생이 쉽고, 강도가 저하하며, 취성이 증가한다. • 주조 시 수축률이 증가하고, 쇳물의 유동성을 저해한다. • 강력한 흑연화 방지제 • Mn이 소량으로 존재할 때 철(Fe)과 화합하여 백주철화를 촉진한다.
구리 (Cu)	• 0.25~2.5%가량 첨가한다. • 경도가 증가하고, 내마모성 및 내식성이 우수해진다.
알루미늄 (Al)	• 산화알루미늄(Al_2O_3)의 산화 피막을 형성하여 고온 산화 저항성을 향상시킨다. • 10% 이상이 되면 내마멸성을 증대시킨다. • 강력한 흑연화 촉진제
티탄(Ti)	• 강력한 탈산제이며, 동시에 흑연화 촉진제이나 너무 많이 첨가하게 되면 흑연화를 방해한다. ⇒ 소량은 흑연화 촉진, 다량은 흑연화 방지 • 0.3% 이하 소량 첨가한다.

함유 성분	특징
바나듐 (V)	• 강력한 흑연화 방지제 • 보통 0.1~0.5%가량 첨가하여 흑연을 미세화하고 균일하게 한다.
망간 (Mn)	• 강도, 경도, 수축률 증대 • 흑연화 방해, 백주철화 촉진 • 황(S)에 의한 해를 감소하고 시멘타이트를 안정화시킴

2) 주철의 성장

① 주철의 성장

㉠ 주철의 성장 : 주철을 A_1변태점 이상에서 장시간 방치하거나 재가열할 경우 점차 그 부피가 팽창하게 되어 변형, 균열 등을 유발하여 취약해지는 현상

㉡ 원인
- 시멘타이트(Fe_3C)의 흑연화
- 페라이트(Ferrite) 내 규소(Si)의 산화
- A_1변태에 따른 체적 변화
- 불균일 가열에 의한 팽창
- 흡수 가스에 의한 팽창

㉢ 주철 성장의 방지
- 시멘타이트(Fe_3C)의 흑연화 방지제 첨가
- 탄화물 안정화 원소를 첨가
- 탄소(C), 규소(Si)량을 감소시킴
- 흑연을 구상화 처리
- 흑연 조직을 미세화하여 조직을 치밀화시킴

> **Key Point** 탄화물 안정제(흑연화 방지제)
>
> 크롬(Cr), 황(S), Mo, Mn, V, W

② 주철의 흑연화 : 주철 조직 내의 Fe_3C(시멘타이트)는 고온에서 불안정 상태로 존재하는데 가열을 할 경우 철(Fe)과 탄소(C)로 분해되는 현상

㉠ 흑연화 촉진제 : 규소(Si), 니켈(Ni), 알루미늄(Al), 티탄(Ti), 코발트(Co), 인(P)

㉡ 흑연화 방지제 : 몰리브덴(Mo), 황(S), 크롬(Cr), 망간(Mn), 바나듐(V), 텅스텐(W)

㉢ 흑연의 형태 : 공정상 흑연, 편상흑연, 성상 흑연, 유충상 흑연, 응집상 흑연, 괴상흑연, 구상흑연

3) 주철의 종류

① 보통 주철(회주철) : GC100~GC200
- 인장강도 : 10~20kg/mm² (100~200MPa)

- 조직 : 펄라이트+흑연
- 탄소가 편상의 흑연상태로 존재(유리 탄소 상태)하여 다량 석출이 되며, 단면은 회색이다.
- 규소(Si)가 많다.
- 기계 가공성이 우수하고 가격이 저렴하다.
- 연신율이 거의 없고, 인장력이 약하고 깨어지기 쉽다.
- 유동성이 우수하여 복잡한 주물을 만들 수 있다.
- 용도 : 공작기계의 Bed 프레임 및 기계 구조물 본체로 사용된다.

② **백주철**
- 탄소가 시멘타이트로 존재하여 흑연의 석출이 없으며, 단면이 은백색이다.
- 규소(Si)가 적다.
- 경도가 높다.
- 내마모 및 내경화성이 있다.

③ **고급주철** : GC250~350
- 인장강도 : 30kg/mm^2(300MPa) 이상의 주철
- 제조방법, 흑연형태, 기지조직에 따라 구분
- 기본 바탕 조직 : 펄라이트

㉠ Pearlite 주철
- 강인하고 내마멸성이 우수하다.
- 인장강도 : 25kg/mm^2(250MPa)
- 조직 : Pearlite+흑연
- 탄소 함량 : 2.5~3.2%C, 1~2%Si

㉡ 미하나이트 주철
- Si(Fe-Si 또는 Ca-Si)를 접종하여 흑연을 미세화하여 강도를 높인 주철
- 인장강도 및 기계적 성질이 우수하다.
- 담금질이 가능하여 내마멸성이 요구되는 곳에 사용된다.
- 주물의 두께에 따른 조직변화가 적다.
- 질량효과가 적다.
- 인장강도 : 35~45kg/mm^2(350~450MPa)
- 조직 : Pearlite+미세흑연
- 용도 : 공작기계의 안내면, 엔진 실린더

㉢ 구상 흑연 주철(덕타일 주철, 노듈러 주철) : GDC000
- 용융 상태의 주철에 마그네슘(Mg), 세륨(Ce), 칼슘(Ca) 등을 첨가하여 편상으로 존재하는 흑연을 구상화 처리한 주철

- 바탕조직이 펄라이트이고, 구상흑연 주위를 유리된 페라이트가 감싸는 형상의 불스아이(Bull's eye) 조직이다.
- 인장강도가 크고, 내마멸성, 내열성, 내식성이 우수하다.
- 강인하고, 주조상태에서 구조용 탄소강이나 주강과 비슷한 기계적 성질을 얻을 수 있다.
- 성장이 적으며, 표면산화가 어렵다.
- 종류 : Ferrite계, Pearlite계
- 용도 : 자동차 크랭크 축, 캠 축, 브레이크 드럼 등

ㄹ) 가단주철(Malleable Cast Iron)
- 가단성을 부여하기 위해 백주철을 풀림 처리(900~950℃)하여 탈탄 처리에 의해 탄소를 분해하여 인성을 부여한 주철
- 주조성과 가단성이 우수하고, 담금질 경화성이 있다.
- 내식성, 내충격성이 우수하다.
- 종류

종류	특징
백심 가단 주철 (White heart Malleable Cast Iron ; WMC)	• 백주철을 산화철, 또는 철광석 등의 가루로 된 산화제로 싼 다음 900~1,000℃의 고온에서 장시간 가열하여 탈탄하여 가단성을 부여한 주철 • 내부는 백색을 띈다.
흑심 가단 주철 (Black heart Malleable Cast Iron ; BMC)	• 백주철을 풀림 상자에 넣어 풀림 노에서 900℃ 정도로 가열 및 2단계 흑연화 처리 • 기계적 성질이 우수하여 많이 사용한다. • 표면은 백색이며, 내부는 흑색이다.
펄라이트 가단 주철 (Pearlite heart Malleable Cast Iron ; PMC)	백주철의 1단계 흑연화 종료 직후에 강제적으로 공냉 또는 유냉하여 650~700℃로 짧은 시간에 뜨임한 주철

ㅁ) 칠드주철
- 주조 시 주형에 냉금을 삽입하여 주물 표면을 급냉하는 방법으로 제조
- 금형과 접촉한 표면 부분은 급냉하여 백주철화(Cementite)되어 Chill의 형태로 나타나게 되어 표면 경도는 우수하고, 내부는 회주철로서 비교적 연성이 큰 조직의 주철
- 경도가 높고, 내마멸성 및 압축강도가 크다.
- 피삭성이 좋고 대량 생산에 적합하다.
- 용도 : 기차 바퀴, 분쇄기, 롤러 등

ㅂ) 특수합금 주철(특수주철)
- 특수원소를 1종 또는 그 이상 첨가하여 기계적 성질을 개선한 주철
- 내열주철, 내한주철, 고크롬 주철(34~40%Cr 첨가, 내산화성 증대) 등이 있다.

• 종류

종류	특징
오스테나이트 주철 (내열주철)	• 니트로실랄(Ni-Cr-Si주철) : 강도 및 열충격이 높다. • 니-레지스트(Ni-Cr-Cu 주철)
내산주철(14~18%Si)	• 고규소 주철 • 절삭가공이 곤란하므로 그라인더로 가공한다. • 용도 : 내식성이 우수하여 화학공업용으로 사용
니켈-크롬계 주철	• 강인하고 내마멸성, 내식성이 있고, 절삭성이 좋다. • 기계구조용으로 사용되며, 내마멸 주철이라고도 한다.

4) 주조 후 응력 제거

① **풀림 처리** : 주조응력을 제거하기 위해 실시

② **자연시효**(Seasoning) : 주조 후 대기에 방치하여 자연스럽게 주조응력을 제거하는 것(1년 이상 소요)

> 참고 마우러 조직도
> • 주철의 조직을 탄소(C)와 규소(Si)의 함유량에 따라서 분류한 조직도로서, E. Maurer에 의하여 만들어진 것
> • 주철의 화학 조성, 주물 살두께, 주형 재료, 접결제, 주탕 온도, 용해 방법 등의 요인의 영향에 의해 회주철의 조직이 변화하는데, 이 중에서 가장 많은 영향을 미치는 탄소, 규소의 성분 및 살두께 및 냉각속도에 따른 주철의 조직변화를 설명하는 상태도

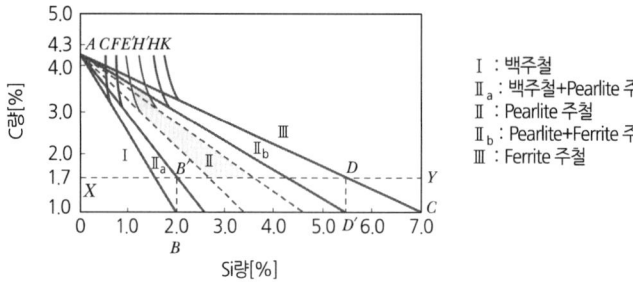

▲ Maurer 조직도

5) 주철의 용접

① 주철 용접이 어려운 이유
  • 연강에 비해 취성이 높고, 급냉으로 인한 백선화가 진행되고 균열이 쉽게 발생한다.
  • 장시간 가열로 인해 흑연이 조대화되어 용착이 불량해지고, 모재와 친화력이 나쁘다.
  • 예후열이 필요하다.
  • 일산화탄소가스가 발생하여 기공이 쉽게 발생한다.

② 주철의 보수 용접
  • 주철은 용접성이 불량하여 보수 용접만 실시한다.
  • 주철의 균열 보수 시에는 균열의 전진을 방지하기 위해 정지구멍을 시공한 후 보수 용접을 실시한다.

용접 방법	특성
스터드법	• 모재가 균열 등으로 취약한 부분을 보완하기 위해 용접 경계부 바로 아래 부분에 스터드 볼트를 고정하고, 함께 용접한다. • 스터드 막대를 모재에 접속하여 전류를 흘린 후 막대를 조금 떼어 아크를 발생시켜 용융지에 스터드를 밀어넣어 용착 고정한다.
비녀장법	모재 균열이 가늘고 길때, ㄷ형 강봉(비녀장)을 용접선에 직각으로 고정, 삽입하여 용접
버터링법	모재와 융합이 우수한 재료(예 Ni 또는 모넬 메탈)로 모재 표면에 버터링하듯이 1차적으로 용접하여 일정 두께까지 용착한 후 다른 용접봉으로 본 용접을 실시한다.
로킹법	스터드 법 대신에 용접부 바닥에 홈을 파고, 이 부분에 힘을 받도록 하는 방법

③ 보수 용접 시 주의사항
- 가능한 한 지름이 가는 용접봉을 사용한다.
- 결함 부분을 완전히 제거한 후 용접을 실시한다.
- 균열은 성장을 방지하기 위해 균열의 양 끝에 정지구멍을 뚫는다.
- 용접 전류는 필요 이상 높이지 않는다.
- 직선 비드를 배치하고, 지나치게 용입을 깊게 하지 않는다.

2 주강

- 용해된 강을 주형에 주입하여 제조한 것으로 응고된 상태이다.
- 응고 후에는 표면 수정작업과 열처리를 통해 완성된다.
- 주철에 비해 기계적 성질이 우수하다.
- 용접에 의한 보수가 용이하다.
- 수축률이 크다.
- 표피 및 인접 부분의 품질이 양호하다.
- 주조 상태는 거칠고, 취성이 있다.
- 균열 발생이 쉽다. → 주조 후 완전 풀림을 해야 한다.
- 주철보다 용융점이 높다.
- 기포 발생량이 많다. → 탈산제를 첨가한다.
- 쇳물의 유동성이 좋지 않다.
- 고온 인장강도가 낮다.
- 용도 : 철도 차량, 조선, 기계 및 광산 구조용

참고 주강을 사용하는 경우
- 압연이나 주조 등의 소성 가공법으로 제조가 곤란한 복잡한 형상의 제품 제조
- 주철로 제작했을 때 강도가 부족한 경우

1) 종류

① 탄소강 주강품

보통 주강품을 일컬으며, 탄소량 0.4% 이하
- 주조 후 풀림 또는 불림 처리하여 사용
- 구분 : 저탄소 주강, 중탄소 주강, 고탄소 주강
- 용도 : 일반 구조용, 전동기 부품용 등

② 저합금강 주강품
- 탄소강 주강품에 비해 높은 강도와 인성 및 내마모성을 얻기 위해 여러 종류의 합금원소를 첨가한 주강
- 불림 – 뜨임 또는 담금질 – 뜨임하여 사용

    ㉠ 크롬(Cr) 주강
- 보통 주강에 3% 이하의 크롬(Cr)을 첨가하여 강도와 내마멸성 증가
- 용도 : 분쇄기, 석유 화학 공업 부품 등

    ㉡ 망간(Mn) 주강 : Mn을 소량 첨가하여 주로 롤러 등으로 사용

2) 주물의 용접 후 처리

① 후열처리 실시
② 서냉 실시 : 단열재 보온, 노냉

> **Key Point**
> 주물은 급랭하지 않는다.

3) 주철과 주강의 비교

구분	주철	주강
탄소 함유량	2.1~6.68%C	약 0.5%C 내외
수축률	작다.	크다.
용융점	낮다.	높다.
기계적 성질	낮다.	우수
용접 보수	어렵다.	용이

CHAPTER 04 합금강

1 합금강(특수강)의 첨가 원소

1) 합금(특수강)
① 정의 : 기계적 성능을 향상시키기 위해 탄소강에 다른 원소를 임의적으로 첨가시킨 금속
   → 금속 간의 화학적 결합에 의한 금속 간 화합물

② 순금속과의 비교했을 때의 특성
   - 열전도도 및 전기 전도도가 낮아진다. → 전기 저항이 높아진다.
   - 기계적 성질(인장강도, 경도, 내 피로성 등) 향상
   - 내식성 및 내마멸성 향상
   - 담금질성의 향상 → 담금질 효과가 커진다.
   - 단접 및 용접성 향상
   - 용융점(융점)이 낮아진다.

> **참고** 순금속의 성질
> - 전기 전도도, 열전도도 우수
> - 전기 저항성이 낮음
> - 용융점이 높음
> - 기계적 성질(강도, 경도, 압축 강도 등)이 낮음
> - 전연성이 높음
> - 담금질이 어려움
> - 가공성, 주조성, 단접성 불량

2) 첨가원소

함유 성분	특징
니켈(Ni)	• 강도, 경도, 강인성, 내식성, 내산성, 내마멸성이 증가 • 담금질성 증대
크롬(Cr)	• 내식성, 내마멸성, 강도, 경도 증가, 특히 고온 강도(=크리프 강도)가 증가 • 고온에서 산화 저항성이 크다. • 담금질성 증대 • 단접이 곤란
규소(Si)	• 인장강도, 경도, 탄성한계, 내열성 증가 • 전자기적 특징 개선 • 산에 대한 내식성이 우수 • 단접, 용접성, 연신율, 냉간 가공성 저하

함유 성분	특징
망간(Mn)	• 황(S)에 의한 적열 취성 방지 • 내마멸성을 증가 • 강의 경도, 강도 증가 • 연신율의 저하 없이 점성 및 유동성이 증가 • 절삭성 개선, 담금질성 향상
텅스텐(W)	• 고온 강도 및 경도가 증가 • 기타 영향은 크롬(Cr)과 유사
몰리브덴(Mo)	• 소량을 사용하여도 고온강도(크리프 강도)가 증대 → 뜨임 메짐 방지효과는 W의 2배 효과 • 담금질 깊이 증가 • 열처리 취성 억제 • 인성 향상(저온 취성, 뜨임 취성 방지)
바나듐(V)	• 고온 강도, 인장강도, 탄성한계 증가 • 내마모성 향상
황(S)	• 재질을 취약하게 하여 저온 취성의 원인 • 유동성 저하 및 수축이 증가하고, 단조 압연 시 강재 파괴의 원인

참고 탄소(C)는 기본 첨가 원소이다.

3) 불순물의 영향

불순물	영향
구리(Cu)	• 내식성 증가 • 강도, 경도, 탄성한도 증가 • A_1 변태점 저하 • 0.25%Cu 이하일 때 냉간 가공성 및 단접성 저하 • 다량 함유 시 압연 균열의 원인이 됨
슬래그(Slag)	• 인성 저하 • 취성 발생 • 열처리 시 균열의 원인
가스	• N_2 : 석출 경화의 원인 • H_2 : 백점이나 헤어크랙 발생 • O_2 : MnO, SiO_2 등과 같이 산화물 생성 • FeO : 적열 취성의 원인

2 합금강의 종류 및 용도

종류	특성	용도
구조용 합금강	• 강인강(Ni강, Cr강, Ni-Cr강, Ni-Cr-Mo강, Cr-Mo강, Cr-Mn-Si강, Mn강) • 표면 경화용강 • 침탄강(Ni강, Ni-Cr강, Cr-Mn-Mo강) • 질화강(Al-Cr강, Cr-Mo강, Al-Cr-Mo강) • 고장력강 • 저온용강 • 스프링강(Si-Mn강, Si-Cr강, Cr-V강) • 쾌삭강(Mn-S강, Pb강)	• 차축, 치차, 체인, 볼트, 너트, 키, 축 등 • 기어, 축, 피스톤 핀, 스플라인축 등 • 겹판, 코일 스프링 등 • 볼트, 너트, 기어, 축 등
공구용 합금강	• 합금 공구강(W강, W-Cr강, Cr-Mn강) • 고속도 공구강(W-Cr-V강, W-Cr-V-Co강) • 초경합금	• 절삭공구, 프레스 금형, 정, 펀치 등 • 고속 절삭공구 등 • 절삭공구, 인발다이스 등
내식 · 내열용 합금강	• 스테인리스강(고 Cr강, 고 Ni-Cr강) • 내열강(고 Cr강, 고 Ni강)	• 칼, 식기, 주방용구, 화학공업장치 등 • 내연기관의 흡기 · 배기 밸브, 터빈 날개, 고온 · 고압용기 등
특수 목적용 합금강	• 철심 재료(규소 강판) • 게이지강(Mn강, Cr강) • 자석강 • 전기 저항용 합금강(Ni-Cr계, Ni-Cr-Fe계, Fe-Cr-Al계) • 불변강(Ni강, Ni-Cr강) • 베어링 강	• 변압기, 발전기, 차단기의 커버 및 배전판 등 • 항공기, 자동차의 발화장치, 전선 · 전화기 등의 계기류 • 고온 전기 저항재 등 • 바이메탈, 시계의 전자, 계측기의 부품 등

3 구조용 합금강

1) 강인강

탄소강에 강하고 질긴 성질을 부여하기 위해 Cr, Ni, Mo, Mn 등을 첨가한 강종

① Ni강 : 탄소강에 니켈(Ni)을 첨가하여 강도, 경도 및 인성 등 기계적 성질을 개선한 강종이다.
- 실량효과가 적고 사경성이 있다.
- 인장강도, 항복점, 경도, 충격값이 증가되고 탄소의 저온 취성을 방지한다.
- 담금질하면 경화 깊이가 깊어 재료의 중심부까지 열처리 효과가 우수하다.

저Ni강	고Ni강
• 1.5~5%Ni강, 침탄강(Pearlite 조직) • 강인성 내마모성 우수 • 용도 : 차축, 치차, 체인, 볼트	• 25~35%Ni강, 침탄강(Austenite 조직) • 강도와 탄성한계가 낮음 • 압연성, 내식성, 충격치 우수 • 용도 : 기관용 밸브, 스핀들, 보일러 관, 비자석용 강

② Cr강 : 탄소강에 크롬(1~2%Cr)을 첨가하여 담금질성을 개선한 강이다.
- 자경성이 있고 강도를 크게 하며, 내식성, 내열성이 우수하다.
- 내마모성이 우수하다.
- 조직이 미세하고 강인하다.
- 종류
    ㉠ 구조용 : Ni, Mn, Mo, V 등을 첨가
    ㉡ 공구강 : W, V, Co 등을 첨가

> **참고** 자경성
> 특수 원소를 첨가하여 공냉을 하여도 경화되는 성질로서 담금질 효과를 가지는 성질

③ Ni – Cr강(SNC)
- 뜨임 취성을 최소화시켜 가장 널리 사용되는 구조용 강으로서 1.0~1.5%의 니켈(Ni)을 첨가하여 점성을 크게 한 강이다.
- 담금질성, 내식성, 내열성, 인장강도 및 항복점이 우수하다.
- 열처리 방법 : 820~870℃에서 유냉하고 550~680℃에서 뜨임 후 수냉

④ Ni – Cr – Mo강(SNCM)
- Ni – Cr 강에 1% 이하의 Mo을 첨가하여 Ni – Cr강보다 우수한 구조용 강(구조용 강 중 가장 우수)
- 뜨임 메짐 방지, 내열성, 열처리 효과가 우수하다.
- 비교적 균일한 담금질 효과를 얻는다.
- 인장강도 : 75~100kg/mm^2(750~1,000MPa)의 고장력강

⑤ Cr – Mo강
- Ni – Cr강의 대용품(저가)으로, 몰리브덴(Mo)을 0.5% 이하 첨가한다.
- 열간가공이 쉽고 다듬질 표면이 우수하다.
- 용접성이 우수하며 고온강도가 크다.
- 인장강도, 충격 저항이 높다.
- 용도 : 암, 레버, 축류, 치차, 볼트

⑥ Cr – Mn – Si강(크로만실)
- 항복점, 인장강도, 인성이 크다.
- 고온 가공, 용접, 열처리 용이하다.
- 용도 : 철도용, 단조용 크랭크 축, 차축 및 각종 자동차 부품 등

⑦ Mn강
    ㉠ 저Mn강(듀콜강)
        - 펄라이트 망간강

- 망간(Mn)을 1~2% 첨가한 강(탄소량 : 0.2~1%)
- 항복점, 인장강도가 우수하다.
- 비교적 경도가 크고, 연신율이 저하되지 않는다.
- 용접성이 우수하다.
- 가격이 저렴하다.
- 열처리를 하면 니켈-크롬강에 준하는 기계적 성질을 가진다.
- 용도 : 건축, 조선, 교량의 일반 구조용 재료, 제지용 롤러 등

ⓒ 고Mn강(수인강[Had-Field강])
- 오스테나이트 망간강
- 망간(Mn)을 10~14% 첨가한 강
- 경도가 크고 내마멸성이 우수하다.
- 인성이 우수하나, 기계 가공은 불가능하다.
- 급냉하면 경도가 커진다.
- 수인법에 의해 열처리를 실시한다.
- 용도 : 레일의 포인트, 분쇄기 롤러 등

참고 수인법
- 오스테나이트 조직의 강을 인성을 증가시킬 목적으로 적당한 고온에서 수냉 열처리를 하는 방법이다.
- 취성이 없어지고, 인성이 증대된다.
- 1,000~1,100℃에서 수중 담금질한다.

2) 표면 경화강(용탄강)

Ni, Cr, Mo 등을 첨가하여 기계적 성질을 개선한 강종이다.
- 특히 기계적 인장강도와 높은 경도가 요구될 때 내부의 인장력은 그대로 두고 표면만을 경화시킨 강종이다.
- 종류
  ① **침탄강** : 니켈(Ni), 크롬(Cr), 몰리브덴(Mo) 등을 첨가하여 기계적 성질을 개선한 저탄소강
  ② **질화강** : 알루미늄(Al), 크롬(Cr), 몰리브덴(Mo) 등을 소량 첨가하여 기계적 성질을 개선한 강

3) 스프링강

탄성 한계를 높이기 위해 규소(Si)를 첨가한 강종이다.
- 규소(Si)는 탈탄이 쉬우므로 Mn을 보완 첨가해야 한다.
- 탄성한도, 피로한도, 크리프 저항, 인성 및 진동이 심한하중, 반복 하중 등에 잘 견딜 수 있다.
- 사용 : 스프링 등

4 고장력 강

C 이외에 합금원소를 첨가하여 기계적 강도가 높고, 파괴 인성이 우수한 강으로 구조물의 중량 경감, 재료 절감, 용접 공수 절감 및 구조적 안정성을 향상시킨 강재

- 인장 강도 : $50kg/mm^2$(500MPa) 이상

① 필요 성질
- 강도가 높아야 한다.($50kg/mm^2$(500MPa) 이상)
- 사용 목적에 부합되는 인성을 가지고 있어야 한다.
- 탄소 당량이 낮아야 한다.
- 가공성, 피로특성, 내후성이 좋아야 한다.
- 용접성이 우수해야 하고, 가격이 저렴해야 한다.
- 재료의 취급이 간단하고, 가공이 용이해야 한다.

② 고장력강의 사용 효과
- 동일 강도에서 재료가 절약된다. → 중량 감소
- 용접 공수가 절감된다. → 제작단가 감소
- 구조물 하중이 경감되어 기초 공사 비용이 절감된다.
- 내식성이 향상된다.

③ 종류 : 망간(실리콘) 강, 몰리브덴 함유강, 인 함유강

④ 용접 시 주의사항
- 저수소계 용접봉을 사용한다.
- 용접 전 개선면, 용접 이음부를 깨끗이 청소해야 한다.
- 용접부의 수분, 녹, 기름, 페인트 등을 확실히 제거해야 한다.
- 아크 길이는 가능한 한 짧게 유지한다.
- 위빙 폭을 크게 하지 않는다.
- 기공 발생을 방지하기 위해 후진법을 사용한다.

5 쾌삭강

강의 피삭성을 개선하기 위해 황(S)과 망간(Mn) 등을 탄소강에 첨가하여 절삭성을 개선한 강

- 피절삭성이 양호하고, 고속 절삭에 적합하다.
- 종류
  ① 황 쾌삭강 : 강중 황(0.16%S)을 첨가하여 절삭성을 개선(용도 : 정밀 나사)
  ② 납 쾌삭강 : 강중 납(0.1~0.35Pb)을 소량 첨가하여 절삭성을 개선(용도 : 자동차 부품 등의 대량생산)

6 공구용 합금강

1) 공구용 합금강을 절삭공구 및 형단조 공구로 사용하는 목적
- 일반적으로 담금질 효과가 우수하다.
- 결정입자가 미세하여 강도가 높으며, 경도가 높고 내마멸성이 우수하다.
- 고온에서 경도가 유지되기 때문에 절삭공구 및 형단조용 공구로 사용된다.

2) 공구강의 구비 조건
- 강인성 및 경도가 커야 하며, 특히 고온에서 경도가 유지되어야 한다.
- 열처리 및 제조가 용이해야 하며, 가격이 저렴해야 한다.
- 내마멸성이 높아야 한다.

3) 종류

① 탄소 공구강

  탄소 함유량 : 0.6~1.5%C
  - 열처리가 쉽고, 가격이 저렴하다.
  - 300℃까지 경도 변화가 적다.
  - 강도가 부족하여 고속 절삭용으로는 부족하다.

  > **참고** 탄소강의 결점
  > - 고온에서 경도 저하
  > - 고속 절삭 및 강력 절삭 공구 재료로 부적합
  > - 담금질 효과 저하로 담금질 시 균열 및 변형이 발생

② 합금 공구강(Alloy Tool Steel)
  - 탄소강에 크롬(Cr), 텅스텐(W), 바나듐(V), 몰리브덴(Mo) 등을 첨가하여 탄소강의 결점을 보완한 합금강
  - 전자기적 성질, 담금질성, 내식·내마멸성, 열처리성 및 인성 개선
  - 균열 및 변형 방지

③ 고속도 공구강(H.S.S ; High Speed Steel)
  - 대표적인 절삭 공구
  - 크롬(Cr), 텅스텐(W), 바나듐(V) 등을 첨가하여, 내마모성 및 절삭 능력 증대
    → 텅스텐(W) 첨가 : 내마모성 향상
    → 바나듐(V) 첨가 : 절삭 능력 증가
  - 600℃까지 인성 및 경도가 유지되므로 고속 절삭이 가능하다.(고온에서 경도가 저하되지 않는다)
  - 열처리에 의해 경화성이 우수하다.
  - 마멸 저항이 우수하다.
  - 열전도율이 나쁘다.

- 표준형 : 텅스텐(W) 18% - 크롬(Cr) 4% - 바나듐(V) 1%

④ 주조 경질합금(Stellite)

Co - Cr - W(또는 Mo)을 금형에 주조하여 연마한 합금
- 800℃까지 경도 변화 없음
- 고온 저항성, 내마모성 우수
- 절삭 속도는 고속도 공구강의 2배
- 열처리 불필요
- 용도 : 강철, 주철, 스테인리스강의 절삭

⑤ 초경 합금

탄화 텅스텐(WC), 탄화 티탄(TiC), 탄화 타륨(TaC) 탄화물(고순도의 W, Ti, Ta, Mo분말을 C분말에 혼합한 것)을 점결제인 Co로 1,400~1,500℃에서 소결시킨 합금이다.
- 비자성체이다.
- 알칼리성 물질, 산성 용액, 광물염, 해수 등에서 우수한 내식성, 내침식성을 가진다.
- 1,000℃의 고온에서 산화되지 않고, 경도가 유지된다. ⇒ 고온 경도가 가장 우수하다.
- 고온 경도, 압축강도, 내마모성이 우수하나, 충격에 잘 깨어진다.
- 용도 : 상온 및 고온에서 내마모성이 우수하여 절삭 공구와 인발 다이스로 사용
- 탄화텅스텐 - 코발트(WC - Co계) 초경 합금의 제조 : 순도가 높은 $0.1~0.5\mu$의 W분말을 C분말에 혼합 후 점결제인 Co로 1,400~1,500℃의 환원성 분위기(수소 분위기)에서 소결시킨다.

⑥ 세라믹 공구

알루미나를 1,600℃에서 소결시킨 도자기성 재료
- 내열성, 고온경도, 내마모성 우수
- 충격에 약함
- 사용 : 고온 절삭, 고속 정밀 가공, 강자성체 가공

> **Key Point** 공구 재료의 고온 경도의 크기
>
> 세라믹 > 초경 합금 > 고속도강 > 합금 공구강 > 탄소 공구강

7 내식강

강에 니켈(Ni), 크롬(Cr)을 다량 첨가하여 내식성을 현저히 향상시킨 강종
- 대기 중, 수중에서 우수한 내식성을 보인다.(예 스테인리스강이 대표적)

8 내열강

니켈(Ni), 알루미늄(Al), 규소(Si), 크롬(Cr) 등의 내열성 증가 원소를 첨가하여 산화 피막을 형성하거나, 크리프 강도를 증가한 강종이다.
- 탄소강의 한계 사용 온도인 약 320℃ 이상의 온도에서 사용이 가능하다.
- 고온에서 기계적, 화학적으로 안정되고, 가공성, 용접성이 우수하다.

1) 필요 성질
- 고온 강도, Creep 특성, 열충격, 열화로에 대한 저항성이 높아야 한다.
- 노치 인성이 우수해야 한다.
- 열처리로 인한 취성이 없어야 한다.
- 고온에서 기계적 성질이 우수해야 한다.

2) 종류 : 탐켄, 헤스텔로이, 인코넬, 서밋 등

3) 용도 : 발전소용 보일러, 압력용기, 건축 구조물, 각종 고온 장치 등

9 기타 특수강

1) 게이지 강(Gauge Steel)
기계 다듬질 가공의 기준 치수가 되는 게이지를 제작하는 재료가 되는 강이다.

① 게이지 강의 재료

1% 이상의 탄소강 혹은 1% 이상의 탄소강에 망간(Mn), 크롬(Cr), 텅스텐(W), 니켈(Ni) 등을 소량 첨가한 탄소 합금강 → 침탄강, 질화강, 고속도강, 18−8 스테인리스 강이 이에 해당된다.

② 게이지 강의 요구조건
- 담금질에 의한 균열과 변형이 없어야 한다.
- 내마모성 및 내식성이 강해야 한다.
- 시효에 의한 치수 변화가 없어야 한다.
- HRC 55 이상의 경도를 가져야 한다.

③ 제조 방법 : 800℃에서 담금질 후 100∼150℃에서 인공 시효 처리하여 사용

2) 불변강
온도 변화에 따라 열팽창 계수 및 탄성계수의 변화가 극히 작은 강

① Ni−Fe계 합금

㉠ 인바(Invar)
- 철(Fe)과 36%의 니켈(Ni)의 합금 [Fe + 36%Ni]
- 200℃온도 이하에서 선팽창 계수가 탄소강의 1/10로 극히 작다.
- 용도 : 줄자, 표준자, 시계 부품 등으로 사용이 된다.

참고 탄소강의 선팽창 계수 = 12×10^{-6}

ⓒ 엘린바(Elinvar)

인바(Invar)에 12%의 크롬(Cr)을 첨가한 합금[Fe + 36%Ni + 12%Cr]
- 열팽창률은 온도 변화에 의해서도 거의 변화하지 않는다.
- 선팽창 계수가 8.0×10^{-6} 정도로 인바보다 우수한 계측용 합금이다.
- 용도 : 시계, 지진계 및 정밀 기계 등의 주요 부품 등

ⓒ 초불변강(Super Invar) ; 슈퍼 인바

철(Fe), 니켈(Ni), 코발트(Co) 합금 [Fe + 30.5~32.5%Ni + 4~6%Co]
- 20℃에서 선팽창 계수가 0.1×10^{-6} 정도로서, 인바보다 열팽창률이 극히 작다.
- 용도 : 표준자, 표준 척도 등

ⓔ 코엘린바(Coelinvar)

철(Fe), 크롬(Cr), 코발트(Co), 니켈(Ni) 합금[Fe + 10~11%Cr + 26~58%Co + 최고16.5%Ni]

→ 엘린바에 코발트(Co) 첨가
- 온도 변화에 의한 열팽창률 변화가 극히 작다.
- 공기나 물에 부식되지 않는다.
- 용도 : 스프링, 태엽 및 기상 관측용 기구 등의 부품 재료로 사용된다.

ⓜ 플래티 나이트(Platinite)

철(Fe)에 42~46% 정도의 많은 양의 니켈(Ni)을 첨가한 철-니켈 합금
- 선팽창 계수가 $8~9.2 \times 10^{-6}$ 정도로 유리와 거의 같다.
- 용도 : 백금선 대용의 전구 도입선, 진공관 도선 등
- 종류
    ⓐ 코바르(Kovar) : 54%Fe + 28%Ni + 18%Co
    ⓑ 페르니코(Fernico) : 54%Fe + 29%Ni + 17%Co

ⓗ 퍼멀로이(Permalloy)

75~80% 니켈 함유
- 용도 : 장하 코일용

② Ni-Cu계 합금

㉠ 콘스탄탄

구리-니켈 합금[Cu + 40~45%Ni]
- 전기 저항이 크고, 온도 계수가 작아 정밀 전기기구의 저항선으로 사용
- 철, 니켈, 구리 등과 조합하면 열기전력이 크고 비교적 저온용의 열전대로 사용

참고 열전대
넓은 범위의 온도를 측정하기 위해 서로 다른 두 종류의 금속을 붙여 발생하는 열전효과에 의해 온도를 측정하는 장치

㉡ 어드밴스
- 구리-니켈 합금에 1%의 망간(Mn)을 첨가한 합금[Cu + 44%Ni + 1%Mn]
- 저항의 온도 계수가 매우 작고, 실용적인 의미에서는 0과 같다.

- 용도 : 저항선 스트레인 게이지에 사용
ⓒ 모넬메탈(Ni – Cu 합금)
- 구리 – 니켈 합금에서 니켈량이 60~70%Ni에 이른다.
- 강도와 내열, 내식성이 우수하다.
- 연신율 및 내마멸성이 크다.
- 용도 : 정밀 기계 부품, 전자관 재료, 화학 장치 등에 판, 선, 봉, 관, 주물 형태로 사용

3) 자석강
탄소강에 Co, Cr, Si, W 등을 첨가한, 자성을 띤 강이다.
- 종류
  ① 영구 자석용 : 보자력, 잔류 자속 밀도 등이 커야 하며, 쉽게 자성을 소실하지 않아야 한다.
  ② 자성 재료 : 자화가 잘 되어야 한다.

4) 베어링 강
① 필요 특성
- 탄성 한도 및 피로한도가 높아야 한다.
- 경도, 인성, 내압력이 높아야 하며, 특히 고온 경도와 압축 강도가 우수해야 한다.
- 마찰 계수가 작고, 미끄럼이 좋아야 한다.
- 비열 및 열전도율이 높아야 하며, 열팽창률이 작아야 한다.
- 주조성과 내식성이 우수해야 한다.
- 늘어붙음에 대한 저항력이 우수해야 한다.
- 윤활유 등에 대한 내식성이 충분해야 한다.

② 종류
  ㉠ 화이트 메탈
    ⓐ 주석(Sn), 구리(Cu), 안티몬(Sb), 아연(Zn)의 합금
    ⓑ 용도 : 저속기관의 베어링
    ⓒ 종류
      - 배빗메탈 : Sn – Sb – Cu계
      - 납계 화이트 메탈 : Pb – Sn – Zn계
        ※ 화이트 메탈보다 경도가 높으므로 전차용 베어링 및 각종 부식용에 사용된다.
  ㉡ 구리(Cu)계 베어링 합금
  ㉢ 카드뮴(Cd)계 베어링 합금
  ㉣ 오일리스 베어링
  ㉤ 알루미늄(Al)계 베어링 합금
  ㉥ 고탄소 크롬 베어링 강

05 CHAPTER 열처리

1 열처리

1) 열처리의 목적
조직의 조정 및 내부 응력을 제거하고, 목적하는 기계적 성질 및 상태를 얻기 위한 처리

> **Key Point**
> ① 결정립 미세화 및 조직의 균일화 → 기계적 성질 개선(강도, 인성 향상)
> ② 조직의 안정화 및 가공으로 인한 내부응력 제거
> ③ 변형의 방지
> ④ 경도, 강도, 인성 및 기계 가공성의 향상

2) 열처리의 영향인자
금속 조직의 탄소 함유량, 합금원소의 성분 분포, 열처리 온도 구간, 일정 온도에서의 유지 시간, 냉각 속도 등의 요인에 따라 열처리 정도가 달라진다.

2 일반 열처리

1) 담금질(quenching or hardening, 소입)
- 담금질의 목적 : 강의 강도 및 경도 증대
- 강을 오스테나이트 상태의 고온보다 30~50℃ 정도 높은 온도에서 일정시간 가열 후 물이나 기름 중에서 급냉(오스테나이트 조직까지 가열 후 급냉)
  → 아공석강은 A_3변태점보다 30~50℃ 높게 가열
  → 과공석강은 A_1변태점보다 30~50℃ 높게 가열

① 담금질 조직 : 냉각 속도에 따라 4종으로 생성된다.

담금질 방법	생성 조직
수중 냉각(10% 식염수)	마텐자이트
기름 냉각	트루스타이트
공기 중 냉각	솔바이트
노냉	펄라이트

> **Key Point** 10% 식염수를 사용하는 이유
> 냉각액 중 냉각 효과가 가장 우수

② 냉각속도에 따른 조직 경도

마텐자이트 > 트루스타이트 > 솔바이트 > 펄라이트

③ 심냉처리(Sub-Zero)
- 고탄소강과 합금강을 담금질한 후 잔류 오스테나이트를 제거하기 위해 0℃ 이하에 염욕하는 방법이다.
- 담금질강의 경도가 증가되고 시효에 의한 형상 및 치수 변화가 방지된다.
- 용도 : 주로 게이지 강, 베어링 등의 정밀기계부품의 조직을 안정화, 공구강의 경도 증가 및 성능을 향상시킨다.

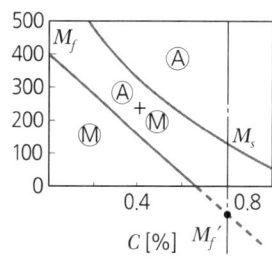

▲ 심냉처리

참고 강종별 심냉처리

강종	특성
0.8%C의 탄소강	M_f점(0℃ 이하)까지 내려야 마텐자이트 변태가 종료된다.
특수 침탄강	침탄층을 완전히 Martensite화하여 표면을 경화한 강이다.
Stainless강	우수한 기계적 성질을 부여한다.

2) 뜨임(Tempering, 소려)

담금질한 강의 취성을 방지하고 재료의 내부 응력 제거 및 인성을 부여

① 저온 뜨임(Bluing)
- 담금질에 의해 생긴 재료의 내부 응력을 제거하고, 탄성한도 및 피로강도 증대 등을 목적으로 400℃ 이하(A_1 변태점 이하)에서 실시하는 열적 조작
- 경도의 변화가 없다.
- 마텐자이트 → 트루스타이트화가 주요 목적이다.
- 탄성 한계만을 높이는 경우 : 200~250℃의 저온 뜨임이 적당하다.
- 피로한도를 높이는 경우 : 300~375℃의 저온 뜨임이 적당하다.
- Bluing 현상 : 저온 뜨임 시 강은 그 표면에 청색의 산화막이 발생하므로 Bluing이라 한다.

② 고온 뜨임
- 주로 강인성을 부여하기 위해서 600℃ 이하에서 실시한다.
- 트루스타이트 → 솔바이트화가 주요 목적이다.

참고 ① 잔류 오스테나이트의 조직 변화

변화 조직	시작 온도(℃)	완료 온도(℃)
Martensite	100℃ 부근	
Troostite	250	350
Sorbite	400	600
Pearlite		650

② 뜨임 색깔(Tempering Color)
- 뜨임 시 발생하는 산화피막 색상, 뜨임 색깔에 의해 뜨임의 정도를 알 수 있다.

온도(℃)	뜨임색	온도(℃)	뜨임색
200	담황색	290	암청색
220	황색	300	청색
240	갈색	320	담회청색
260	황갈색	350	회청색
280	적갈색	400	보라

3) 풀림(Annealing, 소둔)

강을 노 내에서 서냉하여 단조, 주조, 기계 가공에 의해 발생한 내부 응력 제거 및 재질을 연화하기 위해 조직을 미세화

참고 주강은 반드시 풀림처리를 실시해야 한다.

풀림 방법	열처리 온도	열처리 특성
항온 풀림	A_1~변태점 이하	• A_1~변태점 이하의 항온에서 변태를 완료한 것이다. • 가장 짧은 시간에 풀림 처리를 완료할 수 있다.
완전 풀림	A_3~A_1보다 30~50℃ 높은 온도	• A_3~A_1보다 30~50℃ 높은 온도(오스테나이트 구역)에서 실시 • 입자를 미세화한 후 냉각한다.
저온 풀림	A_1 이하	냉간 가공이나 가공에 의해 발생하는 내부응력을 제거하고 재질을 연화시킬 목적으로 A1 변태점 이하에서 가열 후 서냉한다.
중간 풀림	650~750℃	• 가공성의 향상 및 가공 후 균열 방지를 목적으로 냉각 가공의 공정 도중에 실시한다. • 650~750℃에서 풀림 처리를 실시한다.
구상화 풀림	A_1 이하	펄라이트 중 층상의 Cementite가 존재하면 절삭성이 나빠지므로, A_1 이하에서 가열 후 냉각하여 시멘타이트를 구상화한다.
응력 제거 풀림	550~650℃	용접에 의한 잔류 응력을 제거하기 위한 열처리이다.

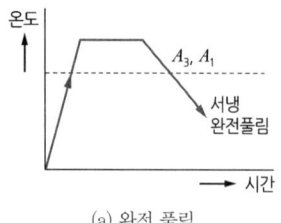

(a) 완전 풀림   (b) 구상화 풀림

▲ 풀림(Annealing)의 종류

ⓒ 풀림 시 조대 결정립의 형성 원인
- 풀림 온도가 너무 높다.
- 풀림 시간이 너무 길다.
- 냉간 가공도가 너무 작다.
- 원소의 분포가 불량하다.

4) 불림(Normalizing, 소준)
- 단조, 압연 등의 소성 가공이나, 주조로 인해 거칠어진 조직의 결정립을 미세화하여 기계적 성질을 향상하거나, 편석 등을 제거하여 표준조직을 얻기 위하여 재료를 일정 온도에서 가열 후 공냉한다.
- 완전풀림에 의한 과도한 연화를 방지하기 위해 내부응력을 제거하고 조직의 균일화를 목적으로 실시한다.
- 결정입자와 조직이 미세화되어 경도 및 강도가 크게 증가하고, 연신율 및 인성도 다소 증가한다.
- 열처리 방법 : A_3, A_{cm}보다 30~50℃(820~920℃의 오스테나이트 구역) 높게 가열(30분 정도) 후 바람이 없는 대기 중에서 공냉한다.

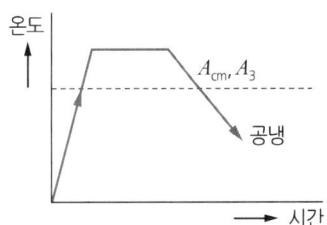

▲ 불림(Normalizing)

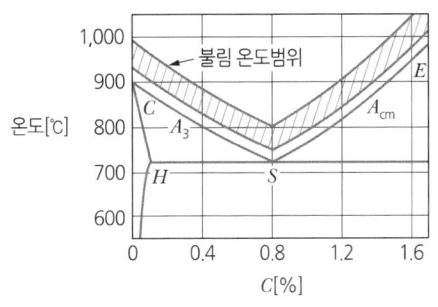

▲ 탄소강의 불림 온도

* A_3, A_{cm}보다 30~50℃ 높게 가열

Key Point 탄소강의 기본 열처리 4가지

열처리 방법	열처리 목적	열처리 온도	냉각 방법
담금질	강의 강도 및 경도 증대	• 아공석강 : A_3점보다 30~50℃ 높게 가열 • 과공석강 : A_1점보다 30~50℃ 높게 가열	급랭 (수중, 유중)
뜨임	담금질한 강의 취성을 방지하고 재료의 내부응력 제거 및 인성을 부여	• 저온 뜨임 : 400℃ 이하 • 고온 뜨임 : 600℃ 이하	공랭
풀림	강의 조직 미세화(균일화), 내부응력 제거, 재질 연화 및 전연성 증대	재결정 온도 이상	노냉
불림	강의 내부응력 제거 및 표준조직을 얻기 위해 실시 → 조직의 표준화	A_3, A_{cm}보다 30~50℃ 높게 가열	공랭

3 항온 열처리

1) 항온 열처리
고온의 탄소강 조직을 냉각 도중 일정 시간동안 온도를 유지하여 변태를 유도하는 열처리법이다.
- 온도(Temperature), 시간(Time), 변태(Transformation)의 3가지 변화로 열처리 시행하며, 항온 변태 곡선(TTT곡선, S곡선, C곡선이라고도 함)을 이용한다.
- 코(Nose)보다 낮은 온도에서 연속 냉각 시에는 베이나이트 조직이 얻어지며, 높은 온도에서 냉각 시에는 펄라이트가 얻어진다.

2) 항온 열처리의 시행 목적
- 열처리 시간의 단축
- 생산과정의 축소
- 대량생산 품질 향상에 기여
- 균열방지 및 변형감소의 효과

> **참고** 항온 열처리의 종류
> ① 오스템퍼(Aus-Temper)
>   - 항온 변태 곡선의 코(Nose)와 M_s점 사이의 온도에서 항온 변태를 완료한 후에 상온까지 냉각하는 열처리 방법이다.
>   - 인성이 높은 하부 베이나이트 조직을 얻기 위해 실시한다.
>   - 뜨임(Tempering)할 필요가 없고, 강인성이 커서 크랙이나 변형이 발생하지 않으므로 담금질 변형 및 균열이 방지된다.
> ② 마템퍼(Mar-Temper)
>   - 항온변태 곡선의 M_s점과 M_f점 사이에서 항온 변태를 완료시켜 상온까지 급랭하는 열처리 방법이다.
>   - 경도가 높고, 인성이 우수한 마텐자이트와 베이나이트의 혼합된 조직을 얻기 위해 실시한다.
>   - 담금질 균열 및 변형 방지에 매우 유효하다.
> ③ 마퀜칭(Mar-Quenching)
>   - 오스테나이트 상태까지 가열한 탄소강을 항온변태 곡선의 코(Nose) 이하의 온도까지 급랭하여 항온 상태에서 천천히 M_s점과 M_f점을 통과시키는 담금질 후 뜨임(Tempering)을 하는 열처리 방법이다.
>   - 경도가 높은 마텐자이트 조직을 얻기 위해 실시한다.
>   - 담금질 균열 및 변형이 적으므로, 복잡한 부품의 열처리에 적당하다.
>   - 용도 : 특수강, 게이지 강, 베어링 강 등에 적용한다.

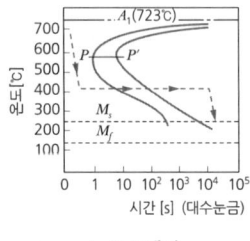 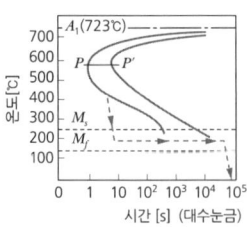 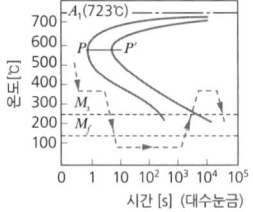

▲ 오스템퍼　　　　　　▲ 마템퍼　　　　　　▲ 마퀜칭

> **참고** 하부 임계 냉각속도
> 항온 열처리 시 최초의 마텐자이트가 나타나는 냉각속도

4 표면 경화법

1) 표면 경화법의 목적
금속 조직의 내부는 인성을 유지하고, 외부의 표면은 필요한 경도를 유지하기 위해 실시한다.

2) 화학적 표면 경화
① 침탄법 : 저탄소강 재료의 표면에 탄소를 투입시킨 후 담금질하여 표면부만을 경화한다.
  ㉠ 고체 침탄법
  - 목탄, 코크스, CO_2 가스로 표면을 경화하는 방법이다.
  - 연강 또는 저탄소강 등 0.2%C 이하의 강재를 침탄제와 함께 침탄상자에 넣고 A_1점 이상(900~950℃)에서 가열 후 탄소를 강의 내부(깊이 : 약1mm)로 침투하여 급랭시켜 표면을 경화한다.
  - 강 표면(Martensite)은 경강이고, 내부(Pearlite)는 연강으로 이중 조직을 생성한다.
  ㉡ 가스 침탄법
  침탄성 가스(CH_4, C_2H_6)를 침탄 가열로로 보내어 900~950℃에서 3~5시간 가열
  - 침탄 깊이 : 1mm 정도
  - 열 효율이 좋고 임의로 온도 조절이 가능
  - 대량 생산에 적합
  - 침탄 농도 조절이 가능
  - 침탄온도, 기체 혼합비 등을 조절하여 침탄이 균일
  - 침탄 후에 직접 담금질이 가능
  - 설비 조작이 용이
  - 그을음으로 침탄이 저하됨
  ㉢ 액체 침탄법(시안화법)
  시안화 칼륨(KCN)에 염화물(NaCl, KCl)이나 탄산염(Na_2CO_3, K_2CO_3) 등을 40~50%가량 첨가하여 600~900℃로 용해한 염욕 중에서 작업하여 탄소와 질소를 강의 표면에 침투시키는 것이다.
  - 청화법, 시안화법이라고도 한다.

② 질화법
암모니아(NH_3)와 같이 질소를 포함한 가스 중에서 520~550℃ 정도로 장시간 가열하여 표면을 경화하는 방법이다.
- 강재 표면에 질소를 확산 침투하여 강재 표면에 내마멸성과 내식성을 향상시킨다.
- 피로강도 증가를 목적으로 실시하기도 한다.
- 경화층이 얇고 표면경도가 높다.
- 열처리에 의한 변형이 적다.
- 약 50~100시간 정도 소요된다.

- 강종별 처리 목적
  ㉠ 공구강, 질화강 : 내마모성 증대를 목적으로 실시
  ㉡ 구조용강 : 피로강도 개선을 목적으로 실시

③ 침유 처리법
- 철강 표면에 유화철(FeS)을 생성하여 마찰저항 감소 및 윤활성이 증가된다.
- 용도 : 고속도 공구강

▼ **침탄법과 질화법의 비교**

구분	침탄법	질화법
경도	질화법보다 낮다.	침탄법보다 높다.
후 열처리	침탄 후 열처리 필요하다.	질화 후 열처리가 필요 없다.
변형	경화에 의한 변형이 발생한다.	경화에 의한 변형이 적다.
취성	질화층보다 강인하다.	취성 발생이 쉽다.
수정 여부	침탄 후 수정이 가능하다.	질화 후 수정이 불가능하다.
고온 경도	고온 가열 시 뜨임되고, 경도가 저하된다.	고온 가열 시 경도 저하가 없다.

3) 물리적 표면 경화

① 화염 경화

0.4%C 전후의 탄소강은 담금질과 뜨임을 하면 경도와 인성이 크게 향상되므로, 산소 – 아세틸렌 화염으로 강재 표면을 가열한 후 수냉하여 표면을 경화하는 방법이다.
- 대형 부품의 부분 경화가 가능하고, 부품의 크기나 형상에 제한이 없다.
- 표면은 경화 및 내마모성이 우수하다.
- 균열 및 변형이 적다.
- 가열원의 이동이 용이하고 설비비가 저렴하다.
- 불꽃 조절이 어려워 조작에 숙련이 필요하고 가스 취급에 위험하다.
- 화구의 설계 정밀도가 필요하다.
- 열원 : 산소 아세틸렌(C_2H_2)이 많이 사용
- 용도 : Roll, Shaft, Gear, 차륜, 선반 Bed

② 고주파 경화

강재 내외부에 코일 장치를 설치하고 고주파 전류를 통전하여 맴돌이 전류(Eddy Current)를 이용하여 피가열물을 가열 후 수냉하는 표면 경화법
- 복잡한 형상도 가능하며 작업비가 고가이다.
- 탈탄이 없으며, 산화가 미세하다.
- 열효율이 우수하고, 대량 생산이 가능하다.
- 열처리 불량률이 낮다.

- 조작이 간단하고, 작업시간이 짧다.
- 운전 조작 시 감전에 주의해야 한다.
- 소량 생산 시 작업 단가가 올라간다.

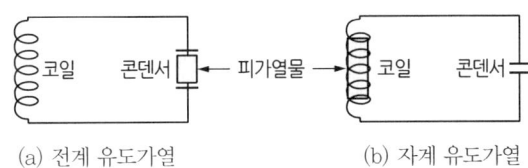

▲ 고주파 경화법

4) 금속 침투법
철과 친화력이 강한 금속을 표면에 침투시켜 내열층, 내식층을 생성하는 방법이다.

금속 침투법	침투 원소	특징
크로마이징	크롬(Cr) 침투	• 내식, 내산, 내마멸성 증가 • Cr 증기를 강재료의 표면에 접촉하여 내부로 침투 용도 공구재료
칼로라이징	알루미늄(Al) 침투	• 내스케일성, 내식성 증가 및 고온산화에 견딤 용도 고온관, 용기 등
실리코나이징	규소(Si) 침투	• 내식성, 내산성, 내열성 증가
보론나이징	붕소(B) 침투	• 경화 열처리가 불필요하다. • 내마모성 증가
세라다이징	아연(Zn) 침투	• 금속재료를 아연(Zn) 분말 중에 넣고 밀폐, 가열 • 아연은 활성화되어 내부로 치환, 확산 • 경화성, 내식성 증대 용도 볼트 너트 등의 소형 부품의 방식
초경 탄화물 침투	텅스텐, 티탄, 몰리브덴, 크롬 등의 초경 탄화물	• 강재 표면에 텅스텐 탄화물, 티타늄, 몰리브덴, 크롬 등의 탄화물 침투 • 내마모성, 내열성 우수 용도 다이스, 펀치, 날, 롤 등의 각종 공구

5) 기타 표면 경화법
① 숏 피닝(Shot Peening)
- 금속 표면에 강이나 주철 알갱이(0.5mm 이하)를 고속으로 분사하여 표면의 경도를 높이는 표면 처리법
- 피로 강도를 향상시킬 수 있다.
- 용접 후 응력 제거의 목적으로도 사용된다.

② 하드 페이싱(Hard Facing)

연강제 등의 금속 표면에 스텔라이트(Stellite : Co−Cr−W 합금)나 경합금 등의 특수 금속을 융착시켜, 표면 경화층을 만드는 것

③ 전해 경화법(전해 담금질)

전해액 속에서 강재를 음극(−)에 걸고, 양극(+)에는 양극판을 사용하여 전기 분해의 원리를 이용한 것이다.

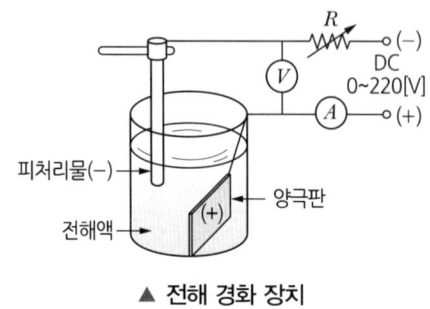

▲ 전해 경화 장치

CHAPTER 06 스테인리스 강

1 스테인리스 강(Stainless Steel)

스테인리스 강 : 철에 Cr과 Ni을 첨가하여 내식성을 향상시킨 합금. 불수강이라고도 한다.
- 연강에 비해 전기 저항이 매우 크고(연강의 5~7배), 열전도율이 낮다.(연강의 50%)
- 황산, 염산 등에 잘 침식된다.
- 내마모성이 높다.
- 주성분 : 철(Fe), 니켈(Ni), 크롬(Cr)

2 주요 원소

1) 크롬(Cr)
- 스테인리스 강의 기본 원소로서 내식성 향상에 가장 효과적인 원소
- 크롬(Cr)의 함량이 증가할수록 내식성과 내마멸성이 향상된다.
- 부식성이 높은 조건일수록 크롬 함량이 높은 강종을 사용한다.

> 참고 크롬 함량이 10% 이상이면 가스절단이 곤란하므로 분말 절단을 실시한다.

2) 니켈(Ni)
- 오스테나이트계 스테인리스 강의 기본 원소로서, Cr과 함께 사용된다.
- 내식성이 증가된다.

3) 탄소(C)
- 스테인리스 강에는 일반적으로 0.12%까지 첨가된다.
- 강도 및 경도를 증가시킨다.

4) 질소(N)

5) 몰리브덴(Mo)

6) 티탄(Ti)

7) 니오븀(Nb)

3 스테인리스 강의 종류

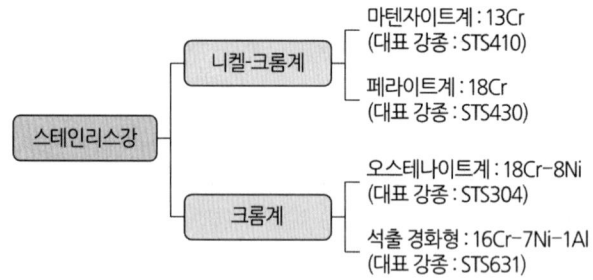

1) 오스테나이트계 스테인리스 강 : 0.12%C 이하 + 18%Cr, 8%Ni

탄소강에 18%의 크롬(Cr)과 8%의 니켈(Ni)을 첨가한 합금으로, 조직은 오스테나이트계이며 대표적인 스테인리스 강이다.

- 비자성체이다.
- 내식성, 내충격성 및 고온 강도가 우수하며, 내식성은 스테인리스 강종 중 가장 우수하다.
- 전연성이 풍부하고, 가공성이 우수하다.
- 소성 가공성과 절삭성이 좋지 않다.
- 변태점이 없으므로 담금질이 불가능하고 열처리에 의해 기계적 성질을 개선하기가 어렵다.
- 응고 균열에 민감하고, 입계 부식 및 응력 부식 균열이 발생하기 쉽다.
- 염산, 황산 또는 황산 수용액에 취약하다.
- 열팽창 계수가 일반강의 약 1.5배로 크고, 열 및 전기 전도도가 일반강에 비해 약 1/4로 작다.
- 용접은 쉬우나, 용접 품질이 좋지 않다.
- 용접 시 예후열을 하지 않는다.

 입계부식
- 430~870℃로 장시간 가열 또는 서냉할 경우 크롬(Cr)이 탄소(C)와 쉽게 결합하여 Cr탄화물($Cr_{23}C_6$)을 생성하여 결정립계에 석출하게 되는데, 이로 인하여 Cr의 고용량이 저하하여 내식성이 현저히 떨어지는 현상
- 입계부식은 Cr을 포함하고 있는 Stainless 강의 공통된 결점이다.

참고 입계 부식 방지법
- 안정화 원소(Ti, V, Nb, Ta 등) 첨가
- 탄소량이 감소하여 Cr탄화물의 생성 억제 : 저탄소계(0.4%C 이하) 강종 사용
- 고용체화 열처리 실시 : 1,000~1,100℃의 고온으로 가열 후 급냉(Cr 탄화물을 오스테나이트 조직 내 용체화 처리하여 탄화물 생성 억제)

2) 페라이트계 스테인리스 강 : 0.12%C 이하 + 13%Cr

탄소 함유량 0.12% 이하의 탄소강에 11~30%의 크롬(Cr)을 첨가하여 내식성을 향상시킨 Cr계 대표 강종

- 자성체이며, 내식성은 오스테나이트계보다 낮다.

- 고온 및 상온에서 가공성이 풍부하다.
- 용접성이 좋고, 연성이 있다.
- 담금질에 의해 마텐자이트 조직이 생성되므로, 열처리에 의해 경화된다.
- 유기산과 질산에는 침식되지 않고, 황산과 염산에는 침식된다.
- 표면 연마된 것은 공기나 물에 부식되지 않으나, 풀림상태 또는 표면이 거친 것은 부식이 쉽다.
- 용도 : 판, 관, 봉, 선, 단조품, 가정용 기구 및 화학 공업 등에서 사용한다.

3) 마텐자이트계 스테인리스 강 : 1.2%C 이하＋13%Cr

탄소 함유량 0.15~0.3%의 탄소강에 12~17%의 크롬(Cr)을 첨가한 합금
- 크롬(Cr) 양을 증가하여 강도와 경도를 향상하고, 몰리브덴(Mo)을 첨가하여 내공식성, 내열성을 개선한 강종이다.
- 오스테나이트계, 페라이트계보다 내식성이 낮다.
- 자성체이다.
- 용접에 의한 경화가 심해 예열 또는 후열처리가 필요하다.
- 용도 : 칼, 의료용 기구, 증기터빈 날개, 다이스, 게이지, 내식성 베어링, 내마모성이 필요한 화공 기계 부품 등

4) 석출 경화형 Stainless 강(Precipitation Hardening Stainless Steel, PH형 스테인리스 강)

내식성은 18−8 스테인리스 강과 거의 같거나 약간 떨어지지만, 강도 향상을 위해 내식성을 다소 희생하면서 경화한 강종이다.
→ 스테인리스 강의 뛰어난 내식성을 유지하고, 강도가 높은 초고장력강의 일종이다.
- 고온 강도가 높고 가공성 및 용접성이 우수하다.
- 복잡한 모양의 성형도 용이하다.
- 내식성 : 마텐자이트계보다 우수
- 내열성 : 오스테나이트계보다 우수
- 용도 : 항공기, 미사일 부품 등

▼ 스테인리스 강종별 특성

조직	Cr-Ni 계	Cr 계		석출 경화형
	Austenite계	Ferrite계	Martensite계	
주성분	18%Cr-8%Ni강	13%Cr강	13%Cr강	17%Cr-(4~7)Ni-Cu-Al
탄소 고용도	0.12%C	0.12%C	1.2%C	-
대표 강종	STS304	STS430	STS410	STS630
특성 내식성	우수	우수	보통	-
특성 강도	우수	보통	우수	초고강도, 고경도
특성 가공성	보통	우수	낮음	-
특성 자성	비자성	상자성	강자성	강자성
특성 용접성	우수	보통	낮음	-
적용 열처리	고용화 열처리	어닐링	어닐링 후 급랭	-
경화성	가공 경화성	비Quenching 경화성	Quenching 경화성	-
주용도	• 건축물 내외장재 • 주방용기 • 화학 Plant 배관 및 탱크류	• 건축재 • 자동차 부품 • 가전용 • 주방기구 • 식기류	• 수공구 • 기계 부품 • 병원 부품 • 수술 용구	• 항공기, 미사일 등의 기계 부품
비고	• 비자성체 • 담금질 불가능 • 내식성, 가공성, 충격성 및 용접성이 우수 • 냉간 가공 경화능이 큼 • 600~800°C에서 입계 부식 발생(방지제 : Ti)	• 열처리를 하면 Martensite계 Stainless 강이 됨 • 냉간 및 고온가공 용이 • 열팽창계수가 낮음 • 고온 및 용접부 취성 발생 • 475°C 취성, α상 석출 취성 있음	• Cr량을 증가하여 강도와 경도를 향상하고, Mo를 첨가하여 내공식성, 내열성을 개선한 강종 • 강자성체이며, 강도가 매우 높음 • 연성 · 취성 천이가 존재하고, 용접부 취성이 심하다. • 열처리 경화가 가능	• 급냉 및 시효처리를 통해 재질 특성 조절 가능 • 복잡한 모양의 성형 가공 • 내황산성 향상을 위해 Mo을 첨가 • 연신율이 매우 낮음

4 스테인리스강의 용접 특성

1) 용접 방법

- 피복 금속 아크 용접, TIG, MIG, 서브머지드 Arc 용접, 전기저항용접 등 적용
- 가스 용접은 불활성 가스만 사용할 수 있다.

용접방법	특징

피복 금속 아크 용접	• 가장 많이 사용된다.
	• 아크 열집중이 우수하고, 용접속도가 빠르다.
	• 용접 후 변형도가 비교적 적다.
	  ㉠ 전원 : 직류 역극성
	  ㉡ 전류 : 탄소강보다 10~20% 낮게 조정
	  ㉢ 용접봉
	    ⓐ 라임계
	      - 주성분 : 루틸
	      - 아크가 안정되고 스패터가 적다.
	    ⓑ 티탄계
	      - 주성분 : 형석 및 석회석 등
	      - 아크가 불안정하고 스패터량이 많다.

불활성 가스 아크 용접 (TIG, MIG)	• TIG 용접은 박판 용접에 주로 사용한다. • 전원 : 직류 정극성

2) 강종별 용접 특성

① 오스테나이트 계(STS 304~310S)

- 다른 스테인리스 강보다 용접성 및 가공성이 우수하다.
- 용접성은 탄소강보다 상당히 많은 제약 조건을 가지고 있고, 불량 발생률이 높다.
- 탄소강보다 용접 및 냉간 가공 시 발생하는 잔류 응력이 훨씬 크다.
- 열전도(탄소강의 50%)가 나빠 뒤틀림 등이 대단히 크므로, 신속히 용접부를 냉각하거나 상당한 구속의 용접을 실시하여야 한다.
- 균열 방지 : 크롬(Cr) – 니켈(Ni) – Mn(망간)계 오스테나이트 용접봉을 사용

> **참고** 용접시 주의사항
> - 아크를 끊기 전에 크레이터 처리를 한다
> - 아크 길이를 가능한 짧게 한다.
> - 낮은 전류로 용접하여 용접입열을 적게 한다.
> - 용접봉은 모재와 동등하거나 그 이상을 사용한다.

② 마텐자이트계(STS403), 페라이트계(STS430)

- 열팽창 계수가 탄소강과 거의 비슷하다.
- 열 감수성에 의한 모재의 취화, 고온 취화 등을 충분히 고려하여야 한다.
- 용접봉 재질은 모재보다 한 단계 높은 것을 사용한다.

3) 용접 시 주의사항

- 아크 길이를 짧게 유지하여야 한다.
- 아크를 중단하기 전에 크레이터 처리를 한다.
- 낮은 전류 값을 사용하여 과다한 용접입열을 피해야 한다.
  → 연강에 비해 10~20mA 정도 낮게 전류 조절
- Stainless나 비철합금은 직류 용접기(역극성)를 사용하는 것이 유리하다.
- 층간 온도가 320℃를 넘지 않아야 한다.
- 오스테나이트계 스테인리스강은 용접 시 예후열을 하지 않고, 마텐자이트계 스테인리스강은 용접 시 예후열을 실시한다.

4) Stainless 강의 용접 결함

발생 결함	특징
지연균열	• 수소, 용접부의 Martensite 조직, 취성이 큰 조대한 페라이트 결정립에 의해 발생 • 크롬(Cr) 함량이 높을수록 수소의 확산성 속도가 늦어져 균열 발생률이 높고, 균열 발생까지의 잠복시간이 장시간에 걸쳐 진행됨 【방지대책】 - 200~400℃의 충분한 예열 실시 - 패스 간 온도 유지에 의한 서냉 실시 - 필요시 730~790℃ 정도의 후열처리를 실시
고온 취성 (고온 균열)	• 고 Cr계 Stainless 강에서 주로 발생 • 크레이터 처리를 하지 않음 • 아크의 길이가 길거나 모재가 오염된 경우 • 구속이 강한 상태에서 용접한 경우 【방지대책】 - 크롬(Cr)-니켈(Ni)-망간(Mn)계 오스테나이트 용접봉으로 용접 실시 - 다층 용접에서 패스 간 온도를 150℃로 유지 - 800℃ 정도로 가열 후 소둔 및 급랭으로 다소 회복 가능
입계부식	• 내식성을 해치는 원소의 입계 편석과 Cr탄화물의 석출이 원인이 되어 결정립계를 따라 부식이 진행됨 【방지대책】 - 0.04%C 이하의 저탄소계 강재를 사용 → 탄소의 감소로 Cr탄화물의 생성 억제 - 티탄(Ti), 니오븀(Nb)과 같은 탄화물 안정화 원소 첨가 → 스테인리스강재 및 용접 재료로 적용

CHAPTER 07 비철 금속

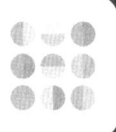

1 구리와 그 합금

1) 구리

① 구리의 제련 방법 : 용광로, 전기로, 반사로

② 구리의 종류

종류	제조방법
전기동 (전기구리)	• 조동을 전해 정련하여 얻은 순도 99.96% 이상의 구리 • 불순물에 취약하고, 가공이 곤란함
무산소 구리	• 전기동을 진공 용해하여 제조한 산소가 극단적으로 적은 순구리 → 탈산 구리라고도 함 • 인(P)으로 탈산하여 산소함량이 0.01% 이하 • 전도율, 가공성 우수, 전자기기에 사용 • 고온에서 수소취성이 없음 • 용접성이 우수 • 용도 : 가스관, 열교환관 등
정련구리	• 전기동을 반사로에서 정련 • 열전도율이 높고 내식성이 우수

③ 구리의 특성
- 비중 : 8.96(철보다 무겁다.)
- 용융점 1,083℃, 변태점 없음
- 선팽창 계수 : 강의 1.4~1.8배
- 전기 전도율이 우수하다.
- 비자성체이며 전기 및 열의 양도체이다.
- 전연성이 풍부하여 성형성, 가공성 및 단조성이 우수하다.
- 공기 중에서 산화피막을 형성하여 내식성이 우수하다.
- 황산, 염산에 용해되며 해수에 침식된다.
- 우수한 외관 광택으로 귀금속적 성질이 우수하다.

2) 황동
- 구리와 아연(Cu + Zn) 합금으로 가공성, 주조성, 내식성, 기계적 성질이 우수하다.
- 광택이 있으며 압연, 단조가 가능하다.
- 제조 : 도가니로, 반사로, 전기로
- 용탕에서 아연(Zn)의 증발 손실을 억제하기 위해 용탕 표면에 숯가루를 덮어준다.

① 종류

황동의 종류	특성
7 : 3 황동	• 70% 구리(Cu) + 30% 아연(Zn) 합금이며, 이 비율에서 연신율이 최대가 된다. • 냉간 가공성이 우수하여 가공성을 목적으로 사용한다. → 상온 가공성 양호 • α고용체 조직 • 인장강도 우수(인장강도 : 30~40kg/mm²) • 풀림온도 : 425~750℃ • 고온 가공온도 : 725~850℃
6 : 4 황동 (문쯔 메탈)	• 60% 구리(Cu) + 40% 아연(Zn) 합금이며, 이 비율에서 인장강도가 최대가 된다. • 7 : 3 황동에 비하여 전연성은 낮으나, 인장강도가 상당히 우수하여, 강도를 목적으로 사용한다. • 내식성이 낮고, 탈아연 부식을 일으키기 쉽다. • 사용 : 열교환기, 열간 단조품, 탄피 등 ※ 단동, 6 : 4 황동을 제외하고 합금원소의 아연당량이 가장 큰 원소는 규소(Si)이다.
네이벌 황동	6 : 4 황동의 내식성을 개량하기 위해 1% 전후의 주석을 첨가한 것
톰백	• 8~20% 아연(Zn)을 포함한 황동 • 색상이 황금빛으로 화려하다. • 강도는 낮으나, 전연성이 우수하다. • 사용 : 금대용품 및 장식품 등
연황동	• 피절삭성 향상을 위해 6 : 4 황동에 1.5~3.0%의 납(Pb)을 첨가 • 쾌삭 황동, 납입 황동이라고도 한다.

주석황동	• 황동의 내식성 및 내해수성을 개량한 것(아연(Zn)의 산화 및 탈아연을 방지)으로 1% 내외의 주석(Sn)을 첨가
	• 종류
	  - 애드미럴티 황동 : 7 : 3 황동 + 1% 주석(Sn)(용도 : 파이프, 열교환기 등)
	  - 네이벌 황동 : 6 : 4 황동 + 1% 주석(Sn)(용도 : 선박, 기계부품 등)

델타메탈 (철 황동)	• 6 : 4 황동 + 1~2% 철(Fe)을 함유(용도 : 광산, 화학기계 등) • 결정 입자가 미세하여 강도 및 경도가 증대되고, 해수에 대한 내식성이 크다.
양은	• 7 : 3 황동에 15~20%의 니켈(Ni)을 첨가한 은백색의 구리합금 • 기계적 성질, 내식성, 내열성이 우수 • 용도 : 전기 저항선, 스프링 재료, 바이메탈용
규소 황동 (실진)	• 전기 저항성을 크게 하지 않고 기계적 강도를 증가시키며, 구리를 탈산시키기 위해 규소(Si)를 4~5% 첨가 • 기계적 강도 및 내식성 우수
항연 황동	• 6 : 4 황동에 알루미늄(Al), 철(Fe), 망간(Mn) 등을 첨가하여 강도를 크게 한 것 • 용도 : 선박용 프로펠러 및 프로펠러 축
알루미늄 황동 (알브락)	• 7 : 3 황동에 1.5~2%의 알루미늄을 첨가 • 강도, 경도 증가 • 해수에 대한 내식성 우수

> **Key Point**
>
> 30% 아연(Zn)에서 연신율이 최대가 되며, 40% 아연(Zn)에서 인장강도가 최대로 된다.

② 제반 성질

제반 성질	내용
응력 부식 균열 (자연균열)	• 황동을 냉간 가공했을 때 잔류 응력 또는 외부의 인장 하중에 의해 발생하는 균열 • 방지법 　- 도료나 아연(Zn) 도금을 실시 　- 180~260℃로 응력 제거 풀림 실시 　- 주석(Sn)이나 규소(Si)첨가
탈아연 현상	• 해수에 아연(Zn)이 용해 부식되는 현상 • 방지법 　- 아연(Zn)편을 도선으로 연결 　- 주석황동을 사용
고온 탈아연현상	• 고온에서 증발에 의해 표면의 아연(Zn)이 탈출하는 현상 • 고온일수록, 표면이 깨끗할수록 심함.
탈아연 부식	• 표면의 불순물 또는 부식성 용액에 의해 부식되는 현상 • 방지법 　- 아연 함량 30% 이하의 α 조직의 황동을 사용 　- 1% 주석(Sn) 또는 0.1~0.5%의 안티몬(Sb) 첨가
경년 변화	가공된 황동 또는 저온 풀림된 스프링을 상온에서 방치하거나 사용 도중에 시간이 경과함에 따라 경도 등 기계적 성질이 저하하는 성질

3) 청동(Cu+Sn)

- 주조성, 강도, 내마멸성 우수
- 황동보다 내식성, 내마모성 우수하고, 해수에 저항성이 우수하다.
- 주석 함량 4%에서 연신율이 최대가 되며, 15~20%에서 강도 및 경도가 급격히 저하한다.
- 주석 함량이 높을수록 내해수성이 우수해지고, 납 함량이 증가될수록 내식성이 저하된다.
- 조직 중에 납(Pb)이 거의 고용되지 않고, 입계에 존재한다.
- 윤활성이 우수하다.
- 용도 : 각종 기계 부속품이나 불상 등 미술 공예품 등

① 종류

청동의 종류	특성
인청동	• 청동 합금에서 탈산제로 0.35%의 인(P)을 첨가한 것 • 유동성 우수 • 내마멸성, 인장강도, 탄성한계가 높음 • 사용 : 스프링 재료, 베어링, 밸브 시트 등
포금 (Gun Metal)	• 8~12% 주석(Sn)+1~2% 아연(Zn)을 넣은 것 • 유동성, 단조성, 내수압성, 내식성, 내마멸성 및 내 해수성이 우수 • 용도 : 기어, 부시, 밸브 코크, 피스톤, 프로펠러 등
베어링용 청동	• 구리(Cu)와 13~15% 주석(Sn)의 합금 • 인(P)을 가하면 내마멸성이 증가된다. • 사용 : 기어, 베어링, 펌프 및 터빈의 본체, 화학 공업용 등

청동의 종류	특성
켈밋	• 구리(Cu)와 30~40% 납(Pb)의 합금 • 고온도, 고하중에 잘 견딤 • 열전도 및 압축강도가 크며, 내마모성이 우수하고 마찰계수가 적음 • 사용 : 고속, 고하중 베어링
납청동	• 구리(Cu)와 4~16% 납(Pb), 10% 주석(Sn)의 합금이다. • 사용 : 베어링 재료
베릴륨 청동	• 2~3%의 베릴륨(Be) 함유 • 구리합금 중 강도와 경도가 가장 우수 • 강도, 피로한도, 내열성, 내식성 우수 • 베릴륨 함량이 1.82~4%일 때 시효 경화성이 가장 우수 • 용도 : 고급 스프링의 재료, 베어링, 전극재료 등
연청동	• 청동에 납을 3~28%가량 첨가 • 고속 회전용 베어링, 패킹 재료로 사용
콜슨 합금 (Corson)	• 구리와 3~4% 니켈(Ni)과 약 1%의 규소(Si) 합금 • 전기 전도율이 우수하여 전화선, 통신선, 전선 등으로 사용됨

2 구리 용접

- 구리 및 그 합금은 열전도도 및 선팽창 계수가 높아 용접 시 냉각속도가 빠르고 응고 수축이 심하여 변형과 균열이 쉽다.
- 용융 시 산화가 심하고, 수소 방출량이 많아 기공 발생률이 높다.
- 구리 합금은 아연 증발에 의해 중독을 일으킬 수 있다.

1) 용접 준비 사항

① 열전달률이 높아 균일한 온도 분포를 보이지 못하므로 예열을 충분히 하여 용융 금속의 유동성을 좋게 하고, 개선각을 크게 하여 용입을 좋게 한다.
② 응고 수축 시 변형을 방지 하기 위하여 Tack Welding을 비교적 많이 한다.
③ 구속 용접 후 응력 제거를 위해 Peening을 실시한다.
④ 황동 용접 : 가스 용접 시 산화 불꽃을 사용, 모재로부터 다소 벌리 한다.
⑤ 청동 용접 : 540℃ 이상에서 고온 취성이 있으므로 용접 시 충격 등에 주의, 용접용 구리재료는 탈산 구리 사용

2) 용접 방법

① 피복 금속 아크 용접 : 일반적으로 구리 및 구리합금의 용접에 많이 적용
  - 용접은 간편하나 열 집중성이 나쁘므로 충분한 예열이 필요하다.
  - 슬래그(Slag), 기공 등이 잘 발생한다.
  - 니켈 청동에 적용한다.

② Gas 용접 : 통상 많이 사용하는 용접법
- 충분한 예열이 필요하다.
- 붕사, 염화물계 Flux를 사용한다.
- 아연(Zn) 증발로 인한 기공 발생을 방지하기 위하여 산화염을 사용한다.

③ 불활성 가스 용접 : 열 집중이 우수하여 용접이 용이하므로 가장 일반적으로 적용
- 판두께 6mm 이하에 적용
- 전극 : 토륨 텅스텐 봉
- 용가재 : 탈산구리 봉

④ 열 집중성이 좋은 EBW, 확산 용접, 전기 저항 용접 등의 적용이 용이하다.

3) 용접 결함

용접 결함	특성
용접 균열	• 응고 균열 : 납(Pb), 안티몬(As) 등의 낮은 온도에서 녹는 불순물이 존재하고 응고 온도 범위가 넓은 경우에 잘 발생한다 • 연성 저하 균열 : 고온에서 취화 구역이 존재하는 합금에서 잘 발생한다. **방지대책** 과대한 입열을 방지하고, Peening을 실시한다.
기공	용융 금속에 고용된 수소가 응고 과정에서 금속 내부에 갇히거나, H_2O를 발생하여 기공의 원인이 된다.
Zn 기화	아연(Zn)을 포함한 황동을 용접할 때 용접 입열로 인해 융점이 낮은 Zn(400℃)이 기화하는 현상이다. **방지대책** • 전류를 낮게 하여 입열을 적게 한다. • 구리관의 경우 확관하여 체결하거나, 땜납 처리한다.

3 알루미늄과 합금

1) 알루미늄

① 비중 : 2.7(경금속)
② 용융점 660℃, 변태점이 없다.
③ 비자성체이며 전기 및 열의 양도체로서, 탄소강에 비해 열, 전기 전도도가 4배가량 크다.
④ 전연성이 우수하여 냉간 가공 및 열간 가공성이 다른 금속보다 우수하다.
⑤ 산화 피막에 의한 내식성이 우수하나, 산 및 바닷물에 쉽게 침식(부식)된다.
⑥ 변태점이 없으므로 담금질에 의해 경화되지 않고, 담금질 효과는 시효경화에 의해 얻는다.
⑦ Al의 석출 경화 : 고용체화 처리 → 소입 → 시효경화

2) 알루미늄 합금의 종류 및 특성

알루미늄 합금	특성
실루민	Al – Si계 • 10~14% Si 함유 • 전연성이 크고, 해수에 잘 침식되지 않는다. • 탄성한도가 낮고, 피로에 약하다.

알루미늄 합금	특성
라우탈	Al – Cu – Si계 • 절삭성을 개선하기 위해 구리(Cu)를 첨가하고, 주조성을 향상시키기 위해 규소(Si)를 첨가한 것이다. • 시효 경화성이 있고, 주조성이 우수하여 두께가 얇은 주물의 주조와 금형 주조에 적합하다. • 열처리가 가능하다.
Y – 합금 (내열합금)	Al – Cu – Ni – Mg[알 – 구 – 니 – 마] • 고온 강도가 우수하다. • 사용 : 내연기관의 피스톤, 실린더 등
로엑스 (Lo – Ex)	Al – Si – Mg계 • 열팽창계수가 적고 내열성, 내마모성이 우수 • 주조성 및 단조성이 좋다.
두랄루민	Al – Cu – Mg – Mn계[알 – 구 – 마 – 망] • 비중이 강의 1/3으로 상당히 가볍고, 기계적 강도가 우수한 단조용 합금이다. • 사용 : 항공기 재료
초 두랄루민	두랄루민 + Mg 함유량 증대 • 두랄루민에 Mg의 함유량을 증가시켜 두랄루민보다 인장강도를 개선한 것이다. • 단조 및 가공성은 두랄루민보다 좋지 않다. • 사용 : 항공기 구조재, 리벳, 기계 및 기구류, 일반 구조물 등
SAP (Sintered Aluminum Powder)	알루미늄 분말 소결제로, 고도로 산화된 Al분말을 가압, 성형, 소결한 후 압출하여 제조한다.

Key Point

① 고강도 알루미늄 합금 : 강도 증대를 위해 Cu, Mg 등을 첨가한 것
  • 종류 : 두랄루민, 초두랄루민, Y합금
② 내식성 알루미늄합금 : 내식성 증대 원소로 마그네슘(Mg), 규소(Si) 등을 첨가한 것
  • Cr은 내식성 알루미늄 합금의 균열을 방지한다.
  • 종류 : 알민, 알드레이, 알클래드, 하이드로날륨

종류	특성
알민(Almin)	Al – Mn계
알드레이(Aldrey)	Al – Mg – Si계
알클래드(Alclad)	두랄루민 + 알루미늄 판 피복 • 두랄루민계 합금의 내식성 향상 목적
하이드로날륨	Al – Mg계 • 알루미늄과 12% 이하의 마그네슘(Mg) 합금 • 내식성, 내해수성이 매우 우수한 내식 알루미늄 합금(특히 알루미늄 합금 중 내식성이 가장 우수) • 주물용 알루미늄에 비해 내식성, 강도, 연신율이 우수 • 사용 : 선박 용품, 조리용 기구, 화학부품 및 건축 재료 등

③ 내열 알루미늄합금 : 로엑스(Lo – Ex), 코비탈륨, Y – 합금

3) 특수 처리

특수처리	내용
고용체화 처리	Al-Cu계 합금을 500℃ 부근까지 가열한 후 담금질하여 재료의 내부응력을 제거
상온 시효경화	담금질한 알루미늄합금이 상온에서 시간이 지남에 따라 강도, 경도가 증가하는 현상
인공 시효	상온보다 높은 온도(160℃)에서 시효경화를 촉진하는 인공적인 경화방법
아노다이징 (Annodizing)	양극산화법 : 내식성, 내마모성, 실용성, 미관성이 양호한 산화 알루미늄 피막을 생성하는 방법 **종류** • 방식처리(방식법) : 전해액의 종류에 따라 수산법, 황산법, 크롬산법으로 구분된다. • 연질 양극산화법 : 상온의 전해액에서 $20\mu m$ 이하의 피막 • 경질 양극산화법 : 0℃의 전해액에서 $20\mu m$ 이상의 피막 ※ 알루미늄을 전해액에서 양극으로 하고 통전하면 양극에서 발생하는 산소에 의해서 표면이 산화되어 대단히 단단하고, 내식성이 크며, 극히 작은 유공성, 섬유상의 여러 가지 색깔로 염색이 가능한 산화알루미늄(Al_2O_3) 피막이 생성된다.
개량화 처리	실루민은 기계적 성질이 불량해지므로 규소(Si)를 미세화하여 기계적 성질을 개선하기 위해 첨가제를 합금 용탕에 추가하여 10~15분간 유지하는 처리 **규소(Si) 미세화 첨가제** 금속 나트륨, 플루오르화 나트륨, 수산화 나트륨, 알칼리 염류

4) 다이캐스팅용 알루미늄 합금의 요구성질
- 유동성이 우수할 것
- 열간 취성이 적을 것
- 응고 수축에 대한 용탕 보급성이 우수할 것
- 금형에서 잘 분리될 것

4 마그네슘과 합금

① 실용 금속중 비중(1.75~2.0)이 가장 작다.
② 용융점 : 650℃
③ 재결정 온도 : 150℃
④ 인장 강도 : 15~35kg/mm^2
⑤ 조밀육방격자이며 고온에서 발화가 쉽다.
⑥ 기계적 성질은 알루미늄 합금과 비슷하고, 인장강도, 연신율, 충격값이 두랄루민 보다 낮다.
⑦ 기계 부품의 무게 경감효과가 매우 크다.
⑧ 피삭성(절삭성)이 대단히 우수하다.
⑨ 주조 생산성이 우수하다.
⑩ 대기와 알칼리에는 내식성이 우수하나, 산 또는 바닷물에 침식이 잘 된다.
⑪ 냉간 가공이 불가능하므로 200℃에서 열간 가공하여 압출·제조한다.
⑫ 제조 : 마그네사이트($MgCO_3$), 마그네시아(MgO), 소금찌꺼기, 앙금 등을 용융전해 또는 전기분해 하여 얻는다.

⑬ 용도
　㉠ Al 합금에 첨가
　㉡ 구상 흑연 주철 첨가제
　㉢ 사진용 플래시, 자동차, 항공기, 전자기기, 광학기기 등의 재료로 이용

⑭ 종류 및 특성

종류	특성
도우메탈	• 마그네슘(Mg)과 알루미늄(Al) 합금 • 비중이 마그네슘 합금 중에서 가장 적다. • 용해, 단조, 주조가 용이하다.
일렉트론	• 마그네슘(Mg), 알루미늄(Al), 아연(Zn) 합금 • 알루미늄을 첨가하여 고온 내식성이 향상되고, 주조 및 압연에 적합하다. • 사용 : 항공기, 자동차 부품 등
미시메탈	• 고온 구조용 마그네슘 합금 • 주조성 및 내식성 개선

5 알루미늄, 마그네슘 용접

- 알루미늄(Al), 마그네슘(Mg)은 가열 시 변색이 없고, 고온 강도가 나쁘며 열팽창률이 커서 용접 변형과 균열이 쉽게 발생한다.
- 용융점이 660℃로 낮아 지나치게 용융되기 쉽다.
- 알루미늄과 마그네슘 표면은 산화되기 쉽고, 산화막은 용융점이 높아 용접 전 제거하지 않으면 유동성을 헤치고 용융 금속 내 개재물로 남아 결함으로 존재하며, 표면은 열팽창과 반사율이 높으므로 청정작용 효과를 이용해서 용접을 해야 한다.
- 응고 시 수소가스를 흡수하여 기공 발생률이 높으므로 수분이나 유기물을 완전히 제거해야 한다.
- 알루미늄의 열전도도 및 열팽창계수를 고려하여 열 집중도가 우수한 용접 공정을 선택한다.
　예) Laser 용접(LBW), 전자빔 용접(EBW), Plasma 용접(PAW) 등

참고　산화 피막(Al_2O_3)의 영향
- 산화층(Al_2O_3)의 용융점은 2,050℃로 Al 모재의 용융점(660℃)보다 현저히 높아 가스 및 아크 용접으로도 용해가 되지 않고 유동성을 헤치므로 모재 청정작용이 있는 TIG 역극성(혹은 TIG 교류) 용접이 유용하다.
- 산화 피막은 용접 시에 용융 금속 내로 들어가 H_2로 방출되므로 기공이 형성된다.
- 용접 전 반드시 표면 산화물을 제거해야 한다.

1) 알루미늄 용접

① 적용 용접법 : TIG, MIG, 산소-아세틸렌 용접, Hybrid 용접

종류	설비	특성
박판 용접	[TIG 용접 설비] • 전원 : 직류역극성, 고주파 교류 • 가스 : 아르곤 또는 헬륨 • 용가제 : 용접봉 • 용제 : 불필요	• 용입이 얕아, 박판이나 짧은 용접에 적용한다. • 직류 역극성 : 청정작용이 있고, 폭 넓고 얇은 용입을 얻는다 • 교류용접 특성 : 아크가 불안정하나, 적당한 깊이의 용입을 얻는다.
	전기 저항 용접	• 표면의 산화피막 제거가 필요하다. • 시간, 전류, 압력의 조정이 특히 중요하다.
후판 용접	[MIG 용접 설비] • 전원 : 직류역극성, 교류 • 가스 : 아르곤 또는 헬륨 • 용가제 : 전극와이어 • 용제 : 불필요	• 모재 표면에 청정작용 효과가 있다. • 급냉으로 발생되는 블로 홀 제거가 용이하다. • 용접부 부식 및 열 집중에 의한 균열과 잔류응력이 적다.
순알루미늄 용접	[산소-아세틸렌 용접] • 전원 : 불필요 • 가스 : 산소-아세틸렌 • 용가제 : 용접봉 • 용제 : 필요(알루미늄 표면 산화물 제거)	• 탄화 불꽃을 사용하여 용접 • 200~400℃ 예열이 필요 • 용제 : 염화나트륨

② 얇은 판 용접
- 지그나 고정구 사용
- 스킵법 실시로 변형 억제

③ 비열 및 열전도도가 높으므로, SMAW 용접은 곤란하다.

2) 용접봉 및 용제

① 용접봉 : 모재에 따라 결정되며, 95%가 알루미늄, 5%는 인(P)이 섞인 용접봉을 사용한다.

② 용제 : 분말 용제를 사용하며, 같은 양의 물과 섞어 모재 및 봉에 솔로 칠하여 사용한다.

3) 피커링(Pickering) 현상

알루미늄을 고전류로 용접할 때 청정작용이 발생하지 않아 산화가 심해지며 아크가 불안정해지는 현상으로, 비드 표면이 거칠고 주름이 발생한다.

CHAPTER 08 기타 합금

1 니켈과 합금

1) 니켈

- 비중 8.9, 용융점 1,455℃
- 상온에서 강자성체이나, 360℃(자기 변태점)에서 자성을 잃는다.
- 인장강도 : 40~50kg/mm²(400~500MPa)
- 내식, 내열성이 우수하여 내식성 재료로 많이 사용된다.
- 주철 용접 시 용접 재료로 널리 사용된다.
- 고온 균열과 기공 발생이 쉬우므로 주의하여야 한다.
- 공기 중에 방치하면 기경성이 있다.

> **참고** 기경성
> - 공기 중에 방치했을 때 경화되는 성질
> - 가열 후 공기 중에 방치하는 것으로도 마텐자이트 조직이 생성되어 경화되는 성질
> - 니켈, 크롬, 망간이 함유된 특수강에서 발생한다.

2) 니켈 합금의 종류

① Ni-Fe계 합금
  - ㉠ 인바(Invar)
  - ㉡ 엘린바(Elinvar)
  - ㉢ 초 불변강(Super Invar)
  - ㉣ 코엘린바(Coelinvar)
  - ㉤ 플래티 나이트(Platinite)

② Ni-Cu계 합금
  - ㉠ 콘스탄탄
  - ㉡ 어드밴스
  - ㉢ 모넬메탈(Ni-Cu 합금)

2 Ti

- 비중 4.5, 인장강도 50kg/mm²(500MPa), 용점 1,670℃
- 상온 : 조밀육방격자(HCB)의 α상으로 존재
- 882℃(동소 변태점) 이상 : 체심입방격자(BCC)의 β상으로 존재
- 가볍고 강하며, 고온 강도, 내식, 내열성 및 절삭성이 우수하다.
- 알루미늄에 비해 비중은 140%, 강도는 6배가 강하며, Fe보다 높은 비강도(강도/비중)를 갖는다.

- 600℃까지는 고온 산화가 거의 없으나, 600℃ 이상의 고온에서 급격히 산화하는 성질을 가지고 있으므로 용접과 열간 가공이 곤란하다.
- 항복 응력이 높아 냉간 가공도 곤란하다.
- 표면의 산화 피막에 의해 해수 및 암모니아 등에 대해서 백금과 동일하게 거의 완전한 내식성을 보이며, 산화 피막은 스테인리스 강보다 재생능력이 우수하다.
- 용도 : 초음속 항공기 외판. 송풍기의 프로펠러

3 아연, 주석, 납과 합금

1) 아연(Zn)
- 비중 : 7.13
- 용융점 : 419℃
- 조밀육방격자의 백색 금속
- 가공성이 우수하여, 냉간 및 상온 가공이 쉽다.
- 주조성이 우수하다.
- 주조 상태의 아연은 인장강도와 연신율이 낮다.
- 대기 중에서 염기성 표면 산화막을 형성하여 내부를 보호
- 산, 알칼리 및 해수 등에 잘 부식된다.
- 아연 합금의 종류

종류	내용
다이캐스팅용	• Zamak(상품명) • 용도 : 자동차 부품, 전기기기, 광학기기, 사무용품, 일반 기기 등
가공용	아연 – 구리 – 티탄계 합금

2) 주석(Sn)
- 비중 : 7.3
- 용융점 : 232℃
- 파단면 : 은백색
- 상온 가공 경화가 없어 소성 가공이 쉽다.
- 독성이 없어 의약품, 식품 등의 튜브 재료로 사용되며 구리 합금, 베어링 합금, 활자 합금, 땜납 등의 성분으로도 이용된다.

> **참고** 저융점 합금
> 용융점이 주석보다 낮은 250℃ 이하 합금의 총칭. 납(Pb), 비스무트(Bi), 주석(Sn), 인듐(In) 등의 합금

3) 납(Pb)

- 비중 : 11.36
- 용융점 : 327.4℃
- 비중이 크며, 전연성이 풍부하다.
- 열팽창계수가 높다.
- 밀도가 유연하다.
- 용융점이 낮으며, 방사선 차단력이 우수하다.
- 주조성, 윤활성, 내식성이 우수하고, 전기 전도율이 나쁘다.
- 용도 : 땜납, 케이블 피복, 활자 합금, 방사선 물질 보호제 등
- 종류
  ① **연납** : 납(Pb)과 주석(Sn)합금
  ② **경납** : 450℃ 이상의 온도에서 용융하며, 황동 납, 양은 납, 은 납, 인청동 납 등이 있다.

용/접/기/능/사/필/기

PART 04

기계 제도

CHAPTER 01 기계제도의 기초 ·············· 245
CHAPTER 02 투상 및 단면 ···················· 252
CHAPTER 03 치수, 치수 공차 및 재료 ···· 262
CHAPTER 04 기계요소의 제도 ·············· 270

CHAPTER 01 기계제도의 기초

1 도면의 종류

1) 도면의 성질에 따른 종류: 원도, 트레이스도, 복사도

2) 사용 목적에 따른 구분: 계획도, 제작도, 주문도, 견적도, 승인용 도면, 승인도면, 설명도

3) 내용에 따른 구분
① 조립도(Assembly Drawing): 2개 이상의 부품의 조합을 표시한 도면
② 부품도(Part Drawing): 조립도를 기반으로 하여 작성한 부품도면
③ 기초도(Foundation Drawing): 기계나 기계설비 및 구조물을 설치하기 위하여 기초 볼트의 위치, 배선 배관 등의 설치를 위한 슬리브(콘크리트 벽 관통을 위한 보호관) 매설위치 등을 나타낸 도면
④ 배치도(Layout Drawing): 플랜트 현장에서 각종 장비의 배치 관계, 건설 현장에서 각종 설비나 시설 등의 배치를 나타낸 도면
⑤ 배근도(Bar Arrangement Drawing): 건설 현장에서 콘크리트 구조물 내의 철근의 배치에 관한 도면
⑥ 스케치도(Sketch Drawing): 기계의 유지보수, 제품 국산화 등 제작도면 작성을 위해 사전에 현장에서 기계나 설비, 부품 등의 실체를 보고 프리핸드(freehand)법으로 그린 도면
  • 종류: 프리핸드법, 모양뜨기법, 프린트법, 사진법

4) 표현 방식에 따른 구분
① 외형도(Outside Drawing): 대상물의 외형을 나타내고 이에 최소한의 필요한 주요 치수를 나타낸 도면으로 조립도 등이 여기에 해당된다.
② 전개도(Development Drawing): 대상물을 구성하는 면을 평면으로 전개한 그림으로 주로 얇은 판재의 판금, 두꺼운 철제 제관물(duct 등)의 제작을 위한 도면이다.
③ 곡면선도(Curved Surface Drawing): 선체, 항공기 동체, 자동차 차체, 가전품의 미려한 외관 등의 복잡한 곡면을 여러 개의 선으로 나타낸 도면이다.
④ 계통도/선도(Diagram Diagrammatic Drawing): 기호와 선을 사용하여 기계장치, 산업플랜트의 기능, 그 구성부분 사이의 상호관계, 에너지, 기타 정보의 계통 등을 나타낸 도면으로 계통도, 구조선도, 급수, 배수, 전력 등의 계통을 표현한 도면 등이 있다.
⑤ 입체도: 투시 투상 혹은 사투상법 등을 이용해 입체적으로 표현한 도면이다.

2 도면의 규격 크기

1) 도면 사이즈

① 도면은 기계제도(KS B 0001) 규격의 크기 및 양식 중에서 'A'열 용지를 사용
② 용지의 사용 범위는 A0~A4까지, 연장이 되어야 할 경우에는 연장 사이즈를 사용 가능
③ 도면의 폭과 길이 비는 $1 : \sqrt{2}$
④ 도면은 가능한 한 작은 용지를 사용하며, 긴 쪽을 좌우 방향으로 놓고 사용하는 것을 기준으로 하되, A4용지는 세로로 사용할 수 있다.

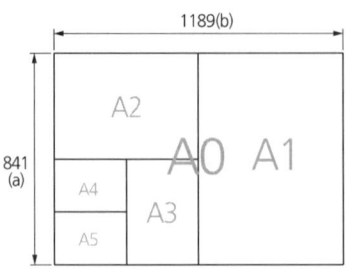

▲ A열 용지의 크기 비교

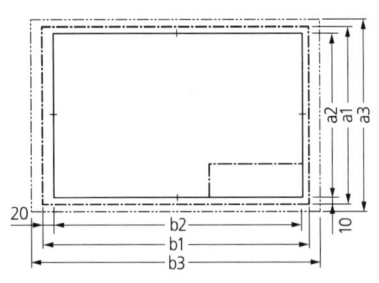

▲ A0~A4의 경우

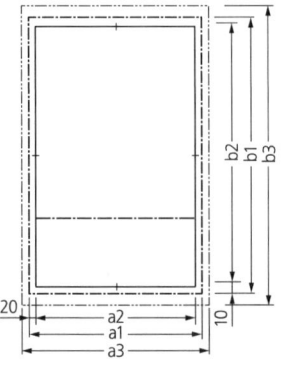

▲ A4의 세로 사용

A열 Size		연장 Zise		테두리 최소 치수		
호칭 규격	치수(a×b)	호칭 규격	치수(a×b)	c	d	
					접지 않을 때	접을 때
–	–	A0×2	1,189×1,682	–	–	–
A0	841×1,189	A1×3	841×1,783	20	20	25
A1	594×841	A2×3 A2×4	594×1,261 594×1,682	20	20	25
A2	420×594	A3×3 A3×4	420×891 420×1,189	10	10	25
A3	297×420	A4×3 A4×4 A4×5	297×630 297×841 297×1,051	10	10	25
A4	210×297	–	–	10	10	25

2) 도면에 반드시 표시되어야 할 사항

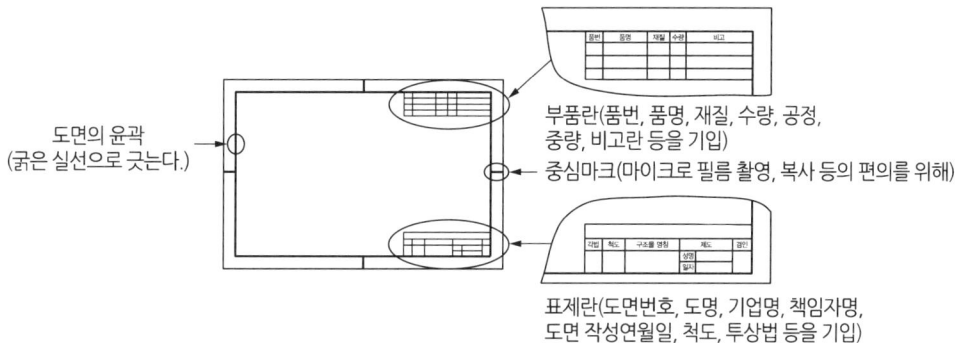

▲ 도면에 반드시 표시되어야 할 사항

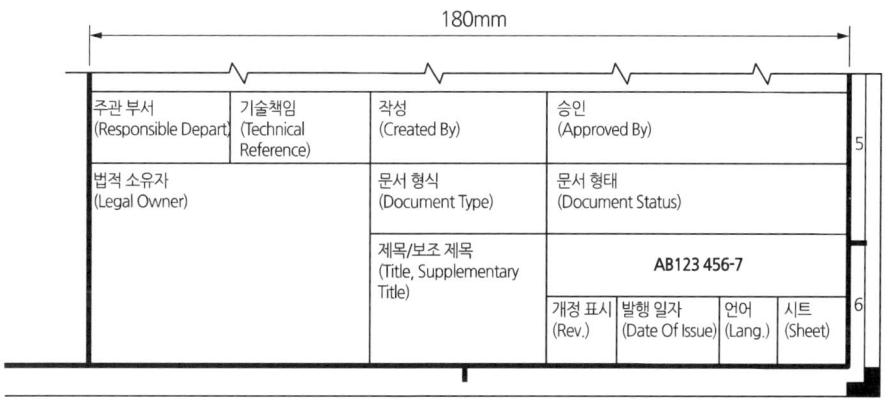

▲ 표제란의 예

① 윤곽선(테두리선) : 도면의 외곽 테두리 경계를 표시하는 선으로서, 가장 굵은 선으로 표시된다(약 0.5mm 이상).
② 표제란 : 도면의 우측 하단에 표시되며, 도면의 명칭, 번호, 제도자 및 설계자, 회사, 작성 일자, 척도 및 투상 등을 기재한다.
③ 부품란 : 도면의 우측 상단 또는 표제란 상부에 위치하며, 부품의 명칭, 재질, 수량, 규격, 비고 등을 기재한다.
④ 중심 마크 : 도면의 복사나 마이크로 필름 촬영, 도면 접기 등에 유용하도록 도면의 상하좌우 가장 자리의 가운데에 직선으로 짧게 표시된다.

3) 기타 표시 사항

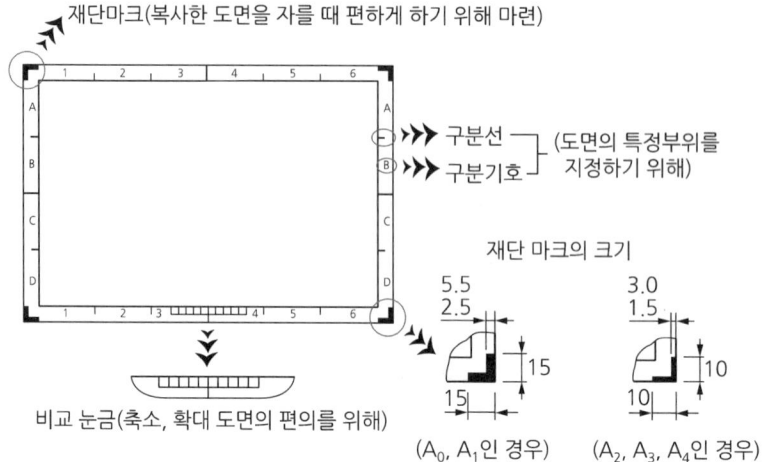

▲ 기타 표시 사항

① 비교 눈금 : 도면을 축소 또는 확대하였을 때 그 비례관계를 알기 위하여 표시한다.
② 구분 기호 : 도면의 특정 부위의 위치를 알리기 위해 구분선 옆에 숫자 또는 알파벳으로 표시된다.
③ 구분선 : 구분 기호와 함께 표시되며 특정 부위의 위치를 표시한다.
④ 재단 마크 : 복사한 도면을 자를 때 재단을 편리하게 하기 위해 표시한다.

3 척도(Scale)

1) **척도(Scale)** : 제품의 실제 크기와 도면에서의 크기와의 비율을 말한다.

2) **척도(Scale)의 표시**
① 대표적으로 표제란에 기입한다.
② 부분 상세도 등 도면 내부에서 다른 척도를 사용할 경우 그림 부분에도 기입한다.
③ 그림의 크기와 치수가 비례하지 않을 경우에는 NS(혹은 N/S)로 표시한다.

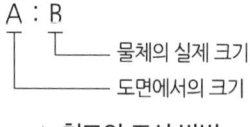

▲ 척도의 표시 방법

3) 척도(Scale)의 종류

척도의 종류	크기		표시
배척	실물보다 크게 그린다.	大 ↑ 실제 크기 ↓ 小	'x : 1'로 표시 **표시** 기본 2 : 1, 5 : 1, 10 : 1, 20 : 1, 50 : 1 기본 외 $\sqrt{2}$: 1, 2.5$\sqrt{2}$: 1, 100 : 1
실척(현척)	실물과 동일한 크기		**표시** 1 : 1
축척	실물보다 작게 그린다.		**표시** 기본 1 : 2, 1 : 5, 1 : 10, 1 : 20, 1 : 50, 1 : 100, 1 : 200 기본 외 1 : $\sqrt{2}$, 1 : 2.5, 1 : 2$\sqrt{2}$, 1 : 3, 1 : 4, 1 : 5$\sqrt{2}$, 1 : 25, 1 : 250
NS (Not Scale)	비례척이 아닌 것		물체의 크기와는 상관없이 임의로 그린 경우 표기

4 선

1) 선의 굵기

선 굵기의 기준 : 0.18mm, 0.25mm, 0.35mm, 0.5mm, 0.7mm, 1mm

명칭	선 모양	설명	굵기 비율
가는 선	———	굵기가 0.18~0.5mm인 선	1
굵은 선	———	굵기가 0.35~1mm인 선	2
아주 굵은 선	———	굵기가 0.7~2mm인 선	4

2) 선의 종류에 따른 용도

명칭	선의 종류		선의 용도
외형선	굵은 실선	———	대상물이 보이는 부분의 모양을 표시하는 데 쓰인다.
치수선	가는 실선	———	치수를 기입하는 데 쓰인다.
치수 보조선			치수를 기입하기 위하여 도형으로부터 끌어내는 데 쓰인다.
지시선			기술·기호 등을 표시하기 위하여 끌어내리는 데 쓰인다.
회전 단면선			도형 내에 그 부분의 끊는 곳을 90° 회전하여 표시하는 데 쓰인다.
수준면선			수면, 유면 등의 위치를 표시하는 데 쓰인다.
숨은선	중간 굵기의 파선	---------	대상물의 보이지 않는 부분의 모양을 표시하는 데 쓰인다.
중심선	가는 1점 쇄선	—·—·—	• 도형의 중심을 표시하는 데 쓰인다. • 중심이 이동한 중심궤적을 표시하는 데 쓰인다.
기준선			특히 위치 결정의 근거가 된다는 것을 명시할 때 쓰인다.
피치선			되풀이하는 도형의 피치를 취하는 기준을 표시하는 데 쓰인다.

명칭	선의 종류		선의 용도
특수 지정선	굵은 1점 쇄선	—·—·—	특수한 가공을 하는 부분 등 특별히 요구사항을 적용할 수 있는 범위를 표시하는 데 사용한다.
가상선	가는 2점 쇄선	—··—··—	가공 전후의 모양, 인접 부분의 참고, 조립 상대면 혹은 상대운동의 위치 등을 표현하기 위해 사용한다.
파단선	불규칙한 파형의 가는 실선 또는 지그재그선	∿	대상물의 일부를 파단한 경계 또는 일부를 떼어낸 경계를 표시하는 데 사용한다.
절단선	가는 1점 쇄선으로 끝부분 및 방향이 변하는 부분을 굵게 한 것	⌐_⌐	단면도를 그리는 경우, 그 절단 위치를 대응하는 그림에 표시하는 데 사용한다.
해칭	가는 실선의 규칙적인 줄을 늘어 놓은 것	/////	도형의 한정된 특정 부분을 다른 부분과 구별하는 데 사용한다. 예를 들면 단면도의 절단된 부분을 나타낸다.
특수한 용도의 선	가는 실선	———	• 외형선 및 숨은선의 연장을 표시하는 데 사용한다. • 평면이란 것을 나타내는 데 사용한다. • 위치를 명시하는 데 사용한다.
	아주 굵은 실선	━━━	얇은 부분의 단선도시를 명시하는 데 사용한다.

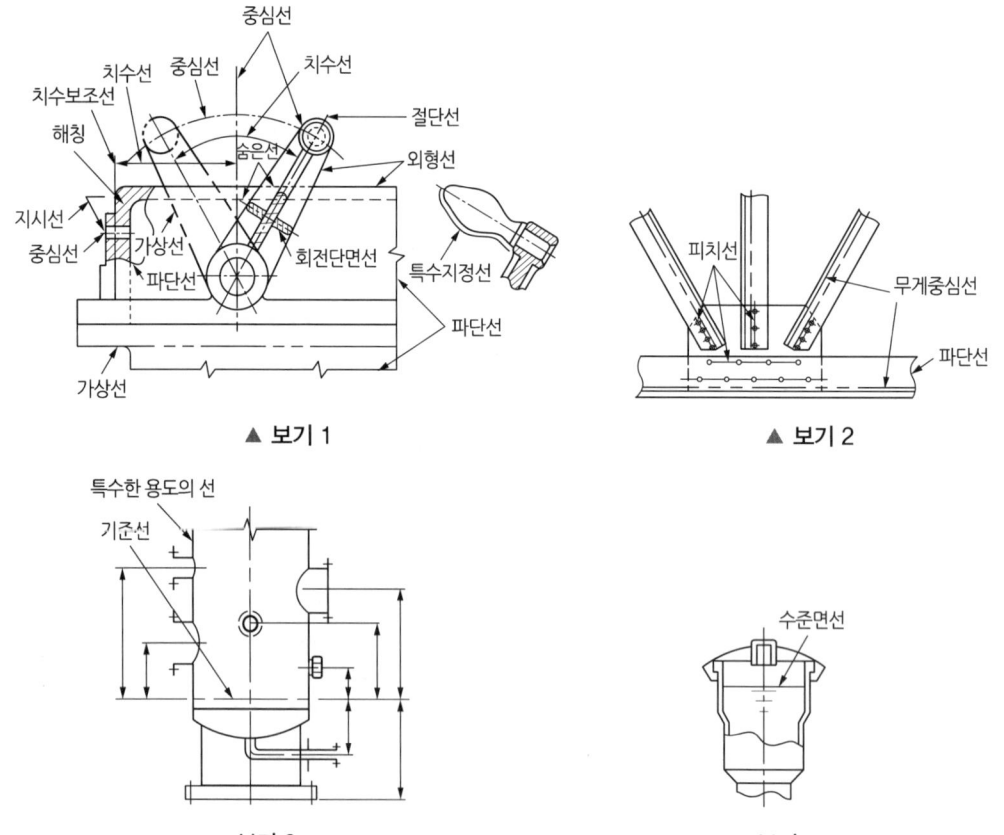

▲ 보기 1   ▲ 보기 2   ▲ 보기 3   ▲ 보기 4

3) 선의 우선 순위

도면에 선이 중복되어 겹칠 경우에는 아래와 같은 순서로 하며, 굵은 선을 우선으로 표시한다.

◀─────────────────── 우선 순위 ───────────────────

① 외형선　　② 숨은선　　③ 절단선　　④ 중심선　　⑤ 무게 중심선　　⑥ 치수 보조선

▲ B형 사체와 J형 사체의 비교

CHAPTER 02 투상 및 단면

1 투상

1) 회화적 투상도

도형을 입체적으로 표시하는 투상법이다.

종류	특징
투시 투상도	원근감으로 표현된 그림으로 토목 건축 제도에서 주로 사용한다.
등각 투상도	X, Y, Z축을 서로 120°씩 등각으로 투상한 것으로, 정육면체의 세 면을 동일한 정도로 표현한다.
부등각 투상도	등각 투상과 비슷하지만 양쪽 면의 각을 서로 다르게 표현한다.
사투상도	• 한 화면을 중점적으로 정확하게 나타내어 경사시켜 투상하는 방법이다. • 경사각(α)에 따라 카발리에도($\alpha=45°$)와 캐비닛도($\alpha=60°$)가 있다.

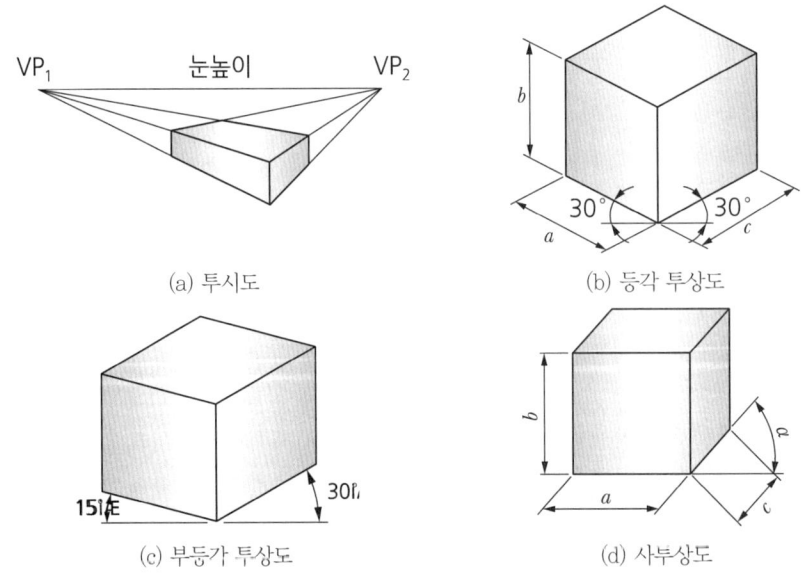

(a) 투시도 (b) 등각 투상도
(c) 부등각 투상도 (d) 사투상도

▲ 회화적 투상법

2) 정투상도

도형을 육각형의 유리상자에 넣고 바깥쪽에서 투시하여 투영되는 형상으로 표현되며, 투상선이 투상면에 대해 수직으로 투상된다.

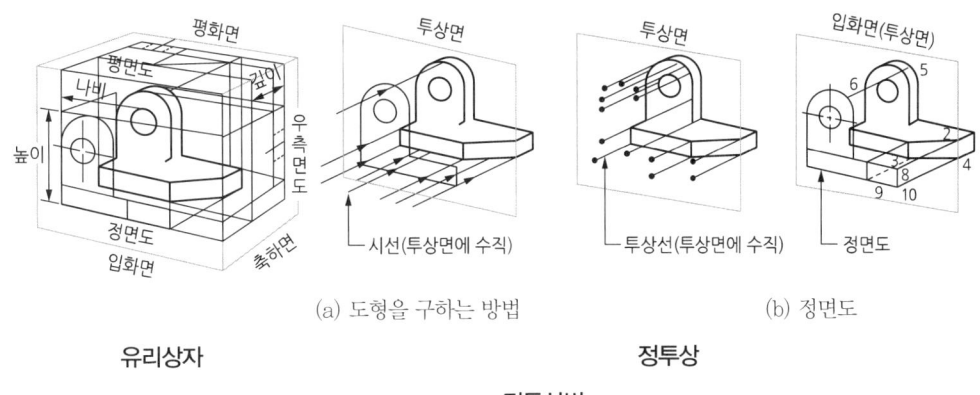

(a) 도형을 구하는 방법   (b) 정면도
유리상자   정투상

▲ 정투상법

2 투상각

서로 직교하는 투상면의 공간을 4등분한 것을 투상각이라 하며, 기계제도에서는 3각법을 기본으로 사용한다.

1) 1각법

투상될 면의 앞쪽에 물체가 놓여져 투상되는 그림은 물체의 뒤에 위치한다. 즉, 보는 눈의 방향의 반대 위치에서 투상한다.

- 투상 순서 : 눈 → 물체 → 투상면
- 1각법 투상의 특성 : 평면도가 정면도의 아래에 위치하게 되며, 측면도는 정면도에 대해 좌우의 위치가 바뀌어 있으므로 대조가 불편

2) 3각법

투상면이 물체의 앞쪽에 놓여져 투상되는 그림은 물체의 앞에 위치한다. 즉, 보는 눈의 위치의 방향에서 투상한다.

- 투상 순서 : 눈 → 투상면 → 물체
- 3각법 투상의 특성 : 평면도가 정면도의 위에 위치하게 되며, 좌측면도는 정면도의 좌측에, 우측면도는 정면도의 우측에 있으므로 투상이 편리하다.

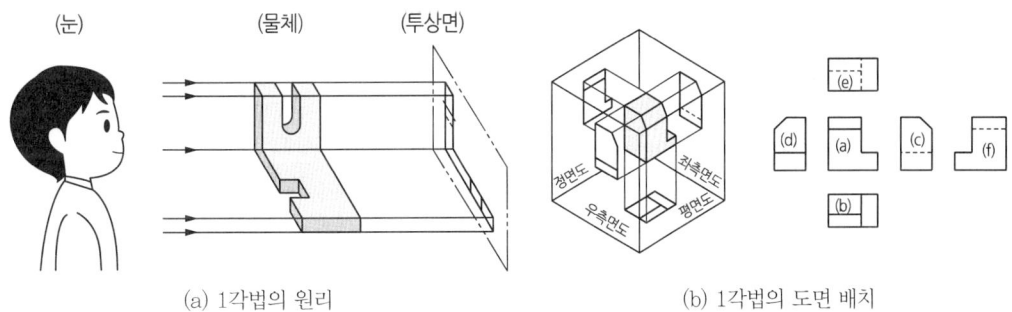

(a) 1각법의 원리   (b) 1각법의 도면 배치

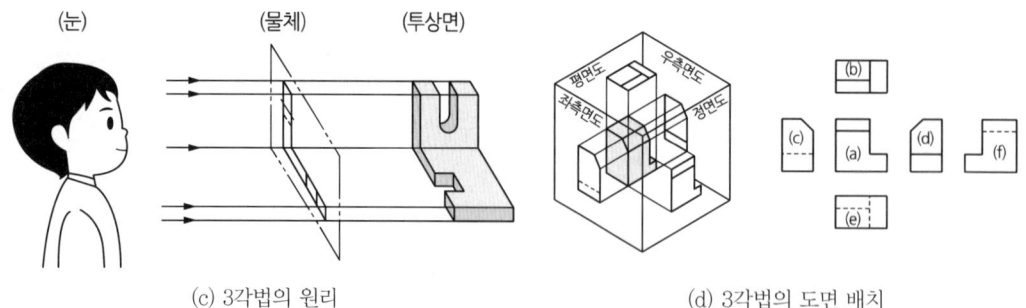

(c) 3각법의 원리 (d) 3각법의 도면 배치

▲ 제1각법과 제3각법의 투상 원리 및 도면 배치

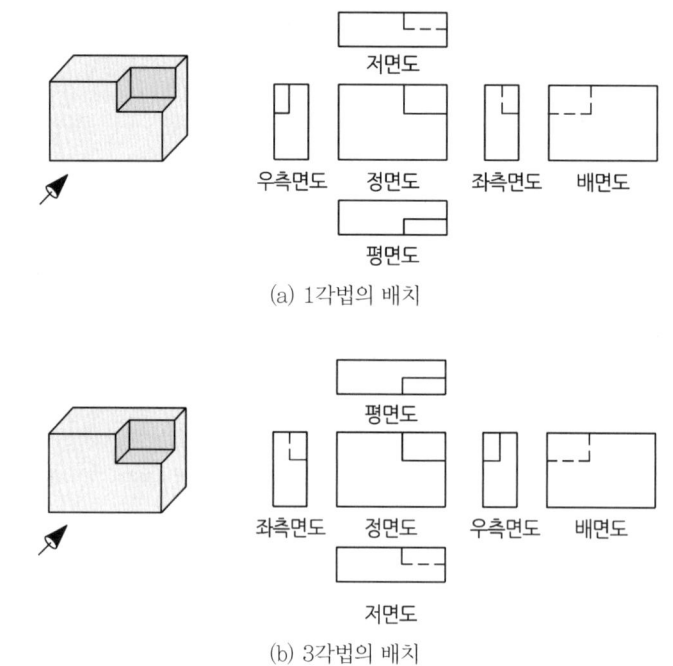

(a) 1각법의 배치

(b) 3각법의 배치

▲ 제1각법과 제3각법의 각 투상면 배치관계

3) 투상각의 기호

종류	원리	기호	
1각법	눈 → 물체 → 투상면		
3각법	눈 → 투상면 → 물체		

3 투상도

1) 주 투상도

① 주 투상의 표시 방법
- 도면으로 표현되는 대상물의 사용 목적이 명확히 나타나는 면이 주 투상도(정면도)가 된다.
- 주 투상도에서 최대한 표현하여야 하며, 보충하는 다른 투상도는 가능한 한 적게 하여야 한다.
- 특별한 이유가 없는 경우에는 가로로 놓는 것을 원칙으로 하며, 대상물의 중요한 면은 가급적 투상면에 평행하거나 수직이 되도록 표시한다.
- 서로 관련된 그림의 배치는 가능한 한 숨은선을 사용하지 않도록 한다. 단, 비교 대조가 불편할 경우에는 숨은선을 표현한다.

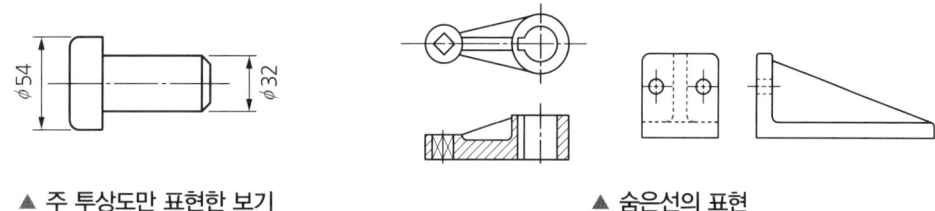

▲ 주 투상도만 표현한 보기   ▲ 숨은선의 표현

② 원통의 투상
- 원통과 같은 경우에는 선반 등 가공 공정에 따라 중심선을 가로로 놓고 공구의 가공 방향을 고려하여 배치한다.
- 가능한 한 주 투상도만으로 표현하되, 특이 단면 등이 있는 경우 보조 투상이나 국부 투상 등을 사용한다.

▲ 원통의 투상

③ 평면의 투상

평면 제품의 투상은 가공면이 주 투상도가 되도록 하며, 길이 방향을 수평으로 하여 표현한다.

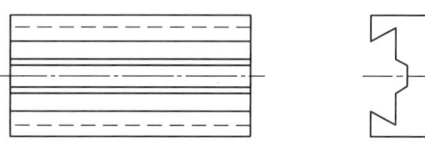

▲ 평면의 투상

2) 보조 투상도

경사면을 가진 제품인 경우 경사면에서 수직인 위치에서 그 경사면의 평면 형상을 표현한다.

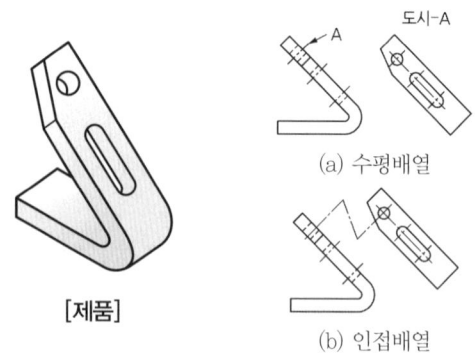

▲ 보조 투상도의 표현

3) 회전 투상도

투상면이 각도를 가지고 있을 때 그 경사진 부분의 형상을 표현하기 위해 회전하여 투상하는 방법이다.

4) 부분 투상도

주 투상도 등에서 표현이 충분하고 일부분의 표현이 필요한 경우에, 그 필요부분만을 부분 투상도로 표현한다.

5) 국부 투상도

대상물의 구멍, 홈 등 국부적인 한 부분만의 모양을 도시하는 것만으로도 표현이 충분할 때 그 필요 부분만을 나타내는 투상방법이다.

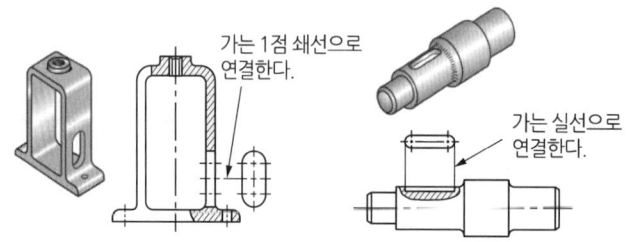

▲ 국부 투상도 1

6) 부분 확대도(상세도)

특정 부위의 도형이 작아서 그 부분의 상세한 표현이나 치수 기입이 어려울 때 그 부분만을 확대하여 도형의 표현이나 치수를 기입하는 투상방법이다.

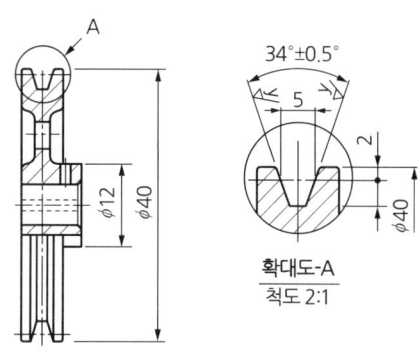

▲ 부분 확대도

4 단면도(Sectional Drawing)

1) 단면도 표현 방법
- 단면도와 다른 도면과의 관계는 정 투상법에 따른다.
- 투상도는 전부 또는 일부를 단면으로 도시할 수 있다.
- 절단면은 기본 중심선을 지나고 투상면에 평행한 면을 선택하되, 동일 직선상에 위치하지 않아도 된다.
- 단면에는 절단하지 않은 면과 구별하기 위해 단면에 해칭(Hatching)이나 스머징(Smudging)을 하며, 재료의 특성을 표현하기 위해 특수한 해칭 또는 스머징을 할 수 있다.
- 단면도 뒤의 숨은선은 특이한 경우를 제외하고는 가능한 한 표현하지 않는다.
- 절단면의 위치는 다른 관계도에 절단선(파단선)으로 나타낸다. 단, 절단 위치가 명백할 경우에는 생략이 가능하다.

> **참고** 단면을 표시하지 않는 부품
> - 스크류, 볼트, 너트, 키, 핀, 와셔, 리벳 등의 체결 요소
> - 회전축, 베어링의 볼 및 롤러, 기어의 치면 등

2) 온 단면도(전 단면도)
- 대칭되는 물체를 단면하는 경우에 많이 사용되며, 중심선으로부터 좌우를 정확히 나누어 도시한 것이다.
- 물체의 180° 선을 기준으로 하여 1/2을 절단한 투상이다

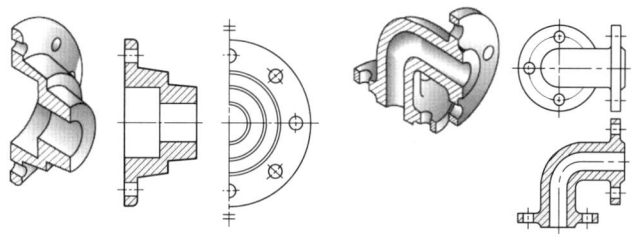

▲ 온 단면도

3) 한쪽 단면도(반 단면도)

- 풀리, 기어 등과 같이 주로 중심선을 기준으로 하여 대칭인 제품의 경우에 내부 단면의 모양과 외부 모양을 함께 표현하기 위해서 사용된다.
- 물체의 90° 선을 기준으로 하여 1/4을 절단한 투상이다.

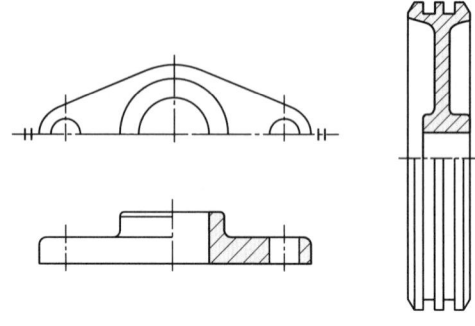

▲ 한 쪽 단면도

4) 부분 단면도

형상을 표현하기 위해 필요한 일부분만을 잘라 표시한 단면도로서 파단선에 의해서 경계를 표시한다.

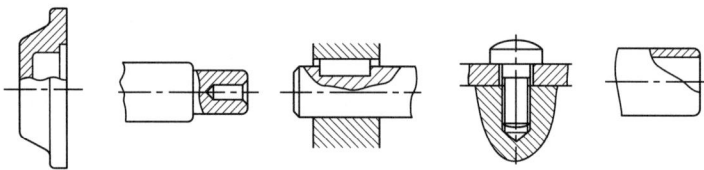

▲ 부분 단면도의 예

5) 회전 도시 단면도

핸들, 후크, 벨트 풀리와 기어 등의 암, 림, 리브 및 구조물에서 주로 사용되는 형강의 단면을 나타내기 위해 90°로 회전시켜 투상도의 안이나 밖에 도시하는 방법이다.

 회전 단면의 표시법
- 절단할 곳의 전후를 끊어서 그 사이에 도시한다.
- 절단선의 연장선 위에 도시한다.
- 도형 내의 절단 위치에 겹쳐서 가는 실선을 이용하여 도시한다.

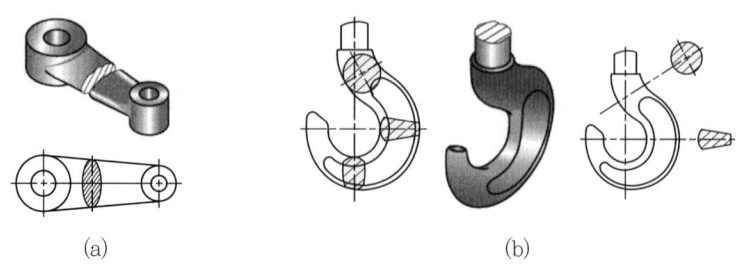

(a)　　　　　　　　　(b)

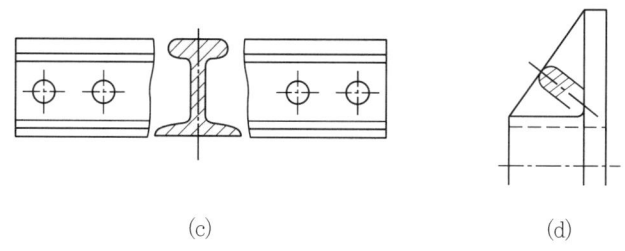

▲ 회전 단면도

6) 계단 단면도

- 절단면이 투상면에 대해 일직선으로 절단되지 않고 지그재그의 계단 형태로 절단하여 표현되는 방법이다.
- 절단 위치의 처음과 끝 및 방향이 변하는 부분은 굵은 선으로 표시되고, 영문자 대문자의 기호를 붙여서 구분한다.

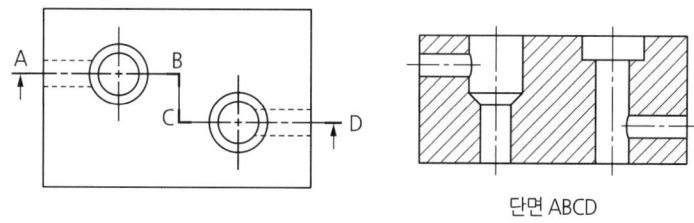

▲ 계단 단면도

7) 얇은 두께를 가진 물체의 단면 표시

- 압력 용기, 개스킷, 박판, 형강 등과 같이 절단면이 얇을 경우에는 절단면을 검게 칠하거나, 굵은 실선으로 표시한다.
- 2개 이상의 면이 접해 있을 경우에는 0.7mm의 간격을 둔다.

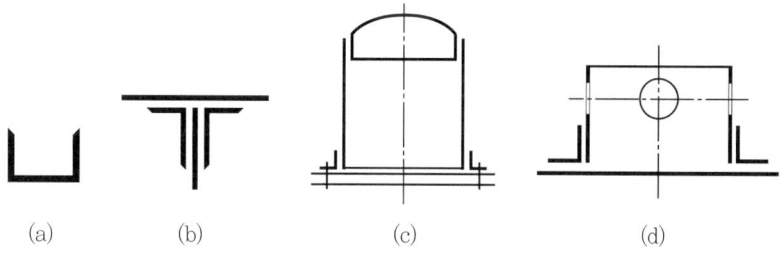

▲ 얇은 두께를 가진 물체의 단면 표시

5 해칭(Hatching), 스머징(Smudging)

- 단면도의 절단면에는 해칭 또는 스머징을 표시한다.
- 해칭선은 도형의 주된 중심선에 대해 45°의 가는 선으로 등간격으로 표시하며, 제품의 주요 면이 경사진 경우 기본 중심선에 따라 45°를 적용하여 해칭한다.
- 서로 접촉되어 있는 부품의 경우에는 서로 반대방향으로 배치하도록 하며, 부득이 어려울 경우 임의 각도(30°, 60° 등)를 사용할 수 있다.
- 절단 면적이 넓을 경우, 그 외형선의 내측 테두리 내 적절한 범위에 해칭을 한다.
- 해칭 면에 문자, 기호 등이 있을 경우 그 부분은 해칭하지 않는다.
- 단면의 재질 등을 표현하기 위해 특수한 해칭 또는 스머징이 가능하다.

> **참고** 스머징
> 단면도에서 해칭선을 사용하지 않고, 연필 혹은 색연필로 외형선의 안쪽을 칠하는 것

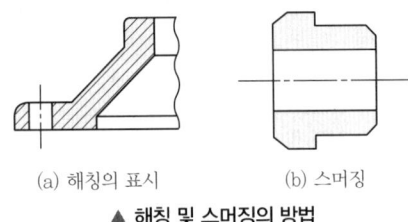

(a) 해칭의 표시   (b) 스머징

▲ 해칭 및 스머징의 방법

6 도형의 생략과 특수한 도형의 표시

1) 도형의 생략

① 대칭 도형의 생략 : 대칭 도형의 경우에는 대칭 중심선을 기준으로 일부분의 도형을 생략할 수 있다.
② 반복되는 도형의 생략 : 동일한 모양 및 크기를 가진 도형이 규칙적으로 반복될 경우에는 이를 전부 표시하지 않고, 그 양단 또는 주요 요소만 표시하고 중심선으로만 표현할 수 있다.
③ 중간 부분 도형의 생략 : 축, 봉, 관, 형광, 테이퍼 축, 랙, 교량의 난간, 사다리 등과 같이 단면이 동일하고 길거나 형상이 반복되는 경우에는 중간 부분을 짧게 절단하여 도시할 수 있다.

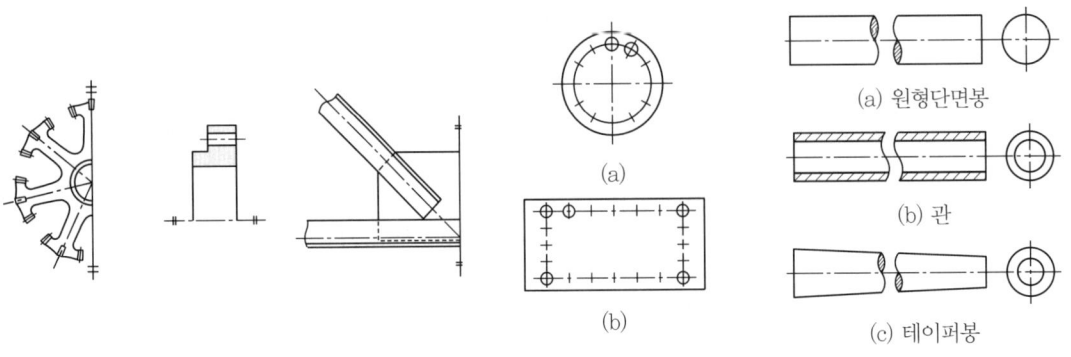

▲ 대칭 도형의 생략   ▲ 반복되는 도형의 생략 예   ▲ 중간 부분 도형의 생략

2) 평면의 도시

도형 내 특정 부분이 평면인 경우에는 그 평면의 각 모서리를 가는 대각선으로 이어서 도시한다.

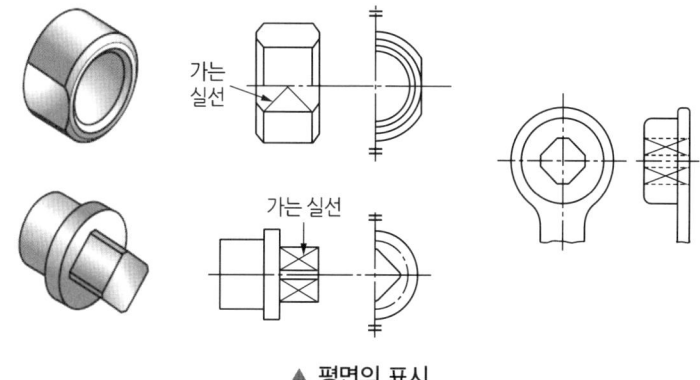

▲ 평면의 표시

CHAPTER 03 치수, 치수 공차 및 재료

1 치수 기입

1) 치수 기입의 원칙
- 치수는 해당되는 물체 간의 거리를 수치로 표시하기 위하여 사용된다.
- 치수선과 치수 보조선 및 치수(숫자)에 의해 표시된다.

> **참고** 치수 기입의 원칙
> ① 대상물의 기능, 제작, 조립 등을 고려하여, 필요한 치수를 간단하고 명료하게 도면에 지시한다.
> ② 치수는 대상물의 크기, 제작시 또는 조립시의 자세 및 위치를 가장 명확하게 표시하는데 필요하고 충분하도록 기입한다.
> ③ 도면에 표시하는 치수는 특별히 명시하지 않는 한 그 도면에 도시한 대상물의 다듬질 치수를 표시한다.
> ④ 치수에는 기능상(호환성 포함) 필요한 경우 치수의 허용한계를 지시한다. 다만, 이론적으로 정확한 치수는 제외한다.
> ⑤ 치수는 되도록 주 투상도에 집중하여 기입한다.
> ⑥ 치수는 중복 기입을 피한다.
> ⑦ 치수는 되도록 계산해서 구할 필요가 없도록 한다.
> ⑧ 치수는 필요에 따라 기준점, 선 또는 면을 기준으로 하여 기입한다.
> ⑨ 관련되는 치수는 되도록 한 곳에 모아서 기입한다.
> ⑩ 치수는 되도록 공정마다 배열을 분리하여 기입한다.
> ⑪ 치수 중 참고 치수에 대하여는 치수 수치에 괄호를 붙인다.

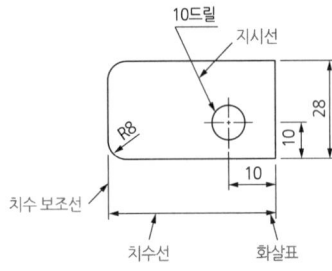

▲ 치수 기입의 예

2) 치수 수치의 표시 방법
① 길이 치수는 원칙적으로 mm 단위로 기입하고, 단위 기호는 붙이지 않으며, 세 자리 콤마(,)는 찍지 않고 띄운다.
② 각도 치수는 도(Degree) 단위로 기입하고, 필요한 경우 분 및 초를 병용할 수 있으며, 도(°), 분(′), 초(″)를 기입할 때는 각각 숫자 우측 상단에 기호를 기입한다.

3) 치수선의 기입

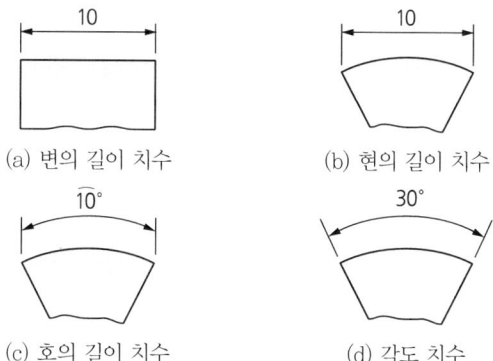

▲ 치수선 기입의 예

> **참고** 치수선 기입 시 원칙
> - 많은 치수를 평행하게 그을 때는 간격이 서로 같도록 한다(등간격 배치).
> - 외형선, 은선, 중심선 및 치수 보조선은 치수선으로 사용하지 않는다.
> - 특히, 은선은 부득이한 경우를 제외하고는 치수를 기입하지 않는다.

4) 치수의 배치

① 직렬 치수 기입

일렬로 치수를 배치하는 방법으로 각 치수의 일반 공차가 누적되어 전체 길이에 영향을 주게 된다.

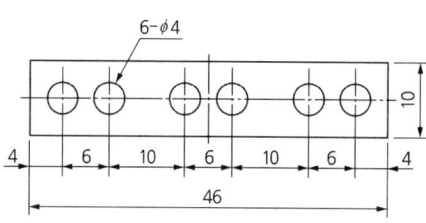

▲ 직렬 치수 기입 방법

② 병렬 치수 기입
- 기준 위치를 설정한 다음 개개별로 기입되는 계단 형태를 보이는 치수 기입법으로 각 치수의 일반 공차는 누적이 되지 않아 전체 길이에 영향을 주지 않는다.
- 기준면에 해당하는 치수 보조선의 위치는 제품의 기능, 조립, 가공 및 검사 등의 조건을 고려하여 설정한다.

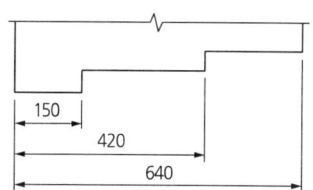

▲ 병렬 치수 기입 방법

③ 누진 치수 기입
- 병렬 치수 기입 방법과 동일하게 하나의 기준 위치에서 개별적인 치수를 기입하는 방법이나, 하나의 연속된 치수선으로 표시되는 것이 특징이다.
- 치수가 시작되는 위치는 점(Dot)으로 표시되고 수치는 '0'으로 표시되며, 치수선의 반대편은 화살표로 표시된다.

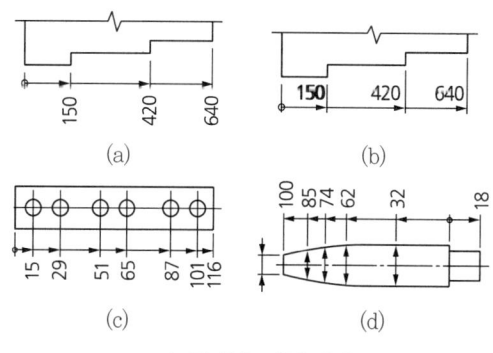

▲ 누진 치수 기입 방법

④ 좌표 치수 기입
- 구멍의 위치나 크기 등의 치수는 좌표를 사용해도 되며, 기점을 알파벳으로 표기하고, 표에 X, Y의 좌표 값으로 치수를 나타낸다.
- 기준면 결정 시 제품의 기능, 조립, 가공 및 검사 등의 조건을 고려하여야 한다.
- 프레스 금형, 사출 금형 설계 시 많이 사용한다.

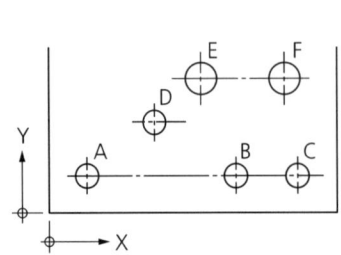

	X	Y	φ
A	20	20	14
B	140	20	14
C	200	20	14
D	60	60	14
E	100	90	26
F	180	90	26
G			
H			

▲ 좌표 치수 기입의 예 1

5) 치수 보조 기호치수를 기입할 때 치수의 앞에 넣어서 형상을 보조 설명한다.

구분	기호	읽기	사용법	예
지름	φ	파이	치수보조기호는 치수 수치 앞에 붙이고, 치수 수치와 같은 크기로 쓴다.	φ5
반지름	R	알		R10
구의 지름	Sφ	에스파이		Sφ5
구의 반지름	SR	에스알		SR10
정사각형의 변	□	사각		□10
판의 두께	t	티		t2
45°의 모떼기	C	시		C2
실제의 반지름	실R	실알		실R30
전개상의 반지름	전개R	전개알		전개R10
원호의 길이	⌒	원호	치수 수치 위에 붙인다.	⌒30
이론적으로 정확한 치수	□	테두리	치수 수치를 둘러싼다.	30
참고 치수	( )	괄호	치수 수치의 치수보조기호를 둘러싼다.	(30)

① 반지름의 일반 표시
- 물체의 반지름 치수를 표시할 때에는 치수선의 화살표를 물체의 외면을 따라 안쪽을 향하도록 화살표를 붙이며, 치수선은 반경의 중심까지 긋도록 한다.
- 지름 기호 R을 수치 앞에 붙여서 반경임을 표시한다.
- 화살표나 치수를 기입할 여유가 없을 경우에는 아래 그림과 같이 표시한다.

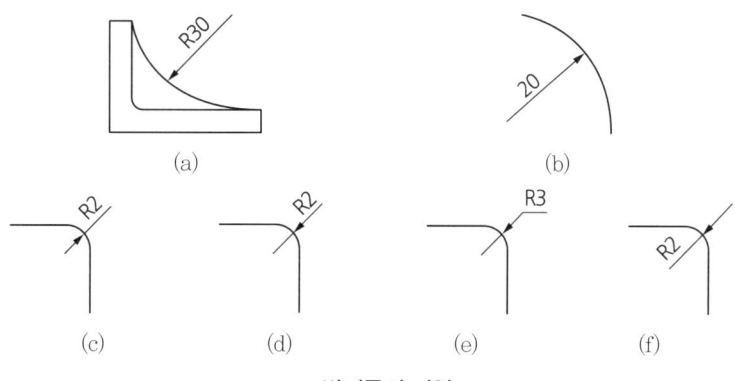

▲ 반지름의 기입

② 큰 반지름과 누진 치수의 기입
- 원호의 반지름이 커서 그 중심 위치를 나타낼 필요가 있을 경우, 도면의 지면 등의 제약이 있을 때는 그 반지름의 치수선을 구부려서 표시한다. 이 경우, 치수선의 화살표가 붙은 부분은 정확한 중심 위치로 향하여야 한다.
- 같은 중심을 가지는 반지름 치수가 연속된 경우에는 아래 그림과 같이 기점 기호를 사용하여 누진 치수 기입법으로 표시할 수 있다.

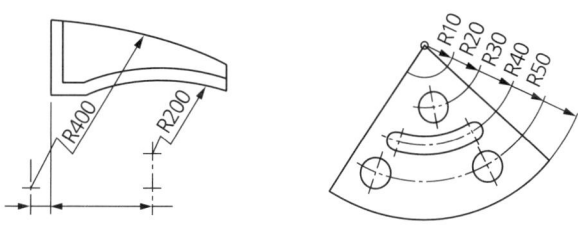

▲ 큰 반지름과 누진 치수의 기입

③ 구의 지름 및 반지름의 치수 기입
 구면을 가진 지름이나 반지름을 기입할 때는 'S'를 'φ'나 'R' 앞에 붙인다.

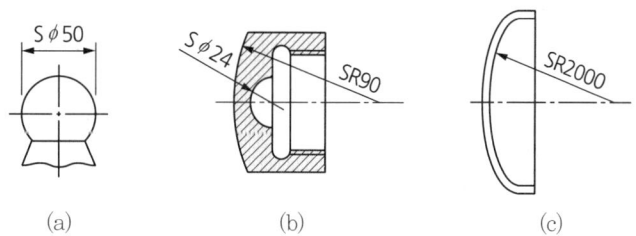

▲ 구의 지름 및 반지름의 치수 기입

6) 형강의 치수 기입

구조물 등에 많이 사용되는 형강은 형강의 길이와 나란히 하여 그 기호와 규격을 기재한다.

> **참고** 형강의 치수 기입
> 형강모양, 세로×가로×두께-길이

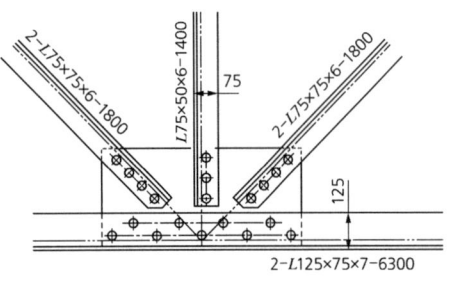

▲ 형강의 치수 기입

▼ 형강의 종류 및 치수 기입 기호 예

종류	단면모양	표시방법	종류	단면모양	표시방법
ㄱ형강		ㄴ $A \times B \times t - L$	경량 ㄷ형강		C $H \times A \times C \times t - L$
I형강		I $H \times B \times t - L$	환봉		보통 $\phi A - L$
ㄷ형강		ㄷ $H \times B \times t_1 \times t_2 - L$	강관		$\phi A \times t - L$
T형강		T $B \times H \times t_1 \times t_2 - L$	각 강관		□ $A \times B \times t - L$
H형강		H $H \times A \times t_1 \times t_1 - L$	각 봉		□ $A - L$

2 공차

1) 치수 공차의 구성

$$100 \begin{array}{l} +0.25 \\ -0.15 \end{array}$$

- +0.25 —— 위 치수 허용차
- -0.15 —— 아래 치수 허용차
- 100 —— 기준 치수

▲ 치수 공차의 구성

① 기준 치수 : 두 점 사이의 거리를 실제 측정한 치수로서, 위 치수 허용차 및 아래 치수 허용차를 적용하는데 허용 한계 치수가 주어지는 기준이 되는 치수이다.

② 최대 허용 치수 : 제품에 있어서 허용되는 최대 치수이다.

최대 허용 치수(100.25) = 기준 치수(100) + 위 치수 허용차(0.25)

③ 최소 허용 치수 : 제품에 있어서 허용되는 최소 치수이다.

최대 허용 치수(99.85) = 기준 치수(100) + 위 치수 허용차(-0.15)

④ 치수 공차 : 최대 허용 치수와 최소 허용치수의 차이로서 허용되는 공차 전체의 값을 의미한다.

공차(0.4) = 최대 허용 치수(100.25) - 최소 허용 치수(99.85)

3 기계 재료의 표시

한국 산업규격의 재료의 화학성분, 기계적 성질 및 용도에 따른 재료 기호는 아래와 같다.

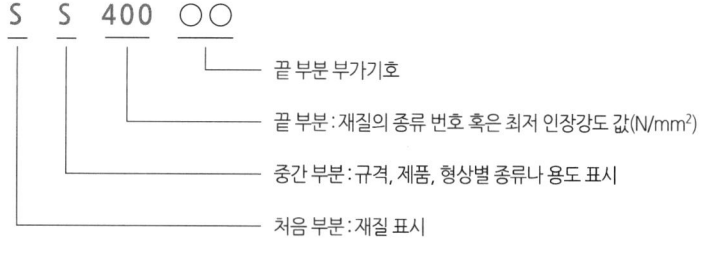

- S S 400 ○○
  - 끝 부분 부가기호
  - 끝 부분 : 재질의 종류 번호 혹은 최저 인장강도 값(N/mm^2)
  - 중간 부분 : 규격, 제품, 형상별 종류나 용도 표시
  - 처음 부분 : 재질 표시

▲ 재질 기호의 예

1) 처음 부분의 기호

기호	재질명	영문	기호	재질명	영문
Al	알루미늄	Aluminium	HBs	고강도 황동	High Strength Brass
AlB	알루미늄 청동	Aluminium Bronze	HMn	고망간	High Manganese
B	청동	Bronze	PB	인 청동	Phosphor Bronze
Bs	황동	Brass	S	강	Steel
C	구리	Copper	ST	스테인리스 강	Stainless Steel
Cr	크롬	Chromium	WM	화이트 메탈	White Metal

2) 중간 부분의 기호

기호	재질명	기호	재질명
B	봉(Bar)	MC	가단주철품(Malleable Iron Casting)
C	주조품(Castings)	P	판(Plate)
CD	구상 흑연주철	PS	일반 구조용 관
CP	냉간 압연강판	PW	피아노선
CS	냉간 압연강재	S	일반 구조용 압연재
DC	다이 캐스팅(Die Castings)	SW	강선(Steel wire)
F	단조품(Forgings)	T	관(Tube)
HG	고압 가스용기	TC	탄소공구강
HP	열간 압연강판	W	선(Wire)
HR	열간 압연	WR	선재(Wire Rod)
HS	열간 압연강재	WS	용접구조용 압연강
K	공구강		

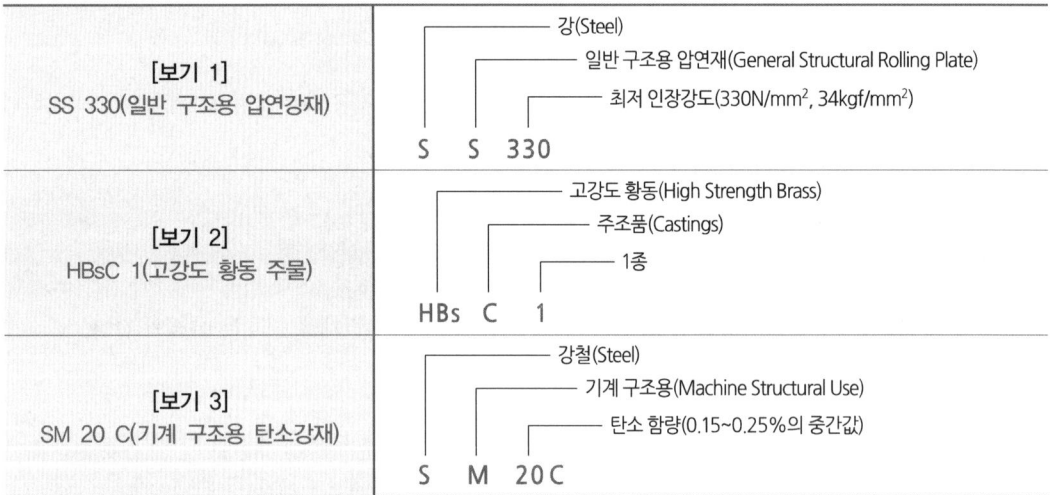

[보기 1] SS 330(일반 구조용 압연강재)
- S: 강(Steel)
- S: 일반 구조용 압연재(General Structural Rolling Plate)
- 330: 최저 인장강도(330N/mm², 34kgf/mm²)

[보기 2] HBsC 1(고강도 황동 주물)
- HBs: 고강도 황동(High Strength Brass)
- C: 주조품(Castings)
- 1: 1종

[보기 3] SM 20 C(기계 구조용 탄소강재)
- S: 강철(Steel)
- M: 기계 구조용(Machine Structural Use)
- 20C: 탄소 함량(0.15~0.25%의 중간값)

3) 끝 부분의 부가 기호

구분	기호	기호의 의미	구분	기호	기호의 의미
조질도 기호	A	풀림 상태(연질)	표면 마무리 기호	D	무광택 마무리(Dull Finishing)
	H	경질		B	광택 마무리(Bright Finishing)
	1/2H	1/2경질	기타	CF	원심력 주강판
	S	표준조질		K	킬드강
열처리 기호	N	불림		CR	제어 압연한 강판
	Q	담금질, 뜨임		R	압연한 그대로의 강판
	SR	시험편에만 불림			
	TN	시험편에 용접 후 열처리			

4) 제품의 형상 기호

기호	제품	기호	제품	기호	제품
P ⊘ ◎	강판 둥근 강 파이프	□ ⬡6 8	각재 6각 강 8각 강	▱ I ⊏	평강 I형강 채널(Channel)

5) 철강 및 비철금속 재료 기호

명칭	KS 기호	명칭	KS 기호
열간 압연 연강판 및 강재	SPH	탄소 공구강 강재	STC
일반 구조용 압연 강재	SS	기계 구조용 탄소 강재	SM
배관용 탄소 강관	SPP	합금 공구강 강재(주로 절삭, 내충격용)	STS
아크 용접봉 심선재	SWR	합금 공구강 강재(주로 내마멸성 불변형용)	STD
피아노 선재	SWRS	합금 공구강 강재(주로 열간 가공용)	STF
경강선	SW	일반 냉간 압연강판 및 강재	SPCC
냉간 압연 강판 및 강재	SPC	드로잉용 냉간 압연강판 및 강재	SPCD
용접 구조용 압연 강재	SM	크롬강	SCr
기계 구조용 탄소 강관	STKM	니켈 크롬강	SNC
고속도 공구강 강재	SKH	니켈 크롬 몰리브덴강	SNCM
고압 가스 용기용 강판 및 강재	SG	크롬 몰리브덴강	SCM
연강 선재	SWRM	탄소강 주강품	SC
피아노선	PW	구조용 합금강 주강품	SCC
리벳용 원형강	SV	고망간강 주강품	SCMnH
경강 선재	HSWR	회주철품	GC
보일러 및 압력 용기용 탄소강	SB	구상 흑연 주철품	GCD
일반 구조용 탄소 강관	STK	백심 가단 주철품	GCMW(구WMC)
스프링 강재	SPS	흑심 가단 주철품	GCMB(구BMC)
탄소강 단강품	SF	다이캐스팅용 알루미늄 합금	ALDC

CHAPTER 04 기계요소의 제도

1 결합용 기계요소

1) 나사(Screw)

① 나사 도시법

㉠ 수나사의 도시
- 산지름(외경)을 외형선으로 도시하고, 골지름(내경)은 가는 실선으로 도시한다.
- 불완전 나사부는 볼트 축선에 대해 30° 경사진 가는 선으로 도시한다.
- 나사 단면에서 골지름은 3/4만 도시한다.

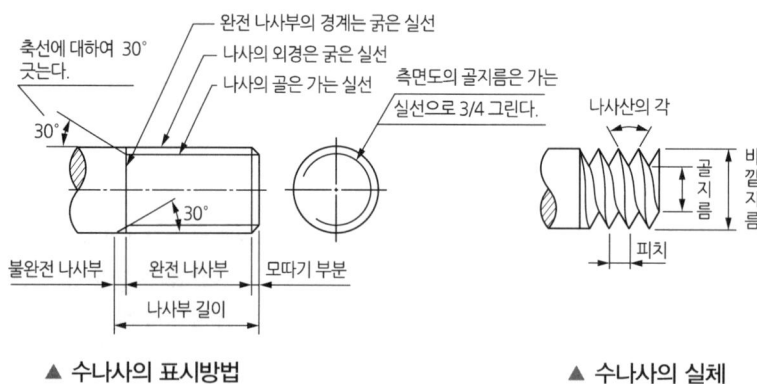

▲ 수나사의 표시방법   ▲ 수나사의 실체

㉡ 암나사의 도시
- 탭에 의해 가공되는 드릴 경을 먼저 계산하여 도시하며, 드릴 날 끝 각도는 120°로 도시한다.

$$D_1 = D_2 - p$$

여기서, D_1 : 가공에 필요한 드릴 직경, D_2 : 수나사 외경, p : 피치

- 수나사와 반대로 골지름(외경)을 가는 실선으로 도시하고, 산지름(내경)은 굵은 실선으로 도시한다.
- 수나사와 마찬가지로 불완전 나사부는 볼트 축선에 대해 30° 경사진 가는 선으로 도시하고, 나사 단면에서 골지름은 3/4만 도시한다.

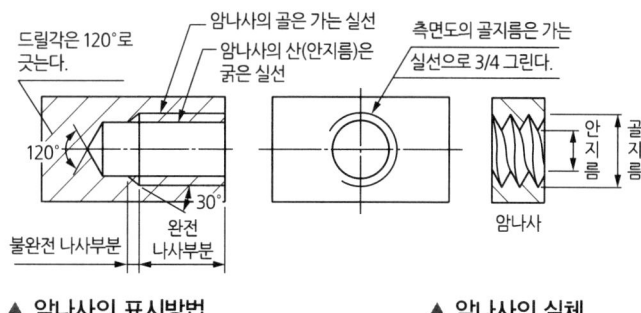

▲ 암나사의 표시방법   ▲ 암나사의 실체

② 나사의 규격 표시
- 오른 방향 감김과 1줄 감김 : 표시를 하지 않음
- 왼쪽 방향 감김 및 1줄 이상의 감김 : 감김 방향 및 감김 수 표시

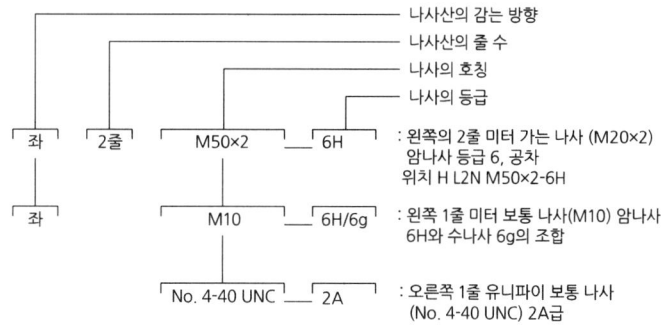

▲ 나사의 규격 표시

㉠ 미터 나사 : 나사 종류 표시 – 나사 호칭 표시(mm)×피치(mm) – (나사의 등급)
㉡ 인치 나사 : 나사 종류 표시 – 나사 호칭 표시(inch)×산의 수(개/inch)
㉢ 유니파이 나사의 규격 표시 : 나사 호칭 표시(inch)×산의 수(개/inch) – 나사 종류 표시

참고 나사 규격 표시의 예

보기	나사산의 감김 방향	나사산의 줄 수	나사의 호칭	나사의 등급	해설
좌2줄M50×2-6H	좌	2줄	M50×2	6H	왼쪽방향 2줄 미터 가는 나사 지름이 50mm인 피치가 2mm인 공차 6H의 암나사
좌M10-2/1	좌	1줄	M10	2/1	왼쪽방향 1줄 미터 보통 나사 지름이 10mm 암나사 2급과 수나사 1급의 조립 상태
NO.4-4UNC-2A	우	1줄	NO.4-4UNC	2A	우1줄 유니파이 보통 나사 2A급
G1/2-A (ISO규격에 있는 것)	우	1줄	G1/2	A	우1줄 관용 평행 수나사 A급
Rp1/2/R1/2 (ISO규격에 있는 것)	우	1줄	Rp1/2/R1/2		우1줄 관용 평행 암나사(Rp1/2)와 관용 평행 수나사(R1/2)의 조립

2) 리벳의 호칭 규격

KS B 1102	열간 둥근 머리 리벳	20×35	SV 400
규격번호(생략 가능)	종류	지름 길이	재료

① 리벳의 종류

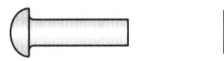 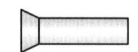  

(a) 둥근머리 리벳　(b) 접시머리 리벳　(c) 납작머리 리벳　(d) 둥근 접시머리 리벳

 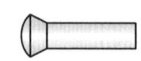   

(e) 보일러용 둥근머리 리벳　(f) 보일러용 둥근 접시머리 리벳　(g) 선박용 둥근 접시머리 리벳　(h) 얇은 납작머리 리벳　(i) 냄비머리 리벳

참고 리벳의 기호
- ○ : 양면 둥근머리 공장 리벳
- ● : 양면 둥근머리 현장 리벳
- ⊖ : 앞면 접시머리 공장 리벳
- ⊘ : 뒷면 접시머리 공장 리벳
- ∅ : 양면 접시머리 공장 리벳

② 리벳의 지름 및 길이
　㉠ 리벳의 지름은 리벳 자루의 직경으로 표시한다.
　㉡ 리벳의 길이
　　• 리벳의 길이는 통상 머리부의 길이는 표시하지 않음
　　• 접시머리 리벳은 머리부를 포함하여 길이를 표시함

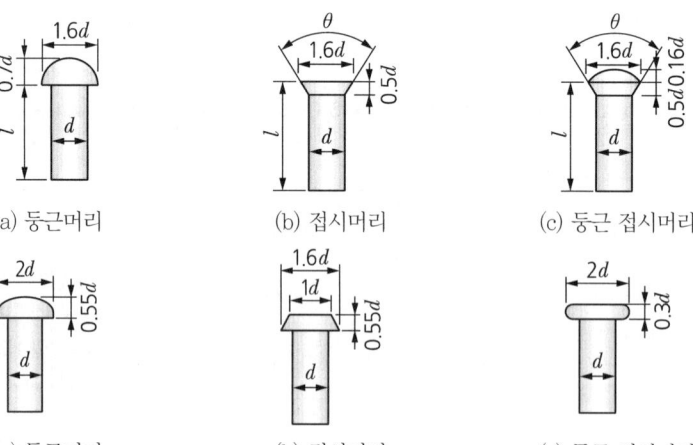

(a) 둥근머리　(b) 접시머리　(c) 둥근 접시머리

(a) 둥근머리　(b) 접시머리　(c) 둥근 접시머리

3) 리벳의 도시
- 리벳의 위치만을 나타낼 때에는 중심선만을 도시한다.

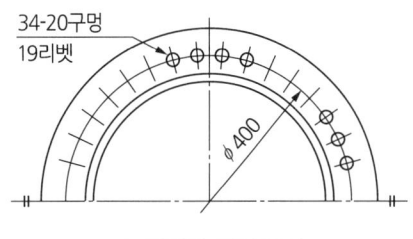

▲ 리벳의 위치 도시

- 단면에서 리벳은 절단하여 도시하지 않으며, 굵은 실선으로 도시한다.

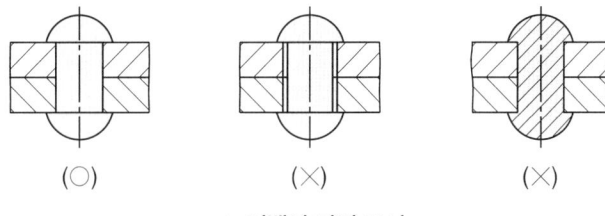

▲ 리벳의 단면 도시

- 동일 간격으로 연속되는 리벳의 경우에는 간단하게 기입한다.

피치의 수 × 피치의 간격 = 합계치수

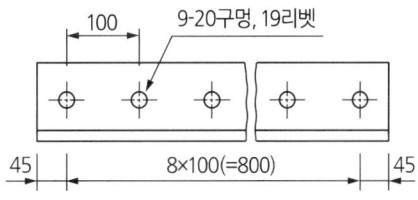

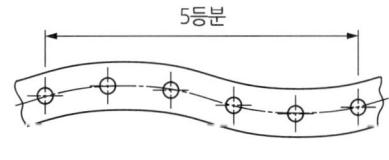

▲ 연속되는 리벳의 도시

- 리벳을 크게 도시할 필요가 없을 때에는 리벳구멍을 약도로 표시한다.
- 구조물에 사용되는 리벳은 기호로 표시한다.

4) 체결부품의 조립 및 간략도의 표시

기호	의미	기호	의미
✛	• 공장에서 드릴 가공 및 끼워 맞춤 • 카운터 싱크 없음	⚹	• 현장에서 드릴 가공 및 끼워 맞춤 • 양쪽 면에 카운터 싱크 있음
⚹	• 공장에서 드릴 가공, 현장에서 끼워 맞춤 • 지시 반대 면에 카운터 싱크 있음	⚹	• 공장에서 드릴 가공 및 끼워 맞춤 • 지시 면에 카운터 싱크 있음
⚹	• 현장에서 드릴 가공 및 끼워 맞춤 • 지시 반대 면에 카운터 싱크 있음	⚹	• 현장에서 드릴 가공 및 끼워 맞춤 • 카운터 싱크 없음

2 용접 이음

1) 용접 기호

① 용접 기호의 표시

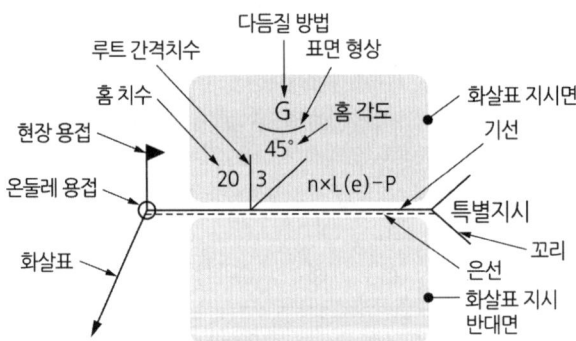

여기서, n : 단속 용접 시 용접 개수, L : 용접 부 길이[mm], e : 용접부 간격[mm], P : 용접 간의 피치[mm]

▲ 용접 기호

- 설명선은 기선, 화살표, 꼬리로 구성되며, 꼬리는 생략할 수 있다.
- 기선은 수평선으로 하며, 화살표는 용접부를 지시하는 것으로 기선에 대해 60°의 직선으로 한다.
- 용접부가 접합부의 화살표 쪽에 있으면 기호는 기준선이 실선 쪽에 표시하며, 용접부가 접합부의 화살표 반대쪽에 있으면 기호는 기준선의 점선 쪽에 표시한다.

▲ 화살표 쪽 용접   ▲ 화살표 반대쪽 용접

(a) 화살표 쪽의 용접   (b) 화살표 반대쪽의 용접

▲ 기준선에 따른 기호의 위치

> 참고 표시할 주요 치수
> • 기호에 이어서 어떤 표시도 없는 것은 용접부재의 전체 길이로 연속 용접을 의미한다.
> • 별도 표시가 없는 경우는 완전 용입이 되는 맞대기 용접을 나타낸다.

② 용접 기본 기호
  ㉠ 용접 기본 기호

용접 방법	종류	기호	형상	용접 방법	종류	기호	형상
Arc 및 Gas 용접	맞대기 용접	I형			Arc 및 Gas 용접	필릿 용접	연속		
		V형						
		X형					단속		
		K형						
		K형					지그재그		
		U형					플러그 용접		
		H형					비드 덧붙임 (이면 용접)		

제4장 기계요소의 제도 **275**

용접방법	종류		기호	형상	용접방법	종류	기호	형상
Arc 및 Gas 용접	맞대기 용접	J형	⌐		저항 용접	점용접 (Spot Welding)	○ 또는 ✱	
		Flare V형 Flare X형	八			Projection 용접	╳	
		Flare L형	⌐			Seam 용접	⊖	
		Flare K형				Flash, Upset 용접	│	

ⓒ 용접 기본 기호 예시

번호	명칭, 기호	그림	표시	기호 (a)	기호 (b)
1	플랜지형 맞대기 용접 八 1				
2	I형 맞대기 용접 ‖ 2				
3	I형 맞대기 용접 ‖ 2				
4					

번호	명칭, 기호	그림	표시	기호 (a)	기호 (b)
5	V형 맞대기 용접 ∨ 3				
6	일면 개선형 맞대기 용접 ∨ 4				
7	넓은 루트면이 있는 V형 맞대기 용접 Y 5				
8	필릿 용접 ◸ 10				
9	플러그 용접 ⊓ 11				
10	점 용접 ○ 12				

제4장 기계요소의 제도 277

번호	명칭, 기호	그림	표시	기호 (a)	기호 (b)
11	심 용접 ⊖ 13				
12	I형 맞대기 용접 ‖ 양면 용접 − −				
13	V형 용접 ∨ 이면 용접 ⌒				
14	양면 V형 맞대기 용접 ∨				
15	K형 맞대기 용접 ∨ (K형 용접)				
16	필릿 용접 △				

③ 용접 보조 기호
  ㉠ 용접 보조 기호

종류		기호	설명	형상
표면 형상	평면	—	용접부 평면 다듬질 처리	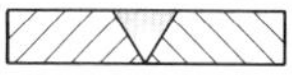 (그림)
	볼록	⌒	용접부를 볼록하게 처리	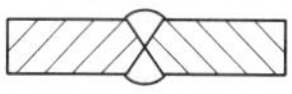 (그림)
	오목	⌣	용접부를 오목하게 처리	—
	다듬질	 ⌣⌣	필릿 용접부의 매끄러운 다듬질	—
	육성	 ⌒⌒	용접부 표면 육성	—
	이면 판재	M	영구적인 이면 판재 사용	—
	이면 판재	MR	제거 가능 이면 덮개판의 사용	—
다듬질 방법	치핑	C	—	—
	연마(Grinding)	G	—	—
	기계 다듬질	M	—	—

  ㉡ 용접 보조 기호 예시

번호	기호	그림	표시	기호 적용
1	 (기호)	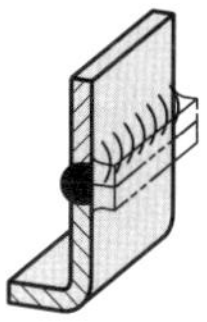 (그림)	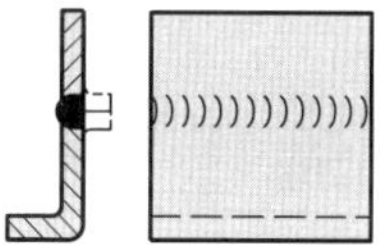 (그림)	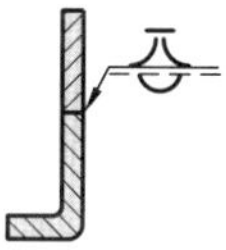 (그림)
2	 (기호)	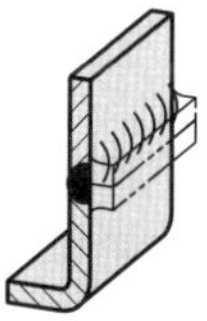 (그림)	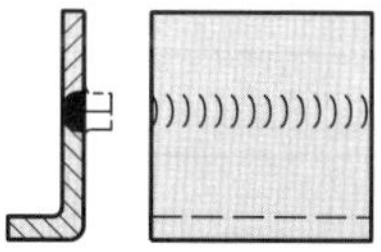 (그림)	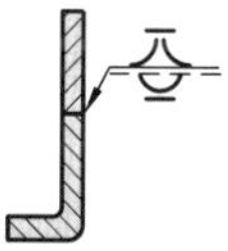 (그림)
3	 (기호)	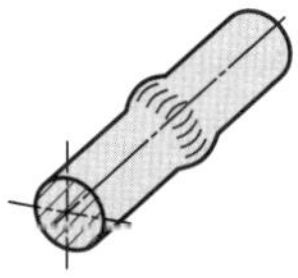 (그림)	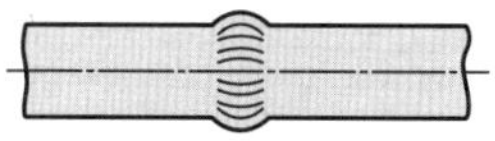 (그림)	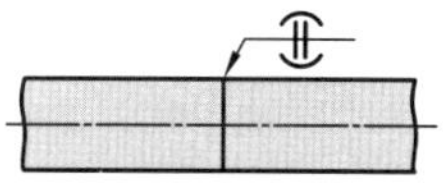 (그림)
4	 (기호)	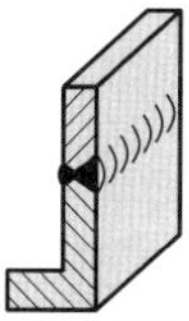 (그림)	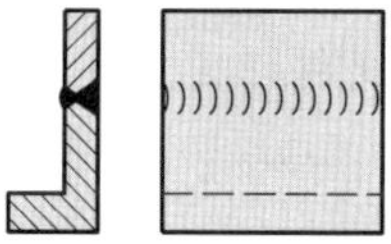 (그림)	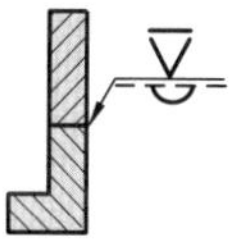 (그림)

번호	기호	그림	표시	기호 적용
5	 ⨆ (오목 필릿)	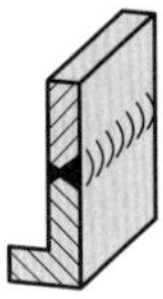	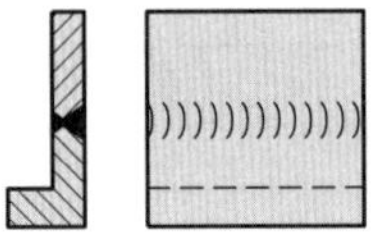	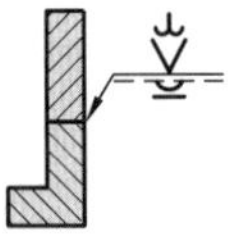
6	 ⋈	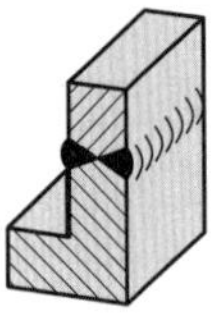	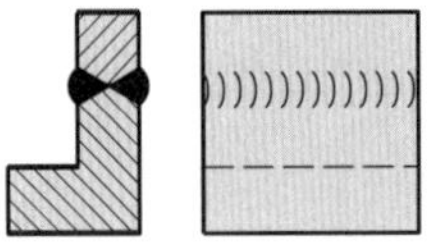	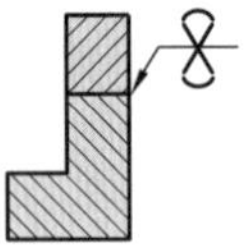
7	 ⌒	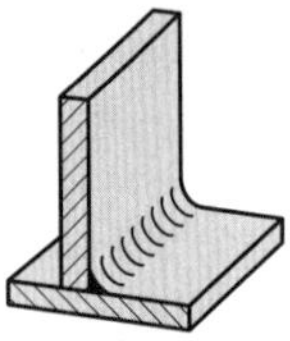	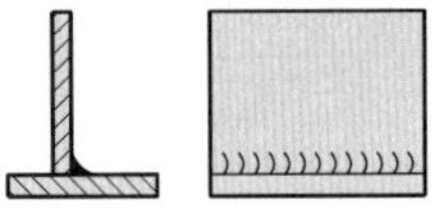	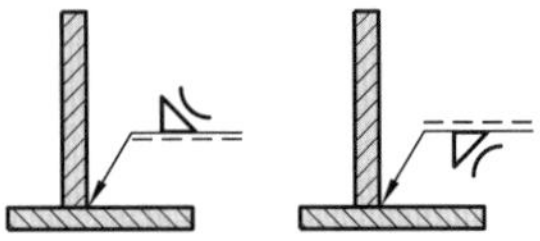
8	 V̄ / MR	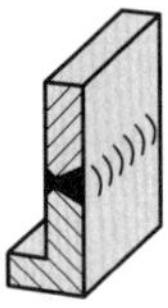	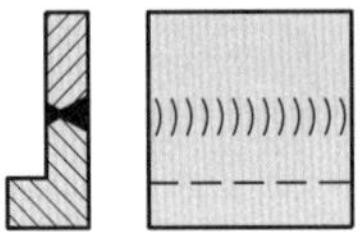	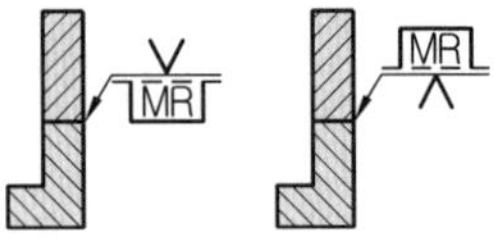

④ 용접 기호 예시

㉠ 용접 기호 예시

구분	그림	기호	기호 설명
지그재그 단속 필릿 용접부	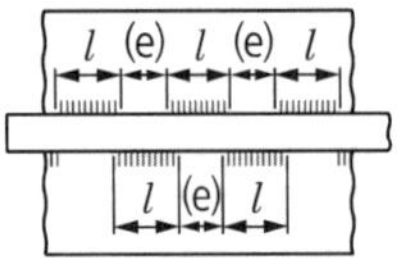	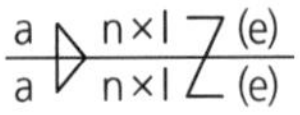 $\dfrac{a}{a}\,\triangle\,n\times l\,\angle\,(e)$ $\phantom{\dfrac{a}{a}}\triangle\,n\times l\,\angle\,(e)$	• a : 목두께 • ⟋ : 필릿용접 • n : 용접부 수 • l : 용접 길이 • (e) : 인접한 용접부 간격
플러그(슬롯) 용접부	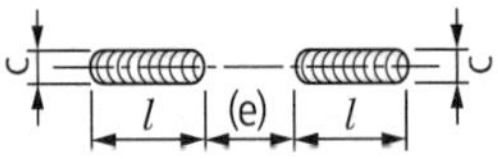	 c ⊓ n×l(e)	• c : 슬롯의 너비 • ⊓ : 플러그 용접 • n : 용접부 수 • l : 용접길이 • (e) : 인접한 용접부 간격
플러그 용접부	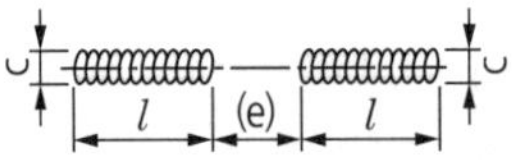	 d ⊓ n(e)	• d : 구멍 지름 • ⊓ : 플러그 용접 • n : 용접부 수 • (e) : 인접한 용접부 간격
심 용접부	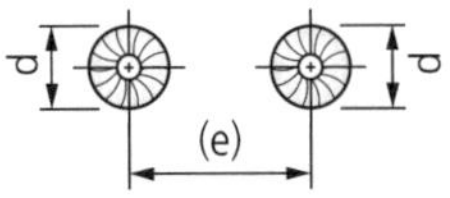		• c : 슬롯의 너비 • ⊖ : 심 용접 • n : 용접부 수 • l : 용접길이 • (e) : 인접한 용접부 간격

ⓒ 전둘레(원주, 일주) 용접, 현장 용접
- 용접이 부재의 전체를 둘러서 이루어질 때 기호는 원으로 표시한다.
- 현장 용접을 표시할 때는 깃발기호를 사용한다.

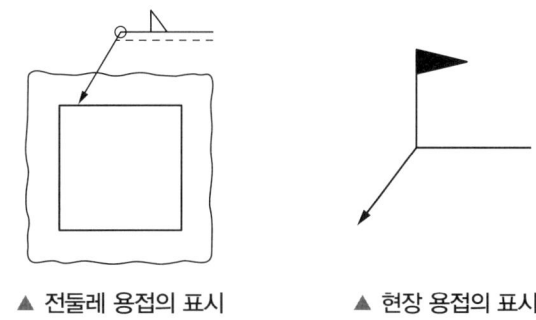

▲ 전둘레 용접의 표시 ▲ 현장 용접의 표시

2) 비파괴 검사 기호

기본 기호 – 보조 기호 L(n)

여기서, L : 검사 거리, n : 검사부 개소

예 MT – F150(3) : 자분탐상 – 형광 – 150mm로 3개소 실시

구분	비파괴 시험	기호	비파괴 시험	기호
기본 기호	방사선 투과 시험	RT	누설 시험	LT
	초음파 탐상 시험	UT	변형도 측정 시험	ST
	자분 탐상 시험	MT	육안 시험	VT
	침투 탐상 시험	PT	내압 시험	PRT
	와류 탐상 시험	ET	음향 방출 시험	AET
보조 기호	수직 탐상	N	형광 탐상	F
	경사각 탐상	A	염색, 비형광 탐상	D
	한 방향에서 탐상	S	전체 둘레 시험	O
	양 방향에서 탐상	B	요구 품질 등급	Cm
	이중벽 촬영	W	–	–

3 배관 자재

1) 유체의 종류 및 기호

유체의 종류	글자 기호
공기	A(Air)
가스	G(Gas)
유류	O(Oil)
증기	S(Steam)
물	W(Water)

2) 배관의 접속 상태

관의 접속 상태	표시 기호
접속하지 않을 때	 ─┼─ 또는  ─┼─
접속 또는 분기할 때	 ─┼─ (분기) 또는  ─┼─ ─┤ (분기)

3) 계기(Gauge) 도시

계기를 나타낼 때에는 기호 안에 글자기호(압력계 : P, 온도계 : T, 유량계 : F)를 입력한다.

▼ 계기의 종류 도시

명 칭	도시 기호	명 칭	도시 기호
계기 일반	 ○	온도계	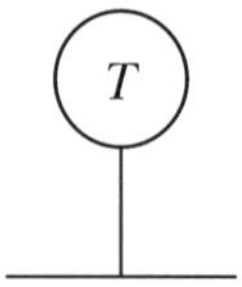 Ⓣ
압력계	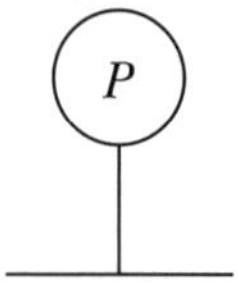 Ⓟ	유량계	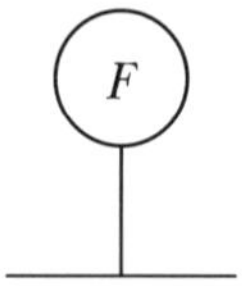 Ⓕ

4) 접속 이음 도시

▼ 접속 이음 기호

부품 명칭	도시 기호 플랜지 이음	도시 기호 나사 이음	부품 명칭	도시 기호 플랜지 이음	도시 기호 나사 이음
엘보			조인트	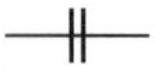	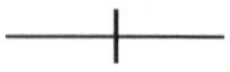
45° 엘보	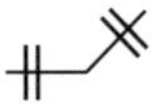	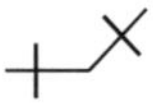	유니언	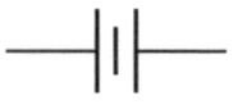	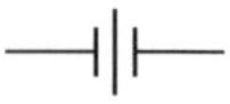
오는 엘보	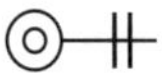	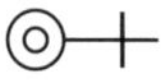	부시		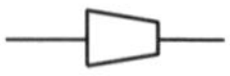
가는 엘보	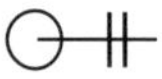		플러그		

주)  ─(: 턱걸이 이음, ─✕─ : 용접 이음, ─◯─ : 납땜 이음

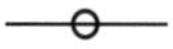

5) 배관 종류 기호

구분	관의 종류	기호	용도 및 특성
배관용	배관용 탄소강관	SPP	저압용의 물, 기름, 가스, 공기 수송관, 관의 치수 표시는 A(mm)와 B(in)가 쓰이며 $25kgf/cm^2$로 수압 시험 후 사용, 흑관, 백관이 있음
배관용	압력 배관용 탄소강관	SPPS	• 온도 350℃ 이하 압력에 사용($10 \sim 100kgf/cm^2$) • 유압관, 수압관, 댐쿨러관, 등압 배관
배관용	고압 배관용 탄소강관	SPPH	사용 압력 $100kgf/cm^2$ 이상의 내연 기관 연료 분사관, 화학 공업용
배관용	고온 배관용 탄소강관	SPHT	• 온도 350℃ 이상의 과열 증기 배관 • 킬드강으로 제조한 것
배관용	배관용 합금강관	SPA	• 고온에서 사용 • 내식성이 강하므로 석유 화학 공업에 사용
배관용	배관용 스테인리스 강관	STS	• 저온 배관용, 내식성, 내열성 및 고온용으로 화학 공장, 실험실 등에 사용 • $25kgf/cm^2$ 수압 시험 실시
배관용	저온 배관용 강관	SPLT	• 빙점 이하($-40 \sim -100℃$)에 사용 • 석유화학, LPG 탱크
수도용	수도용 아연도금 강관	SPPW	• 정수두 100m 이하 급수관, SGP 흑관에 아연 도금한 관 • 10~300A
수도용	수도용 주철관		• 내식성, 내압성 우수 • 수도, 광산용, 양수관, 기타
구조물	기계 구조용 탄소강관	STKM	비교적 정밀 절삭하여 사용되며 기계, 항공기, 자전거, 기타 기계 부품
구조물	일반 구조용 탄소강관	STK	토목, 건축, 발판, 철탑, 비계, 난간, 기타 구조물

6) 밸브의 도시

파이프 속을 흐르는 유체의 흐름, 압력 및 온도 등을 제어하기 위하여 사용한다.

▼ 밸브의 종류 및 도시 기호

밸브의 종류	도시 기호	설명
볼 밸브		파이프의 입구와 출구가 일직선 상에 있다.
앵글 밸브		파이프의 입구와 출구가 직각으로 되어 있다.
게이트 밸브 (슬루스 밸브)		밸브가 파이프 축에 대하여 직각방향으로 개폐되는 밸브로서 대형밸브로 사용한다.
안전 밸브		압력용기의 압력이 규정압력보다 높아지면 밸브가 열려 사용압력을 조절하는 데 사용된다.
체크 밸브		유체를 한 방향으로 흐르게 하여 역류를 방지하는 데 사용한다.
코크 밸브		콕은 파이프의 구멍에 직각으로 박힌 원뿔 모양의 마개를 돌려서 유체의 통로를 개폐하는 장치이다.

4 전개도

판을 접어서 만든 물체를 평면 위에 펼쳐 그린 그림이다.

▼ 전개도의 종류

종류	설명
평행선법	원기둥, 각기둥과 같이 중심축이 나란히 직선을 표면에 그을 수 있는 물체의 전개에 쓰이는 방법
방사선법	원뿔, 각뿔 등과 같이 전개도의 테두리를 꼭짓점을 중심으로 전개하는 방법
삼각형법	입체의 표면을 몇 개의 삼각형으로 나누어 전개하는 방법

1) 평행선법

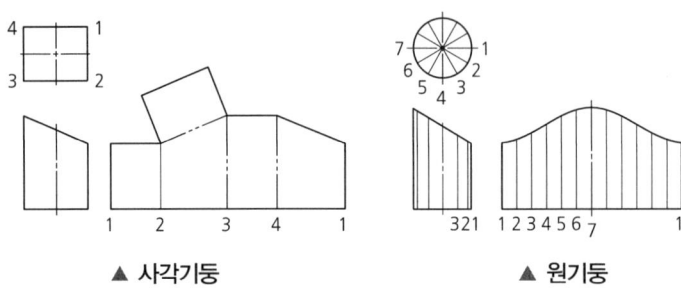

▲ 사각기둥　　▲ 원기둥

2) 방사선법

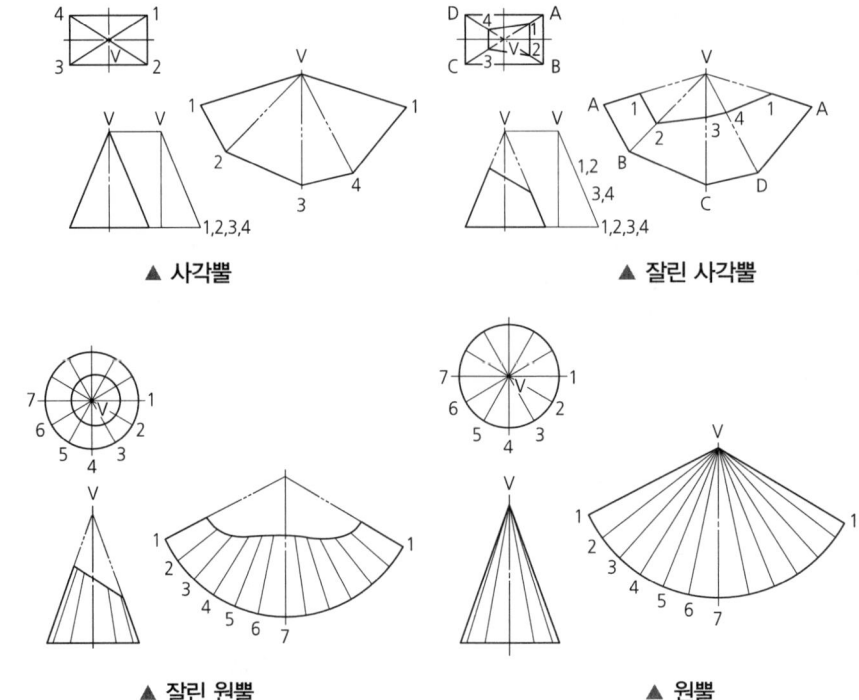

▲ 사각뿔　　▲ 잘린 사각뿔

▲ 잘린 원뿔　　▲ 원뿔

3) 삼각형법

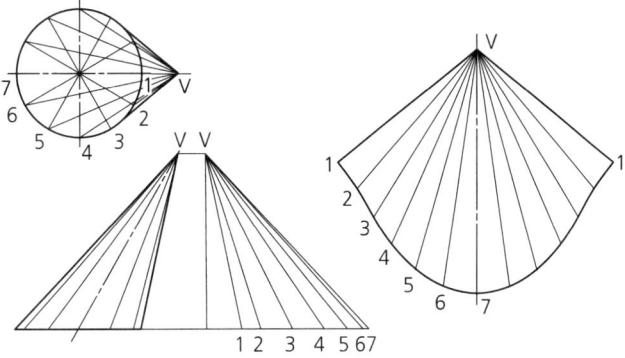

▲ 편심 원뿔

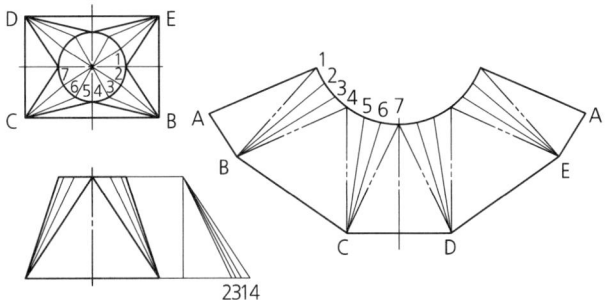

▲ 다면체

PART 05

모의고사

모의고사 제1회 (용접기능사)

01 다음 중 텅스텐과 몰리브덴 재료 등을 용접하기에 가장 적합한 용접은?
① 전자빔 용접
② 일렉트로 슬래그 용접
③ 탄산가스 아크용접
④ 서브머지드 아크용접

해설 전자 빔 용접이 다양한 금속 용접이 가능하다.

02 서브머지드 아크용접 시, 받침쇠를 사용하지 않을 경우 루트 간격을 몇 mm 이하로 하여야 하는가?
① 0.2 ② 0.4
③ 0.6 ④ 0.8

해설 서브머지드 아크용접에서 받침쇠를 사용하지 않고, 용락이 방지될 수 있는 최대 루트 간격은 0.8mm이다.

03 연납땜 중 내열성 땜납으로 주로 구리, 황동용에 사용되는 것은?
① 인동납 ② 황동납
③ 납-은납 ④ 은납

04 용접부 검사법 중 기계적 시험법이 아닌 것은?
① 굽힘시험 ② 경도시험
③ 인장시험 ④ 부식시험

해설 기계적 시험법은 굽힘, 경도, 인장시험 등이 있으며, 부식시험은 화학적 시험이다.

05 일렉트로 가스 아크용접의 특징으로 틀린 것은?
① 판두께에 관계없이 단층으로 상진 용접한다.
② 판두께가 얇을수록 경제적이다.
③ 용접속도는 자동으로 조절된다.
④ 정확한 조립이 요구되며, 이동용 냉각 동판에 급수장치가 필요하다.

06 텅스텐 전극봉 중에서 전자 방사능력이 현저하게 뛰어난 장점이 있으며 불순물이 부착되어도 전자 방사가 잘되는 전극은?
① 순텅스텐 전극
② 토륨 텅스텐 전극
③ 지르코늄 텅스텐 전극
④ 마그네슘 텅스텐 전극

해설 토륨 텅스텐 전극은 토륨(Th)을 1~2% 첨가한 용접봉으로 EWTh-1,2로 표시하며 전자 방사 능력이 우수하고, 순 텅스텐 전극은 Al이나 Mg 합금의 용접에 사용된다.

07 다음 중 표면 피복 용접을 올바르게 설명한 것은?
① 연강과 고장력강의 맞대기 용접을 말한다.
② 연강과 스테인리스강의 맞대기 용접을 말한다.
③ 금속 표면에 다른 종류의 금속을 용착시키는 것을 말한다.
④ 스테인리스 강판과 연강판재를 접합 시 스테인리스 강판에 구멍을 뚫어 용접하는 것을 말한다.

08 산업용 용접 로봇의 기능이 아닌 것은?
① 작업기능 ② 제어기능
③ 계측인식기능 ④ 감정기능

해설 산업용 용접 로봇은 아직 감정 기능을 가지고 있는 로봇은 개발되지 않았다.

[정답] 01 ① 02 ④ 03 ③ 04 ④ 05 ② 06 ② 07 ③ 08 ④

09 불활성 가스 금속아크용접(MIG)의 용착효율은 얼마 정도인가?
① 58%   ② 78%
③ 88%   ④ 98%

10 다음 중 일렉트로 슬래그 용접의 특징으로 틀린 것은?
① 박판용접에는 적용할 수 없다.
② 장비 설치가 복잡하며 냉각장치가 요구된다.
③ 용접시간이 길고 장비가 저렴하다.
④ 용접 진행 중 용접부를 직접 관찰할 수 없다.

해설 일렉트로 슬래그 용접은 용접속도가 빠르고, 장비가 고가이다.

11 용접에 있어 모든 열적 요인 중 가장 영향을 많이 주는 요소는?
① 용접 입열   ② 용접 재료
③ 주위 온도   ④ 용접 복사열

12 사고의 원인 중 인적 사고 원인에서 선천적 원인은?
① 신체의 결함   ② 무지
③ 과실   ④ 미숙련

해설 선척적은 태어날 때부터 지니고 있는 것으로 무지, 과실, 미숙련은 태어날 때부터 지니고 있는 것이 아니다.

13 TIG 용접에서 직류 정극성을 사용하였을 때 용접효율을 올릴 수 있는 재료는?
① 알루미늄
② 마그네슘
③ 마그네슘 주물
④ 스테인리스강

14 재료의 인장 시험방법으로 알 수 없는 것은?
① 인장강도   ② 단면수축률
③ 피로강도   ④ 연신율

해설 인장시험으로 측정하는 값
비례한도, 탄성한도, 내력, 항복점, 인장 강도 및 연신율, 단면 수축률, 응력-변형률 곡선 등

15 용접 변형 방지법의 종류에 속하지 않는 것은?
① 억제법   ② 역변형법
③ 도열법   ④ 취성 파괴법

해설 변형 방지 방법(용접 전 변형 방지대책)
구속법(억제법), 용착량 최소화, 역변형법, 열 분포 분산 용접 실시, 도열법 실시, Peening 실시, 요구 강도에 맞는 적절한 용접 설계, 빠른 속도로 용접 실시

16 솔리드 와이어와 같이 단단한 와이어를 사용할 경우 적합한 용접 토치 형태로 옳은 것은?
① Y형   ② 커브형
③ 직선형   ④ 피스톨형

17 안전·보건표지의 색채, 색도기준 및 용도에서 색채에 따른 용도를 올바르게 나타낸 것은?
① 빨간색 : 안내   ② 파란색 : 지시
③ 녹색 : 경고   ④ 노란색 : 금지

해설
• 빨간색 : 경고
• 녹색 : 안내
• 노란색 : 주의

18 용접금속의 구조상 결함이 아닌 것은?
① 변형   ② 기공
③ 언더컷   ④ 균열

해설 구조상 결함 : 용접부의 외부 또는 내부 결함으로 기공, 은점, 언더컷, 오버랩, 균열, 선상조직, 용입 불량, 용합 불량, 표면결함, 슬래그 혼입, 비금속 개재물 등이 있다.

[정답] 09 ④ 10 ③ 11 ① 12 ① 13 ④ 14 ③ 15 ④ 16 ② 17 ② 18 ①

19 금속재료의 미세조직을 금속현미경을 사용하여 광학적으로 관찰하고 분석하는 현미경시험의 진행순서로 맞는 것은?

① 시료 채취 → 연마 → 세척 및 건조 → 부식 → 현미경 관찰
② 시료 채취 → 연마 → 부식 → 세척 및 건조 → 현미경 관찰
③ 시료 채취 → 세척 및 건조 → 연마 → 부식 → 현미경 관찰
④ 시료 채취 → 세척 및 건조 → 부식 → 연마 → 현미경 관찰

20 강판의 두께가 12mm, 폭 100mm인 평판을 V형 홈으로 맞대기 용접 이음할 때, 이음효율 $\eta = 0.8$로 하면 인장력 P는?(단, 재료의 최저인장강도는 40N/mm²이고, 안전율은 4로 한다.)

① 960N　　② 9,600N
③ 860N　　④ 8,600N

해설　최대 작용 하중

$$W = \frac{\sigma_t \cdot t \cdot l}{S} \cdot \eta$$

$= \dfrac{\text{재료의 인장강도} \times \text{판 두께} \times \text{용접선 길이}}{\text{안전율}} \times \text{용접효율}$

$= \dfrac{40 \times 12 \times 100}{4} \times 0.8 = 9,600\text{N}$

21 다음 중 목재, 섬유류, 종이 등에 의한 화재의 급수에 해당하는 것은?

① A급　　② B급
③ C급　　④ D급

해설　화재의 분류

화재 등급	내용
A급	일반화재 : 나무, 종이, 섬유 등과 같은 물질의 화재
B급	유류화재 : 기름, 윤활유, 페인트 등과 같은 액체의 화재
C급	전기화재 : 전기로 인해 발생한 화재
D급	금속화재 : 가연성 금속의 화재(예 : 금속나트륨, 마그네슘 등)

22 용접부의 시험 중 용접성 시험에 해당하지 않는 시험법은?

① 노치 취성 시험
② 열특성 시험
③ 용접 연성 시험
④ 용접 균열 시험

해설　용접성 시험
용접 연성 시험, 용접 노치 취성시험, 용접 균열 시험, 용접 경화 시험, 용접봉 시험

23 다음 중 가스 용접의 특징으로 옳은 것은?

① 아크용접에 비해서 불꽃의 온도가 높다.
② 아크용접에 비해 유해광선의 발생이 많다.
③ 전원 설비가 없는 곳에서는 쉽게 설치할 수 없다.
④ 폭발의 위험이 크고 금속이 탄화 및 산화될 가능성이 많다.

해설　가스 용접은 아크 용접에 비해 유해 광선의 발생이 적다.

24 산소-아세틸렌 용접에서 표준불꽃으로 연강판 두께 2mm를 60분간 용접하였더니 200L의 아세틸렌 가스가 소비되었다면, 다음 중 가장 적당한 가변압식 팁의 번호는?

① 100번
② 200번
③ 300번
④ 400번

해설　B형 프랑스식 팁(가변압식)의 번호는 시간당 아세틸렌 소모량(l)과 동일하다.

[정답]　19 ①　20 ②　21 ①　22 ②　23 ④　24 ②

25 연강용 가스 용접봉의 시험편 처리 표시기호 중 NSR의 의미는?

① 625±25℃로써 용착금속의 응력을 제거한 것
② 용착금속의 인장강도를 나타낸 것
③ 용착금속의 응력을 제거하지 않은 것
④ 연신율을 나타낸 것

해설 가스 용접봉의 형식
• SR Type : 용접 후 625±25℃에서 풀림처리를 실시
• NSR Type : 용접 후 풀림처리를 하지 않음

26 피복 아크용접에서 사용하는 아크용접용 기구가 아닌 것은?

① 용접 케이블 ② 접지 클램프
③ 용접 홀더   ④ 팁 클리너

해설 팁클리너는 가스용접기구이다.

27 피복아크 용접봉 피복제의 주된 역할로 옳은 것은?

① 스패터의 발생을 많게 한다.
② 용착금속에 필요한 합금원소를 제거한다.
③ 모재 표면에 산화물이 생기게 한다.
④ 용착금속의 냉각속도를 느리게 하여 급냉을 방지한다.

해설 ① 스팩터 발생을 적게 한다.
② 용착 금속에 필요한 합금원소 추가
③ 모재 표면에 산화물 제거 및 양호한 용접부를 만듦
④ 용착 금속의 냉각속도를 지연시킴(급랭방지)

28 용접의 특징으로 옳은 것은?

① 복잡한 구조물 제작이 어렵다.
② 기밀, 수밀, 유밀성이 나쁘다.
③ 변형의 우려가 없어 시공이 용이하다.
④ 용접사의 기량에 따라 용접부의 품질이 좌우된다.

해설 용접의 장점
① 기밀, 수밀, 유밀성이 좋다
② 제품 성능, 수명 향상
③ 자재, 공수 감소
④ 이음 효율 향상 및 작업의 자동화

29 가스 절단에서 팁(Tip)의 백심 끝과 강판 사이의 간격으로 가장 적당한 것은?

① 0.1~0.3mm   ② 0.4~1mm
③ 1.5~2mm   ④ 4~5mm

30 스카핑 작업에서 냉간재의 스카핑 속도로 가장 적합한 것은?

① 1~3m/min
② 5~7m/min
③ 10~15m/min
④ 20~25m/min

31 AW-300, 무부하 전압 80V, 아크 전압 20V인 교류 용접기를 사용할 때, 다음 중 역률과 효율을 올바르게 계산한 것은?(단, 내부손실을 4kW라 한다.)

① 역률 : 80.0%, 효율 : 20.6%
② 역률 : 20.6%, 효율 : 80.8%
③ 역률 : 60.0%, 효율 : 41.7%
④ 역률 : 41.7%, 효율 : 60.6%

해설
• 역률
$$= \frac{소비전력}{전원입력} = \frac{아크전압 \times 아크전류 + 내부손실}{무부하 전압 \times 아크전류}$$
$$= \frac{20 \times 300 + 4{,}000}{80 \times 300} = 0.4166$$

• 효율
$$= \frac{아크출력}{소비전력} = \frac{아크전압 \times 아크전류}{아크전압 \times 아크전류 + 내부손실}$$
$$= \frac{20 \times 300}{20 \times 300 + 4{,}000} = 0.6$$

[정답] 25 ③ 26 ④ 27 ④ 28 ④ 29 ③ 30 ② 31 ④

32 가스용접에서 후진법에 대한 설명으로 틀린 것은?

① 전진법에 비해 용접변형이 작고 용접속도가 빠르다.
② 전진법에 비해 두꺼운 판의 용접에 적합하다.
③ 전진법에 비해 열 이용률이 좋다.
④ 전진법에 비해 산화의 정도가 심하고 용착금속 조직이 거칠다.

해설 산화 정도는 후진법보다 전진법이 높다. 후진법은 좌에서 우로 이동, 두꺼운 판(후판)용접법으로 열 이용률 좋고, 용접속도가 빠르며 비드 모양이 좋다.

33 피복아크용접에 관한 사항으로 아래 그림의 ( )에 들어가야 할 용어는?

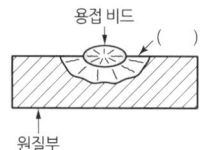

① 용락부 ② 용융지
③ 용입부 ④ 열영향부

34 용접봉에서 모재로 용융금속이 옮겨가는 이행 형식이 아닌 것은?

① 단락형 ② 글로뷸러형
③ 스프레이형 ④ 철심형

해설 용융금속 이행의 3가지 방식
단락이행, 글로뷸러 이행, 스프레이 이행 형식이 있으며 철심형은 교류 용접기의 종류이다.

35 직류 아크용접에서 용접봉의 용융이 늦고, 모재의 용입이 깊어지는 극성은?

① 직류 정극성 ② 직류 역극성
③ 용극성 ④ 비용극성

해설 직류 정극성의 특징
• 모재의 용융이 크고, 용접봉의 용융이 늦다.
• 비드 폭이 좁으며, 용입이 깊다. → 두꺼운 판의 용접에 적용한다.

36 아세틸렌 가스의 성질로 틀린 것은?

① 순수한 아세틸렌 가스는 무색무취이다.
② 금, 백금, 수은 등을 포함한 모든 원소와 화합 시 산화물을 만든다.
③ 각종 액체에 잘 용해되며, 물에는 1배, 알코올에는 6배 용해된다.
④ 산소와 적당히 혼합하여 연소시키면 높은 열을 발생한다.

해설 아세틸렌 성질 : 순수 아세틸렌은 무색무취, 비중은 0.906, 액체에 잘 용해된다.
• 물 : 같은 양   • 석유 : 2배
• 벤젠 : 4배   • 아세톤 : 25배

37 아크용접기에서 부하전류가 증가하여도 단자전압이 거의 일정하게 되는 특성은?

① 절연특성 ② 수하특성
③ 정전압특성 ④ 보존특성

해설 전류가 변해도 전압이 일정한 것 → 정전압 특성

38 피복제 중에 산화티탄을 약 35% 정도 포함하였고 슬래그의 박리성이 좋아 비드의 표면이 고우며 작업성이 우수한 특징을 지닌 연강용 피복아크용접봉은?

① E4301 ② E4311
③ E4313 ④ E4316

해설 산화티탄(TiO_2)을 35%가량 포함한 것은 고산화티탄계 용접봉(E4313)이다.

39 상률(Phase Rule)과 무관한 인자는?

① 자유도 ② 원소 종류
③ 상의 수 ④ 성분 수

해설 자유도라는 것은 다른 영향을 받지 않고 자유롭게 변화할 수 있는 것을 의미한다. 상률 $F = C - P + 1$, 성분 수 C, 상의 수 P, 자유도 F

정답 32 ④ 33 ④ 34 ④ 35 ① 36 ② 37 ③ 38 ③ 39 ②

40 공석 조성을 0.80%C라고 하면, 0.2%C 강의 상온에서의 초석페라이트와 펄라이트의 비는 약 몇 %인가?

① 초석페라이트 75% : 펄라이트 25%
② 초석페라이트 25% : 펄라이트 75%
③ 초석페라이트 80% : 펄라이트 20%
④ 초석페라이트 20% : 펄라이트 80%

41 금속의 물리적 성질에서 자성에 관한 설명 중 틀린 것은?

① 연철(鍊鐵)은 잔류자기는 작으나 보자력이 크다.
② 영구자석재료는 쉽게 자기를 소실하지 않는 것이 좋다.
③ 금속을 자석에 접근시킬 때 금속에 자석의 극과 반대의 극이 생기는 금속을 상자성체라 한다.
④ 자기장의 강도가 증가하면 자화되는 강도도 증가하나 어느 정도 진행되면 포화점에 이르는 이 점을 퀴리점이라 한다.

42 다음 중 탄소강의 표준조직이 아닌 것은?

① 페라이트
② 펄라이트
③ 시멘타이트
④ 마텐자이트

해설
• 탄소강의 표준조직 : 페라이트, 펄라이트, 오스테나이트, 시멘타이트, 레데뷰라이드
• 탄소강의 열처리 조직 : 마텐자이트, 트루스타이트, 솔바이트, 베이나이트, 침상 페라이트

43 주요성분이 Ni-Fe 합금인 불변강의 종류가 아닌 것은?

① 인바
② 모넬메탈
③ 엘린바
④ 플라티나이트

해설 불변강의 종류 : 인바, 슈퍼인바, 엘린바, 코엘린바, 퍼멀로이, 플라티나이트

44 탄소강 중에 함유된 규소의 일반적인 영향 중 틀린 것은?

① 경도의 상승
② 연신율의 감소
③ 용접성의 저하
④ 충격값의 증가

해설 규소(Si)는 경도, 강도, 고온 강도 향상, 내열성, 내산성, 주조성(유동성), 전자기적 성질은 증가, 연신율, 충격치 감소, 결정립 조대화로 냉간 가공성이 나빠지며, 용접성도 저하한다.

45 다음 중 이온화 경향이 가장 큰 것은?

① Cr
② K
③ Sn
④ H

해설
• 금속의 이온화라고 하는 것은 전자(-)를 소실하여 양극화(+)하는 것을 말하며, 이온화가 쉽다는 것은 부식이 잘된다는 것을 의미한다.
• 금속의 이온화 경향 : K>Ca>Na>Mg>Zn>Fe>Co>Pb>(H)>Cu>Hg>Ag>Au

46 실온까지 온도를 내려 다른 형상으로 변형시켰다가 다시 온도를 상승시키면 어느 일정한 온도 이상에서 원래의 형상으로 변화하는 합금은?

① 제진합금
② 방진합금
③ 비정질합금
④ 형상기억합금

47 금속에 대한 설명으로 틀린 것은?

① 리튬(Li)은 물보다 가볍다.
② 고체상태에서 결정구조를 가진다.
③ 텅스텐(W)은 이리듐(Ir)보다 비중이 크다.
④ 일반적으로 용융점이 높은 금속은 비중도 큰 편이다.

해설
• 이리듐(Ir) 비중 : 22.42
• 텅스텐(W) 비중 : 19.32

[정답] 40 ① 41 ① 42 ④ 43 ② 44 ④ 45 ② 46 ④ 47 ③

48 고강도 Al 합금으로 조성이 Al-Cu-Mg-Mn인 합금은?

① 라우탈
② Y-합금
③ 두랄루민
④ 하이드로날륨

해설
- 라우탈 : 주물용 Al합금으로 주조성은 양호하지만 절삭성 불량, 개량처리 효과가 크다.
- Y합금 : 내열용 Al합금으로 자동차 내연기관 주성분 : Al-Cu-Ni-Mg
- 두랄루민 : 단련용 Al합금으로 가볍고 고온강도가 크다. 주성분 : Al-Cu-Mg-Mn
- 하이드로날륨 : 내식용 Al합금으로 내식성이 강하고 용접성이 매우 우수하다.

49 7:3 황동에 1% 내외의 Sn을 첨가하여 열교환기, 증발기 등에 사용되는 합금은?

① 코슨 황동
② 네이벌 황동
③ 애드미럴티 황동
④ 에버듀어 메탈

해설
- 네이벌 황동 : 6:4 황동에 1%의 주석(Sn)을 첨가한 황동으로 판, 봉으로 가공하여 복수기관, 용접봉, 파이프, 선박 기계 등에 사용
- 애드미럴티 황동 : 7:3 황동에 1% 이하의 주석(Sn)을 첨가한 황동으로 전연성이 좋아 관 또는 판을 만들어 복수기, 증발기, 열교환기 등에 사용

50 구리에 5~20%Zn을 첨가한 황동으로, 강도는 낮으나 전연성이 좋고 색깔이 금색에 가까워, 모조금이나 판 및 선 등에 사용되는 것은?

① 톰백
② 켈밋
③ 포금
④ 문쯔메탈

해설
② 켈밋 : 구리+납(Pb)30~40% 으로서 열전도, 압축강도가 크고 마찰계수가 작다. 고속 고하중 베어링에 사용한다.
③ 포금 : 주석(Sn)8~12%에 아연(Zn)1~2% 함유한 청동
④ 문쯔메탈 : 6:4황동으로 40%아연(Zn)이 첨가된 것을 말하며 값이 싸고 인장강도가 크다.

51 열간 성형 리벳의 종류별 호칭길이 L을 표시한 것 중 잘못 표시된 것은?

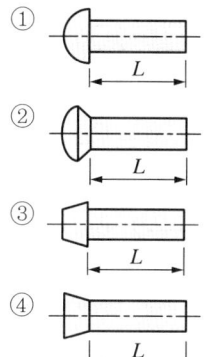

해설
리벳의 길이는 통상 머리부의 길이는 표시하지 않으나 접시머리 리벳은 머리부를 포함하여 길이를 표시한다.
① 둥근머리 리벳
② 둥근접시머리 리벳
③ 납작머리 리벳
④ 접시머리 리벳

52 다음 중 배관용 탄소강관의 재질기호는?

① SPA
② STK
③ SPP
④ STS

해설
- SPA : 배관용 합금강 강관
- STK : 일반구조용 탄소강관
- SPP : 배관용 탄소강관
- STS : 스테인리스강재

53 그림과 같은 KS 용접 보조기호의 설명으로 옳은 것은?

① 필릿 용접부 토우를 매끄럽게 함
② 필릿 용접 끝단부를 볼록하게 다듬질
③ 필릿 용접 끝단부에 영구적인 덮개 판을 사용
④ 필릿 용접 중앙부에 제거 가능한 덮개 판을 사용

[정답] 48 ③ 49 ③ 50 ① 51 ④ 52 ③ 53 ①

54 그림과 같은 경량 ㄷ형강의 치수 기입방법으로 옳은 것은?(단, L은 형강의 길이를 나타낸다.)

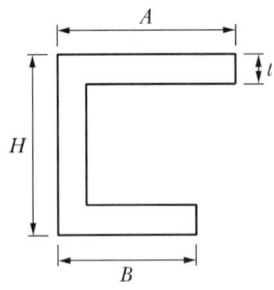

① ㄷ A×B×H×t−L
② ㄷ H×A×B×t−L
③ ㄷ B×A×H×t−L
④ ㄷ H×B×A×L−t

55 도면에서 반드시 표제란에 기입해야 하는 항목으로 틀린 것은?

① 재질
② 척도
③ 투상법
④ 도명

해설 표제란에 기재될 사항 : 도면의 명칭, 번호, 제도자 및 설계자, 회사, 작성 일자 및 척도및 투상
※ 재질은 부품란에 기재된다.

56 선의 종류와 명칭이 잘못된 것은?

① 가는 실선−해칭선
② 굵은 실선−숨은선
③ 가는 2점 쇄선−가상선
④ 가는 1점 쇄선−피치선

해설 굵은 실선은 외형선을 나타내며, 은선(숨은선)은 대상물의 보이지 않는 모양을 니디낼 때 사용되며, 중간 굵기의 파선(······)으로 표시한다.

57 그림과 같은 입체도에서 화살표 방향을 정면으로 할 때 평면도로 가장 적합한 것은?

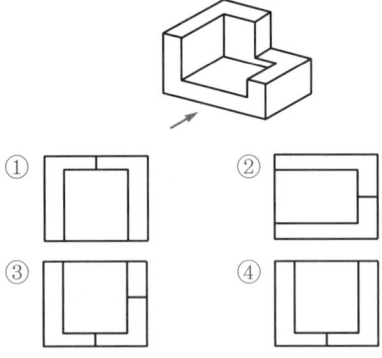

58 도면의 밸브 표시방법에서 안전밸브에 해당하는 것은?

해설 ① : 체크밸브   ② : 게이트 밸브
③ : 안전밸브   ④ : 다이어프램 밸브

59 제1각법과 제3각법에 대한 설명 중 틀린 것은?

① 제3각법은 평면도를 정면도의 위에 그린다.
② 제1각법은 저면도를 정면도의 아래에 그린다.
③ 제3각법의 원리는 눈 → 투상면 → 물체의 순서가 된다.
④ 제1각법에서 우측면도는 정면도를 기준으로 본 위치와는 반대쪽인 좌측에 그려진다.

해설 제1각법은 정면도를 기준으로 저면도는 위쪽에 배치된다.

60 일반적으로 치수선을 표시할 때, 치수선 양 끝에 치수가 끝나는 부분임을 나타내는 형상으로 사용하는 것이 아닌 것은?

[정답] 54 ② 55 ① 56 ② 57 ① 58 ③ 59 ② 60 ④

모의고사 제2회 (특수용접기능사)

01 CO₂ 용접에서 발생되는 일산화탄소와 산소 등의 가스를 제거하기 위해 사용되는 탈산제는?
① Mn   ② Ni
③ W   ④ Cu

해설 탈산제 : 알루미늄, 망간, 산화니켈, 페로티탄, 페로망간(망간철), 페로실리콘(규소철), 소맥분, 톱밥 등

02 용접부의 균열 발생의 원인 중 틀린 것은?
① 이음의 강성이 큰 경우
② 부적당한 용접봉 사용 시
③ 용접부의 서냉
④ 용접전류 및 속도 과대

해설 탄소강의 예열온도는 100~200℃이다.

03 다음 중 플라즈마 아크용접의 장점이 아닌 것은?
① 용접속도가 빠르다.
② 1층으로 용접할 수 있으므로 능률적이다.
③ 무부하 전압이 높다.
④ 각종 재료의 용접이 가능하다.

해설 플라즈마 아크용접의 특징
• 용접부의 기계적 성질이 좋고 변형도 적다.
• 열 에너지 집중이 우수하여, 전류 밀도가 높아 용입이 깊고, 좁은 비드를 얻을 수 있다.
• 용접부 단면 전체에 대해 수축응력이 일정하여 용접 변형이 적고, 용접속도가 빠르다.
• 키홀 용접이 가능하여 능률직이다.
• 장비가 고가이다.

04 MIG 용접 시 와이어 송급방식의 종류가 아닌 것은?
① 풀(Pull) 방식
② 푸시(Push) 방식
③ 푸시언더(Push-under) 방식
④ 푸시풀(Push-pull) 방식

해설 MIG 용접 와이어 송급방식
푸시방식, 풀방식, 푸시-풀방식, 더블푸시방식

05 다음 용접 이음부 중에서 냉각속도가 가장 빠른 이음은?
① 맞대기 이음   ② 변두리 이음
③ 모서리 이음   ④ 필릿 이음

해설 용접 이음이 많을수록, 대기와 접촉 면적이 많을수록 용접열이 분산되어 냉각속도가 빠르다.

냉각속도가 빠른 순서

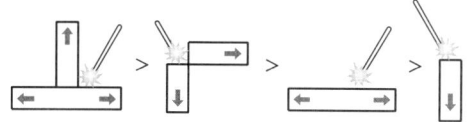

06 CO₂ 용접 시 저전류 영역에서의 가스유량으로 가장 적당한 것은?
① 5~10 l/min   ② 10~15 l/min
③ 15~20 l/min   ④ 20~25 l/min

07 비소모성 전극봉을 사용하는 용접법은?
① MIG 용접   ② TIG 용접
③ 피복아크용접   ④ 서브머지드 아크용접

해설
• 용극식(소모식) 용접 : 피복아크용접(SMAW), CO₂ 용접(FCAW), MIG 용접(GMAW), MAG 용접, 서브머지드 아크 용접(SAW), 일렉트로 슬래그 용접(ESW) 등 대다수
• 비용극식(비소모식) 용접 : TIG 용접(GTAW)

[정답] 01 ① 02 ③ 03 ③ 04 ③ 05 ④ 06 ② 07 ②

08 용접부 비파괴 검사법인 초음파 탐상법의 종류가 아닌 것은?
① 투과법
② 펄스 반사법
③ 형광탐상법
④ 공진법

해설 초음파 탐상법의 종류 : 펄스 반사법, 투과법, 공진법

09 공기보다 약간 무거우며 무색, 무미, 무취의 독성이 없는 불활성 가스로 용접부의 보호능력이 우수한 가스는?
① 아르곤
② 질소
③ 산소
④ 수소

해설 아르곤(argon)은 비활성이고 공기보다 무겁고, 무색·무취·무미이다. 비교적 값싸게 얻을 수 있는 비활성 기체이기 때문에, 사용 범위가 많다.

10 예열방법 중 국부예열의 가열범위는 용접선 양쪽에 몇 mm 정도로 하는 것이 가장 적합한가?
① 0~50mm
② 50~100mm
③ 100~150mm
④ 150~200mm

11 인장강도가 750MPa인 용접구조물의 안전율은?(단, 허용응력은 250MPa이다.)
① 3
② 5
③ 8
④ 12

해설 안전율
$$S = \frac{항복응력(실제강도)}{허용응력(요구강도)} = \frac{인장강도}{허용응력} = \frac{750}{250} = 3$$

12 용접부의 결함은 치수상 결함, 구조상 결함, 성질상 결함으로 구분된다. 구조상 결함들로만 구성된 것은?
① 기공, 변형, 치수 불량
② 기공, 용입 불량, 용접균열
③ 언더컷, 연성 부족, 표면결함
④ 표면결함, 내식성 불량, 융합 불량

해설 구조상 결함 : 용접부의 외부 또는 내부 결함으로 기공, 은점, 언더컷, 오버랩, 균열, 선상조직, 용입 불량, 용합 불량, 표면결함, 슬래그 혼입, 비금속 개재물 등이 있다.

13 다음 중 연납땜(Sn + Pb)의 최저 용융온도는 몇 ℃인가?
① 327℃
② 250℃
③ 232℃
④ 183℃

14 레이저 용접의 특징으로 틀린 것은?
① 루비 레이저와 가스 레이저의 두 종류가 있다.
② 광선이 용접의 열원이다.
③ 열 영향 범위가 넓다.
④ 가스 레이저로는 주로 CO_2가스 레이저가 사용된다.

해설 레이저 용접은 좁고 깊은 접합부의 용접이 가능하고, 열 변형이 없으며, 용접 입열이 매우 작고, 열영향부가 좁다.

15 용접부의 연성 결함을 조사하기 위하여 사용되는 시험은?
① 인장시험
② 경도시험
③ 피로시험
④ 굽힘시험

16 용융 슬래그와 용융금속이 용접부로부터 유출되지 않게 모재의 양측에 수랭식 동판을 대어 용융 슬래그 속에서 전극 와이어를 연속적으로 공급하여 주로 용융 슬래그의 저항열로 와이어와 모재 용접부를 용융시키는 것으로 연속 주조형식의 단층 용접법은?
① 일렉트로 슬래그 용접
② 논가스 아크용접
③ 그래비트 용접
④ 테르밋 용접

[정답] 08 ③ 09 ① 10 ② 11 ① 12 ② 13 ④ 14 ③ 15 ④ 16 ①

17 맴돌이 전류를 이용하여 용접부를 비파괴 검사하는 방법으로 옳은 것은?
① 자분 탐상 검사 ② 와류 탐상 검사
③ 침투 탐상 검사 ④ 초음파 탐상 검사

18 화재 및 폭발의 방지조치로 틀린 것은?
① 대기 중에 가연성 가스를 방출시키지 말 것
② 필요한 곳에 화재 진화를 위한 방화설비를 설치할 것
③ 배관에서 가연성 증기의 누출 여부를 철저히 점검할 것
④ 용접작업 부근에 점화원을 둘 것

해설 폭발 방지책
• 배관 또는 기기에서 가연성 가스가 누출되지 않도록 한다.
• 대기 중에 가연성 가스를 누설 또는 방출시키지 않는다.
• 용접작업 부근에 점화원을 두지 않는다.
• 인화성 액체나 가스는 폭발범위 이하의 농도만 취급한다.

19 연납땜의 용제가 아닌 것은?
① 붕산 ② 염화아연
③ 인산 ④ 염화암모늄

해설
• 연납용 용제 : 염화아연, 염산, 염화암모늄, 인산, 수지, 송진 등
• 경납용 용제 : 붕사, 붕산, 염산염, 알칼리 등

20 점용접에서 용접점이 앵글재와 같이 용접위치가 나쁠 때 보통 팁으로는 용접이 어려운 경우에 사용하는 전극의 종류는?
① P형 팁 ② E형 팁
③ R형 팁 ④ F형 팁

21 용접작업의 경비를 절감시키기 위한 유의사항으로 틀린 것은?
① 용접봉의 적절한 선정
② 용접사의 작업능률의 향상
③ 용접지그를 사용하여 위보기자세의 시공
④ 고정구를 사용하여 능률 향상

해설 용접 경비를 절감하기 위해 용접 지그를 사용하여 용접 능률을 향상시키며, 가능한 한 아래보기자세의 시공을 우선해야 한다.

22 다음 중 표준 홈 용접에 있어 한쪽에서 용접으로 완전 용입을 얻고자 할 때 V형 홈이음의 판 두께로 가장 적합한 것은?
① 1~10mm ② 5~15mm
③ 20~30mm ④ 35~50mm

23 프로판(C_3H_8)의 성질을 설명한 것으로 틀린 것은?
① 상온에서 기체 상태이다.
② 쉽게 기화하며 발열량이 높다.
③ 액화하기 쉽고 용기에 넣어 수송이 편리하다.
④ 온도변화에 따른 팽창률이 작다.

24 다음 중 용접기의 특성에 있어 수하특성의 역할로 가장 적합한 것은?
① 열량의 증가 ② 아크의 안정
③ 아크전압의 상승 ④ 개로전압의 증가

해설 용접기의 각 전원 특성은 전압 또는 전류를 제어하여 아크를 안정화하여 용접효율을 증대한다.

25 용접기의 사용률이 40%일 때, 아크 발생 시간과 휴식시간의 합이 10분이면 아크 발생 시간은?
① 2분 ② 4분
③ 6분 ④ 8분

해설 사용율은 용접기를 사용하여 아크 용접시 용접기의 2차측에서 아크를 발생하는 시간을 나타내는 것

$$사용율\ d = \frac{아크발생시간(T_a)}{아크발생시간(T_a) + 정지시간(T_o)} \times 100\%$$

정답 17 ② 18 ④ 19 ① 20 ② 21 ③ 22 ② 23 ④ 24 ② 25 ②

26 다음 중 가스용접에서 용제를 사용하는 주된 이유로 적합하지 않은 것은?

① 재료표면의 산화물을 제거한다.
② 용융금속의 산화·질화를 감소하게 한다.
③ 청정작용으로 용착을 돕는다.
④ 용접봉 심선의 유해성분을 제거한다.

27 교류 아크용접기 종류 중 코일의 감긴 수에 따라 전류를 조정하는 것은?

① 탭 전환형 ② 가동철심형
③ 가동코일형 ④ 가포화 리액터형

해설 교류용접기의 종류

종류	특징
가동 코일형	2차 코일을 고정하고 1차 코일을 이동시켜 코일 간의 거리 변화를 조정
가동 철심형	핸들로 가동철심을 움직여 2차 코일을 통과하는 자속 수를 가감하여 전류를 조정
탭 전환형	코일의 감긴 수에 따라 전류를 조정
가포화 리액터형	가변저항의 변화에 의해 용접전류를 조정하므로 원격제어가 가능

28 피복아크용접에서 아크 쏠림 방지대책이 아닌 것은?

① 접지점을 될 수 있는 대로 용접부에서 멀리 할 것
② 용접봉 끝을 아크 쏠림 방향으로 기울일 것
③ 접지점 2개를 연결할 것
④ 직류용접으로 하지 말고 교류용접으로 할 것

해설 아크 쏠림을 방지하기 위해서 용접봉을 아크가 쏠리는 반대방향으로 기울인다.

29 다음 중 피복제의 역할이 아닌 것은?

① 스패터의 발생을 많게 한다.
② 중성 또는 환원성 분위기를 만들어 질화, 산화 등의 해를 방지한다.
③ 용착금속의 탈산정련작용을 한다.
④ 아크를 안정하게 한다.

해설 스패터는 용접결함으로 용융금속의 소립자가 비산하는 것을 말한다.

30 용접봉을 여러 가지 방법으로 움직여 비드를 형성하는 것을 운봉법이라 하는데, 위빙비드 운봉 폭은 심선지름의 몇 배가 적당한가?

① 0.5~1.5배 ② 2~3배
③ 4~5배 ④ 6~7배

31 수중절단작업 시 절단 산소의 압력은 공기 중에서의 몇 배 정도로 하는가?

① 1.5~2배 ② 3~4배
③ 5~6배 ④ 8~10배

32 산소병의 내용적이 40.7리터인 용기에 압력이 100kgf/cm²로 충전되어 있다면 프랑스식 팁 100번을 사용하여 표준불꽃으로 약 몇 시간까지 용접이 가능한가?

① 16시간 ② 22시간
③ 31시간 ④ 41시간

해설 아세틸렌량(l) = 용기내용적(l) × 저장압력(kg·f/cm²)
     = 40.7(l) × 100(kg·f/cm²) = 4,070(l)
프랑스식 팁 100번은 시간당 100리터(l)를 소모하므로,
사용시간(hr) = $\frac{4,070(l)}{100(l)}$ = 40.7시간

33 가스용접 토치 취급상 주의사항이 아닌 것은?

① 토치를 망치나 갈고리 대용으로 사용하여서는 안 된다.
② 점화되어 있는 토치를 아무 곳에나 함부로 방치하지 않는다.
③ 팁 및 토치를 작업장 바닥이나 흙 속에 함부로 방치하지 않는다.
④ 작업 중 역류나 역화 발생 시 산소의 압력을 높여서 예방한다.

[정답] 26 ④ 27 ① 28 ② 29 ① 30 ② 31 ① 32 ④ 33 ④

34 용접기의 특성 중 부하전류가 증가하면 단자전압이 저하되는 특성은?

① 수하 특성
② 동전류 특성
③ 정전압 특성
④ 상승 특성

해설 **용접기의 전원 특성**

전원 특성	특성
수하 특성	부하 전류가 증가하면 단자전압이 저하하는 특성
정전류 특성 (자기제어 특성)	아크 길이에 따라 전압이 변동하여도 전류가 거의 일정한 특성
정전압 특성	전류가 변화하여도 전압이 거의 일정한 특성
아크 상승 특성	부하 전류와 함께 전압이 상승하는 특성

35 다음 중 가스 절단 시 예열 불꽃이 강할 때 생기는 현상이 아닌 것은?

① 드래그가 증가한다.
② 절단면이 거칠어진다.
③ 모서리가 용융되어 둥글게 된다.
④ 슬래그 중의 철 성분의 박리가 어려워진다.

해설 가스 절단 불꽃이 강할 때는 드래그가 감소된다.

36 보기와 같이 연강용 피복아크 용접봉을 표시하였다. 설명으로 틀린 것은?

E 4 3 1 6

① E : 전기 용접봉
② 43 : 봉작금속의 최저 인장강도
③ 16 : 피복제의 계통 표시
④ E4316 : 일미나이트계

해설 E4316은 저수소계 용접봉이다.

37 가스 절단에서 고속 분출을 얻는 데 가장 적합한 다이버전트 노즐은 보통의 팁에 비하여 산소소비량이 같을 때 절단속도를 몇 % 정도 증가시킬 수 있는가?

① 5~10%
② 10~15%
③ 20~25%
④ 30~35%

38 직류아크용접에서 정극성(DCSP)에 대한 설명으로 옳은 것은?

① 용접봉의 녹음이 느리다.
② 용입이 얕다.
③ 비드 폭이 넓다.
④ 모재를 음극(-)에 용접봉을 양극(+)에 연결한다.

해설 **직류 정극성의 특징**
- 모재의 용융이 크고, 용접봉의 용융이 늦다.
- 비드 폭이 좁으며, 용입이 깊으므로 두꺼운 판의 용접에 적합하다.

39 게이지용 강이 갖추어야 할 성질에 대한 설명 중 틀린 것은?

① H$_R$C 55 이하의 경도를 가져야 한다.
② 팽창계수가 보통 강보다 작아야 한다.
③ 시간이 지남에 따라 치수변화가 없어야 한다.
④ 담금질에 의하여 변형이나 균열이 없어야 한다.

해설 게이지강은 치수의 표준이라 하는 게이지(gauge)의 재료로 사용하는 강으로 측정에 사용하는데 열팽창계수가 작아서 온도에 의한 변화가 작아야 한다. 또한 내마모성이 크고 HRC55 이상의 경도를 지녀야 한다.

40 알루미늄에 대한 설명으로 옳지 않은 것은?

① 비중이 2.7로 낮다.
② 용융점은 1,067℃이다.
③ 전기 및 열전도율이 우수하다.
④ 고강도 합금으로 두랄루민이 있다.

[정답] 34 ① 35 ① 36 ④ 37 ③ 38 ① 39 ① 40 ②

해설 알루미늄의 용융점(녹는점)은 660.2±0.1℃이다.

41 강의 표면경화방법 중 화학적 방법이 아닌 것은?
① 침탄법
② 질화법
③ 침탄 질화법
④ 화염 경화법

해설 화염경화법은 물리적 표면경화법에 속한다.

42 황동 합금 중에서 강도는 낮으나 전연성이 좋고 금색에 가까워 모조금이나 판 및 선에 사용되는 합금은?
① 톰백(Tombac)
② 7-3 황동(Cartridge Brass)
③ 6-4 황동(Muntz Metal)
④ 주석 황동(Tin Brass)

해설 톰백(Tombac)은 구리에 아연 8~20%를 함유한 구리합금으로 황금에 가까운 빛깔을 가진다.

43 다음 중 비중이 가장 작은 것은?
① 청동
② 주철
③ 탄소강
④ 알루미늄

해설 비중의 크기 : 청동>탄소강>주철>알루미늄

44 냉간가공 후 재료의 기계적 성질을 설명한 것 중 옳은 것은?
① 항복강도가 감소한다.
② 인장강도가 감소한다.
③ 경도가 감소한다.
④ 연신율이 감소한다.

해설 **냉간가공의 특징**
재결정 온도보다 낮은 온도에서 실시하는 소성가공이다.
• 강도나 경도가 증가되나 강인성은 줄어든다.
• 연신율이 감소한다.

• 조직이 균일하고, 치수가 정밀하며, 매끈한 면을 얻을 수 있다.(제품의 표면이 우수하다.)
• 가공 공수가 적어 가공비가 적게 든다.
• 청열 취성이 발생할 수 있다.

45 금속 간 화합물에 대한 설명으로 옳은 것은?
① 자유도가 5인 상태의 물질이다.
② 금속과 비금속 사이의 혼합물질이다.
③ 금속이 공기 중의 산소와 화합하여 부식이 일어난 물질이다.
④ 두 가지 이상의 금속 원소가 간단한 원자비로 결합되어 있으며, 원래 원소와는 전혀 다른 성질을 갖는 물질이다.

46 물과 얼음의 상태도에서 자유도가 "0(Zero)"일 경우 몇 개의 상이 공존하는가?
① 0
② 1
③ 2
④ 3

47 변태 초소성의 조건과 원칙에 대한 설명 중 틀린 것은?
① 재료에 변태가 있어야 한다.
② 변태 진행 중에 작은 하중에도 변태 초소성이 된다.
③ 감도지수(m)의 값은 거의 0(Zero)의 값을 갖는다.
④ 한 번의 열사이클로 상당한 초소성 변형이 발생한다.

48 Mg-희토류계 합금에서 희토류 원소를 첨가할 때 미시메탈(Micsh-metal)의 형태로 첨가한다. 미시메탈에서 세륨(Ce)을 제외한 합금 원소를 첨가한 합금의 명칭은?
① 탈타늄
② 디디뮴
③ 오스뮴
④ 갈바늄

[정답] 41 ④ 42 ① 43 ④ 44 ④ 45 ④ 46 ④ 47 ③ 48 ②

해설 디디뮴(Di) : 네오듐을 주성분으로 하고 프라세오디뮴을 포함한 것으로 희토류 금속 원소처럼 합금의 강도를 증가시키기 위해 첨가한다.

49 인장시험에서 변형량을 원표점 거리에 대한 백분율로 표시한 것은?
① 연신율 ② 항복점
③ 인장강도 ④ 단면 수축률

50 강에 인(P)이 많이 함유되면 나타나는 결함은?
① 적열메짐 ② 연화메짐
③ 저온메짐 ④ 고온메짐

해설 인(P)이 많이 함유된 강은 저온에서 충격치가 저하되어 메어지게 되는데 이를 저온메짐 또는 저온취성이라고 한다.

51 화살표가 가리키는 용접부의 반대쪽 이음의 위치로 옳은 것은?

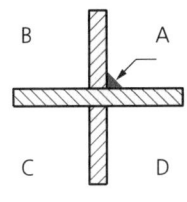

① A ② B
③ C ④ D

52 재료기호에 대한 설명 중 틀린 것은?
① SS400은 일반 구조용 압연강재이다.
② SS400의 400은 최고 인장강도를 의미한다.
③ SM45C는 기계구조용 탄소강재이다.
④ SM45C의 45C는 탄소 함유량을 의미한다.

해설 SS400의 400은 최저 인장강도를 의미한다.

53 보기 입체도의 화살표 방향이 정면일 때 평면도로 적합한 것은?

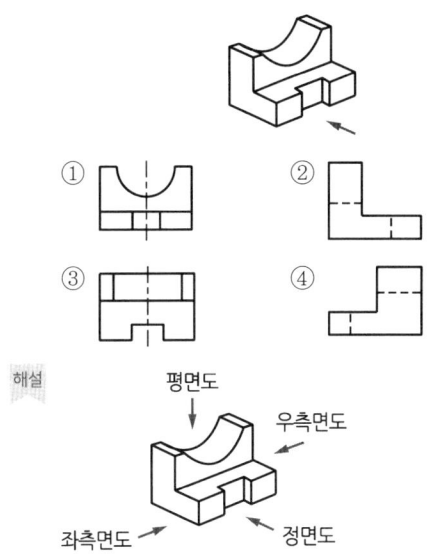

해설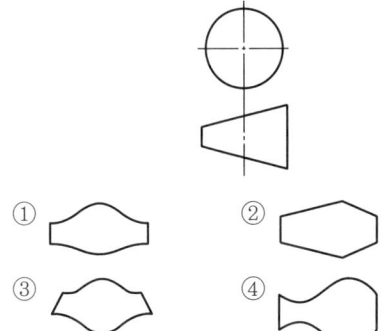

54 보조 투상도의 설명으로 가장 적합한 것은?
① 물체의 경사면을 실제 모양으로 나타낸 것
② 특수한 부분을 부분적으로 나타낸 것
③ 물체를 가상해서 나타낸 것
④ 물체를 90° 회전시켜서 나타낸 것

55 다음 그림과 같이 상하면의 절단된 경사각이 서로 다른 원통의 전개도 형상으로 가장 적합한 것은?

[정답] 49 ① 50 ③ 51 ② 52 ② 53 ① 54 ① 55 ④

56 용접부의 보조기호에서 제거 가능한 이면 판재를 사용하는 경우의 표시기호는?
① M ② P
③ MR ④ PR

57 기계나 장치 등의 실체를 보고 프리핸드(Freehand)로 그린 도면은?
① 배치도 ② 기초도
③ 조립도 ④ 스케치도

58 도면에서 2종류 이상의 선이 겹쳤을 때, 우선하는 순위를 바르게 나타낸 것은?
① 숨은선 > 절단선 > 중심선
② 중심선 > 숨은선 > 절단선
③ 절단선 > 중심선 > 숨은선
④ 무게 중심선 > 숨은선 > 절단선

해설 선의 우선 순위
외형선 > 숨은선 > 절단선 > 중심선 > 무게 중심선 > 치수 보조선

59 관용 테이퍼 나사 중 평행 암나사를 표시하는 기호는?(단, ISO 표준에 있는 기호로 한다.)
① G ② R
③ Rc ④ Rp

해설

관용 테이퍼 나사	테이퍼 수나사	R
	테이퍼 암나사	Rc
	평행 암나사	Rp

60 현의 치수 기입 방법으로 옳은 것은?

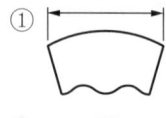
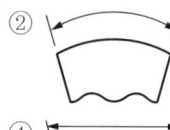
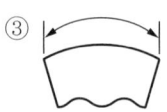
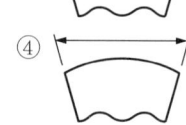

해설
① 현의 길이
② 호의 길이
③ 각도
④ 없음

[정답] 56 ③ 57 ④ 58 ① 59 ④ 60 ①

모의고사 제3회 (용접기능사)

01 초음파 탐상법의 종류에 속하지 않는 것은?
① 투과법　　② 펄스 반사법
③ 공진법　　④ 극간법

해설　초음파 탐상법의 종류 : 펄스 반사법, 투과법, 공진법

02 용접작업 중 지켜야 할 안전사항으로 틀린 것은?
① 보호장구를 반드시 착용하고 작업한다.
② 훼손된 케이블은 사용 후에 보수한다.
③ 도장된 탱크 안에서의 용접은 충분히 환기시킨 후 작업한다.
④ 전격 방지기가 설치된 용접기를 사용한다.

03 자동화 용접장치의 구성요소가 아닌 것은?
① 고주파 발생장치
② 칼럼
③ 트랙
④ 갠트리

해설　고주파 발생장치는 아크용접의 부속설비이다.

04 CO_2 가스 아크용접에서 기공의 발생 원인으로 틀린 것은?
① 노즐에 스패터가 부착되어 있다.
② 노즐과 모재 사이의 거리가 짧다.
③ 모재가 오염(기름, 녹, 페인트)되어 있다.
④ CO_2 가스의 유량이 부족하다.

해설　노즐과 모재 간 거리가 지나치게 길 경우 기공이 발생한다.

05 서브머지드 아크용접의 특징으로 틀린 것은?
① 콘택트 팁에서 통전되므로 와이어 중에 저항열이 적게 발생되어 고전류 사용이 가능하다.
② 아크가 보이지 않으므로 용접부의 적부를 확인하기가 곤란하다.
③ 용접 길이가 짧을 때 능률적이며 수평 및 위보기 자세 용접에 주로 이용된다.
④ 일반적으로 비드 외관이 아름답다.

해설　서브머지드 아크용접은 자동용접으로 일직선으로 용접량이 많은 경우(용접선이 긴 경우) 효율이 높고, 용접선이 짧거나 복잡한 경우 효율이 낮고 비경제적이며, 아래보기 용접만 가능하다.

06 주철 용접 시 주의사항으로 옳은 것은?
① 용접 전류는 약간 높게 하여 운봉하고, 곡선 비드를 배치하며 용입을 깊게 한다.
② 가스 용접 시 중성불꽃 또는 산화불꽃을 사용하고 용제는 사용하지 않는다.
③ 냉각되어 있을 때 피닝작업을 하여 변형을 줄이는 것이 좋다.
④ 용접봉의 지름은 가는 것을 사용하고, 비드의 배치는 짧게 하는 것이 좋다.

07 다음 중 CO_2 가스 아크용접의 장점으로 틀린 것은?
① 용착 금속의 기계적 성질이 우수하다.
② 슬래그 혼입이 없고, 용접 후 처리가 간단하다.

[정답]　01 ④　02 ②　03 ①　04 ②　05 ③　06 ④　07 ④

③ 전류밀도가 높아 용입이 깊고, 용접속도가 빠르다.
④ 풍속 2m/s 이상의 바람에도 영향을 받지 않는다.

08 용접 홈 이음 형태 중 U형은 루트 반지름을 가능한 크게 만드는데 그 이유로 가장 알맞은 것은?
① 큰 개선각도
② 많은 용착량
③ 충분한 용입
④ 큰 변형량

해설 U형 홈은 두꺼운 판을 한쪽 방향에서의 용접에 의해 충분한 용입을 이루고자 할 때 적용한다.

09 비용극식, 비소모식 아크용접에 속하는 것은?
① 피복 아크용접
② TIG 용접
③ 서브머지드 아크용접
④ CO_2 용접

해설
• 용극식(소모식) 용접 : 피복 아크용접(SMAW), CO_2 용접(FCAW), MIG 용접(GMAW), MAG 용접, 서브머지드 아크용접(SAW), 일렉트로 슬래그 용접(ESW) 등 대다수
• 비용극식 용접 : TIG 용접(GTAW)

10 TIG 용접에서 직류 역극성에 대한 설명이 아닌 것은?
① 용접기의 음극에 모재를 연결한다.
② 용접기의 양극에 토치를 연결한다.
③ 비드 폭이 좁고 용입이 깊다.
④ 산화 피막을 제거하는 청정작용이 있다.

11 다음 중 용접작업 전에 예열을 하는 목적으로 틀린 것은?
① 용접 작업성의 향상을 위하여
② 용접부의 수축 변형 및 잔류응력을 경감시키기 위하여
③ 용접금속 및 열 영향부의 연성 또는 인성을 향상시키기 위하여
④ 고탄소강이나 합금강의 열 영향부 경도를 높게 하기 위하여

해설 예열은 용접부의 연성 · 인성 부여 및 경화를 방지하여 기계적 성질을 개선한다.

12 전기저항용접 중 플래시 용접 과정의 3단계를 순서대로 바르게 나타낸 것은?
① 업셋 → 플래시 → 예열
② 예열 → 업셋 → 플래시
③ 예열 → 플래시 → 업셋
④ 플래시 → 업셋 → 예열

13 다음 중 다층 용접 시 적용하는 용착법이 아닌 것은?
① 빌드업법
② 캐스케이드법
③ 스킵법
④ 전진블록법

해설
• 단층 용접법 : 전진법(좌진법), 후진법(우진법), 대칭법, 스킵법(비석법)
• 다층 용접법 : 덧살올림법(빌드업법), 캐스케이드법, 점진블록법(전진블록법)

14 피복 아크용접 시 지켜야 할 유의사항으로 적합하지 않은 것은?
① 작업 시 전류는 적정하게 조절하고 정리 정돈을 잘하도록 한다.
② 작업을 시작하기 전에는 메인스위치를 작동시킨 후에 용접기 스위치를 작동시킨다.
③ 작업이 끝나면 항상 메인스위치를 먼저 끈 후에 용접기 스위치를 꺼야 한다.
④ 아크 발생 시 항상 안전에 신경을 쓰도록 한다.

해설 용접이 완료되면 용접기 본체의 스위치를 차단한 후 메인 스위치를 차단한다.

[정답] 08 ③ 09 ② 10 ③ 11 ④ 12 ③ 13 ③ 14 ③

15 전격의 방지대책으로 적합하지 않은 것은?
① 용접기의 내부는 수시로 열어서 점검하거나 청소한다.
② 홀더나 용접봉은 절대로 맨손으로 취급하지 않는다.
③ 절연 홀더의 절연부분이 파손되면 즉시 보수하거나 교체한다.
④ 땀, 물 등에 의해 습기 찬 작업복, 장갑, 구두 등은 착용하지 않는다.

16 연납과 경납을 구분하는 온도는?
① 550℃ ② 450℃
③ 350℃ ④ 250℃

해설 가열온도에 따라 450℃ 이하는 연납땜, 450℃ 이상은 경납땜으로 구분

17 용접 진행방향과 용착방향이 서로 반대가 되는 방법으로 잔류응력은 다소 적게 발생하나 작업의 능률이 떨어지는 용착법은?
① 전진법 ② 후진법
③ 대칭법 ④ 스킵법

해설 후진법은 화염이 용접부위를 집중 가열하여 열집중성이 좋고 용입이 깊어 두꺼운 판의 용접에 적합하고, 잔류응력은 적게 발생하나 용접 능률이 떨어진다.

18 다음 중 테르밋 용접의 특징에 관한 설명으로 틀린 것은?
① 용접작업이 단순하다.
② 용접기구가 간단하고, 작업장소의 이동이 쉽다.
③ 용접시간이 길고, 용접 후 변형이 크다.
④ 전기가 필요 없다.

해설 테르밋용접은 용접시간이 비교적 짧고, 용접 작업 후 변형이 적음

19 다음 중 용접 후 잔류응력완화법에 해당하지 않은 것은?
① 기계적 응력완화법
② 저온응력완화법
③ 피닝법
④ 화염경화법

해설 용접 잔류응력 제거방법 : 기계적 응력 완화, 피닝, 노내 풀림, 국부 풀림, 저온응력 완화법 등

20 용접 지그나 고정구의 선택기준 설명 중 틀린 것은?
① 용접하고자 하는 물체의 크기를 튼튼하게 고정시킬 수 있는 크기와 강성이 있어야 한다.
② 용접 응력을 최소화할 수 있도록 변형이 자유스럽게 일어날 수 있는 구조이어야 한다.
③ 피용접물의 고정과 분해가 쉬워야 한다.
④ 용접 간극을 적당히 받쳐주는 구조이어야 한다.

해설 지그는 변형을 방지할 수 있는 강도가 있어야 하고, 견고히 설치되어야 한다.

21 다음 중 용접자세 기호로 틀린 것은?
① F ② V
③ H ④ OS

해설 용접 자세 기호(약호)

용접 자세	약호
아래보기 자세(Flat position)	F
수평 자세(Horizontal position)	H
수직 자세(Vertical position)	V
위보기 자세(OverHead position)	O, OH
전 자세(All Position)	AP

정답 15 ① 16 ② 17 ② 18 ③ 19 ④ 20 ② 21 ④

22 전기저항용접의 발열량을 구하는 공식으로 옳은 것은?(단, Q : 발열량[cal], I : 전류[A], R : 저항[Ω], t : 시간[sec]이다.)

① Q=0.24 IRt
② Q=0.24 IR²t
③ Q=0.24 I²Rt
④ Q=0.24 IRt²

23 가스용접 모재의 두께가 3.2mm일 때 가장 적당한 용접봉의 지름을 계산식으로 구하면 몇 mm인가?

① 1.6
② 2.0
③ 2.6
④ 3.2

해설 가스 용접봉의 직경 $D = \dfrac{t}{2} + 1$ [mm]

여기서, t : 모재 두께 [mm]

24 가스 용접에 사용되는 가연성 가스의 종류가 아닌 것은?

① 프로판가스
② 수소가스
③ 아세틸렌 가스
④ 산소

해설 산소는 다른 물체의 연소를 돕는 조연성 가스(지연성 가스)이다.

25 환원가스 발생 작용을 하는 피복아크 용접봉의 피복제 성분은?

① 산화티탄
② 규산나트륨
③ 탄산칼륨
④ 당밀

해설 보호가스 발생제
• 유기물형 : 녹말, 톱밥, 펄프, 셀룰로스, 면사, 전분, 아교, 당밀 등
• 무기물형 : 석회석, 탄산바륨, 목탄, 돌로마이트 등의 탄산염 광물 등

26 토치를 사용하여 용접 부분의 뒷면을 따내거나 U형, H형으로 용접 홈을 가공하는 것으로 일명 가스 파내기라고 부르는 가공법은?

① 산소창 절단
② 선삭
③ 가스 가우징
④ 천공

27 피복아크용접에서 직류 역극성(DCRP) 용접의 특징으로 옳은 것은?

① 모재의 용입이 깊다.
② 비드 폭이 좁다.
③ 봉의 용융이 느리다.
④ 박판, 주철, 고탄소강의 용접 등에 쓰인다.

해설
• 직류 정극성 : 두꺼운 판의 용접
• 직류 역극성 : 얇은 판, 합금강, 비철금속 및 주철의 용접

28 다음 중 아세틸렌 가스의 관으로 사용할 경우 폭발성 화합물을 생성하게 되는 것은?

① 순구리관
② 스테인리스강관
③ 알루미늄합금관
④ 탄소강관

해설 아세틸렌의 밸브 및 배관은 아세틸렌과 반응하여 구리 화합물이 생성되지 않도록 강철계통으로 사용해야 한다.

29 가스 절단 시 예열 불꽃이 약할 때 일어나는 현상으로 틀린 것은?

① 드래그가 증가한다.
② 절단면이 거칠어진다.
③ 역화를 일으키기 쉽다.
④ 절단속도가 느려지고, 절단이 중단되기 쉽다.

해설 가스 절단 시 예열 불꽃이 약할 때 발생하는 현상
• 드래그가 증가한다.
• 절단속도가 늦어진다.
• 절단이 중단되기 쉽다.

30 직류아크 용접기와 비교하여 교류아크 용접기에 대한 설명으로 가장 올바른 것은?

① 무부하 전압이 높고 감전의 위험이 많다.
② 구조가 복잡하고 극성변화가 가능하다.
③ 자기쏠림 방지가 불가능하다.
④ 아크 안정성이 우수하다.

해설 교류아크용접기는 구조가 간단하지만 아크 안정성이 불안하고, 무부하전압이 높으며 감전의 위험이 많다.

[정답] 22 ③ 23 ③ 24 ④ 25 ④ 26 ③ 27 ④ 28 ① 29 ② 30 ①

31 재료의 접합방법은 기계적 접합과 야금적 접합으로 분류하는데 야금적 접합에 속하지 않는 것은?

① 리벳 ② 용접
③ 압접 ④ 납땜

해설 기계적 접합에는 볼트, 리벳, 접어잇기, 확관법 등이 있다.

32 피복아크 용접기를 사용하여 아크 발생을 8분간 하고 2분간 쉬었다면, 용접기 사용률은 몇 %인가?

① 25 ② 40
③ 65 ④ 80

해설 용접기 사용률 : 전체 용접시간 10분 중에서 실제 아크를 발생시켜 용접작업을 한 시간

33 다음 중 알루미늄을 가스 용접할 때 가장 적절한 용제는?

① 붕사 ② 탄산나트륨
③ 염화나트륨 ④ 중탄산나트륨

34 아크용접에서 아크쏠림 방지대책으로 옳은 것은?

① 용접봉 끝을 아크쏠림 방향으로 기울인다.
② 접지점을 용접부에 가까이 한다.
③ 아크 길이를 길게 한다.
④ 직류용접 대신 교류 용접을 사용한다.

해설 아크쏠림을 방지하기 위해 접지점을 2중으로 양쪽 끝에 연결하고, 용접부에서 가능한 멀게 한다.

35 일반적인 용접의 장점으로 옳은 것은?

① 재질 변형이 생긴다.
② 작업공정이 단축된다.
③ 잔류응력이 발생한다.
④ 품질검사가 곤란하다.

36 용접작업을 하지 않을 때는 무부하 전압을 20~30V 이하로 유지하고 용접봉을 작업물에 접촉시키면 릴레이(Relay) 작동에 의해 전압이 높아져 용접작업이 가능하게 하는 장치는?

① 아크부스터 ② 원격제어장치
③ 전격방지기 ④ 용접봉 홀더

37 다음 중 연강용 가스용접봉의 종류인 "GA43"에서 "43"이 의미하는 것은?

① 가스 용접봉
② 용착금속의 연신율 구분
③ 용착금속의 최소 인장강도 수준
④ 용착금속의 최대 인장강도 수준

해설 가스 용접봉의 규격표시
G A 43
└ 금속의 최소 인장강도[kg/mm^2]
└ 금속의 연신률 구분
└ 용접 종류의 약호(G : 가스 용접)

38 피복제 중에 산화티탄(TiO$_2$)을 약 35% 정도 포함한 용접봉으로서 아크는 안정되고 스패터는 적으나 고온 균열(Hot Crack)을 일으키기 쉬운 결점이 있는 용접봉은?

① E 4301 ② E 4313
③ E 4311 ④ E 4316

해설 산화티탄(TiO$_2$)을 35%가량 포함한 것은 고산화티탄계 용접봉(E4313)이다.

39 알루미늄과 마그네슘의 합금으로 바닷물과 알칼리에 대한 내식성이 강하고 용접성이 매우 우수하여 주로 선박용 부품, 화학장치용 부품 등에 쓰이는 것은?

① 실루민 ② 하이드로날륨
③ 알루미늄 청동 ④ 애드미럴티 황동

정답 31 ① 32 ④ 33 ③ 34 ④ 35 ② 36 ③ 37 ③ 38 ② 39 ②

해설 **내식 알루미늄 합금**
알민, 알드레이, 알클래드, 하이드로날륨

40 다음 금속 중 용융 상태에서 응고할 때 팽창하는 것은?
① Sn   ② Zn
③ Mo   ④ Bi

41 60%Cu – 40%Zn 황동으로 복수기용 판, 볼트, 너트 등에 사용되는 합금은?
① 톰백(Tombac)
② 길딩 메탈(Gilding Metal)
③ 문쯔 메탈(Muntz Metal)
④ 애드미럴티 메탈(Admiralty Metal)

해설 문쯔메탈은 6 – 4 황동으로 전연성이 낮고 인장강도가 커서 기계부품에 많이 사용된다.

42 시편의 표점거리가 125mm, 늘어난 길이가 145mm이었다면 연신율은?
① 16%
② 20%
③ 26%
④ 30%

해설 $\varepsilon_n = \dfrac{\text{변형 후 길이} - \text{처음 길이}}{\text{처음 길이}}$
$= \dfrac{L_1 - L_0}{L_0} = \dfrac{145 - 125}{125} = 0.16$

43 주철의 유동성을 나쁘게 하는 원소는?
① Mn   ② C
③ P   ④ S

해설 주철 중의 황(S)은 유동성, 주조성을 불량하게 하는 원소이다.

44 주변 온도가 변화하더라도 재료가 가지고 있는 열팽창계수나 탄성계수 등의 특정한 성질이 변하지 않는 강은?
① 쾌삭강   ② 불변강
③ 강인강   ④ 스테인리스강

해설 불변강에는 엘인바, 인바, 플래티나이트 등이 있으며 고온에서 탄성계수가 불변하고 열팽창계수가 적다.

45 열과 전기의 전도율이 가장 좋은 금속은?
① Cu   ② Al
③ Ag   ④ Au

해설 **열전도율 순서**
은(Ag)＞구리(Cu)＞금(Au)＞알루미늄(Al)＞연강＞스테인리스 강

46 비파괴검사가 아닌 것은?
① 자기탐상시험
② 침투탐상시험
③ 샤르피충격시험
④ 초음파탐상시험

해설 **비파괴검사**
방사선 투과시험, 초음파 검사, 육안검사, 자분 탐상시험, 액체 침투 탐상시험, 와전류 탐상시험, 누설 탐상시험, 음향 방출 검사
샤르피 충격시험은 파괴검사법이다.

47 구상흑연주철에서 그 바탕조직이 펄라이트이면서 구상흑연의 주위를 유리된 페라이트가 감싸고 있는 조직의 명칭은?
① 오스테나이트(Austenite) 조직
② 시멘타이트(Cementite) 조직
③ 레데뷰라이트(Ledeburite) 조직
④ 불스 아이(Bull's Eye) 조직

48 섬유강화금속복합재료의 기지 금속으로 가장 많이 사용되는 것으로 비중이 약 2.7인 것은?
① Na ② FE
③ Al ④ Co

해설 섬유강화 금속 복합재료(FRM : Fiber Reinforced Metal Composites)는 주로 알루미늄, 티탄, 마그네슘 등의 경량 금속재료를 사용한다.

49 강에서 상온 메짐(취성)의 원인이 되는 원소는?
① P ② S
③ Al ④ Co

해설 철강 중에 인(P)은 상온 가공시 취성(상온취성)이 일어나 잘 깨지기 쉽다.

50 강자성체 금속에 해당되는 것은?
① Bi, Sn, Au ② Fe, Pt, Mn
③ Ni, Fe, Co ④ Co, Sn, Cu

해설
- 강자성체 : 철(Fe), 니켈(Ni), 코발트(Co)
- 자성체 : 비스무트(Bi), 안티몬(Sb), 금(Au), 수은(Hg), 구리(Cu)
- 비자성체 : 크롬(Cr), 백금(Pt), 망간(Mn), 알루미늄(Al)

51 그림과 같은 KS 용접기호의 해석으로 올바른 것은?

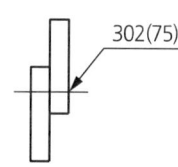

① 지름이 2mm이고, 피치가 75mm인 플러그 용접이다.
② 지름이 2mm이고, 피치가 75mm인 심 용접이다.
③ 용접 수는 2개이고, 피치가 75mm인 슬롯 용접이다.
④ 용접 수는 2개이고, 피치가 75mm인 스폿(점) 용접이다.

52 그림과 같은 도시기호가 나타내는 것은?

① 안전 밸브 ② 전동 밸브
③ 스톱 밸브 ④ 슬루스 밸브

53 도면의 척도 값 중 실제 형상을 확대하여 그리는 것은?
① 2 : 1 ② $1 : \sqrt{2}$
③ 1 : 1 ④ 1 : 2

해설

척도의 종류	값
배척	2 : 1, 5 : 1, 10 : 1, 20 : 1, 50 : 1
	$\sqrt{2} : 1$, $2.5\sqrt{2} : 1$, 100 : 1
실척(현척)	1 : 1
축척	1 : 2, 1 : 5, 1 : 10, 1 : 20, 1 : 50, 1 : 100, 1 : 200
	$1 : \sqrt{2}$, 1 : 2.5, $1 : 2\sqrt{2}$, 1 : 3, 1 : 4, $1 : 5\sqrt{2}$, 1 : 25, 1 : 250
N · S (Not Scale)	물체의 크기와는 상관 없이 임의로 그린 경우 표기

54 그림과 같은 입체도를 3각법으로 올바르게 도시한 것은?

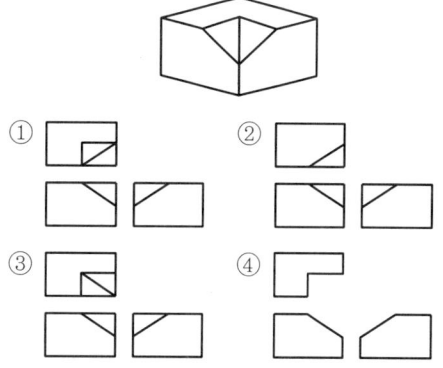

정답 48 ③ 49 ① 50 ③ 51 ④ 52 ① 53 ① 54 ③

55 도면에 물체를 표시하기 위한 투상에 관한 설명 중 잘못된 것은?

① 주 투상도는 대상물의 모양 및 기능을 가장 명확하게 표시하는 면을 그린다.
② 보다 명확한 설명을 위해 주 투상도를 보충하는 다른 투상도를 많이 나타낸다.
③ 특별한 이유가 없을 경우 대상물을 가로길이로 놓은 상태로 그린다.
④ 서로 관련되는 그림의 배치는 되도록 숨은선을 쓰지 않도록 한다.

해설 주 투상도에서 최대한 표현하여야 하며, 보충하는 다른 투상도는 가능한 적게 하여야 한다.

56 KS 기계재료 표시기호 "SS 400"의 400은 무엇을 나타내는가?

① 경도
② 연신율
③ 탄소 함유량
④ 최저 인장강도

57 그림과 같이 기계 도면 작성 시 가공에 사용하는 공구 등의 모양을 나타낼 필요가 있을 때 사용하는 선으로 올바른 것은?

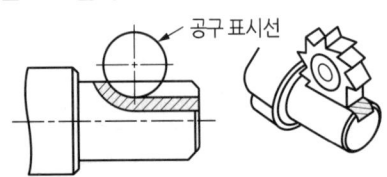

① 가는 실선
② 가는 1점 쇄선
③ 가는 2점 쇄선
④ 가는 파선

58 기호를 기입한 위치에서 먼 면에 카운터 싱크가 있으며, 공장에서 드릴 가공 및 현장에서 끼워 맞춤을 나타내는 리벳의 기호 표시는?

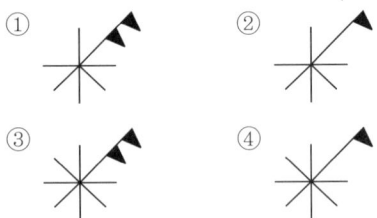

59 그림과 같은 입체도의 화살표 방향 투시도로 가장 적합한 것은?

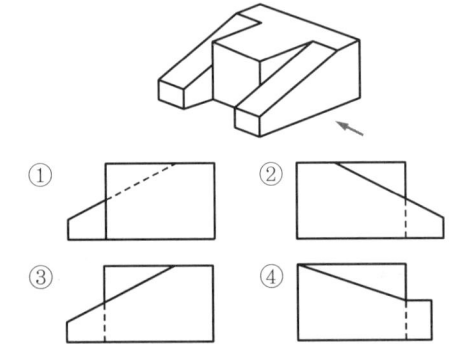

60 치수기입의 원칙에 관한 설명 중 틀린 것은?

① 치수는 필요에 따라 기준으로 하는 점, 선 또는 면을 기준으로 하여 기입한다.
② 대상물의 기능, 제작, 조립 등을 고려하여 필요하다고 생각되는 치수를 명료하게 도면에 지시한다.
③ 치수입력에 대해서는 중복 기입을 피한다.
④ 모든 치수에는 단위를 기입해야 한다.

해설 길이 치수는 mm 단위를 사용하는 것을 원칙으로 하며 단위를 기입하지 않는다.

[정답] 55 ② 56 ④ 57 ① 58 ② 59 ③ 60 ④

모의고사 제4회 (특수용접기능사)

01 CO_2 용접작업 중 가스의 유량은 낮은 전류에서 얼마가 적당한가?

① 10~15 l/min
② 20~25 l/min
③ 30~35 l/min
④ 40~45 l/min

해설

용접 전류	팁에서 모재까지의 거리(mm)	가스 유량
200A 미만	6~15	10~15 l/min
200A 이상	15~25	15~20 l/min

02 피복아크용접 결함 중 용착금속의 냉각속도가 빠르거나, 모재의 재질이 불량할 때 일어나기 쉬운 결함으로 가장 적당한 것은?

① 용입 불량
② 언더컷
③ 오버랩
④ 선상조직

해설 피복아크용접의 결함 중 용착 금속의 냉각 속도가 빠르거나 모재의 재질이 불량할 때 일어나기 쉬운 결함은 '선상조직' 이다.

03 다음 각종 용접에서 전격방지대책으로 틀린 것은?

① 홀더나 용접봉은 맨손으로 취급하지 않는다.
② 어두운 곳이나 밀폐된 구조물에서 작업 시 보조자와 함께 작업한다.
③ CO_2 용접이나 MIG 용접작업 도중에 와이어를 2명이 교대로 교체할 때는 전원은 차단하지 않아도 된다.
④ 용접작업을 하지 않을 때에는 TIG 전극봉은 제거하거나 노즐 뒤쪽에 밀어 넣는다.

해설 용접작업이 완료되거나 중지된 때는 반드시 전원을 내려야 한다.

04 각종 금속의 용접부 예열온도에 대한 설명으로 틀린 것은?

① 고장력강, 저합금강, 주철의 경우 용접 홈을 50~350℃로 예열한다.
② 연강을 0℃ 이하에서 용접할 경우 이음의 양쪽 폭 100mm 정도를 40~75℃로 예열한다.
③ 열전도가 좋은 구리 합금은 200~400℃의 예열이 필요하다.
④ 알루미늄 합금은 500~600℃ 정도의 예열온도가 적당하다.

해설 알루미늄은 200~400℃ 정도로 예열한다.

05 다음 중 초음파 탐상법의 종류에 해당하지 않는 것은?

① 투과법
② 펄스 반사법
③ 관통법
④ 공진법

해설 초음파 탐상법의 종류 : 펄스 반사법, 투과법, 공진법

06 납땜에서 경납용 용제가 아닌 것은?

① 붕사
② 붕산
③ 염산
④ 알칼리

해설
• 연납용 용제 : 염화아연, 염산, 염화암모늄, 인산, 수지, 송진 등
• 경납용 용제 : 붕사, 붕산, 염산염, 알칼리 등

07 플라즈마 아크의 종류가 아닌 것은?

① 이행형 아크
② 비이행형 아크
③ 중간형 아크
④ 텐덤형 아크

[정답] 01 ① 02 ④ 03 ③ 04 ④ 05 ③ 06 ③ 07 ④

08 피복아크 용접작업의 안전사항 중 전격방지대책이 아닌 것은?
① 용접기 내부는 수시로 분해·수리하고 청소를 하여야 한다.
② 절연 홀더의 절연부분이 노출되거나 파손되면 교체한다.
③ 장시간 작업을 하지 않을 시는 반드시 전기 스위치를 차단한다.
④ 젖은 작업복이나 장갑, 신발 등을 착용하지 않는다.

해설 용접기 내부는 함부로 열거나 손을 대어서는 안 된다.

09 서브머지드 아크용접에서 동일한 전류 전압의 조건에서 사용되는 와이어 지름의 영향에 대한 설명 중 옳은 것은?
① 와이어의 지름이 크면 용입이 깊다.
② 와이어의 지름이 작으면 용입이 깊다.
③ 와이어의 지름과 상관이 없이 같다.
④ 와이어의 지름이 커지면 비드 폭이 좁아진다.

10 맞대기용접 이음에서 모재의 인장강도는 40kgf/mm²이며, 용접 시험편의 인장강도가 45kgf/mm²일 때 이음효율은 몇 %인가?
① 88.9
② 104.4
③ 112.5
④ 125.0

해설 용접부 이음효율은 용접이음의 허용응력과 모재의 허용 응력의 비이다.
$$\eta_w = \frac{\eta_2}{\eta_1} \times 100(\%) = \frac{용접이음의\ 효율}{모재의\ 효율} \times 100(\%)$$
$$= \frac{용접이음(시험편)의\ 인장강도}{모재의\ 인장강도} \times 100(\%)$$
$$= \frac{45}{40} \times 100(\%) = 112.5\%$$

11 용접입열이 일정한 경우에는 열전도율이 큰 것일수록 냉각속도가 빠른데 다음 금속 중 열전도율이 가장 높은 것은?
① 구리   ② 납
③ 연강   ④ 스테인리스강

해설 열전도율 순서 : 은(Ag)>구리(Cu)>금(Au)>알루미늄(Al)>연강>스테인리스 강

12 전자렌즈에 의해 에너지를 집중시킬 수 있고, 고용융 재료의 용접이 가능한 용접법은?
① 레이저 용접   ② 피복아크용접
③ 전자 빔 용접   ④ 초음파 용접

13 다음 중 연납의 특성에 관한 설명으로 틀린 것은?
① 연납땜에 사용하는 용가제를 말한다.
② 주석–납계 합금이 가장 많이 사용된다.
③ 기계적 강도가 낮으므로 강도를 필요로 하는 부분에는 적당하지 않다.
④ 은납, 황동납 등이 이에 속하고 물리적 강도가 크게 요구될 때 사용된다.

14 일렉트로 슬래그 용접에서 사용되는 수냉식 판의 재료는?
① 연강   ② 동
③ 알루미늄 ④ 주철

15 용접부의 균열 중 모재의 재질 결함으로서 강괴일 때 기포가 압연되어 생기는 것으로 설퍼밴드와 같은 층상으로 편재해 있어 강재 내부에 노치를 형성하는 균열은?
① 라미네이션(Lamination) 균열
② 루트(Root) 균열
③ 응력 제거 풀림(Stress Relief) 균열
④ 크레이터(Crater) 균열

[정답] 08 ① 09 ② 10 ③ 11 ① 12 ③ 13 ④ 14 ② 15 ①

16 심(Seam) 용접법에서 용접전류의 통전방법이 아닌 것은?
① 직·병렬 통전법 ② 단속 통전법
③ 연속 통전법 ④ 맥동 통전법

17 용접부의 결함이 오버랩일 경우 보수방법은?
① 가는 용접봉을 사용하여 보수한다.
② 일부분을 깎아내고 재용접한다.
③ 양단에 드릴로 정지 구멍을 뚫고 깎아내고 재용접한다.
④ 그 위에 다시 재용접한다.

해설 결함 부분을 깎아내고 재용접한다.

18 다음 중 용접열원을 외부로부터 가하는 것이 아니라 금속분말의 화학반응에 의한 열을 사용하여 용접하는 방식은?
① 테르밋 용접 ② 전기저항 용접
③ 잠호 용접 ④ 플라즈마 용접

19 논가스 아크용접의 설명으로 틀린 것은?
① 보호 가스나 용제를 필요로 한다.
② 바람이 있는 옥외에서 작업이 가능하다.
③ 용접장치가 간단하며 운반이 편리하다.
④ 용접 비드가 아름답고 슬래그 박리성이 좋다.

20 로봇용접의 분류 중 동작기구로부터의 분류방식이 아닌 것은?
① PTB 좌표 로봇
② 직각 좌표 로봇
③ 극좌표 로봇
④ 관절 로봇

해설 로봇 형식 : 직각좌표 로봇, 원통좌표 로봇, 극좌표 로봇, 다관절 로봇, 이동 로봇

21 용접기의 점검 및 보수 시 지켜야 할 사항으로 옳은 것은?
① 정격 사용률 이상으로 사용한다.
② 탭 전환은 반드시 아크 발생을 하면서 시행한다.
③ 2차 측 단자의 한쪽과 용접기 케이스는 반드시 어스(Earth)하지 않는다.
④ 2차 측 케이블이 길어지면 전압강하가 일어나므로 가능한 한 지름이 큰 케이블을 사용한다.

22 아크용접에서 피닝을 하는 목적으로 가장 알맞은 것은?
① 용접부의 잔류응력을 완화시킨다.
② 모재의 재질을 검사하는 수단이다.
③ 응력을 강하게 하고 변형을 유발시킨다.
④ 모재 표면의 이물질을 제거한다.

23 가스용접에서 프로판 가스의 성질 중 틀린 것은?
① 증발 잠열이 작고, 연소할 때 필요한 산소의 양은 1 : 1 정도이다.
② 폭발한계가 좁아 다른 가스에 비해 안전도가 높고 관리가 쉽다.
③ 액화가 용이하여 용기에 충전이 쉽고 수송이 편리하다.
④ 상온에서 기체상태이고 무색, 투명하며 약간의 냄새가 난다.

해설 산소 – 프로판의 연소비율은 4.5(산소) : 1(프로판)이다.

24 가변압식의 팁 번호가 200일 때 10시간 동안 표준 불꽃으로 용접할 경우 아세틸렌 가스의 소비량은 몇 리터인가?
① 20 ② 200
③ 2,000 ④ 20,000

[정답] 16 ① 17 ② 18 ① 19 ① 20 ① 21 ④ 22 ① 23 ① 24 ③

해설 B형 프랑스식 팁(가변압식)의 번호는 시간당 아세틸렌 소모량(l)과 동일하다.

25 가스용접에서 토치를 오른손에, 용접봉을 왼손에 잡고 오른쪽에서 왼쪽으로 용접을 해나가는 용접법은?
① 전진법　　② 후진법
③ 상진법　　④ 병진법

26 정격 2차 전류가 200A, 아크출력 60kW인 교류 용접기를 사용할 때 소비전력은 얼마인가?(단, 내부 손실이 4kW이다.)
① 64kW　　② 104kW
③ 264kW　　④ 804kW

해설
• 아크출력＝아크전압×아크전류＝60[kW]
• 소비전력[kW]
　＝아크전압[V]×아크전류[A]＋내부손실[kW]
　＝아크출력＋내부손실[kW]
　＝60＋4
　＝64[kW]

27 수중절단작업을 할 때 가장 많이 사용하는 가스로 기포 발생이 적은 연료가스는?
① 아르곤　　② 수소
③ 프로판　　④ 아세틸렌

28 다음 중 용접봉의 내균열성이 가장 좋은 것은?
① 셀룰로스계
② 티탄계
③ 일미나이트계
④ 저수소계

해설 아크용접봉의 내균열성 크기
저수소계(E4316)＞일미나이트계(E4301)＞고산화철계(E4330)＞고셀룰로스계(E4311)＞티탄계(E4313)

29 아크에어 가우징법의 작업능률은 가스 가우징법보다 몇 배 정도 높은가?
① 2~3배　　② 4~5배
③ 6~7배　　④ 8~9배

30 피복아크용접에서 홀더로 잡을 수 있는 용접봉 지름(mm)이 5.0~8.0일 경우 사용하는 용접봉 홀더의 종류로 옳은 것은?
① 125호　　② 160호
③ 300호　　④ 400호

해설

홀더 종류	용접전류(A)	아크전압(V)	사용 용접봉 지름(mm)
100호	100	25	1.2~3.2
200호	200	30	2.0~5.0
300호	300	30	3.2~6.4
400호	400	30	4.0~8.0
500호	500	30	5.0~9.0

31 아크 길이가 길 때 일어나는 현상이 아닌 것은?
① 아크가 불안정해진다.
② 용융금속의 산화 및 질화가 쉽다.
③ 열 집중력이 양호하다.
④ 전압이 높고 스패터가 많다.

해설 아크 길이가 길 때 발생하는 현상
• 아크가 불안정해진다.
• 대기로부터의 보호가 나빠져 용융금속의 산화나 질화 발생이 쉽다.
• 열 집중이 불량해지고 용입 불량이 발생한다.
• 스패터(Spatter) 양이 심해지며, 용접 불순물이 많이 포함된다.

32 아크가 보이지 않는 상태에서 용접이 진행된다고 하여 일명 잠호용접이라 부르기도 하는 용접법은?
① 스터드 용접
② 레이저 용접
③ 서브머지드 아크용접
④ 플라즈마 용접

[정답] 25 ① 26 ① 27 ② 28 ④ 29 ① 30 ④ 31 ③ 32 ③

33 용접기의 규격 AW 500의 설명 중 옳은 것은?
① AW은 직류 아크용접기라는 뜻이다.
② 500은 정격 2차 전류의 값이다.
③ AW은 용접기의 사용률을 말한다.
④ 500은 용접기의 무부하 전압값이다.

해설 AW 500은 교류 용접기의 규격 표시방법이며 500은 정격 2차 전류의 표시값이다.

34 직류용접기 사용 시 역극성(DCRP)과 비교한 정극성(DCSP)의 일반적 특징으로 옳은 것은?
① 용접봉의 용융속도가 빠르다.
② 비드 폭이 넓다.
③ 모재의 용입이 깊다.
④ 박판, 주철, 합금강 비철금속의 접합에 쓰인다.

해설 **직류 정극성의 특징**
- 모재의 용융이 크고, 용접봉의 용융이 늦다.
- 비드 폭이 좁으며, 용입이 깊으므로 두꺼운 판의 용접에 적합하다.

35 다음 중 부하전류가 변하여도 단자 전압은 거의 변화하지 않는 용접기의 특성은?
① 수하 특성
② 하향 특성
③ 정전압 특성
④ 정전류 특성

해설 **용접기의 전원 특성**

전원 특성	내용
수하 특성	부하 전류가 증가하면 단자전압이 저하하는 특성
정전류 특성 (자기제어 특성)	아크 길이에 따라 전압이 변동하여도 전류가 거의 일정한 특성
정전압 특성	전류가 변화하여도 전압이 거의 일정한 특성
아크 상승 특성	부하 전류와 함께 전압이 상승하는 특성

36 용접기와 멀리 떨어진 곳에서 용접전류 또는 전압을 조절할 수 있는 장치는?
① 원격제어장치
② 핫 스타트 장치
③ 고주파 발생장치
④ 수동전류조정장치

37 피복 아크용접봉에서 피복제의 주된 역할로 틀린 것은?
① 전기절연작용을 하고 아크를 안정시킨다.
② 스패터의 발생을 적게 하고 용착금속에 필요한 합금원소를 첨가시킨다.
③ 용착 금속의 탈산정련작용을 하며 용융점이 높고, 높은 점성의 무거운 슬래그를 만든다.
④ 모재 표면의 산화물을 제거하고, 양호한 용접부를 만든다.

해설 피복제는 용융점이 낮은 가벼운 슬래그를 생성하여 용접면을 대기로부터 보호한다.

38 가스 절단면의 표준 드래그(Drag) 길이는 판 두께의 몇 % 정도가 가장 적당한가?
① 10%   ② 20%
③ 30%   ④ 40%

39 다음 중 경질 자성 재료가 아닌 것은?
① 샌더스트   ② 알니코 자석
③ 페라이트 자석   ④ 네오디뮴 자석

40 알루미늄과 알루미늄 가루를 압축 성형하고 약 500~600℃로 소결하여 압출가공한 분산강화형 합금의 기호에 해당하는 것은?
① DAP   ② ACD
③ SAP   ④ AMP

[정답] 33 ② 34 ③ 35 ③ 36 ① 37 ③ 38 ② 39 ① 40 ③

41 컬러 텔레비전의 전자총에서 나온 광선의 영향을 받아 섀도 마스크가 열팽창하면 엉뚱한 색이 나오게 된다. 이를 방지하기 위해 섀도 마스크의 제작에 사용되는 불변강은?

① 인바
② Ni-Cr강
③ 스테인리스강
④ 플래티나이트

해설 불변강은 주위의 온도가 변하더라도 재료가 가지고 있는 열팽창계수 및 탄성계수 등의 특성이 변하지 않는 강

42 다음의 조직 중 경도값이 가장 낮은 것은?

① 마텐자이트   ② 베이나이트
③ 소르바이트   ④ 오스테나이트

해설 오스테나이트는 열처리 조직이 아닌 표준 조직으로 베이나이트보다 경도가 낮다.

43 열처리의 종류 중 항온열처리 방법이 아닌 것은?

① 마퀜칭   ② 어닐링
③ 마템퍼링   ④ 오스템퍼링

해설 풀림(어닐링, annealing)은 경화한 재료의 연화, 내부 변형의 제거, 절삭성의 개선, 조직의 개량 등을 목적으로 행하는 열처리

44 문쯔메탈(Muntz Metal)에 대한 설명으로 옳은 것은?

① 90% Cu-10% Zn 합금으로 톰백의 대표적인 것이다.
② 70% Cu-30% Zn 합금으로 가공용 황동의 대표적인 것이다.
③ 70% Cu-30% Zn 황동에 주석(Sn)을 1% 함유한 것이다.
④ 60% Cu-40% Zn 합금으로 황동 중 아연 함유량이 가장 높은 것이다.

45 자기변태가 일어나는 점을 자기 변태점이라 하며, 이 온도를 무엇이라고 하는가?

① 상점   ② 이슬점
③ 퀴리점   ④ 동소점

해설 순철의 자기변태점(A2 = 768℃)은 퀴리포인트라고도 한다.

46 스테인리스강 중 내식성이 제일 우수하고 비자성이나 염산, 황산, 염소가스 등에 약하고 결정입계 부식이 발생하기 쉬운 것은?

① 석출경화계 스테인리스강
② 페라이트계 스테인리스강
③ 마텐자이트계 스테인리스강
④ 오스테나이트계 스테인리스강

47 탄소 함량 3.4%, 규소 함량 2.4% 및 인 함량 0.6%인 주철의 탄소당량(Ceq)은?

① 4.0   ② 4.2
③ 4.4   ④ 4.6

해설 주철의 탄소 당량
$$Ceq = C + \frac{(Si+P)}{3} = 3.4 + \frac{2.4+0.6}{3} = 4.4[\%]$$
탄소당량(Ceq) : 철강에 포함된 합금원소의 함량을 C에 대한 대응량으로 환산하여 탄소함유량의 효과로 환산한 수치이며 용접 시 재료의 선택 및 용접성 평가의 척도가 되고 HAZ의 최고 경도값 추정이 가능하다.

48 라우탈은 Al-Cu-Si 합금이다. 이 중 3~8% Si를 첨가하여 향상되는 성질은?

① 주조성   ② 내열성
③ 피삭성   ④ 내식성

해설 라우탈은 Si 첨가로 주조성이 개선되며, 시효경화성이 있다.

[정답] 41 ① 42 ④ 43 ② 44 ④ 45 ③ 46 ④ 47 ③ 48 ①

49 면심입방격자의 어떤 성질이 가공성을 좋게 하는가?
① 취성   ② 내식성
③ 전연성 ④ 전기전도성

해설 면심입방격자(FCC)구조의 대표적인 금속은 Al, Cu, Au, Pb, Ni, Pt, Ag 등이 있다.

50 금속의 조직검사로서 측정이 불가능한 것은?
① 결함   ② 결정입도
③ 내부응력 ④ 비금속개재물

51 나사의 감김 방향의 지시방법 중 틀린 것은?
① 오른나사는 일반적으로 감김 방향을 지시하지 않는다.
② 왼나사는 나사의 호칭방법에 약호 "LH"를 추가하여 표시한다.
③ 동일 부품에 오른나사와 왼나사가 있을 때는 왼나사에만 약호 "LH"를 추가한다.
④ 오른나사는 필요하면 나사의 호칭방법에 약호 "RH"를 추가하여 표시할 수 있다.

해설 동일한 부품에 왼나사, 오른나사가 있을 때는 각각 약호를 기재해야 한다.

52 그림과 같이 제3각법으로 정투상한 도면에 적합한 입체도는?

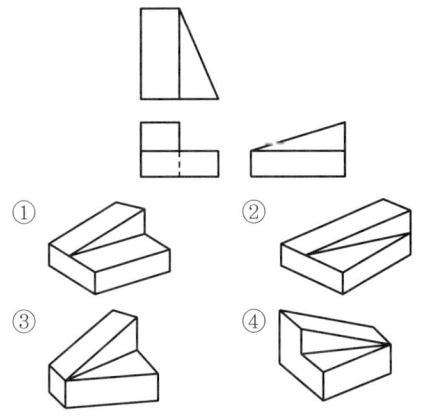

53 다음 냉동장치의 배관 도면에서 팽창 밸브는?

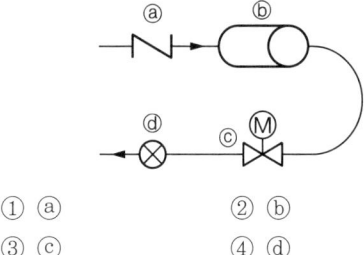

① ⓐ   ② ⓑ
③ ⓒ   ④ ⓓ

54 3각법으로 그린 투상도 중 잘못된 투상이 있는 것은?

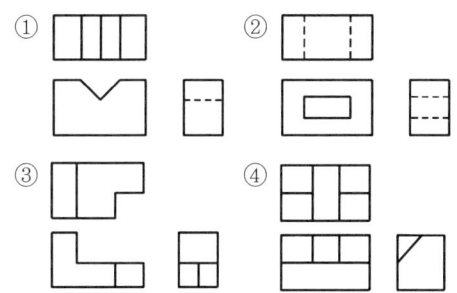

55 다음 중 열간 압연강판 및 강재에 해당하는 재료 기호는?
① SCP   ② SHP
③ STS   ④ SPB

해설
• SCP : 냉간 압연강판 및 강대
• SHP : 열간 압연강판 및 강대
• STS : 스테인리스 강판 및 강대
• SPB : 없음

56 동일 장소에서 선이 겹칠 경우 나타내야 할 선의 우선순위를 옳게 나타낸 것은?
① 외형선＞중심선＞숨은선＞치수보조선
② 외형선＞치수보조선＞중심선＞숨은선
③ 외형선＞숨은선＞중심선＞치수보조선
④ 외형선＞중심선＞치수보조선＞숨은선

[정답] 49 ③ 50 ③ 51 ③ 52 ② 53 ④ 54 ④ 55 ② 56 ③

해설 선의 우선순위
외형선 > 숨은선 > 절단선 > 중심선 > 무게 중심선 > 치수 보조선

57 일반적인 판금 전개도의 전개법이 아닌 것은?
① 다각전개법 ② 평행선법
③ 방사선법 ④ 삼각형법

해설 전개도의 종류

평행선법	원기둥, 각기둥과 같이 중심축이 나란히 직선을 표면에 그을 수 있는 물체의 전개에 쓰이는 방법
방사선법	원뿔, 각뿔 등과 같이 전개도의 테두리를 꼭짓점을 중심으로 전개하는 방법
삼각형법	입체의 표면을 몇 개의 삼각형으로 나누어 전개하는 방법

58 다음 중 치수 보조기호로 사용되지 않는 것은?
① π ② $S\phi$
③ R ④ □

59 다음 단면도에 대한 설명으로 틀린 것은?
① 부분 단면도는 일부분을 잘라내고 필요한 내부 모양을 그리기 위한 방법이다.
② 조합에 의한 단면도는 축, 핀, 볼트, 너트류의 절단면의 이해를 위해 표시한 것이다.
③ 한쪽 단면도는 대칭형 대상물의 외형 절반과 온단면의 절반을 조합하여 표시한 것이다.
④ 회전도시 단면도는 핸들이나 바퀴 등의 암, 림, 훅, 구조물 등의 설단면을 90도 회전시켜서 표시한 것이다.

해설 조합에 의한 단면도는 각 부품의 조립관계, 상관관계, 운동관계 등을 이해하기 쉽도록 표현한 것이며, 원칙적으로 축, 핀, 볼트, 너트 등은 특별한 경우를 제외하고는 단면처리를 하지 않는다.

60 그림과 같은 도면의 해독으로 잘못된 것은?

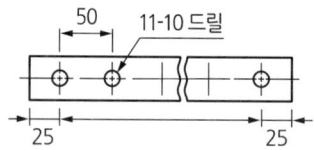

① 구멍 사이의 피치는 50mm
② 구멍의 지름은 10mm
③ 전체 길이는 600mm
④ 구멍의 수는 11개

해설 ϕ10mm의 구멍이 11개 있으므로, 그 사이의 간격(피치)은 1을 빼면 10개이므로 전체 피치는 50mm×(11−1)=500mm이고, 물체의 전체 길이는 양측의 25mm를 더해주면 550mm가 된다.

[정답] 57 ① 58 ① 59 ② 60 ③

모의고사 제5회 (용접기능사)

01 지름이 10cm인 단면에 8,000kgf의 힘이 작용할 때 발생하는 응력은 약 몇 kgf/cm²인가?

① 89　　② 102
③ 121　　④ 158

해설　인장응력 $\sigma_t = \dfrac{\text{최대 작용하중}}{\text{단면적}} = \dfrac{W}{A} = \dfrac{W}{\dfrac{\pi d^2}{4}}$

$= \dfrac{8,000}{\dfrac{\pi 10^2}{4}} = 101.85$

02 화재의 분류 중 C급 화재에 속하는 것은?

① 전기 화재　　② 금속 화재
③ 가스 화재　　④ 일반 화재

해설　화재의 분류

화재 등급	내용
A급	일반 화재 : 나무, 종이, 섬유 등과 같은 물질의 화재
B급	유류 화재 : 기름, 윤활유, 페인트 등과 같은 액체의 화재
C급	전기 화재 : 전기로 인해 발생한 화재
D급	금속 화재 : 가연성 금속의 화재(예 : 금속 나트륨, 마그네슘 등)

03 다음 중 귀마개를 착용하고 작업하면 안 되는 작업자는?

① 조선소의 용접 및 취부작업자
② 자동차 조립공장의 조립작업자
③ 강재 하역장의 크레인 신호자
④ 판금작업장의 타출판금작업자

04 용접 열원을 외부로부터 공급받는 것이 아니라, 금속 산화물과 알루미늄 간의 분말에 점화제를 넣어 점화제의 화학반응에 의하여 생성되는 열을 이용한 금속 용접법은?

① 일렉트로 슬래그 용접
② 전자 빔 용접
③ 테르밋 용접
④ 저항 용접

05 용접작업 시 전격 방지대책으로 틀린 것은?

① 절연 홀더의 절연부분이 노출, 파손되면 보수하거나 교체한다.
② 홀더나 용접봉은 맨손으로 취급한다.
③ 용접기의 내부에 함부로 손을 대지 않는다.
④ 땀, 물 등에 의한 습기 찬 작업복, 장갑, 구두 등을 착용하지 않는다.

해설　홀더나 용접봉은 절대 맨손으로 만지지 않는다.

06 서브머지드 아크용접봉 와이어 표면에 구리를 도금한 이유는?

① 접촉 팁과의 전기 접촉을 원활히 한다.
② 용접시간이 짧고 변형을 적게 한다.
③ 슬래그 이탈성을 좋게 한다.
④ 용융 금속의 이행을 촉진시킨다.

07 기계적 접합으로 볼 수 없는 것은?

① 볼트 이음　　② 리벳 이음
③ 접어 잇기　　④ 압접

[정답]　01 ②　02 ①　03 ③　04 ③　05 ②　06 ①　07 ④

해설
- 기계적 접합 : 리벳 이음, 볼트 이음, 코터 이음 등
- 야금학적 접합 (용접) : 융접, 압접, 납땜 등

08 플래시 용접(flash welding)법의 특징으로 틀린 것은?
① 가열 범위가 좁고 열영향부가 적으며 용접 속도가 빠르다.
② 용접면에 산화물의 개입이 적다.
③ 종류가 다른 재료의 용접이 가능하다.
④ 용접면의 끝맺음 가공이 정확하여야 한다.

해설 플래시 용접은 모재를 정확히 가공할 필요가 없다.

09 서브머지드 아크용접부의 결함으로 가장 거리가 먼 것은?
① 기공   ② 균열
③ 언더컷   ④ 용착

10 다음이 설명하고 있는 현상은?

> 알루미늄 용접에서는 사용 전류에 한계가 있어 용접 전류가 어느 정도 이상이 되면 청정작용이 일어나지 않아 산화가 심하게 생기며 아크 길이가 불안정하게 변동되어 비드 표면이 거칠게 주름이 생기는 현상

① 번 백(burn back)
② 피커링(pickering)
③ 버터링(buttering)
④ 멜트 백킹(melt backing)

11 CO_2 가스 아크용접 결함에 있어서 다공성이란 무엇을 의미하는가?
① 질소, 수소, 일산화탄소 등에 의한 기공을 말한다.
② 와이어 선단부에 용적이 붙어 있는 것을 말한다.
③ 스패터가 발생하여 비드의 외관에 붙어 있는 것을 말한다.
④ 노즐과 모재 간 거리가 지나치게 짧아서 와이어 송급 불량을 의미한다.

12 아크 쏠림의 방지대책에 관한 설명으로 틀린 것은?
① 교류용접으로 하지 말고 직류용접으로 한다.
② 용접부가 긴 경우는 후퇴법으로 용접한다.
③ 아크 길이는 짧게 한다.
④ 접지부를 될 수 있는 대로 용접부에서 멀리한다.

해설 아크 쏠림을 방지하기 위하여 교류용접을 시행한다.

13 박판의 스테인리스강의 좁은 홈의 용접에서 아크 교란상태가 발생할 때 적합한 용접방법은?
① 고주파 펄스 티그 용접
② 고주파 펄스 미그 용접
③ 고주파 펄스 일렉트로 슬래그 용접
④ 고주파 펄스 이산화탄소 아크 용접

14 현미경 시험을 하기 위해 사용되는 부식제 중 철강용에 해당되는 것은?
① 왕수
② 염화제2철용액
③ 피크린산
④ 플루오르화수소액

15 용접 자동화의 장점을 설명한 것으로 틀린 것은?
① 생산성 증가 및 품질을 향상시킨다.
② 용접조건에 따른 공정을 늘일 수 있다.
③ 일정한 전류값을 유지할 수 있다.
④ 용접와이어의 손실을 줄일 수 있다.

해설 자동용접은 용접 조건에 따른 공정이 감소된다.

[정답] 08 ④ 09 ④ 10 ② 11 ① 12 ① 13 ① 14 ③ 15 ②

16 용접부의 연성 결함을 조사하기 위하여 사용되는 시험법은?
① 브리넬 시험   ② 비커스 시험
③ 굽힘 시험   ④ 충격 시험

17 서브머지드 아크용접에 관한 설명으로 틀린 것은?
① 아크 발생을 쉽게 하기 위하여 스틸 울(steel wool)을 사용한다.
② 용융속도와 용착속도가 빠르다.
③ 홈의 개선각을 크게 하여 용접효율을 높인다.
④ 유해광선이나 흄(fume) 등이 적게 발생한다.

해설 서브머지드 아크용접은 홈가공을 최소화하여 재료절감 및 가공공정을 줄일 수 있다.

18 가용접에 대한 설명으로 틀린 것은?
① 가용접 시에는 본용접보다도 지름이 큰 용접봉을 사용하는 것이 좋다.
② 가용접은 본용접과 비슷한 기량을 가진 용접사에 의해 실시되어야 한다.
③ 강도상 중요한 것과 용접의 시점 및 종점이 되는 끝 부분은 가용접을 피한다.
④ 가용접은 본 용접을 실시하기 전에 좌우의 홈 또는 이음부분을 고정하기 위한 짧은 용접이다.

해설 가접(Fit-up)을 할 때는 충분한 용입을 위해 본용접보다 지름이 가는 용접봉을 사용한다.

19 용접 이음의 종류가 아닌 것은?
① 겹치기 이음
② 모서리 이음
③ 라운드 이음
④ T형 필릿 이음

해설 **용접 이음 형상에 따른 구분** : 맞대기 이음, 한면 덮개판 이음, 양면 덮개판 이음, 겹치기 이음, 플러그 이음, T형 필릿 이음, 모서리 이음, 변두리 이음

20 플라즈마 아크 용접의 특징으로 틀린 것은?
① 용접부의 기계적 성질이 좋으며 변형도 적다.
② 용입이 깊고 비드 폭이 좁으며 용접속도가 빠르다.
③ 단층으로 용접할 수 있으므로 능률적이다.
④ 설비비가 적게 들고 무부하 전압이 낮다.

해설 플라즈마 아크 용접의 단점으로 설비비가 비싸다.

21 용접 자세를 나타내는 기호가 틀리게 짝지어진 것은?
① 위보기자세 : O
② 수직자세 : V
③ 아래보기자세 : U
④ 수평자세 : H

22 이산화탄소 아크 용접의 보호가스 설비에서 저전류 영역의 가스유량은 약 몇 l/min 정도가 가장 적당한가?
① 1~5   ② 6~9
③ 10~15   ④ 20~25

해설

용접 전류	가스 유량
200A 미만	$10\sim15 l/min$
200A 이상	$15\sim20 l/min$

23 가스용접의 특징으로 틀린 것은?
① 응용 범위가 넓으며 운반이 편리하다.
② 전원 설비가 없는 곳에서도 쉽게 설치할 수 있다.
③ 아크 용접에 비해서 유해 광선의 발생이 적다.
④ 열집중성이 좋아 효율적인 용접이 가능하여 신뢰성이 높다.

[정답] 16 ③ 17 ③ 18 ① 19 ③ 20 ④ 21 ③ 22 ③ 23 ④

24 규격이 AW 300인 교류 아크 용접기의 정격 2차 전류 조정 범위는?

① 0~300A ② 20~220A
③ 60~330A ④ 120~430A

해설 정격 2차 전류의 조정 범위 : 정격 출력 전류의 20~110% 범위

25 아세틸렌 가스의 성질 중 15℃ 1기압에서의 아세틸렌 1리터의 무게는 약 몇 kg인가?

① 0.151 ② 1.176
③ 3.143 ④ 5.117

26 가스 용접에서 모재의 두께가 6mm일 때 사용되는 용접봉의 직경은 얼마인가?

① 1mm ② 4mm
③ 7mm ④ 9mm

해설 가스 용접봉의 직경 $D = \dfrac{t}{2} + 1\,\text{mm}$

여기서, t : 모재 두께mm

27 피복 아크용접 시 아크열에 의하여 용접봉과 모재가 녹아서 용착금속이 만들어지는데 이때 모재가 녹은 깊이를 무엇이라 하는가?

① 용융지 ② 용입
③ 슬래그 ④ 용적

해설

아크(Arc)	용접봉(-)과 모재(+)를 일정 간격을 유지하여 통전했을 때 발생하는 불꽃 방전으로 온도는 약 5,000℃이다.
용적(Droplet)	Arc 열에 의해 녹은 용접봉 금속의 용융액이 모재로 이동되는 것
용융지 (Molten pool)	모재 금속이 녹은 액체 금속 영역부분
용착	용접봉이 용융지에 녹아들어가는 것
용착 금속	용융지가 응고되어 접합된 부분
크레이터 (Crater)	용융지와 용착 금속의 경계 부분
용입	모재가 녹아 용접된 깊이
용락	용접 시 모재가 녹아내려 구멍이 뚫리는 것

28 직류 아크용접기로 두께가 15mm이고, 길이가 5m인 고장력 강판을 용접하는 도중에 아크가 용접봉 방향에서 한쪽으로 쏠렸다. 다음 중 이러한 현상을 방지하는 방법이 아닌 것은?

① 이음의 처음과 끝에 엔드 탭을 이용한다.
② 용량이 더 큰 직류용접기로 교체한다.
③ 용접부가 긴 경우에는 후퇴 용접법으로 한다.
④ 용접봉 끝을 아크쏠림 반대방향으로 기울인다.

29 강재 표면의 홈이나 개재물, 탈탄층 등을 제거하기 위해 얇고, 타원형 모양으로 표면으로 깎아내는 가공법은?

① 가스 가우징
② 너깃
③ 스카핑
④ 아크 에어 가우징

30 가스용기를 취급할 때의 주의사항으로 틀린 것은?

① 가스용기의 이동 시에는 밸브를 잠근다.
② 가스용기에 진동이나 충격을 가하지 않는다.
③ 가스용기는 환기가 잘되는 장소에 저장한다.
④ 가연성 가스용기는 눕혀서 보관한다.

31 피복아크용접봉은 금속심선의 겉에 피복제를 발라서 말린 것으로 한쪽 끝을 홀더에 물려 전류가 통할 수 있도록 심선길이의 얼마만큼을 피복하지 않고 남겨두는가?

① 3mm
② 10mm
③ 15mm
④ 25mm

[정답] 24 ③ 25 ② 26 ② 27 ② 28 ② 29 ③ 30 ④ 31 ④

32 다음 중 두꺼운 강판, 주철, 강괴 등의 절단에 이용되는 절단법은?
① 산소창 절단 ② 수중 절단
③ 분말 절단 ④ 포갬 절단

33 피복 배합제의 성분 중 탈산제로 사용되지 않는 것은?
① 규소철 ② 망간철
③ 알루미늄 ④ 유황

34 고셀룰로스계 용접봉은 셀룰로스를 몇 % 정도 포함하고 있는가?
① 0~5 ② 6~15
③ 20~30 ④ 30~40

35 용접법의 분류 중 압접에 해당하는 것은?
① 테르밋 용접 ② 전자 빔 용접
③ 유도가열 용접 ④ 탄산가스 아크 용접

36 피복 아크용접에서 일반적으로 가장 많이 사용되는 차광유리의 차광도 번호는?
① 4~5 ② 7~8
③ 10~11 ④ 14~15

37 가스 절단에 이용되는 프로판가스와 아세틸렌가스를 비교하였을 때 프로판가스의 특징으로 틀린 것은?
① 절단면이 미세하며 깨끗하다.
② 포갬 절단 속도가 아세틸렌보다 느리다.
③ 절단 상부 기슭에 녹은 것이 적다.
④ 슬래그의 제거가 쉽다.

38 교류 아크용접기의 종류에 속하지 않는 것은?
① 가동코일형 ② 탭전환형
③ 정류기형 ④ 가포화 리액터형

해설 교류 아크용접기의 종류 : 가동코일형, 가동 철심형, 탭전환형, 가포화 리액터형

39 Mg 및 Mg 합금의 성질에 대한 설명으로 옳은 것은?
① Mg의 열전도율은 Cu와 Al보다 높다.
② Mg의 전기전도율은 Cu와 Al보다 높다.
③ Mg합금보다 Al합금의 비강도가 우수하다.
④ Mg는 알칼리에 잘 견디나 산이나 염수에는 침식된다.

40 금속 간 화합물의 특징을 설명한 것 중 옳은 것은?
① 어느 성분 금속보다 용융점이 낮다.
② 어느 성분 금속보다 경도가 낮다.
③ 일반 화합물에 비하여 결합력이 약하다.
④ Fe_3C는 금속 간 화합물에 해당되지 않는다.

41 니켈-크롬 합금 중 사용한도가 1,000℃까지 측정할 수 있는 합금은?
① 망가닌 ② 우드 메탈
③ 배빗 메탈 ④ 크로멜-알루멜

해설 크로멜 알루멜 열전대는 양극에 크로멜과 음극에 알루멜로 구성된 열전대로 상용 온도는 1,000℃까지이다.

42 주철에 대한 설명으로 틀린 것은?
① 인장강도에 비해 압축강도가 높다.
② 회주철은 편상 흑연이 있어 감쇠능이 좋다.
③ 주철 절삭 시에는 절삭유를 사용하지 않는다.
④ 액상일 때 유동성이 나쁘며, 충격저항이 크다.

[정답] 32 ① 33 ④ 34 ③ 35 ③ 36 ③ 37 ② 38 ③ 39 ④ 40 ③ 41 ④ 42 ④

해설 주철은 용융상태에서 유동성이 우수하여 주조성이 우수하고, 충격저항이 낮다.

43 철에 Al, Ni, Co를 첨가한 합금으로 잔류자속밀도가 크고 보자력이 우수한 자성 재료는?
① 퍼멀로이 ② 센더스트
③ 알니코 자석 ④ 페라이트 자석

해설 알니코는 알루미늄, 코발트, 니켈, 철과 함께 동과 타이타늄을 혼합해 만든 합금 자석으로 온도에 매우 특화된 영구자석으로 최대 650℃의 높은 온도에서 자력을 잃지 않는다는 장점이 있다.

44 물과 얼음, 수증기가 평형을 이루는 3중점 상태에서의 자유도는?
① 0 ② 1
③ 2 ④ 3

45 황동의 종류 중 순 Cu와 같이 연하고 코닝하기 쉬워 동전이나 메달 등에 사용되는 합금은?
① 95%Cu – 5%Zn 합금
② 70%Cu – 30%Zn 합금
③ 60%Cu – 40%Zn 합금
④ 50%Cu – 50%Zn 합금

46 금속재료의 표면에 강이나 주철의 작은 입자(ϕ 0.5 mm~1.0mm)를 고속으로 분사시켜, 표면의 경도를 높이는 방법은?
① 침탄법 ② 질화법
③ 폴리싱 ④ 쇼트 피닝

47 탄소강이 200~300℃에서 연신율과 단면수축률이 상온보다 저하되어 단단하고 깨지기 쉬우며, 강의 표면이 산화되는 현상은?
① 적열메짐 ② 상온메짐
③ 청열메짐 ④ 저온메짐

해설 취성(메짐)의 종류

취성	특징	발생 온도
냉간 취성 (저온 취성)	일반적으로 강이 천이 온도인 0℃ 이하에서 급격하게 취약해지는 현상	0℃
상온 취성	상온에서 연신율, 충격치, 피로 등에 대해 깨어지는 현상	상온
청열 취성	200~300℃(A_0변태점 이상)에서 강의 강도는 커지나, 연신율이 급격히 저하하여 취성이 발생하는 현상	200~300℃ (A_0변태점 이상)
적열 취성	900℃ 이상(A_3변태점 이상)에서 S에 의해 발생하는 메짐현상	900℃ 이상 (A_3변태점 이상)
고온 취성	강의 Cu 함유량이 0.2% 이상일 때 고온에서 현저히 여리게 되는 현상	고온
뜨임 취성	• 담금질 강을 뜨임하면 충격값이 현저히 감소하게 되는 현상 • 몰리브덴(Mo)을 첨가하여 방지	상온

48 강에 S, Pb 등의 특수 원소를 첨가하여 절삭할 때 칩을 잘게 하고 피삭성을 좋게 만든 강은 무엇인가?
① 불변강 ② 쾌삭강
③ 베어링강 ④ 스프링강

해설 쾌삭강은 절삭성이 좋은 강을 말하며 첨가 원소는 P, S, Pb 등으로 취성을 이용하여 잘 짤리고 공구의 수명을 증가시키며 일명 자동절삭강이라 한다.

49 주위의 온도 변화에 따라 선팽창계수나 탄성률 등의 특정한 성질이 변하지 않는 불변강이 아닌 것은?
① 인바 ② 엘린바
③ 코엘린바 ④ 스텔라이트

해설 스텔라이트는 Co, W, Cr 합금강으로 코발트가 주 성분인 단단한 탄화물 합금강이다. 스텔라이트 용접봉은 내식성과 내마모성이 우수하여 널리 사용된다.

[정답] 43 ③ 44 ① 45 ① 46 ④ 47 ③ 48 ② 49 ④

50 Al의 비중과 용융점(℃)은 약 얼마인가?
① 2.7, 660℃ ② 4.5, 390℃
③ 8.9, 220℃ ④ 10.5, 450℃

51 기계제도에서 물체의 보이지 않는 부분의 형상을 나타내는 선은?
① 외형선 ② 가상선
③ 절단선 ④ 숨은선

해설
- 외형선 : 대상물의 보이는 외형을 나타내기 위해 사용되며 굵은 실선으로 표시한다.
- 가상선 : 가는 2점 쇄선으로 표시되며, 가공 전후의 모양, 조립 상대면 혹은 상대운동의 위치 등을 표현하기 위해 사용한다.
- 절단선 : 가는 1점쇄선으로 표시되며, 단면도를 그리는 경우 그 절단위치를 나타내기 위해 사용된다.
- 은선(숨은선) : 대상물의 보이지 않는 모양을 나타낼 때 사용되며, 중간 굵기의 파선(·····)으로 표시한다.

52 그림과 같은 입체도의 화살표 방향을 정면도로 표현할 때 실제와 동일한 형상으로 표시되는 면을 모두 고른 것은?

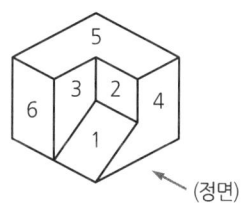

① 3과 4 ② 4와 6
③ 2와 6 ④ 1과 5

53 다음 중 한쪽 단면도를 올바르게 도시한 것은?
① 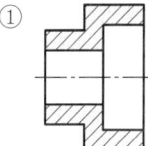 ②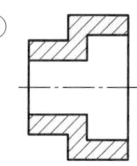
③ 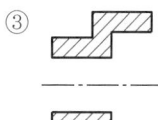 ④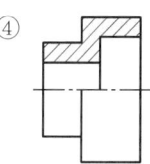

해설 한쪽 단면도를 도시할 때에는 가급적 단면부분은 위로 가고, 외형 부분은 아래로 가도록 해야 한다.

54 다음 재료기호 중 용접구조용 압연강재에 속하는 것은?
① SPPS 380
② SPC
③ SCW 450
④ SM 400

해설
- SPPS : 압력구조용 탄소강관
- SPC : 냉간 압연 강판 및 강대
- SCW : 용접 구조용 주강품
- SM○○○ : 용접 구조용 압연강재

55 그림의 도면에서 X의 거리는?

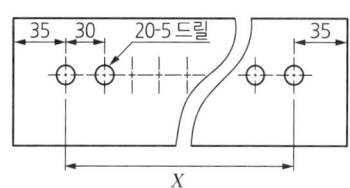

① 510mm ② 570mm
③ 600mm ④ 630mm

해설 φ5mm의 구멍이 20개 있으므로, 그 사이의 간격(피치)은 1을 빼면,
30mm × (20 − 1) = 570mm

56 다음 중 참고 치수를 나타내는 것은?
① (50) ② □50
③ 50̄ ④ 50

[정답] 50 ① 51 ④ 52 ① 53 ④ 54 ④ 55 ② 56 ①

57 주투상도를 나타내는 방법에 관한 설명으로 옳지 않은 것은?

① 조립도 등 주로 기능을 나타내는 도면에서는 대상물을 사용하는 상태로 표시한다.
② 주투상도를 보충하는 다른 투상도는 되도록 적게 표시한다.
③ 특별한 이유가 없을 경우 대상물을 세로 길이로 놓은 상태로 표시한다.
④ 부품도 등 가공하기 위한 도면에서는 가공에 있어서 도면을 가장 많이 이용하는 공정에서 대상물을 놓은 상태로 표시한다.

해설 주투상도는 특별한 이유가 없는 경우에는 가로로 놓는 것을 원칙으로 한다.

58 그림에서 나타난 용접기호의 의미는?

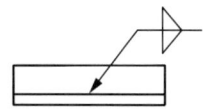

① 플래어 K형 용접
② 양쪽 필릿 용접
③ 플러그 용접
④ 프로젝션 용접

59 그림과 같은 배관 도면에서 도시기호 S는 어떤 유체를 나타내는가?

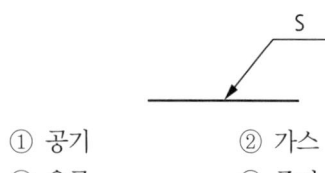

① 공기   ② 가스
③ 유류   ④ 증기

해설 유체 기호

유체의 종류	글자 기호
공기	A(Air)
가스	G(Gas)
유류	O(Oil)
증기	S(Steam)
물	W(Water)

60 그림의 입체도에서 화살표 방향을 정면으로 하여 제3각법으로 그린 정투상도는?

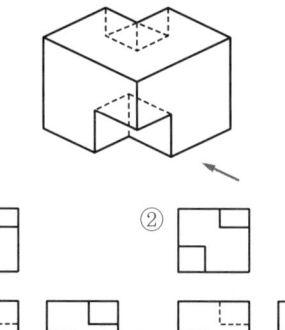

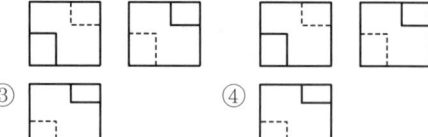

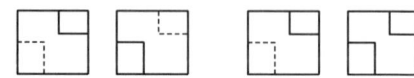

해설

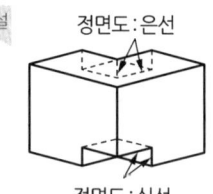

정면도 : 은선
정면도 : 실선

[정답] 57 ③ 58 ② 59 ④ 60 ①

모의고사 제6회 (특수용접기능사)

01 용접이음 설계 시 충격하중을 받는 연강의 안전율은?

① 12   ② 8
③ 5   ④ 3

해설

재료의 종류	정하중	반복하중	교번하중	충격하중
강	3	5	8	12
주철	4	6	10	15
구리 등 연질금속	5	6	9	15

02 다음 중 기본 용접 이음 형식에 속하지 않는 것은?

① 맞대기 이음   ② 모서리 이음
③ 마찰 이음   ④ T자 이음

해설 용접 이음 형상에 따른 구분 : 맞대기 이음, 한면 덮개판 이음, 양면 덮개판 이음, 겹치기 이음, 플러그 이음, T형 필릿 이음, 모서리 이음, 변두리 이음

03 화재의 분류는 소화 시 매우 중요한 역할을 한다. 서로 바르게 연결된 것은?

① A급 화재 – 유류 화재
② B급 화재 – 일반 화재
③ C급 화재 – 가스 화재
④ D급 화재 – 금속 화재

해설 화재의 분류

화재 등급	내용
A급	일반화재 : 나무, 종이, 섬유 등과 같은 물질의 화재
B급	유류화재 : 기름, 윤활유, 페인트 등과 같은 액체의 화재
C급	전기화재 : 전기로 인해 발생한 화재
D급	금속화재 : 가연성 금속의 화재(예 : 금속 나트륨, 마그네슘 등)

04 불활성 가스가 아닌 것은?

① C_2H_2 ② Ar
③ Ne   ④ He

해설 불활성가스(Inert Gas)는 주기율표상의 18족에 해당하는 가스상의 물질로 다른 원소와 반응을 하지 않는 물질이다. 불활성가스로는 헬륨(He), 네온(Ne), 아르곤(Ar), 크립톤(Kr), 크세논(Xe), 라돈(Rn)이 있다.

05 서브머지드 아크용접장치 중 전극 형상에 의한 분류에 속하지 않는 것은?

① 와이어(Wire) 전극
② 테이프(Tape) 전극
③ 대상(Hoop) 전극
④ 대차(Carriage) 전극

해설 서브머지드 아크용접의 전극 형상에 따른 종류

전극 형상	특징
복합 와이어 전극 (Flux Cored Wire)	와이어 내부에 아크 안정제, 탈산제, 합금 성분 등을 포함한 용제(Flux)를 포함한 용가재 와이어 지름 : 2, 2.4, 3.2, 4, 5.6, 6.4, 8.0mm
대상 와이어 전극 (Hoop Wire)	전극의 형상이 테이프 혹은 밴드로 된 용가재로서, 덧살 용접에 주로 사용된다. • Tape 식 : 두께 1.2~1.6mm, 폭 8~25mm의 코일 • Band 식 : 두께 0.4~1.0mm, 폭 25~150mm의 후프(Hoop)

06 용접 시공 계획에서 용접 이음 준비에 해당되지 않는 것은?

① 용접 홈의 가공   ② 부재의 조립
③ 변형 교정   ④ 모재의 가용접

[정답] 01 ① 02 ③ 03 ④ 04 ① 05 ④ 06 ③

해설 변형 교정은 용접 중, 또는 용접 후에 실시하는 용접 후처리 작업 중 하나이다.

07 다음 중 서브머지드 아크용접(Submerged Arc Welding)에서 용제의 역할과 가장 거리가 먼 것은?

① 아크 안정
② 용락 방지
③ 용접부의 보호
④ 용착금속의 재질 개선

해설 서브머지드 아크용접에서 용제의 역할
- 아크 안정화 및 대기로부터 용접부를 보호하여 정련 작용 및 급냉 방지
- 용접 금속 및 모재에 합금을 공급하여 기계적 강도 개선
- 용입을 용이하게 하며, 용접 비드의 형상을 결정

08 다음 중 전기저항 용접의 종류가 아닌 것은?

① 점 용접
② MIG 용접
③ 프로젝션 용접
④ 플래시 용접

해설 MIG용접은 불활성 가스용접이며 이산화탄소(CO_2)를 많이 사용하므로 CO_2용접이라고도 한다.

09 다음 중 용접 금속에 기공을 형성하는 가스에 대한 설명으로 틀린 것은?

① 응고온도에서의 액체와 고체의 용해도 차에 의한 가스 방출
② 용접금속 중에서의 화학반응에 의한 가스 방출
③ 아크 분위기에서의 기체의 물리적 혼입
④ 용접 중 가스압력의 부적당

해설 가스압력은 기공과 관계없으며, 보호가스의 유량이 부족할 경우 기공이 발생하기 쉽다.

10 가스용접 시 안전조치로 적절하지 않은 것은?

① 가스의 누설검사는 필요할 때만 체크하고 점검은 수돗물로 한다.
② 가스용접장치는 화기로부터 5m 이상 떨어진 곳에 설치해야 한다.
③ 작업 종료 시 메인 밸브 및 콕 등을 완전히 잠가준다.
④ 인화성 액체 용기의 용접을 할 때는 증기 열탕물로 완전히 세척한 후 통풍구멍을 개방하고 작업한다.

해설 가스의 누설검사는 수시로 하되, 비눗물로 실시한다.

11 TIG 용접에서 가스이온이 모재에 충돌하여 모재 표면에 산화물을 제거하는 현상은?

① 제거효과
② 청정효과
③ 용융효과
④ 고주파효과

12 연강의 인장시험에서 인장시험편의 지름이 10mm이고, 최대하중이 5,500kgf일 때 인장강도는 약 몇 kgf/mm²인가?

① 60
② 70
③ 80
④ 90

해설 인장응력 $\sigma_t = \dfrac{\text{최대 작용하중}}{\text{단면적}} = \dfrac{W}{A}$
$= \dfrac{W}{\dfrac{\pi d^2}{4}} = \dfrac{5,500}{\dfrac{\pi 10^2}{4}} = 70.03 \text{kgf/mm}^2$

13 용접부의 표면에 사용되는 검사법으로 비교적 간단하고 비용이 싸며, 특히 자기탐상검사가 되지 않는 금속재료에 주로 사용되는 검사법은?

① 방사선 비파괴검사
② 누수검사
③ 침투 비파괴검사
④ 초음파 비파괴검사

14 용접에 의한 변형을 미리 예측하여 용접하기 전에 용접 반대방향으로 변형을 주고 용접하는 방법은?

① 억제법
② 역변형법
③ 후퇴법
④ 비석법

[정답] 07 ② 08 ② 09 ② 10 ① 11 ② 12 ② 13 ③ 14 ②

15 다음 중 플라즈마 아크용접에 적합한 모재가 아닌 것은?

① 텅스텐, 백금
② 티탄, 니켈 합금
③ 티탄, 구리
④ 스테인리스강, 탄소강

해설 플라즈마 아크용접으로 용접이 가능한 금속
스테인리스강, 탄소강, 티타늄, 니켈 합금, 구리 및 황동 등

16 용접 지그를 사용했을 때의 장점이 아닌 것은?

① 구속력을 크게 하여 잔류응력 발생을 방지한다.
② 동일 제품을 다량 생산할 수 있다.
③ 제품의 정밀도를 높인다.
④ 작업을 용이하게 하고 용접능률을 높인다.

해설 지그를 사용할 경우 용접 제품을 구속하여 변형을 방지하므로 재료 내부에는 잔류응력이 커진다.

17 일종의 피복아크용접법으로 피더(Feeder)에 철분계 용접봉을 장착하여 수평 필릿용접을 전용으로 하는 일종의 반자동 용접장치로서 모재와 일정한 경사를 갖는 금속지주를 용접 홀더가 하강하면서 용접되는 용접법은?

① 그래비트 용접   ② 용사
③ 스터드 용접   ④ 테르밋 용접

18 피복아크용접에 의한 맞대기 용접에서 개선 홈과 판 두께에 관한 설명으로 틀린 것은?

① I형 : 판 두께 6mm 이하 양쪽 용접에 적용
② V형 : 판 두께 20mm 이하 한쪽 용접에 적용
③ U형 : 판 두께 40~60mm 양쪽 용접에 적용
④ X형 : 판 두께 15~40mm 양쪽 용접에 적용

해설 U형 용접 : 두꺼운 판을 한쪽 방향에서의 용접에 의해 충분한 용입을 이루고자 할 때 적용하며, 판 두께는 16~50mm 두께까지 가능하다.

19 이산화탄소 아크용접 방법에서 전진법의 특징으로 옳은 것은?

① 스패터의 발생이 적다.
② 깊은 용입을 얻을 수 있다.
③ 비드 높이가 낮고 평탄한 비드가 형성된다.
④ 용접선이 잘 보이지 않아 운봉을 정확하게 하기 어렵다.

해설 전진법의 특징
• 용접선이 잘 보여 정확한 운봉이 가능하다.
• 비드가 깨끗하고 높이가 낮다.
• 화염이 용입을 방해하며 모재를 과열시키고 용접금속의 산화가 심하다.
• 열 이용률이 나쁘고, 용접부의 변형이 크며 용접속도가 느리다.
• 스패터 발생량이 많고, 냉각속도가 빨라 용착금속의 조직이 거칠다.

20 일렉트로 슬래그 용접에서 주로 사용되는 전극 와이어의 지름은 보통 몇 mm인가?

① 1.2~1.5   ② 1.7~2.3
③ 2.5~3.2   ④ 3.5~4.0

21 볼트나 환봉을 피스톤형의 홀더에 끼우고 모재와 볼트 사이에 순간적으로 아크를 발생시켜 용접하는 방법은?

① 서브머지드 아크용접
② 스터드 용접
③ 테르밋 용접
④ 불활성 가스 아크용접

22 용접 결함과 그 원인에 대한 설명 중 잘못 짝지어진 것은?

① 언더컷 – 전류가 너무 높을 때
② 기공 – 용접봉이 흡습되었을 때
③ 오버랩 – 전류가 너무 낮을 때
④ 슬래그 섞임 – 전류가 과대되었을 때

[정답] 15 ① 16 ④ 17 ① 18 ③ 19 ③ 20 ③ 21 ② 22 ④

해설 슬래그 혼입의 원인
- 다층 용접 시 전 층 용접부의 슬래그 제거가 불충분할 때
- 저전류로 용접 시
- 운봉속도가 느릴 때
- 용접 개선 각도 및 전극 와이어의 각도가 부적절할 때
- 전진법이 후진법보다 많이 발생
- 용접사의 부적절한 운봉으로도 발생

23 피복아크용접에서 피복제의 성분에 포함되지 않는 것은?
① 피복 안정제
② 가스 발생제
③ 피복 이탈제
④ 슬래그 생성제

해설 피복제의 성분 : 아크 안정제, 슬래그 생성제, 보호가스 발생제, 합금 첨가제, 탈산제, 탈질제, 고착제, 방습제

24 피복 아크용접봉의 용융속도를 결정하는 식은?
① 용융속도=아크전류×용접봉 쪽 전압강하
② 용융속도=아크전류×모재 쪽 전압강하
③ 용융속도=아크전압×용접봉 쪽 전압강하
④ 용융속도=아크전압×모재 쪽 전압강하

25 용접법의 분류에서 아크용접에 해당되지 않는 것은?
① 유도가열용접 ② TIG 용접
③ 스터드용접   ④ MIG 용접

해설 유도가열 용접=고주파 용접

26 피복아크용접 시 용접선 상에서 용접봉을 이동시키는 조작을 말하며 아크의 발생, 중단, 재아크, 위빙 등이 포함된 작업을 무엇이라 하는가?
① 용입   ② 운봉
③ 키홀   ④ 용융지

27 다음 중 산소 및 아세틸렌 용기의 취급방법으로 틀린 것은?
① 산소용기의 밸브, 조정기, 도관, 취부구는 반드시 기름이 묻은 천으로 깨끗이 닦아야 한다.
② 산소용기의 운반 시에는 충돌, 충격을 주어서는 안 된다.
③ 사용이 끝난 용기는 실병과 구분하여 보관한다.
④ 아세틸렌 용기는 세워서 사용하며 용기에 충격을 주어서는 안 된다.

해설 산소, 가스 등 화기 작업용 가스의 취급에 있어서 윤활유나 기름 등을 바르면 위험하다.

28 가스용접이나 절단에 사용되는 가연성 가스의 구비조건으로 틀린 것은?
① 발열량이 클 것
② 연소속도가 느릴 것
③ 불꽃의 온도가 높을 것
④ 용융금속과 화학반응이 일어나지 않을 것

해설 가연성 가스는 연소속도가 빨라야 한다.

29 다음 중 가변저항의 변화를 이용하여 용접전류를 조정하는 교류 아크용접기는?
① 탭 전환형
② 가동 코일형
③ 가동 철심형
④ 가포화 리액터형

30 AW-250, 무부하전압 80V, 아크전압 20V인 교류 용접기를 사용할 때 역률과 효율은 각각 얼마인가?(단, 내부 손실은 4kW이다.)
① 역률 : 45%, 효율 : 56%
② 역률 : 48%, 효율 : 69%
③ 역률 : 54%, 효율 : 80%
④ 역률 : 69%, 효율 : 72%

[정답] 23 ③ 24 ① 25 ① 26 ② 27 ① 28 ② 29 ④ 30 ①

해설
- 역률 = $\dfrac{\text{소비전력}}{\text{전원입력}}$

  $= \dfrac{\text{아크전압} \times \text{아크전류} + \text{내부손실}}{\text{무부하 전압} \times \text{아크전류}}$

  $= \dfrac{20 \times 250 + 4{,}000}{80 \times 250} = 0.45$

- 효율 = $\dfrac{\text{아크출력}}{\text{소비전력}}$

  $= \dfrac{\text{아크전압} \times \text{아크전류}}{\text{아크전압} \times \text{아크전류} + \text{내부손실}}$

  $= \dfrac{20 \times 250}{20 \times 250 + 4{,}000} = 0.56$

31 혼합가스 연소에서 불꽃 온도가 가장 높은 것은?
① 산소-수소 불꽃
② 산소-프로판 불꽃
③ 산소-아세틸렌 불꽃
④ 산소-부탄 불꽃

해설 불꽃 온도 : 아세틸렌＞수소＞프로판＞메탄

32 연강용 피복아크용접봉의 종류와 피복제 계통으로 틀린 것은?
① E4303 : 라임티타니아계
② E4311 : 고산화티탄계
③ E4316 : 저수소계
④ E4327 : 철분산화철계

해설 아크용접봉의 종류 : 일미나이트계(E4301), 라임티탄계(E4303), 고셀룰로스계(E4311), 고산화티탄계(E4313), 저수소계(E4316), 철분산화티탄계(E4324), 철분저수소계(E4326), 철분산화철계(E4327), 특수계(E4340)

33 산소-아세틸렌 가스절단과 비교한 산소-프로판 가스절단의 특징으로 옳은 것은?
① 절단면이 미세하며 깨끗하다.
② 절단 개시 시간이 빠르다.
③ 슬래그 제거가 어렵다.
④ 중성불꽃을 만들기가 쉽다.

해설 산소-프로판 가스절단의 특징
- 절단면이 미세하며 깨끗하다.
- 절단 개시 시간이 늦고, 절단 상부의 녹는 양이 적다.
- 중성 불꽃을 만들기 어렵다.
- 슬래그 제거가 쉽다.

34 피복 아크용접에서 "모재의 일부가 녹은 쇳물 부분"을 의미하는 것은?
① 슬래그   ② 용융지
③ 피복부   ④ 용착부

35 가스압력 조정 시 취급사항으로 틀린 것은?
① 압력 용기의 설치구 방향에는 장애물이 없어야 한다.
② 압력 지시계가 잘 보이도록 설치하며 유리가 파손되지 않도록 주의한다.
③ 조정기를 견고하게 설치한 다음 조정 나사를 잠그고 밸브를 빠르게 열어야 한다.
④ 압력 조정기 설치구에 있는 먼지를 털어내고 연결부에 정확하게 연결한다.

해설 가스 사용 시 밸브는 천천히 개폐해야 하고, 완전 개방한다.

36 연강용 가스 용접봉에서 "625±25℃에서 1시간 동안 응력을 제거한 것"을 뜻하는 영문자 표시에 해당되는 것은?
① NSR   ② GB
③ SR   ④ GA

해설 가스 용접봉의 형식
- SR Type : 용접 후 625±25℃에서 풀림처리를 실시
- NSR Type : 용접 후 풀림처리를 하지 않음

37 피복아크용접에서 위빙(Weaving) 폭은 심선 지름의 몇 배로 하는 것이 가장 적당한가?
① 1배   ② 2~3배
③ 5~6배   ④ 7~8배

[정답] 31 ③ 32 ② 33 ① 34 ② 35 ③ 36 ③ 37 ②

38 전격방지기는 아크를 끊음과 동시에 자동적으로 릴레이가 차단되어 용접기의 2차 무부하 전압을 몇 V 이하로 유지시키는가?
① 20~30 ② 35~45
③ 50~60 ④ 65~75

39 30% Zn을 포함한 황동으로 연신율이 비교적 크고, 인장강도가 매우 높아 판, 막대, 관, 선 등으로 널리 사용되는 것은?
① 톰백(Tombac)
② 네이벌 황동(Naval Brass)
③ 6 : 4 황동(Muntz Metal)
④ 7 : 3 황동(Cartidge Brass)

해설 7:3황동은 Cu(70%)−Zn(30%) 합금으로 대표적인 가공용 황동으로 연신율이 크고 인장강도가 높으며 냉간가공성이 좋다.

40 Au의 순도를 나타내는 단위는?
① K(Carat)
② P(Pound)
③ %(Percent)
④ μm(Micron)

41 다음 상태도에서 액상선을 나타내는 것은?

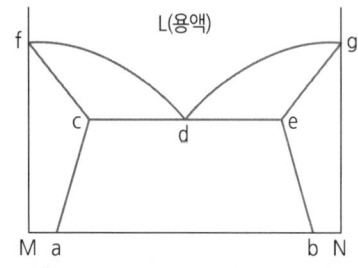

① acf ② cde
③ fdg ④ beg

42 금속 표면에 스텔라이트, 초경합금 등의 금속을 용착시켜 표면 경화층을 만드는 것은?
① 금속 용사법 ② 하드 페이싱
③ 쇼트 피닝   ④ 금속 침투법

43 다음 중 용접법의 분류에서 초음파 용접은 어디에 속하는가?
① 납땜   ② 압접
③ 융접   ④ 아크용접

44 주철의 조직은 C와 Si의 양과 냉각속도에 의해 좌우된다. 이들의 요소와 조직의 관계를 나타낸 것은?
① C.C.T 곡선   ② 탄소 당량도
③ 주철의 상태도 ④ 마우러 조직도

45 Al−Cu−Si 합금의 명칭으로 옳은 것은?
① 알민   ② 라우탈
③ 알드리 ④ 코슨 합금

해설 알민(Al−Mn), 라우탈(Al−Cu−Si), 알드리(Al−Mg−Si), 코슨합금(Cu−Ni−Si)

46 Al 표면에 방식성이 우수하고 치밀한 산화 피막이 만들어지도록 하는 방식 방법이 아닌 것은?
① 산화법 ② 수산법
③ 황산법 ④ 크롬산법

해설 아노다이징(양극산화법)의 종류는 전해액의 종류에 따라 수산법, 황산법, 크롬산법으로 구분된다.

47 다음 중 재결정온도가 가장 낮은 것은?
① Sn   ② Mg
③ Cu   ④ Ni

해설 Sn : 0℃, Mg : 150℃, Cu : 200℃, Ni : 500~650℃

[정답] 38 ① 39 ④ 40 ① 41 ③ 42 ② 43 ② 44 ④ 45 ② 46 ① 47 ①

48 다음 중 하드필드(Hadfield) 강에 대한 설명으로 틀린 것은?

① 오스테나이트 조직의 Mn강이다.
② 성분은 10~14Mn%, 0.9~1.3C% 정도이다.
③ 이 강은 고온에서 취성이 생기므로 600~800℃에서 공랭한다.
④ 내마멸성과 내충격성이 우수하고, 인성이 우수하기 때문에 파쇄장치, 임펠러 플레이트 등에 사용한다.

해설 철에 탄소 외에 망가니즈(Mn)를 첨가한 합금강으로 고망가니즈강은 하드필드강이라 하며, Mn이 들어가면 오스테나이트가 안정해지며 내마모성, 내충격성 등이 향상되어 광산기계, 철도레일의 교차점 등에 쓰인다.

49 Fe – C 상태도에서 A_3와 A_4 변태점 사이에서의 결정구조는?

① 체심정방격자
② 체심입방격자
③ 조밀육방격자
④ 면심입방격자

해설

	912[℃] (A_3 변태점)		1,400[℃] (A_4 변태점)	
α – Fe		γ – Fe		δ – Fe
체심입방격자 (B.C.C)		면심입방격자 (F.C.C)		체심입방격자 (B.C.C)

50 열팽창계수가 다른 두 종류의 판을 붙여서 하나의 판으로 만든 것으로 온도 변화에 따라 휘거나 그 변형을 구속하는 힘을 발생하며 온도감응소자 등에 이용되는 것은?

① 서멧 재료
② 바이메탈 재료
③ 형상기억합금
④ 수소저장합금

51 기계제도에서 가는 2점 쇄선을 사용하는 것은?

① 중심선
② 지시선
③ 피치선
④ 가상선

해설
• 가는 실선 : 치수선, 치수보조선, 지시선, 회전단면선, 수준면선, 해칭선 등
• 가는 1점 쇄선 : 중심선, 기준선, 피치선
• 가는 2점 쇄선 : 가상선

52 나사의 종류에 따른 표시기호가 옳은 것은?

① M – 미터 사다리꼴 나사
② UNC – 미니추어 나사
③ Rc – 관용 테이퍼 암나사
④ G – 전구나사

해설

나사의 종류		나사의 종류를 표시하는 방법	나사의 호칭에 대한 표시 방법의 보기
미터 보통 나사		M	M8
미터 가는 나사			M8×1
유니파이 보통 나사		UNC	3/8 – 16UNC
관용 테이퍼 나사	수나사	R	R3/4
	암나사	Rc	Rc3/4
	평행 암나사	Rp	Rp3/4
관용 평행 나사		G	G1/2

53 배관용 탄소강관의 종류를 나타내는 기호가 아닌 것은?

① SPPS 380
② SHP 380
③ SCP 390
④ SPLT 390

해설
• SPPS : 압력구조용 탄소강관
• SHP : 고압 배관용 탄소강관
• SPLT : 저온 배관용 강관
• SCP : 냉간압연 강판 및 강대의 JIS규격

[정답] 48 ③ 49 ④ 50 ② 51 ④ 52 ③ 53 ③

54 기계제도에서 도형의 생략에 관한 설명으로 틀린 것은?

① 도형이 대칭 형식인 경우에는 대칭 중심선의 한쪽 도형만을 그리고, 그 대칭 중심선의 양 끝 부분에 대칭그림기호를 그려서 대칭임을 나타낸다.
② 대칭 중심선의 한쪽 도형을 대칭 중심선을 조금 넘는 부분까지 그려서 나타낼 수도 있으며, 이때 중심선 양끝에 대칭그림기호를 반드시 나타내야 한다.
③ 같은 종류, 같은 모양의 것이 다수 줄지어 있는 경우에는 실형 대신 그림기호를 피치선과 중심선과의 교점에 기입하여 나타낼 수 있다.
④ 축, 막대, 관과 같은 동일 단면형의 부분은 지면을 생략하기 위하여 중간 부분을 파단선으로 잘라내서 그 긴요한 부분만을 가까이 하여 도시할 수 있다.

해설 대칭 도형의 경우 중심선까지만 외형선을 표시하고, 그 절반은 생략하여 도시할 수 있다.

55 모떼기의 치수가 2mm이고 각도가 45°일 때 올바른 치수 기입 방법은?

① C2   ② 2C
③ 2−45°   ④ 45°×2

해설 모떼기는 각도를 표시하지 않고, 치수 앞에 기호 'C'를 붙인다.

56 도형의 도시방법에 관한 설명으로 틀린 것은?

① 소성가공 때문에 부품의 초기 윤곽선을 도시해야 할 필요가 있을 때는 가는 2점 쇄선으로 도시한다.
② 필릿이나 둥근 모퉁이와 같은 가상의 교차선은 윤곽선과 서로 만나지 않은 가는 실선으로 투상도에 도시할 수 있다.
③ 널링 부는 굵은 실선으로 전체 또는 부분적으로 도시한다.
④ 투명한 재료로 된 모든 물체는 기본적으로 투명한 것처럼 도시한다.

해설 투명한 물체도 투상도에 투명하지 않은 물체처럼 동일하게 외형을 표시하며, 별도의 재질 기호 또는 주기를 표시할 수 있다.

57 그림과 같은 제3각 정투상도에 가장 적합한 입체도는?

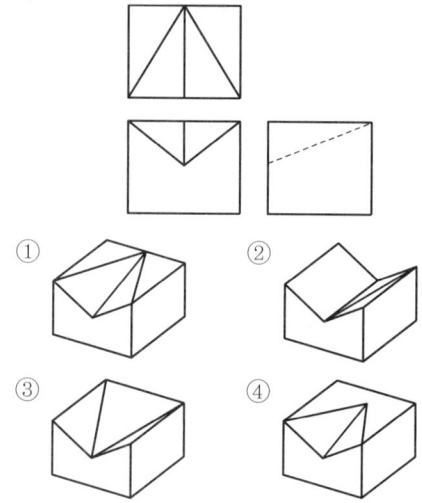

58 제3각법으로 정투상한 그림에서 누락된 정면도로 가장 적합한 것은?

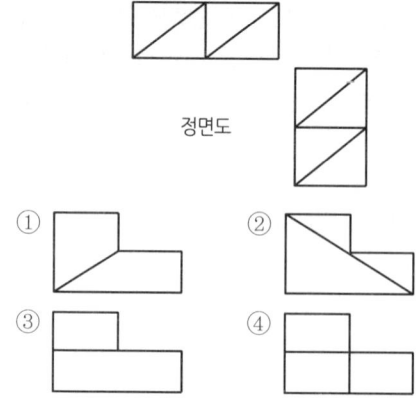

[정답] 54 ② 55 ① 56 ④ 57 ① 58 ②

해설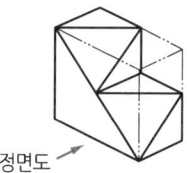

59 다음 중 게이트 밸브를 나타내는 기호는?

① ⋈   ② ⋈
③ ⋈   ④ ⋈

해설

게이트 밸브	⋈	체크 밸브	⋈
볼 밸브	⋈	코크 밸브	⋈

60 그림과 같은 용접기호는 무슨 용접을 나타내는가?

① 심용접   ② 비트 용접
③ 필릿 용접   ④ 점용접

해설 ① 심용접 : ⊖   ② 비트 용접 : 없음
③ 필릿 용접 : ◸   ④ 점용접 : ✳

[정답] 59 ① 60 ③

모의고사 제7회 (용접기능사)

01 서브머지드 아크용접에서 사용하는 용제 중 흡습성이 가장 적은 것은?
① 용융형 ② 혼성형
③ 고온소결형 ④ 저온소결형

해설 흡습성이 높은 용제 → 소결형 용제

02 고주파 교류 전원을 사용하여 TIG 용접을 할 때 장점으로 틀린 것은?
① 긴 아크 유지가 용이하다.
② 전극봉의 수명이 길어진다.
③ 비접촉에 의해 융착 금속과 전극의 오염을 방지한다.
④ 동일한 전극봉 크기로 사용할 수 있는 전류 범위가 작다.

해설 고주파 교류를 이용한 TIG 용접은 동일한 전극봉 직경으로 사용할 수 있는 전류 범위가 넓다.

03 맞대기 용접이음에서 판 두께 9mm, 용접선 길이 120mm, 하중 7,560N일 때, 인장응력은 몇 N/mm²인가?
① 5 ② 6
③ 7 ④ 8

해설 용접부 인장응력 $\sigma_t = \dfrac{W}{t \cdot l} = \dfrac{\text{최대 인장하중}}{\text{판 두께} \times \text{용접선 길이}}$
$= \dfrac{7{,}560}{9 \times 120} = 7$

04 용접 설계상 주의사항으로 틀린 것은?
① 용접에 적합한 설계를 할 것
② 구조상의 노치부가 생성되게 할 것
③ 결함이 생기기 쉬운 용접 방법은 피할 것
④ 용접이음이 한곳으로 집중되지 않도록 할 것

05 납땜에 사용되는 용제가 갖추어야 할 조건으로 틀린 것은?
① 청정한 금속면의 산화를 방지할 것
② 납땜 후 슬래그의 제거가 용이할 것
③ 모재나 땜납에 대한 부식작용이 최소한일 것
④ 전기저항 납땜에 사용되는 것은 부도체일 것

해설 용제의 필요 특성
• 땜납제보다 저온에서 용용되어야 한다.
• 용제의 유효온도 범위와 납땜의 온도가 일치해야 한다.
• 산화 피막 등 불순물을 제거가 용이하고, 유동성이 우수해야 한다.
• 모재나 땜납을 부식시키지 않아야 한다.
• 땜납의 표면 장력을 증대시켜 모재와 친화력을 높일 수 있어야 한다.

06 용접 이음부를 예열하는 목적을 설명한 것으로 틀린 것은?
① 수소의 방출을 용이하게 하여 저온균열을 방지한다.
② 모재의 열 영향부와 용착금속의 연화를 방지하고, 경화를 증가시킨다.
③ 용접부의 기계적 성질을 향상시키고, 경화 조직의 석출을 방지시킨다.
④ 온도분포가 완만하게 되어 열응력의 감소로 변형과 잔류응력의 발생을 적게 한다.

해설 예열은 용접부에 연성·인성 부여 및 경화를 방지하여 기계적 성질을 개선한다.

[정답] 01 ① 02 ④ 03 ③ 04 ② 05 ④ 06 ②

07 전자 빔 용접의 특징으로 틀린 것은?

① 정밀 용접이 가능하다.
② 용접부의 열 영향부가 크고 설비비가 적게 든다.
③ 용입이 깊어 다층용접도 단층용접으로 완성할 수 있다.
④ 유해가스에 의한 오염이 적고 높은 순도의 용접이 가능하다.

해설 전자빔 용접은 용융부 및 열영향부가 좁고 용입이 깊으며 설비가 고가이다.

08 샤르피식의 시험기를 사용하는 시험방법은?

① 경도시험   ② 인장시험
③ 피로시험   ④ 충격시험

해설 샤르피 시험은 충격에 의한 파괴시험이다.

09 다음 중 서브머지드 아크용접의 다른 명칭이 아닌 것은?

① 잠호 용접
② 헬리 아크용접
③ 유니언 멜트 용접
④ 불가시 아크용접

해설
- 서브머지드 아크용접 : 잠호 용접, 유니언 멜트 용접, 불가시 아크용접
- TIG 아크 용접의 상품명 : 헬리아크, 아르곤아크, 헬리웰드

10 용접 제품을 조립하다가 V홈 맞대기 이음 홈의 간격이 5mm 정도 멀어졌을 때 홈의 보수 및 용접방법으로 가장 적합한 것은?

① 그대로 용접한다.
② 뒷댐판을 대고 용접한다.
③ 덧살 올림 용접 후 가공하여 규정 간격을 맞춘다.
④ 치수에 맞는 재료로 교환하여 루트 간격을 맞춘다.

해설 맞대기 이음의 루트 갭 보수방법

루트 갭	방법
6mm 이하	이음부의 한쪽 또는 양쪽을 덧붙임 용접 후 다시 개선하여 용접
6~15mm	이음부의 뒷면에 두께 6mm 정도의 뒷 댐판을 대고 용접
15mm 이상	판을 전후 또는 300mm 이상의 일부로 바꾼다.

11 한 부분의 몇 층을 용접하다가 이것을 다음 부분의 층으로 연속시켜 전체 모양이 계단 형태를 이루는 용착법은?

① 스킵법
② 덧살 올림법
③ 전진 블록법
④ 캐스케이드법

해설

용착법	특징
덧살 올림법 (Build up – Method)	각 층마다 전체의 길이를 용접하면서 비드를 쌓아 올려 다층 용접을 실시하는 방법
캐스케이드법 (Cascade – Method)	한 부분의 몇 층을 용접하다가 이것을 다음 부분의 층으로 연속시켜 전체가 단계를 이루도록 용착시켜 나가는 방법
점진 블록법 (전진 블록법)	한 개의 용접봉으로 살을 붙일 만한 길이로 구분해서 홈을 한 부분씩 여러 층으로 쌓아 올린 다음, 다음 부분으로 진행하는 방법
비석법 (스킵법)	용접 길이를 짧게 나누어 간격을 두고 이전 이음을 뛰어넘어가면서 용접

12 산소와 아세틸렌 용기의 취급상 주의사항으로 옳은 것은?

① 직사광선이 잘 드는 곳에 보관한다.
② 아세틸렌병은 안전상 눕혀서 사용한다.
③ 산소병은 40℃ 이하 온도에서 보관한다.
④ 산소병 내에 다른 가스를 혼합해도 상관없다.

[정답] 07 ② 08 ④ 09 ② 10 ③ 11 ④ 12 ③

13 피복아크용접의 필릿용접에서 루트 간격이 4.5 mm 이상일 때의 보수 요령은?
① 규정대로의 각장으로 용접한다.
② 두께 6mm 정도의 뒤판을 대서 용접한다.
③ 라이너를 넣든지 부족한 판을 300mm 이상 잘라내서 대체하도록 한다.
④ 그대로 용접하여도 좋으나 넓혀진 만큼 각장을 증가시킬 필요가 있다.

해설 **필릿 이음의 루트 갭 보수방법**

루트 갭	방법
1.5mm 이하	규정된 다리길이로 용접
1.5~4.5mm	그대로 용접하거나 갭만큼 각장 길이를 높여서 용접
4.5mm 이상	루트 갭 사이 라이너를 삽입하고 용접

14 다음 중 초음파 탐상법의 종류가 아닌 것은?
① 극간법   ② 공진법
③ 투과법   ④ 펄스 반사법

해설 **초음파 탐상법의 종류** : 펄스 반사법, 투과법, 공진법

15 CO_2 가스 아크 평면용접에서 이면 비드의 형성은 물론 뒷면 가우징 및 뒷면 용접을 생략할 수 있고, 모재의 중량에 따른 뒤업기(turn over) 작업을 생략할 수 있도록 홈 용접부 이면에 부착하는 것은?
① 스캘롭   ② 엔드 탭
③ 뒷댐재   ④ 포지셔너

16 탄산가스 아크용접의 장점이 아닌 것은?
① 가시 아크이므로 시공이 편리하다.
② 적용되는 재질이 철계통으로 한정되어 있다.
③ 용착금속의 기계적 성질 및 금속학적 성질이 우수하다.
④ 전류 밀도가 높아 용입이 깊고 용접속도를 빠르게 할 수 있다.

17 현상제(MgO, $BaCO_3$)를 사용하여 용접부의 표면 결함을 검사하는 방법은?
① 침투 탐상법   ② 자분 탐상법
③ 초음파 탐상법   ④ 방사선 투과법

18 미세한 알루미늄 분말과 산화철 분말을 혼합하여 과산화바륨과 알루미늄 등의 혼합분말로 된 점화제를 넣고 연소시켜 그 반응열로 용접하는 방법은?
① MIG 용접   ② 테르밋 용접
③ 전자 빔 용접   ④ 원자 수소 용접

19 용접결함에서 언더컷이 발생하는 조건이 아닌 것은?
① 전류가 너무 낮을 때
② 아크 길이가 너무 길 때
③ 부적당한 용접봉을 사용할 때
④ 용접속도가 적당하지 않을 때

해설 **언더컷의 발생** : 용접전류가 너무 강할 때, 용접속도가 너무 빠를 때, 아크 길이가 너무 길 때, 부적당한 용접봉의 사용, 용접봉 각도 및 운봉이 부적절할 때

20 플라즈마 아크용접장치에서 아크 플라즈마의 냉각가스로 쓰이는 것은?
① 아르곤과 수소의 혼합가스
② 아르곤과 산소의 혼합가스
③ 아르곤과 메탄의 혼합가스
④ 아르곤과 프로판의 혼합가스

21 피복아크용접 작업 시 감전으로 인한 재해의 원인으로 틀린 것은?
① 1차 측과 2차 측 케이블의 피복 손상부에 접촉되었을 경우

[정답] 13 ③ 14 ① 15 ③ 16 ② 17 ① 18 ② 19 ① 20 ① 21 ③

② 피용접물에 붙어있는 용접봉을 떼려다 몸에 접촉되었을 경우
③ 용접기기의 보수 중에 입출력 단자가 절연된 곳에 접촉되었을 경우
④ 용접작업 중 홀더에 용접봉을 물릴 때나, 홀더가 신체에 접촉되었을 경우

22 보기에서 설명하는 서브머지드 아크용접에 사용되는 용제는?

- 화학적 균일성이 양호하다.
- 반복 사용성이 좋다.
- 비드 외관이 아름답다.
- 용접 전류에 따라 입자의 크기가 다른 용제를 사용해야 한다.

① 소결형
② 혼성형
③ 혼합형
④ 용융형

23 기체를 수천 도의 높은 온도로 가열하면 그 속도의 가스원자가 원자핵과 전자로 분리되어 양(+)과 음(-) 이온상태로 된 것을 무엇이라 하는가?

① 전자빔
② 레이저
③ 테르밋
④ 플라즈마

24 정격 2차 전류 300A, 정격 사용률 40%인 아크 용접기로 실제 200A 용접 전류를 사용하여 용접하는 경우 전체시간을 10분으로 하였을 때 다음 중 용접시간과 휴식시간을 올바르게 나타낸 것은?

① 10분 동안 계속 용접한다.
② 5분 용접 후 5분간 휴식한다.
③ 7분 용접 후 3분간 휴식한다.
④ 9분 용접 후 1분간 휴식한다.

25 용해 아세틸렌 취급 시 주의사항으로 틀린 것은?

① 저장 장소는 통풍이 잘 되어야 된다.
② 저장 장소에는 화기를 가까이 두지 말아야한다.
③ 용기는 진동이나 충격을 가하지 말고 신중히 취급해야 한다.
④ 용기는 아세톤의 유출을 방지하기 위해 눕혀서 보관한다.

26 다음 중 아크 절단법이 아닌 것은?

① 스카핑
② 금속 아크 절단
③ 아크 에어 가우징
④ 플라즈마 제트

해설
- 아크 절단법의 종류 : 산소 아크절단, 탄소 아크절단, 금속 아크절단, 불활성 가스 아크절단, 플라즈마 아크절단, 아크 에어 가우징 등
- 특수 절단 : 분말 절단(철분 절단, 플럭스 절단), 가스 가우징, 스카핑, 산소창 절단, 겹치기(포갬) 절단, 수중 절단 등

27 피복아크 용접봉의 피복제 작용을 설명한 것 중 틀린 것은?

① 스패터를 많게 하고, 탈탄 정련작용을 한다.
② 용융금속의 용적을 미세화하고, 용착효율을 높인다.
③ 슬래그 제거를 쉽게 하며, 파형이 고운 비드를 만든다.
④ 공기로 인한 산화, 질화 등의 해를 방지하여 용착금속을 보호한다.

해설 피복제는 용접 금속의 탈산 및 정련작용을 돕고 스패터 양을 적게, 슬래그 제거를 쉽게 하여 깨끗한 용접면을 만든다.

28 용접법의 분류 중에서 융접에 속하는 것은?

① 시임 용접
② 테르밋 용접
③ 초음파 용접
④ 플래시 용접

해설 융접(Fusion Welding)에는 아크용접, 가스 용접, 테르밋 용접, 일렉트로 슬래그 용접 등이 있다.

[정답] 22 ④ 23 ④ 24 ④ 25 ④ 26 ① 27 ① 28 ②

29 산소 용기의 윗부분에 각인되어 있는 표시 중 최고 충전 압력의 표시는 무엇인가?
① TP
② FP
③ WP
④ LP

30 2개의 모재에 압력을 가해 접촉시킨 다음 접촉에 압력을 주면서 상대운동을 시켜 접촉면에서 발생하는 열을 이용하는 용접법은?
① 가스압접
② 냉간압접
③ 마찰용접
④ 열간압접

31 사용률이 60%인 교류 아크용접기를 사용하여 정격전류로 6분 용접하였다면 휴식시간은 얼마인가?
① 2분
② 3분
③ 4분
④ 5분

해설 용접기 사용률이 전체 용접시간 10분 중에서 실제 아크를 발생시켜 용접작업을 한 시간이다.

32 모재의 절단부를 불활성 가스로 보호하고 금속 전극에 대전류를 흐르게 하여 절단하는 방법으로 알루미늄과 같이 산화에 강한 금속에 이용되는 절단방법은?
① 산소 절단
② TIG 절단
③ MIG 절단
④ 플라즈마 절단

33 용접기의 특성 중에서 부하전류가 증가하면 단자 전압이 저하하는 특성은?
① 수하 특성
② 상승 특성
③ 정전압 특성
④ 자기제어 특성

해설 용접기의 전원 특성

전원 특성	내용
수하 특성	부하 전류가 증가하면 단자전압이 저하하는 특성
정전류 특성 (자기제어 특성)	아크 길이에 따라 전압이 변동하여도 전류가 거의 일정한 특성
정전압 특성	전류가 변화하여도 전압이 거의 일정한 특성
아크 상승 특성	부하 전류와 함께 전압이 상승하는 특성

34 산소 – 아세틸렌 불꽃의 종류가 아닌 것은?
① 중성 불꽃
② 탄화 불꽃
③ 산화 불꽃
④ 질화 불꽃

해설 불꽃의 종류
아세틸렌염, 탄화염, 중성염, 산화염

35 리벳이음과 비교한 용접이음의 특징을 열거한 중 틀린 것은?
① 구조가 복잡하다.
② 이음효율이 높다.
③ 공정의 수가 절감된다.
④ 유밀, 기밀, 수밀이 우수하다.

36 아크 에어 가우징 작업에 사용되는 압축공기의 압력으로 적당한 것은?
① 1~3kgf/cm²
② 5~7kgf/cm²
③ 9~12kgf/cm²
④ 14~156kgf/cm²

37 탄소 전극봉 대신 절단 전용의 특수 피복을 입힌 전극봉을 사용하여 절단하는 방법은?
① 금속아크 절단
② 탄소아크 절단
③ 아크 에어 가우징
④ 플라즈마 제트 절단

[정답] 29 ② 30 ③ 31 ③ 32 ③ 33 ① 34 ④ 35 ① 36 ② 37 ①

38 산소 아크절단에 대한 설명으로 가장 적합한 것은?
① 전원은 직류 역극성이 사용된다.
② 가스절단에 비하여 절단속도가 느리다.
③ 가스절단에 비하여 절단면이 매끄럽다.
④ 철강 구조물 해체나 수중 해체작업에 이용된다.

39 다이캐스팅 주물품, 단조품 등의 재료로 사용되며 융점이 약 660℃이고, 비중이 약 2.7인 원소는?
① Sn   ② Ag
③ Al   ④ Mn

해설 주조용 Al 합금은 Al−Cu계 합금으로 자동차 부품, 다이캐스팅 등에 사용한다.

40 다음 중 주철에 관한 설명으로 틀린 것은?
① 비중은 C와 Si 등이 많을수록 작아진다.
② 용융점은 C와 Si 등이 많을수록 낮아진다.
③ 주철을 600℃ 이상의 온도에서 가열 및 냉각을 반복하면 부피가 감소한다.
④ 투자율을 크게 하기 위해서는 화합 탄소를 적게 하고 유리 탄소를 균일하게 분포시킨다.

해설 주철의 성장이란 주철을 A_1변태점 이상에서 장시간 방치하거나 재가열할 경우 점차 그 부피가 팽창하게 되어 변형, 균열 등을 유발하여 취약해지는 현상으로, 주철을 고온으로 가열 및 냉각을 반복하면 발생한다.

41 금속의 소성변형을 일으키는 원인 중 원자 밀도가 가장 큰 격자면에서 잘 일어나는 것은?
① 슬립   ② 쌍정
③ 전위   ④ 편석

해설 ① 슬립 : 원자가 원자면에 따라 변형을 일으키는 면결자 결함으로 쌍정은 접촉 면적이 가장 넓은 면결자 결함이다.
② 쌍정 : 원자배열이 어떤 경계선을 기준으로 대칭을 이루어 변형되는 선결자 결함

③ 전위 : 금속의 불완전한 부분부터 원자의 이동이 발생하는 점결자 결함
④ 편석 : 금속 내 존재하는 불순물이 편중되어 분포하는 것으로, 소성변형에 해당되지 않는다.

42 다음 중 Ni−Cu 합금이 아닌 것은?
① 어드밴스   ② 콘스탄탄
③ 모넬 메탈   ④ 니칼로이

해설 Ni−Cu계 합금 : 콘스탄탄, 어드밴스, 모넬 메탈 등

43 침탄법에 대한 설명으로 옳은 것은?
① 표면을 용융해 연화시키는 것이다.
② 망상 시멘타이트를 구상화시키는 방법이다.
③ 강재의 표면에 아연을 피복시키는 방법이다.
④ 강재의 표면에 탄소를 침투시켜 경화시키는 것이다.

44 그림과 같은 결정격자의 금속 원소는?

 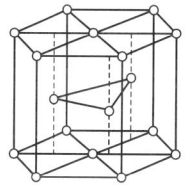

① Mi   ② Mg
③ Al   ④ Au

45 전해 인성 구리를 약 400℃ 이상의 온도에서 사용하지 않는 이유로 옳은 것은?
① 풀림취성을 발생시키기 때문이다.
② 수소취성을 발생시키기 때문이다.
③ 고온취성을 발생시키기 때문이다.
④ 상온취성을 발생시키기 때문이다.

[정답] 38 ④ 39 ③ 40 ③ 41 ① 42 ④ 43 ④ 44 ② 45 ②

46 구상흑연주철은 주조성, 가공성 및 내마멸성이 우수하다. 이러한 구상흑연주철 제조 시 구상화제로 첨가되는 원소로 옳은 것은?
① P, S
② O, N
③ Pb, Zn
④ Mg, Ca

해설 구상 흑연 주철 : 마그네슘(Mg), 세륨(Ce), 칼슘(Ca) 등을 첨가하여 편상으로 존재하는 흑연을 구상화 처리한 주철

47 형상기억효과를 나타내는 합금이 일으키는 변태는?
① 펄라이트 변태
② 마텐자이트 변태
③ 오스테나이트 변태
④ 레데뷰라이트 변태

해설 형상기억합금은 Ni+Fe의 석출 경화형 합금으로 소성 변형 후에도 가열을 하면 원래의 형상으로 회복하는 금속인데 온도 및 응력에 의존하여 생성되는 마텐자이트 변태와 그 역변태의 형상기억현상 원리에 의한다.

48 Y합금의 일종으로 Ti과 Cu를 0.2% 정도씩 첨가한 것으로 피스톤에 사용되는 것은?
① 두랄루민
② 코비탈륨
③ 로엑스합금
④ 하이드로날륨

해설 코비탈륨(Y-Ti-Cu)은 내열용 알루미늄합금으로 자동차 엔진, 피스톤 등에 사용한다.

49 시험편을 눌러 구부리는 시험방법으로 굽힘에 대한 저항력을 조사하는 시험방법은?
① 충격시험
② 굽힘시험
③ 전단시험
④ 인장시험

50 Fe-C 평형 상태도에서 공정점의 C%는?
① 0.02%
② 0.8%
③ 4.3%
④ 6.67%

51 다음 용접기호 중 표면 육성을 의미하는 것은?
①
②
③
④

52 배관의 간략 도시방법에서 파이프의 영구 결합부(용접 또는 다른 공법에 의한다.) 상태를 나타내는 것은?
①
②
③
④

53 제3각법의 투상도에서 도면의 배치관계는?
① 평면도를 중심하여 정면도는 위에, 우측면도는 우측에 배치된다.
② 정면도를 중심하여 평면도는 밑에, 우측면도는 우측에 배치된다.
③ 정면도를 중심하여 평면도는 위에, 우측면도는 우측에 배치된다.
④ 정면도를 중심하여 평면도는 위에, 우측면도는 좌측에 배치된다.

해설 제3각법은 정면도를 기준으로 좌측면도는 좌측에, 우측면도는 우측에, 평면도는 위쪽에, 저면도는 아래쪽에 배치되어 투상이 쉽다.

54 그림과 같이 제3각법으로 정투상한 각뿔의 전개도 형상으로 적합한 것은?

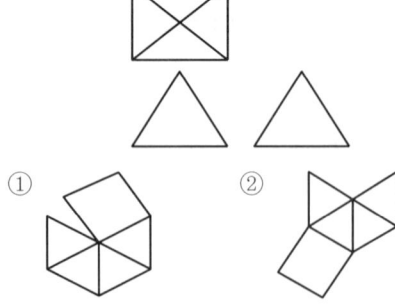

[정답] 46 ④ 47 ② 48 ② 49 ② 50 ③ 51 ① 52 ③ 53 ③ 54 ②

③ 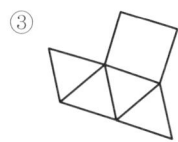 ④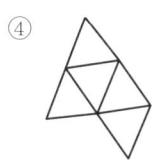

55 도면에 대한 호칭방법이 다음과 같이 나타날 때 이에 대한 설명으로 틀린 것은?

> K2 B ISO   5457−A1t−TP   112.5−R−TBL

① 도면은 KS B ISO 5457을 따른다.
② A1 용지 크기이다.
③ 재단하지 않은 용지이다.
④ 112.5g/m² 사양의 트레이싱지이다.

56 그림과 같은 도면에서 나타난 "□40" 치수에서 "□"가 뜻하는 것은?

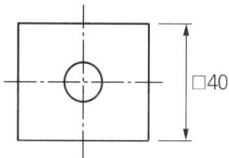

① 정사각형의 변
② 이론적으로 정확한 치수
③ 판의 두께
④ 참고치수

57 그림과 같이 원통을 경사지게 절단한 제품을 제작할 때, 다음 중 어떤 전개법이 가장 적합한가?

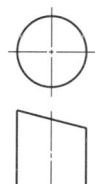

① 사각형법   ② 평행선법
③ 삼각형법   ④ 방사선법

해설 **전개도의 종류**

평행선법	원기둥, 각기둥과 같이 중심축이 나란히 직선을 표면에 그을 수 있는 물체의 전개에 쓰이는 방법
방사선법	원뿔, 각뿔 등과 같이 전개도의 테두리를 꼭짓점을 중심으로 전개하는 방법
삼각형법	입체의 표면을 몇 개의 삼각형으로 나누어 전개하는 방법

58 다음 중 가는 실선으로 나타내는 경우가 아닌 것은?
① 시작점과 끝점을 나타내는 치수선
② 소재의 굽은 부분이나 가공 공정의 표시선
③ 상세도를 그리기 위한 틀의 선
④ 금속구조공학 등의 구조를 나타내는 선

해설 가는 실선 : 치수선, 치수 보조선, 지시선, 회전 단면선, 수준 면선, 해칭선 등

59 그림과 같은 도면에서 괄호 안의 치수는 무엇을 나타내는가?

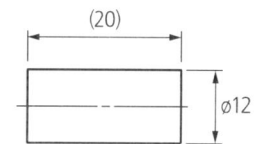

① 완성 치수   ② 참고 치수
③ 다듬질 치수   ④ 비례적이 아닌 치수

60 다음 중 일반 구조용 탄소강관의 KS 재료 기호는?
① SPP   ② SPS
③ SKH   ④ STK

해설
• SPP : 배관용 탄소강관
• SPS : 스프링 강재
• SKH : 고속도 공구강 강재
• STK : 일반 구조용 탄소강관

[정답] 55 ③ 56 ① 57 ② 58 ④ 59 ② 60 ④

모의고사 제8회 (특수용접기능사)

01 가스용접 시 안전사항으로 적당하지 않은 것은?
① 호스는 길지 않게 하며 용접이 끝났을 때는 용기밸브를 잠근다.
② 작업자 눈을 보호하기 위해 적당한 차광유리를 사용한다.
③ 산소병은 60℃ 이상 온도에서 보관하고 직사광선을 피하여 보관한다.
④ 호스 접속부는 호스밴드로 조이고 비눗물 등으로 누설 여부를 검사한다.

해설 산소 용기의 보관장소는 40℃가 넘지 않는 통풍이 잘되는 곳으로 직사광선을 피해야 한다.

02 다음 중 일반적으로 모재의 용융선 근처의 열영향부에서 발생되는 균열이며 고탄소강이나 저합금강을 용접할 때 용접열에 의한 열영향부의 경화와 변태응력 및 용착금속 속의 확산성 수소에 의해 발생되는 균열은?
① 루트 균열   ② 설퍼 균열
③ 비드 밑 균열   ④ 크레이터 균열

03 다음 중 지그나 고정구의 설계 시 유의사항으로 틀린 것은?
① 구조가 간단하고 효과적인 결과를 가져와야 한다.
② 부품의 고정과 이완은 신속히 이루어져야 한다.
③ 모든 부품의 조립은 어렵고 눈으로 볼 수 없어야 한다.
④ 한 번 부품을 고정시키면 차후 수정 없이 정확하게 고정되어 있어야 한다.

04 플라즈마 아크용접의 특징으로 틀린 것은?
① 비드 폭이 좁고 용접속도가 빠르다.
② 1층으로 용접할 수 있으므로 능률적이다.
③ 용접부의 기계적 성질이 좋으며 용접변형이 적다.
④ 핀치효과에 의해 전류밀도가 작고 용입이 얕다.

해설 플라즈마 아크용접은 전류 밀도가 높아 용입이 깊고 좁은 비드를 얻을 수 있다.

05 다음 용접 결함 중 구조상의 결함이 아닌 것은?
① 기공   ② 변형
③ 용입 불량   ④ 슬래그 섞임

해설 구조상 결함은 용접부의 외부 또는 내부 결함으로 기공, 은점, 언더컷, 오버랩, 균열, 선상조직, 용입 불량, 용합 불량, 표면 결함, 슬래그 혼입, 비금속 개재물 등이 있으며, 변형은 치수상 결함에 속한다.

06 다음 중 냉각속도가 가장 빠른 금속은?
① 구리   ② 연강
③ 알루미늄   ④ 스테인리스강

해설 열팽창계수는 열전도율과 비례하며, 열전도율이 높을수록 방출열량이 많아 열집중성이 부족하여 용접성이 불량하며 급냉으로 인해 조직 취화의 우려가 높다.

07 다음 중 인장시험에서 알 수 없는 것은?
① 항복점   ② 연신율
③ 비틀림 강도   ④ 단면 수축률

해설 인장시험으로 측정하는 값: 비례한도, 탄성한도, 내력, 항복점, 인장강도 및 연신율, 단면 수축률, 응력-변형률 곡선 등

[정답] 01 ③ 02 ③ 03 ③ 04 ④ 05 ② 06 ① 07 ③

08 서브머지드 아크용접에서 와이어 돌출길이는 보통 와이어 지름을 기준으로 정한다. 적당한 와이어 돌출길이는 와이어 지름의 몇 배가 가장 적합한가?
① 2배   ② 4배
③ 6배   ④ 8배

09 용접봉의 습기가 원인이 되어 발생하는 결함으로 가장 적절한 것은?
① 기공   ② 변형
③ 용입 불량   ④ 슬래그 섞임

해설 용접부는 용접 전 습기, 오염물 등을 깨끗이 제거하여 기공 발생 등의 용접 불량을 방지하여야 한다.

10 은납땜이나 황동납땜에 사용되는 용제(Flux)는?
① 붕사   ② 송진
③ 염산   ④ 염화암모늄

해설 은납, 황동납은 경납에 속하며, 경납용 용제(붕사, 붕산, 염산염, 알칼리 등)를 사용한다.

11 다음 중 불활성 가스인 것은?
① 산소   ② 헬륨
③ 탄소   ④ 이산화탄소

해설 불활성 가스의 종류 : Ar(아르곤), He(헬륨), Ne(네온)

12 저항용접의 특징으로 틀린 것은?
① 산화 및 변질 부분이 적다.
② 용접봉, 용제 등이 불필요하다.
③ 작업속도가 빠르고 대량생산에 적합하다.
④ 열손실이 많고, 용접부에 집중열을 가할 수 없다.

해설 전기저항 용접은 열손실이 적고, 용접부에 열을 집중적으로 가할 수 있다.

13 아크용접기의 사용에 대한 설명으로 틀린 것은?
① 사용률을 초과하여 사용하지 않는다.
② 무부하 전압이 높은 용접기를 사용한다.
③ 전격방지기가 부착된 용접기를 사용한다.
④ 용접기 케이스는 접지(earth)를 확실히 해둔다.

해설 아크용접기는 무부하 전압을 최소로 하여 전격의 위험을 방지할 수 있어야 한다.

14 용접순서에 관한 설명으로 틀린 것은?
① 중심선에 대하여 대칭으로 용접한다.
② 수축이 적은 이음을 먼저하고 수축이 큰 이음은 후에 용접한다.
③ 용접선의 직각 단면 중심축에 대하여 용접의 수축력의 합이 0이 되도록 한다.
④ 동일 평면 내에 많은 이음이 있을 때는 수축은 가능한 자유단으로 보낸다.

해설 수축이 큰 부분을 먼저 용접하여 교정해 나가면서 수축이 작은 부분을 나중에 용접하여 열로 인한 변형을 최소화하여야 한다.

15 다음 중 TIG 용접 시 주로 사용되는 가스는?
① CO_2 ② O_2
③ O_2 ④ Ar

16 서브머지드 아크용접법에서 두 전극 사이의 복사열에 의한 용접은?
① 텐덤식   ② 횡 직렬식
③ 횡 병렬식   ④ 종 병렬식

17 다음 중 유도방사에 의한 광의 증폭을 이용하여 용융하는 용접법은?
① 맥동 용접   ② 스터드 용접
③ 레이저 용접   ④ 피복 아크용접

[정답] 08 ④ 09 ① 10 ① 11 ② 12 ④ 13 ② 14 ② 15 ④ 16 ② 17 ③

18 심용접의 종류가 아닌 것은?
① 횡심 용접(circular seam welding)
② 매시 심 용접(mash seam welding)
③ 포일 심 용접(foil seam welding)
④ 맞대기 심 용접(butt seam welding)

19 맞대기 용접이음에서 판 두께가 6mm, 용접선 길이가 120mm, 인장응력이 9.5N/mm²일 때 모재가 받는 하중은 몇 N인가?
① 5,680
② 5,860
③ 6,480
④ 6,840

해설 최대 작용 하중
$W = \sigma_t \cdot t \cdot l$
= 재료의 인장강도 × 판 두께 × 용접선 길이
= 9.5 × 6 × 120 = 6,840N

20 제품을 용접한 후 일부분에 언더컷이 발생하였을 때 보수방법으로 가장 적당한 것은?
① 홈을 만들어 용접한다.
② 결함부분을 절단하고 재용접한다.
③ 가는 용접봉을 사용하여 재용접한다.
④ 용접부 전체 부분을 가우징으로 따낸 후 재용접한다.

해설 언더컷은 가는 용접봉으로 재용접을 실시하고, 오버랩 등은 결함부를 제거 후 보수 용접을 실시한다.

21 다음 중 일렉트로 가스 아크용접의 특징으로 옳은 것은?
① 용접속도는 자동으로 조절된다.
② 판 두께가 얇을수록 경제적이다.
③ 용접장치가 복잡하여 취급이 어렵고 고도의 숙련을 요한다.
④ 스패터 및 가스의 발생이 적고, 용접작업 시 바람의 영향을 받지 않는다.

22 다음 중 연소의 3요소에 해당하지 않는 것은?
① 가연물
② 부촉매
③ 산소공급원
④ 점화원

해설 연소의 3요소 : 가연물, 산소, 점화원

23 일미나이트계 용접봉을 비롯하여 대부분의 피복 아크용접봉을 사용할 때 많이 볼 수 있으며, 미세한 용적이 날려서 옮겨가는 용접 이행방식은?
① 단락형
② 누적형
③ 스프레이형
④ 글로뷸러형

해설
- 단락 이행 : 용적이 모재와 접촉하여 단락되면서 표면장력효과에 의해 빨려 들어가는 형태로 이행되는 방식이다.
- 글로뷸러 이행 : 용접봉 용융부의 비교적 용적이 큰 일부가 단락되지 않고 전류 소자 간의 흡인력에 의해 기둥이 기울어지면서 쇳물이 방울 형태로 중력에 의해 모재로 이행되는 방식
- 스프레이 이행 : 복제에서 발생한 가스에 의해 용가재가 고속으로 용융되어 미세한 용적이 스프레이와 같은 작은 입자로 분사되어 모재에 용착 이행되는 방식

24 가스 절단작업에서 절단속도에 영향을 주는 요인과 가장 관계가 먼 것은?
① 모재의 온도
② 산소의 압력
③ 산소의 순도
④ 아세틸렌 압력

해설 가스 절단속도 영향 인자
- 팁의 크기, 모양, 모재와의 거리 및 각도
- 산소 압력 및 순도
- 절단재의 재질, 두께 및 표면 상태
- 사용 가스의 종류
- 예열 불꽃의 세기 등

25 산소-아세틸렌 가스 용접기로 두께가 3.2mm 인 연강판을 V형 맞대기 이음을 하려고 한다. 이에 적합한 연강용 가스 용접봉의 지름(mm)을 계산식에 의해 구하면 얼마인가?
① 2.6
② 3.2
③ 3.6
④ 4.6

[정답] 18 ① 19 ④ 20 ③ 21 ① 22 ② 23 ③ 24 ④ 25 ①

해설 가스 용접봉의 직경 $D = \dfrac{t}{2} + 1 = \dfrac{3.2}{2} + 1 = 2.6\,\text{mm}$

여기서, t : 모재 두께[mm]

26 산소 프로판 가스 절단에서 프로판 가스 1에 대하여 얼마의 비율로 산소를 필요로 하는가?
① 1.5
② 2.5
③ 4.5
④ 6

27 산소 용기를 취급할 때 주의사항으론 가장 적합한 것은?
① 산소밸브의 개폐는 빨리 해야 한다.
② 운반 중에 충격을 주지 말아야 한다.
③ 직사광선이 쬐이는 곳에 두어야 한다.
④ 산소 용기의 누설시험에는 순수한 물을 사용해야 한다.

해설 산소 용기 취급 시 주의사항
- 사용 시 밸브는 천천히 개폐해야 하고, 완전 개방한다.
- 용기는 운반 시 끌거나 눕혀서 굴리는 등의 충격을 받지 않도록 취급해야 하며, 반드시 세워서 보관해야 한다.
- 직사광선을 피하고, 화기가 있는 장소에 보관하지 않아야 한다.
- 사용 전에는 누설 여부를 확인해야 하며, 누설검사는 비눗물을 이용한다.

28 용접용 2차 측 케이블의 유연성을 확보하기 위하여 주로 사용하는 캡 타이어 전선에 대한 설명으로 옳은 것은?
① 가는 구리선을 여러 개로 꼬아 얇은 종이로 싸고 그 위에 니켈 피복을 한 것
② 가는 구리선을 여러 개로 꼬아 튼튼한 종이로 싸고 그 위에 고무 피복을 한 것
③ 가는 알루미늄선을 여러 개로 꼬아 튼튼한 종이로 싸고 그 위에 니켈 피복을 한 것
④ 가는 알루미늄선을 여러 개로 꼬아 얇은 종이로 싸고 그 위에 고무 피복을 한 것

29 아크용접기의 구비조건으로 틀린 것은?
① 효율이 좋아야 한다.
② 아크가 안정되어야 한다.
③ 용접 중 온도상승이 커야 한다.
④ 구조 및 취급이 간단해야 한다.

해설 아크용접기는 사용 중 온도 상승이 높지 않아야 한다.

30 아크가 발생될 때 모재에서 심선까지의 거리를 아크 길이라 한다. 아크 길이가 짧을 때 일어나는 현상은?
① 발열량이 작다.
② 스패터가 많아진다.
③ 기공 균열이 생긴다.
④ 아크가 불안정해진다.

해설 아크 길이가 짧을 때
- 아크가 안정된다.
- 용융 금속의 산화나 질화, 기공이나 균열이 잘 발생하지 않는다.
- 열 집중과 용입이 좋다.
- 스패터(Spatter) 양이 적어지며, 용접 불순물의 포함이 억제된다.
- 전압이 낮아져 발열량이 적어진다.

31 아크용접에 속하지 않는 것은?
① 스터드 용접
② 프로젝션 용접
③ 불활성가스 아크용접
④ 서브머지드 아크용접

해설 프로젝션 용접은 전기저항 용접 중 겹치기 용접에 속한다.

32 아세틸렌(C_2H_2) 가스의 성질로 틀린 것은?
① 비중이 1.906으로 공기보다 무겁다.
② 순수한 것은 무색, 무취의 기체이다.
③ 구리, 은, 수은과 접촉하면 폭발성 화합물을 만든다.
④ 매우 불안전한 기체이므로 공기 중에서 폭발 위험성이 크다.

[정답] 26 ③ 27 ② 28 ② 29 ③ 30 ① 31 ② 32 ①

33 피복아크용접에서 아크의 특성 중 정극성에 비교하여 역극성의 특징으로 틀린 것은?

① 용입이 얕다.
② 비드 폭이 좁다.
③ 용접봉의 용융이 빠르다.
④ 박판, 주철 등 비철금속의 용접에 쓰인다.

해설 직류 역극성은 비드 폭이 넓고 용입이 얕으므로 합금강, 고탄소강, 주철, 박판, 비철금속 등의 용접에 적합하다.

34 피복아크용접 중 용접봉의 용융속도에 관한 설명으로 옳은 것은?

① 아크전압×용접봉 쪽 전압강하로 결정된다.
② 단위시간당 소비되는 전류값으로 결정된다.
③ 동일 종류 용접봉인 경우 전압에만 비례하여 결정된다.
④ 용접봉 지름이 달라도 동일 종류 용접봉인 경우 용접봉 지름에는 관계가 없다.

해설 같은 종류의 용접봉인 경우 전류와 용접봉의 지름은 비례한다.

35 프로판가스의 성질에 대한 설명으로 틀린 것은?

① 기화가 어렵고 발열량이 낮다.
② 액화하기 쉽고 용기에 넣어 수송이 편리하다.
③ 온도 변화에 따른 팽창률이 크고 물에 잘 녹지 않는다.
④ 상온에서는 기체상태이고 무색, 투명하고 약간의 냄새가 난다.

해설 프로판가스(LPG)는 온도 변화에 따른 팽창률이 커서 기화 및 액화가 쉽고, 발열량이 높다.

36 가스용접에서 용제(flux)를 사용하는 가장 큰 이유는?

① 모재의 용융온도를 낮게 하여 가스 소비량을 적게 하기 위해
② 산화작용 및 질화작용을 도와 용착금속의 조직을 미세화하기 위해
③ 용접봉의 용융속도를 느리게 하여 용접봉 소모를 적게 하기 위해
④ 용접 중에 생기는 금속의 산화물 또는 비금속 개재물을 용해하여 용착금속의 성질을 양호하게 하기 위해

해설 용제의 사용 목적
- 용접면에 산화물, 질화물 등의 발생 및 접착 방지
- 용접금속을 대기로부터 보호하여 산화 및 질화를 방지
- 슬래그를 생성하여 기계적 성질 증대
- 용접면을 청정하게 하여 용착이 용이

37 피복아크용접봉에서 피복제의 역할로 틀린 것은?

① 용착금속의 급냉을 방지한다.
② 모재 표면의 산화물을 제거한다.
③ 용착금속의 탈산·정련 작용을 방지한다.
④ 중성 또는 환원성 분위기로 용착금속을 보호한다.

해설 피복제는 용착금속의 탈산 및 정련작용을 한다.

38 가스 용접봉의 선택조건으로 틀린 것은?

① 모재와 같은 재질일 것
② 용융 온도가 모재보다 낮을 것
③ 불순물이 포함되어 있지 않을 것
④ 기계적 성질에 나쁜 영향을 주지 않을 것

해설 용접봉은 모재와 같은 재질이어야 하고, 용융온도가 동일해야 한다.

39 금속의 공통적 특성으로 틀린 것은?

① 열과 전기의 양도체이다.
② 금속 고유의 광택을 갖는다.
③ 이온화하면 음(−) 이온이 된다.
④ 소성변형성이 있어 가공하기 쉽다.

해설 금속은 이온화하면 양(+)이온이 되며, 결정의 내부구조를 변경시킬 수 있다.

[정답] 33 ② 34 ② 35 ① 36 ④ 37 ③ 38 ② 39 ③

40 다음 중 Fe-C 평형상태도에서 가장 낮은 온도에서 일어나는 반응은?

① 공석반응 ② 공정반응
③ 포석반응 ④ 포정반응

해설

합금 상태	조성 및 온도
공석반응	0.86%C, 723℃
공정반응	4.3%C, 1,148℃
포정반응	0.18~0.53%C, 1,493℃

41 담금질한 강을 뜨임 열처리하는 이유는?

① 강도를 증가시키기 위하여
② 경도를 증가시키기 위하여
③ 취성을 증가시키기 위하여
④ 인성을 증가시키기 위하여

해설

열처리 방법	열처리 목적
담금질 (Quenching)	강의 강도 및 경도 증대
뜨임 (Tempering)	담금질한 강의 취성을 방지하고 재료의 내부응력 제거 및 인성을 부여
풀림 (Annealing)	강의 조직 미세화(균일화), 내부응력 제거, 재질 연화 및 전연성 증대
불림 (Normalizing)	강의 내부응력 제거 및 표준조직을 얻기 위해 실시 → 조직의 표준화

42 그림과 같은 결정격자는?

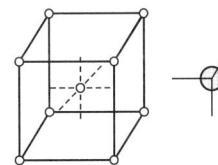

① 면심입방격자
② 조밀육방격자
③ 저심면방격자
④ 체심입방격자

43 인장시험편의 단면적이 50mm²이고, 하중이 500kgf일 때 인장강도는 얼마인가?

① 10kgf/mm²
② 50kgf/mm²
③ 100kgf/mm²
④ 250kgf/mm²

해설 인장응력

$$\sigma_t = \frac{W}{A} = \frac{최대 작용하중}{단면적} = \frac{500}{50} = 10\text{kgf/mm}^2$$

44 미세한 결정립을 가지고 있으며, 응력 하에서 파단에 이르기까지 수백 % 이상의 연신율을 나타내는 합금은?

① 제진합금 ② 초소성합금
③ 비정질합금 ④ 형상기억합금

해설 초소성은 금속합금이 길게 늘어나는 현상(연성)으로 신장이 수100~1,000%에 이른다.

45 합금공구강 중 게이지용 강이 갖추어야 할 조건으로 틀린 것은?

① 경도는 H$_R$C45 이하를 가져야 한다.
② 팽창계수가 보통 강보다 작아야 한다.
③ 담금질에 의한 변형 및 균열이 없어야 한다.
④ 시간이 지남에 따라 치수의 변화가 없어야 한다.

해설 게이지 강은 H$_R$C55 이상의 경도를 가져야 한다.

46 상온에서 방치된 황동 가공재나 저온 풀림 경화로 얻은 스프링재가 시간이 지남에 따라 경도 등 여러 가지 성질이 악화되는 현상은?

① 자연 균열
② 경년 변화
③ 탈아연 부식
④ 고온 탈아연

제반 성질	내용
응력 부식 균열 (자연균열)	황동을 냉간가공했을 때 잔류응력 또는 외부의 인장하중에 의해 발생하는 균열
탈아연 현상	해수에 아연(Zn)이 용해 부식되는 현상
고온 탈아연현상	고온에서 증발에 의해 표면의 아연(Zn)이 탈출하는 현상으로, 고온일수록 표면이 깨끗할수록 심하다.
탈아연 부식	표면의 불순물 또는 부식성 용액에 의해 부식되는 현상
경년 변화	가공된 황동 또는 저온 풀림된 스프링을 상온에서 방치하거나 사용 도중에 시간이 경과함에 따라 경도 등 기계적 성질이 저하하는 성질

47 Mg의 비중과 용융점(℃)은 약 얼마인가?
① 0.8, 350℃
② 1.2, 550℃
③ 1.74, 650℃
④ 2.7, 780℃

48 Al-Si계 합금을 개량처리하기 위해 사용되는 접종 처리제가 아닌 것은?
① 금속나트륨
② 염화나트륨
③ 불화알칼리
④ 수산화나트륨

49 다음 중 소결 탄화물 공구강이 아닌 것은?
① 듀콜(Ducole)강
② 미디아(Midia)
③ 카볼로이(Carboloy)
④ 텅갈로이(Tungalloy)

해설 듀콜강은 저망간강으로 구조용 합금강에 속한다.

50 4% Cu, 2% Ni, 1.5% Mg 등을 알루미늄에 첨가한 Al 합금으로 고온에서 기계적 성질이 매우 우수하고, 금형 주물 및 단조용으로 이용될 뿐만 아니라 자동차 피스톤용에 많이 사용되는 합금은?
① Y 합금
② 슈퍼인바
③ 코슨합금
④ 두랄루민

51 판을 접어서 만든 물체를 펼친 모양으로 표시할 필요가 있는 경우 그리는 도면을 무엇이라 하는가?
① 투상도
② 개략도
③ 입체도
④ 전개도

52 재료기호 중 SHP의 명칭은?
① 배관용 탄소강관
② 열간 압연강판 및 강대
③ 용접구조용 압연강재
④ 냉간 압연강판 및 강대

해설 ① 배관용 탄소강관 : SPP
② 열간 압연강판 및 강대 : SHP
③ 용접구조용 압연강재 : SM○○○
④ 냉간 압연강판 및 강대 : SCP

53 그림과 같이 기점 기호를 기준으로 하여 연속된 치수선으로 치수를 기입하는 방법은?

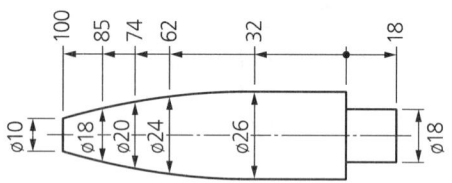

① 직렬 치수 기입법
② 병렬 치수 기입법
③ 좌표 치수 기입법
④ 누진 치수 기입법

54 나사의 표시방법에 관한 설명으로 옳은 것은?

① 수나사의 골지름은 가는 실선으로 표시한다.
② 수나사의 바깥지름은 가는 실선으로 표시한다.
③ 암나사의 골지름은 아주 굵은 실선으로 표시 한다.
④ 완전 나사부와 불완전 나사부의 경계선은 가는 실선으로 표시한다.

해설 수나사의 산지름(외경)은 외형선으로 도시하고, 골지름(내경)은 가는 실선으로 도시하며, 암나사는 수나사와 반대로 골지름(외경)을 외형선으로 도시하고, 산지름(내경)은 가는 실선으로 도시한다.

55 아주 굵은 실선의 용도로 가장 적합한 것은?

① 특수 가공하는 부분의 범위를 나타내는 데 사용
② 얇은 부분의 단면도시를 명시하는 데 사용
③ 도시된 단면의 앞쪽을 표현하는 데 사용
④ 이동한계의 위치를 표시하는 데 사용

해설 아주 굵은 실선 : 도면의 테두리선, 얇은 부분의 단면에서 두께 도시

56 기계제도에서 사용하는 척도에 대한 설명으로 틀린 것은?

① 척도의 표시방법에는 현척, 배척, 축척이 있다.
② 도면에 사용한 척도는 일반적으로 표제란에 기입한다.
③ 한 장의 도면에 서로 다른 척도를 사용할 필요가 있는 경우에는 해당되는 척도를 모두 표제란에 기입한다.
④ 척도는 대상물과 도면의 크기로 정해진다.

해설 한 장의 도면에 서로 다른 척도를 사용할 필요기 있을 때는 주 투상도의 척도는 표제란에 기입하고, 나머지 보조적인 투상도나 상세도 등은 그 주위에 각각 척도를 표기한다.

57 그림과 같은 입체도의 정면도로 적합한 것은?

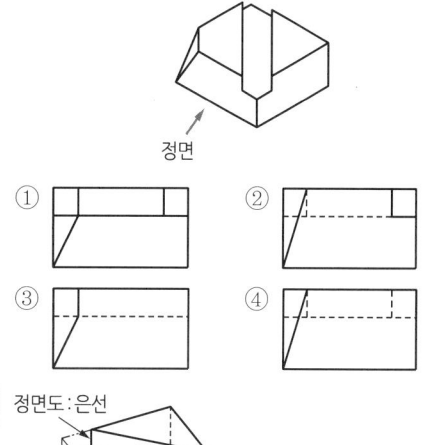

해설

58 용접 보조기호 중 "제거 가능한 이면 판재 사용" 기호는?

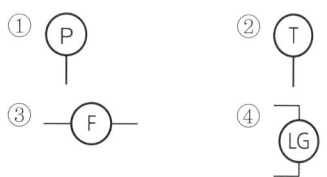

59 배관 도시기호에서 유량계를 나타내는 기호는?

① P   ② T
③ F   ④ LG

해설 계기의 표시

명칭	도시기호	명칭	도시기호
압력계	P	유량계	F
온도계	T	레벨 게이지	LG

[정답] 54 ① 55 ② 56 ③ 57 ② 58 ① 59 ③

60 다음 입체도의 화살표 방향을 정면으로 한다면 좌측면도로 적합한 투상도는?

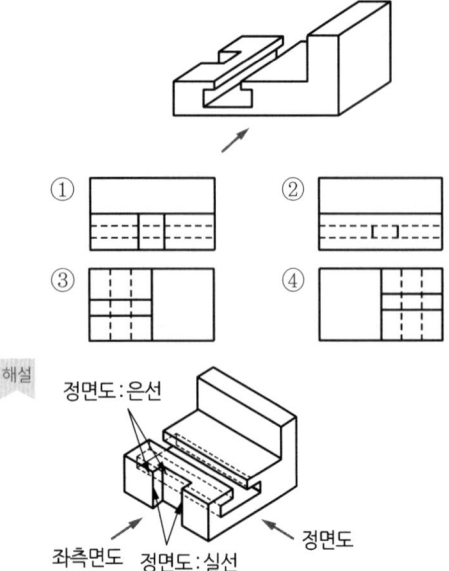

해설

정답 60 ①

모의고사 제9회 (용접기능사)

01 다음 중 용접 시 수소의 영향으로 발생하는 결함과 가장 거리가 먼 것은?
① 기공   ② 균열
③ 은점   ④ 설퍼

해설 은점, 기공, 피트의 발생 원인은 용접 시 발생되거나 유입되는 수소(H), 산소(O), 질소(N) 가스 등인데, 수소는 균열로 진전이 되며, 설퍼 균열은 황의 편석이 많은 재료를 서브머지드 아크용접할 때 많이 발생하는 재료에 의한 결함이다.

02 가스 중에서 최소의 밀도로 가장 가볍고 확산속도가 빠르며, 열전도가 가장 큰 가스는?
① 수소   ② 메탄
③ 프로판 ④ 부탄

03 용착금속의 인장강도가 55N/m³, 안전율이 6이라면 이음의 허용응력은 약 몇 N/m²인가?
① 0.92   ② 9.2
③ 92   ④ 920

해설 용접이음의 허용응력
$\sigma_a = \dfrac{\sigma}{S} = \dfrac{용착\ 금속의\ 인장강도}{안전율} = \dfrac{55}{6} = 9.16$

04 팁 끝이 모재에 닿는 순간 순간적으로 팁 끝이 막혀 팁 속에서 폭발음이 나면서 불꽃이 꺼졌다가 다시 나타나는 현상은?
① 인화   ② 역화
③ 역류   ④ 선화

해설
- 역류(Contra Flow) : 팁의 끝이 막혀 산소가 흘러나오지 못하고 압력이 낮은 아세틸렌 쪽으로 흘러들어가는 것
- 역화(Back Fire) : 토치 끝이 모재에 접촉하는 등의 토치 취급 불량에 의해 불꽃이 토치 팁 끝에서 폭발음의 소리를 내며 꺼졌다가 살아나는 등 불완전한 불길이 발생하는 것
- 인화(Flash Back) : 팁의 가열, 막힘, 불순물 등에 의해 팁 끝이 순간적으로 막혀 불꽃이 혼합실까지 밀려들어 오는 것

05 다음 중 파괴시험 검사법에 속하는 것은?
① 부식시험   ② 침투시험
③ 음향시험   ④ 와류시험

06 TIG 용접 토치의 분류 중 형태에 따른 종류가 아닌 것은?
① T형 토치   ② Y형 토치
③ 직선형 토치 ④ 플렉시블형 토치

해설 TIG 용접 토치의 형태별 종류 : T형, 직선형, 플렉시블형

07 용접에 의한 수축 변형에 영향을 미치는 인자로 가장 거리가 먼 것은?
① 가접
② 용접 입열
③ 판의 예열 온도
④ 판 두께에 따른 이음 형상

해설 잔류응력이 모재가 견딜 수 있는 저항 이상으로 존재하게 되면 외적 변형이 발생하며, 이러한 잔류응력에 영향을 미치는 인자로는 이음 형상, 용접 입열, 판 두께, 모재 크기, 용착 순서, 외적 구속 등이 있다.

[정답] 01 ④ 02 ① 03 ② 04 ② 05 ① 06 ② 07 ①

08 전자동 MIG 용접과 반자동 용접을 비교했을 때 전자동 MIG 용접의 장점으로 틀린 것은?
① 용접 속도가 빠르다.
② 생산 단가를 최소화할 수 있다.
③ 우수한 품질의 용접이 얻어진다.
④ 용착 효율이 낮아 능률이 좋지 않다.

해설 MIG 용접은 용입이 깊고, 용착 효율이 높다.

09 다음 중 탄산가스 아크 용접의 자기쏠림 현상을 방지하는 대책으로 틀린 것은?
① 엔드 탭을 부착한다.
② 가스 유량을 조절한다.
③ 어스의 위치를 변경한다.
④ 용접부의 틈을 적게 한다.

10 다음 용접법 중 비소모식 아크용접법은?
① 논 가스 아크용접
② 피복 금속 아크용접
③ 서브머지드 아크용접
④ 불활성 가스 텅스텐 아크용접

해설 • 용극식(소모식) 용접 : 피복 아크용접(SMAW), CO_2 용접(FCAW), MIG 용접(GMAW), MAG 용접, 서브머지드 아크용접(SAW), 일렉트로 슬래그 용접(ESW) 등 대다수
• 비용극식(비소모식) 용접 : TIG 용접(GTAW)

11 용접부를 끝이 구면인 해머로 가볍게 때려 용착 금속부의 표면에 소성변형을 주어 인장응력을 완화시키는 잔류응력 제거법은?
① 피닝법
② 노내 풀림법
③ 저온 응력 완화법
④ 기계적 응력 완화법

12 용접 변형의 교정법에서 점 수축법의 가열온도와 가열시간으로 가장 적당한 것은?
① 100~200℃, 20초   ② 300~400℃, 20초
③ 500~600℃, 30초   ④ 700~800℃, 30초

13 수직판 또는 수평면 내에서 선회하는 회전영역이 넓고 팔이 기울어져 상하로 움직일 수 있어 주로 스폿 용접, 중량물 취급 등에 많이 이용되는 로봇은?
① 다관절 로봇   ② 극좌표 로봇
③ 원통 좌표 로봇   ④ 직각 좌표계 로봇

14 서브머지드 아크용접 시 발생하는 기공의 원인이 아닌 것은?
① 직류 역극성 사용
② 용제의 건조 불량
③ 용제의 산포량 부족
④ 와이어 녹, 기름, 페인트

해설 서브머지드 아크용접에서 기공의 발생원인
용제의 건조 불량, 용접속도의 과다, 용제 중 불순물의 혼입, 용접 조건(기후, 온도, 용제 등)의 부적합

15 다음 중 전자 빔 용접에 관한 설명으로 틀린 것은?
① 용입이 낮아 후판 용접에는 적용이 어렵다.
② 성분 변화에 의하여 용접부의 기계적 성질이나 내식성의 저하를 가져올 수 있다.
③ 가공재나 열처리에 대하여 소재의 성질을 저하시키지 않고 용접할 수 있다.
④ 10^{-4}~10^{-6} mmHg 정도의 높은 진공실 속에서 음극으로부터 방출된 전자를 고전압으로 가속시켜 용접을 한다.

해설 전자빔 용접은 얇은 판에서 두꺼운 판(150mm)까지 용접이 가능하다.

[정답] 08 ④ 09 ② 10 ④ 11 ① 12 ③ 13 ② 14 ① 15 ①

16 안전보건표지의 색채, 색도기준 및 용도에서 지시의 용도 색채는?

① 검은색　② 노란색
③ 빨간색　④ 파란색

해설　안전표지의 종류 및 색상

색상	용도	내용
빨간색	금지	정지신호, 소화 설비 및 그 장소, 유해 행위의 금지
	경고	화학물질 취급장소의 유해 및 위험 경고
노란색	경고	화학물질 취급장소의 유해 및 위험 경고 이외의 위험경고, 주의표지, 기계 방호물
파란색	지시	특정 행위의 지시 또는 사실의 고지
녹색	안내	비상구, 피난소, 사람 또는 차량의 통행 표지
흰색	보조색	지시표지(파란색), 안내표지(녹색)의 보조색
검은색	보조색	금지표지(빨간색), 경고표지(노란색)의 보조색 또는 문자

17 X선이나 γ선을 재료에 투과시켜 투과된 빛의 강도에 따라 사진 필름에 감광시켜 결함을 검사하는 비파괴 시험법은?

① 자분 탐상 검사
② 침투 탐상 검사
③ 초음파 탐상 검사
④ 방사선 투과 검사

해설　방사전 투과검사는 현재 가장 많이 사용되고 있는 비파괴 검사법이다.

18 다음 중 용접봉의 용융속도를 나타낸 것은?

① 단위 시간당 용접 입열의 양
② 단위 시간당 소모되는 용접 전류
③ 단위 시간당 형성되는 비드의 길이
④ 단위 시간당 소비되는 용접봉의 길이

해설　용접봉의 용융속도＝단위 시간당 소비되는 용접봉의 길이 또는 무게로 표시

19 물체와의 가벼운 충돌 또는 부딪힘으로 인하여 생기는 손상으로 충격 부위가 부어오르고 통증이 발생되며 일반적으로 피부 표면에 창상이 없는 상처를 뜻하는 것은?

① 출혈　② 화상
③ 찰과상　④ 타박상

해설　상처의 종류

종류	특징
찰과상	넘어지거나 긁히는 등의 마찰에 의해 피부 표면에 수평적으로 발생하는 외상
타박상	외부의 충격, 물체와의 가벼운 충돌 또는 부딪힘 등에 의한 연부 조직과 근육 등의 손상으로 피부 표면에 창상이 없는 상처나 통증이 발생되며 충격을 받은 부위가 부어오른다.
화상	불이나 뜨거운 물, 화학물질 등에 의해 피부 조직이 손상되는 상처
출혈	혈관의 손상으로 혈액이 혈관 밖으로 나오는 상처

20 일명 비석법이라고도 하며, 용접 길이를 짧게 나누어 간격을 두면서 용접하는 용착법은?

① 전진법　② 후진법
③ 대칭법　④ 스킵법

해설　단층 용접법

용착법	특징
전진법 (좌진법)	용접봉의 방향과 용접 진행방향이 동일하고, 진행각은 용접 진행방향과 반대로 기울여 용접
후진법 (우진법)	용접봉의 방향과 용접 진행방향이 반대이며, 진행각은 용접 진행 방향과 동일
대칭법	중앙에서부터 양 끝을 향해 대칭적으로 용접
비석법 (스킵법)	용접 길이를 짧게 나누어 간격을 두면서 이전 이음을 뛰어넘어가면서 용접

21 금속산화물이 알루미늄에 의하여 산소를 빼앗기는 반응에 의해 생성되는 열을 이용한 용접법은?

① 마찰용접
② 테르밋 용접

[정답]　16 ④　17 ④　18 ④　19 ④　20 ④　21 ②

③ 일렉트로 슬래그 용접
④ 서브머지드 아크용접

해설 테르밋 용접은 용접 열원을 외부로부터 가하는 것이 아니라 테르밋 반응에 의해 생성되는 화학반응열을 이영하여 금속을 용접하는 방법이다.

22 저항용접의 장점이 아닌 것은?
① 대량 생산에 적합하다.
② 후열 처리가 필요하다.
③ 산화 및 변질 부분이 적다.
④ 용접봉, 용제가 불필요하다.

해설 저항용접은 후열 처리를 하지 않는다.

23 정격 2차 전류 200A, 정격 사용률 40%인 아크 용접기로 실제 아크 전압 30V, 아크 전류 130A로 용접을 수행한다고 가정할 때 허용 사용률은 약 얼마인가?
① 70%
② 75%
③ 80%
④ 95%

해설 용접기 허용 사용률(%)
$= \dfrac{정격 2차 전류^2}{실제 용접 전류^2} \times 정격 사용률(\%)$
$= \dfrac{200^2}{130^2} \times 0.4 = 0.946 = 94.6\%$

24 아크 전류가 일정할 때 아크 전압이 높아지면 용접봉의 용융속도가 늦어지고 아크 전압이 낮아지면 용융속도가 빨라지는 특성을 무엇이라 하는가?
① 부저항 특성
② 절연회복 특성
③ 전압회복 특성
④ 아크 길이 자기 제어 특성

해설 용접기의 전원 특성

전원 특성	내용
수하 특성	부하 전류가 증가하면 단자전압이 저하하는 특성
정전류 특성 (자기제어 특성)	아크 길이에 따라 전압이 변동하여도 전류가 거의 일정한 특성
정전압 특성	전류가 변화하여도 전압이 거의 일정한 특성
아크 상승 특성	부하 전류와 함께 전압이 상승하는 특성

25 강재 표면의 흠이나 개재물, 탈탄층 등을 제거하기 위하여 될 수 있는 대로 얇게 그리고 타원형 모양으로 표면을 깎아내는 가공법은?
① 분말 절단
② 가스 가우징
③ 스카핑
④ 플라즈마 절단

해설 스카핑은 불꽃 가공의 일종으로 가스 절단의 원리를 응용하여 강재의 표면을 비교적 낮고, 폭넓게 용삭하여 결함을 제거하는 방법으로 이에 사용되는 가우징의 형상은 깊이와 폭의 비가 1:(3~7) 정도의 평편한 반타원형이다.
강괴와 강편 등의 표면 흠집, 균열, 비금속 개재물 또는 탈탄층 등을 제거하는데 사용된다.

26 다음 중 야금적 접합법에 해당되지 않는 것은?
① 융접(fusion welding)
② 접어 잇기(seam)
③ 압접(pressure welding)
④ 납땜(brazing and soldering)

해설 접어 잇기(Seaming)는 얇은 철판을 맞대고 두 번 이상 겹쳐서 두 판재를 접합하는 방법으로 기계적 결합방법에 속한다.

27 다음 중 불꽃의 구성 요소가 아닌 것은?
① 불꽃심
② 속불꽃
③ 겉불꽃
④ 환원불꽃

[정답] 22 ② 23 ④ 24 ④ 25 ③ 26 ② 27 ④

28 피복 아크용접봉에서 피복제의 주된 역할이 아닌 것은?

① 용융금속의 용적을 미세화하여 용착효율을 높인다.
② 용착금속의 응고와 냉각속도를 빠르게 한다.
③ 스패터의 발생을 적게 하고 전기 절연작용을 한다.
④ 용착금속에 적당한 합금원소를 첨가한다.

29 교류 아크 용접기에서 안정된 아크를 얻기 위하여 상용주파의 아크 전류에 고전압의 고주파를 중첩시키는 방법으로 아크 발생과 용접작업을 쉽게 할 수 있도록 하는 부속장치는?

① 전격방지장치   ② 고주파 발생장치
③ 원격 제어장치   ④ 핫 스타트장치

30 피복 아크용접봉의 피복제 중에서 아크를 안정시켜 주는 성분은?

① 붕사   ② 페로망간
③ 니켈   ④ 산화티탄

해설 아크 안정제 첨가원소
• 규산칼륨
• 규산나트륨(Na_2SiO_3 : 규산가리)
• 탄산나트륨, 석회석($CaCO_3$)
• 산화티탄(TiO_2)
• 이산화망간 등

31 산소 용기의 취급 시 주의사항으로 틀린 것은?

① 기름이 묻은 손이나 장갑을 착용하고는 취급하지 않아야 한다.
② 통풍이 잘되는 야외에서 직사광선에 노출시켜야 한다.
③ 용기의 밸브가 얼었을 경우에는 따뜻한 물로 녹여야 한다.
④ 사용 전에는 비눗물 등을 이용하여 누설 여부를 확인한다.

해설 산소 용기의 보관장소는 40℃가 넘지 않는 통풍이 잘되는 곳으로, 직사광선을 피해야 한다.

32 피복 아크용접봉의 기호 중 고산화티탄계를 표시한 것은?

① E 4301   ② E 4303
③ E 4311   ④ E 4313

해설 아크용접봉의 종류
• 일미나이트계(E 4301)   • 라임티탄계(E 4303)
• 고셀룰로스계(E 4311)   • 고산화티탄계(E 4313)
• 저수소계(E 4316)   • 철분산화티탄계(E 4324)
• 철분저수소계(E 4326)   • 철분산화철계(E 4327)
• 특수계(E 4340)

33 가스 절단에서 프로판 가스와 비교한 아세틸렌 가스의 장점에 해당되는 것은?

① 후판 절단의 경우 절단속도가 빠르다.
② 박판 절단의 경우 절단속도가 빠르다.
③ 중첩 절단을 할 때에는 절단속도가 빠르다.
④ 절단면이 거칠지 않다.

34 용접기의 구비조건이 아닌 것은?

① 구조 및 취급이 간단해야 한다.
② 사용 중에 온도 상승이 적어야 한다.
③ 전류 조정이 용이하고 일정한 전류가 흘러야 한다.
④ 용접 효율과 상관없이 사용 유지비가 적게 들어야 한다.

해설 아크용접기의 구비조건
• 구조 및 취급이 용이해야 한다.
• 전류 조정이 용이하고 일정한 전류가 흘러야 한다.
• 아크 발생 및 유지가 용이하고 아크가 안정되어야 한다.
• 효율과 역률이 높아야 한다.
• 사용 중 온도 상승이 높지 않아야 한다.
• 무부하 전압을 최소로 하여 전격의 위험을 방지할 수 있어야 한다.

[정답] 28 ② 29 ② 30 ④ 31 ② 32 ④ 33 ② 34 ④

35 다음 중 연강을 가스 용접할 때 사용하는 용제는?
① 붕사
② 염화나트륨
③ 사용하지 않는다.
④ 중탄산소다 + 탄산소다

해설 가스 용접시 연강은 용제를 사용하지 않는다.

36 프로판 가스의 특징으로 틀린 것은?
① 안전도가 높고 관리가 쉽다.
② 온도 변화에 따른 팽창률이 크다.
③ 액화하기 어렵고 폭발한계가 넓다.
④ 상온에서는 기체상태이고 무색, 투명하다.

해설 프로판가스(LPG)는 기화 및 액화가 쉽고 용기에 보관하여 운반이 편리하고, 폭발한계가 좁아 다른 가스에 비해 안전도가 높고 관리가 쉽다.

37 피복 아크용접봉에서 아크 길이와 아크 전압의 설명으로 틀린 것은?
① 아크 길이가 너무 길면 불안정하다.
② 양호한 용접을 하려면 짧은 아크를 사용한다.
③ 아크 전압은 아크 길이에 반비례한다.
④ 아크 길이가 적당할 때 정상적인 작은 입자의 스패터가 생긴다.

해설 아크 전압은 아크 길이에 비례한다.

38 다음 중 용융금속의 이행 형태가 아닌 것은?
① 단락형
② 스프레이형
③ 연속형
④ 글로뷸러형

해설 **용융 금속 이행의 3가지 방식**
단락 이행, 글로뷸러 이행, 스프레이 이행

39 강자성을 가지는 은백색의 금속으로 화학반응용 촉매, 공구 소결재로 널리 사용되고 바이탈륨의 주성분인 금속은?
① Ti
② Co
③ Al
④ Pt

40 재료에 어떤 일정한 하중을 가하고 어떤 온도에서 긴 시간 동안 유지하면 시간이 경과함에 따라 스트레인이 증가하는 것을 측정하는 시험방법은?
① 피로 시험
② 충격 시험
③ 비틀림 시험
④ 크리프 시험

41 금속의 결정구조에서 조밀육방격자(HCP)의 배위수는?
① 6
② 8
③ 10
④ 12

해설 배위수란 격자 중심 또는 면 중심의 원자를 둘러싼 인접한 원자수이다.

42 주석청동의 용해 및 주조에서 1.5~1.7%의 아연을 첨가할 때의 효과로 옳은 것은?
① 수축률이 감소된다.
② 침탄이 촉진된다.
③ 취성이 향상된다.
④ 가스가 흡입된다.

43 금속의 결정구조에 대한 설명으로 틀린 것은?
① 결정입자의 경계를 결정입계라 한다.
② 결정체를 이루고 있는 각 결정을 결정입자라 한다.

[정답] 35 ③ 36 ③ 37 ③ 38 ③ 39 ② 40 ④ 41 ④ 42 ① 43 ③

③ 체심입방격자는 단위격자 속에 있는 원자 수가 3개이다.
④ 물질을 구성하고 있는 원자가 입체적으로 규칙적인 배열을 이루고 있는 것을 결정이라 한다.

해설 체심입방격자의 소속 원자 수는 $1개 + \left(\dfrac{1}{8}개 \times 8\right) = 2개$이다.

44 Al의 표면을 적당한 전해액 중에서 양극 산화처리하면 표면에 방식성이 우수한 산화 피막층이 만들어진다. 알루미늄의 방식방법에 많이 이용되는 것은?
① 규산법
② 수산법
③ 탄화법
④ 질화법

해설 아노다이징(양극산화법)의 종류는 전해액의 종류에 따라 수산법, 황산법, 크롬산법으로 구분된다.

45 강의 표면 경화법이 아닌 것은?
① 풀림
② 금속 용사법
③ 금속 침투법
④ 하드 페이싱

해설
• 표면 경화법 : 침탄법, 질화법, 침유처리법, 화염경화법, 고주파 경화법, 금속 침투법, 숏피닝, 하드 페이싱, 전해 경화법 등
• 풀림은 내부응력 제거방법이다.

46 비금속 개재물이 강에 미치는 영향이 아닌 것은?
① 고온 메짐의 원인이 된다.
② 인성은 향상시키나 경도를 떨어뜨린다.
③ 열처리 시 개재물로 인한 균열을 발생시킨다.
④ 단조나 압연작업 중에 균열의 원인이 된다.

47 해드필드강(hadfield steel)에 대한 설명으로 옳은 것은?
① Ferrite계 고 Ni강이다.
② Pearlite계 고 Co강이다.
③ Cementite계 고 Cr강이다.
④ Austenite계 Mn강이다.

해설 하드필드강은 Mn10~14%의 오스테나이트 조직으로 경도가 높아 내마모용에 쓰인다.

48 잠수함, 우주선 등 극한 상태에서 파이프의 이음쇠에 사용되는 기능성 합금은?
① 초전도 합금
② 수소 저장 합금
③ 아모퍼스 합금
④ 형상 기억 합금

49 탄소강에서 탄소의 함량이 높아지면 낮아지는 것은?
① 경도
② 항복강도
③ 인장강도
④ 단면 수축률

해설 탄소(C) 함유량의 증가에 따른 탄소강의 성질 변화
• 비중, 열팽창계수, 탄성률, 열전도율, 내식성 등 감소
• 연신율, 단면 수축률, 충격값 등 감소
• 용융점이 낮아진다.
• 비열과 전기저항 증가
• 강도 및 경도 증가(공석 조직에서 최대)
• 인성 및 충격치 감소
• 가공 변형이 어렵게 되어 냉간가공에 영향을 미친다.

50 3~5%Ni, 1%Si을 첨가한 Cu 합금으로 C 합금이라고도 하며, 강력하고 전도율이 좋아 용접봉이나 전극재료로 사용되는 것은?
① 톰백
② 문쯔메탈
③ 길딩메탈
④ 코슨합금

[정답] 44 ② 45 ① 46 ② 47 ④ 48 ④ 49 ④ 50 ④

51 치수기입법에서 지름, 반지름, 구의 지름 및 반지름, 모떼기, 두께 등을 나타낼 때 사용하는 보조기호 표시가 잘못된 것은?

① 두께 : D6
② 반지름 : R3
③ 모떼기 : C3
④ 구의 반지름 : SR6

해설
- 두께 : t
- 반지름 : R
- 모떼기 : C
- 구의 반지름 : SR

52 인접부분을 참고로 표시하는 데 사용하는 것은?

① 숨은 선 ② 가상선
③ 외형선 ④ 피치선

53 보기와 같은 KS 용접기호의 해독으로 틀린 것은?

① 화살표 반대쪽 점용접
② 점 용접부의 지름 6mm
③ 용접부의 개수(용접 수) 5개
④ 점 용접한 간격은 100mm

해설 실선으로 표시된 기선 쪽에 용접기호를 기재하였으므로 화살표가 지시한 쪽의 용접을 규정한 것이다.

54 좌우, 상하 대칭인 그림과 같은 형상을 도면화하려고 할 때 이에 관한 설명으로 틀린 것은?(단, 물체에 뚫린 구멍의 크기는 같고 간격은 6mm로 일정하다.)

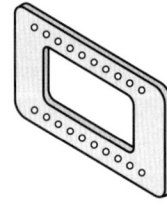 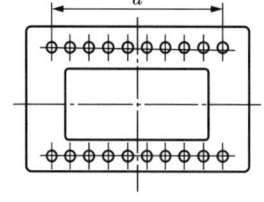

① 치수 a는 9×6(=54)으로 기입할 수 있다.
② 대칭기호를 사용하여 도형을 1/2로 나타낼 수 있다.
③ 구멍은 동일 형상일 경우 대표 형상을 제외한 나머지 구멍은 생략할 수 있다.
④ 구멍은 크기가 동일하더라도 각각의 치수를 모두 나타내야 한다.

55 그림과 같은 제3각법 정투상도에 가장 적합한 입체도는?

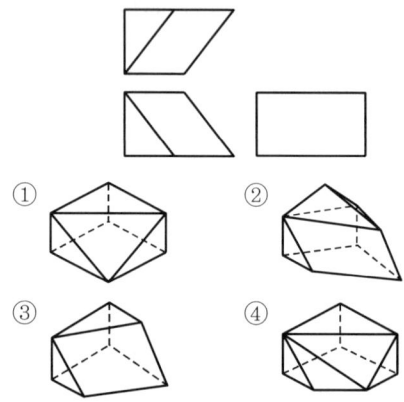

56 3각 기둥, 4각 기둥 등과 같은 각 기둥 및 원기둥을 평행하게 펼치는 전개 방법의 종류는?

① 삼각형을 이용한 전개도법
② 평행선을 이용한 전개도법
③ 방사선을 이용한 전개도법
④ 사다리꼴을 이용한 전개도법

해설 전개도의 종류

평행선법	원기둥, 각기둥과 같이 중심축이 나란히 직선을 표면에 그을 수 있는 물체의 전개에 쓰이는 방법
방사선법	원뿔, 각뿔 등과 같이 전개도의 테두리를 꼭짓점을 중심으로 전개하는 방법
삼각형법	입체의 표면을 몇 개의 삼각형으로 나누어 전개하는 방법

[정답] 51 ① 52 ② 53 ① 54 ④ 55 ③ 56 ②

57 SF-340A는 탄소강 단강품이며, 340은 최저 인장강도를 나타낸다. 이때 최저 인장강도의 단위로 가장 옳은 것은?
① N/m² ② kgf/m²
③ N/mm² ④ kgf/mm²

58 배관 도면에서 그림과 같은 기호의 의미로 가장 적합한 것은?

① 체크 밸브 ② 볼 밸브
③ 콕 밸브 ④ 안전밸브

| 체크밸브 | ─▷│─ | 볼 밸브 | ─▷◁─ |
| 콕 밸브 | ─▷◁─ | 안전밸브 | ─▷◁─ |

59 한쪽 단면도에 대한 설명으로 올바른 것은?
① 대칭형의 물체를 중심선을 경계로 하여 외형도의 절반과 단면도의 절반을 조합하여 표시한 것이다.
② 부품도의 중앙 부위의 전후를 절단하여 단면을 90° 회전시켜 표시한 것이다.
③ 도형 전체가 단면으로 표시된 것이다.
④ 물체의 필요한 부분만 단면으로 표시한 것이다.

60 판금작업 시 강판재료를 절단하기 위하여 가장 필요한 도면은?
① 조립도 ② 전개도
③ 배관도 ④ 공정도

[정답] 57 ③ 58 ① 59 ① 60 ②

모의고사 제10회 (특수용접기능사)

01 다음 중 MIG 용접에서 사용하는 와이어 송급 방식이 아닌 것은?
① 풀(pull) 방식
② 푸시(push) 방식
③ 푸시 풀(push-pull) 방식
④ 푸시 언더(push-under) 방식

02 용접결함과 그 원인의 연결이 틀린 것은?
① 언더컷 - 용접전류가 너무 낮을 경우
② 슬래그 섞임 - 운봉속도가 느릴 경우
③ 기공 - 용접부가 급속하게 응고될 경우
④ 오버랩 - 부적절한 운봉법을 사용했을 경우

해설 **오버랩의 발생**: 용접전류가 너무 약할 때, 용접 속도가 너무 느릴 때, 아크 길이가 너무 짧을 때, 부적당한 용접봉 사용시 용접봉의 각도 및 운봉이 불량할 때

03 일반적으로 용접순서를 결정할 때 유의해야 할 사항으로 틀린 것은?
① 용접물의 중심에 대하여 항상 대칭으로 용접한다.
② 수축이 작은 이음을 먼저 용접하고 수축이 큰 이음은 나중에 용접한다.
③ 용접구조물이 조립되어감에 따라 용접작업이 불가능한 곳이나 곤란한 경우가 생기지 않도록 한다.
④ 용접구조물의 중립축에 대하여 용접 수축력의 모멘트 합이 0이 되게 하면 용접선 방향에 대한 굽힘을 줄일 수 있다.

해설 수축이 큰 부분을 먼저 용접하고, 수축이 작은 부분을 나중에 용접하여 열로 인한 변형을 최소화하여야 한다.

04 용접부에 생기는 결함 중 구조상의 결함이 아닌 것은?
① 기공   ② 균열
③ 변형   ④ 용입 불량

해설 구조상 결함은 용접부의 외부 또는 내부 결함으로 기공, 은점, 언더컷, 오버랩, 균열, 선상조직, 용입 불량, 용합 불량, 표면결함, 슬래그 혼입, 비금속 개재물 등이 있으며, 변형은 치수상 결함에 속한다.

05 스터드 용접에서 내열성의 도기로 용융금속의 산화 및 유출을 막아주고 아크열을 집중시키는 역할을 하는 것은?
① 페룰   ② 스터드
③ 용접토치   ④ 제어장치

06 다음 중 저항용접의 3요소가 아닌 것은?
① 가압력   ② 통전 시간
③ 용접 토치   ④ 전류의 세기

07 다음 중 용접 이음의 종류가 아닌 것은?
① 십자 이음   ② 맞대기 이음
③ 변두리 이음   ④ 모떼기 이음

해설 **용접 이음 형상에 따른 구분**
맞대기 이음, 한면 덮개판 이음, 양면 덮개판 이음, 겹치기 이음, 플러그 이음, T형 필릿 이음, 모서리 이음, 변두리 이음

08 일렉트로 슬래그 용접의 장점으로 틀린 것은?
① 용접능률과 용접품질이 우수하다.
② 최소한의 변형과 최단시간의 용접법이다.
③ 후판을 단일층으로 한 번에 용접할 수 있다.

[정답] 01 ④ 02 ① 03 ② 04 ③ 05 ① 06 ③ 07 ④ 08 ④

④ 스패터가 많으며 80%에 가까운 용착효율을 나타낸다.

해설 일렉트로 슬래그 용접의 용착률은 100%이다.

09 선박, 보일러 등 두꺼운 판의 용접 시 용융 슬래그와 와이어의 저항열을 이용하여 연속적으로 상진하는 용접법은?
① 테르밋 용접
② 넌실드 아크용접
③ 일렉트로 슬래그 용접
④ 서브머지드 아크용접

10 다음 중 스터드 용접법의 종류가 아닌 것은?
① 아크 스터드 용접법
② 저항 스터드 용접법
③ 충격 스터드 용접법
④ 텅스텐 스터드 용접법

11 탄산가스 아크용접에서 용착속도에 관한 내용으로 틀린 것은?
① 용접속도가 빠르면 모재의 입열이 감소한다.
② 용착률은 일반적으로 아크전압이 높은 쪽이 좋다.
③ 와이어 용융속도는 와이어의 지름과는 거의 관계가 없다.
④ 와이어 용융속도는 아크 전류에 거의 정비례하며 증가한다.

해설 용착률과 용입은 전류에 비례한다.

12 플래시 버트 용접 과정의 3단계는?
① 업셋, 예열, 후열
② 예열, 검사, 플래시
③ 예열, 플래시, 업셋
④ 업셋, 플래시, 후열

13 용접결함 중 은점의 원인이 되는 주된 원소는?
① 헬륨   ② 수소
③ 아르곤   ④ 이산화탄소

해설 은점, 기공, 피트의 발생 원인 : 용접 시 발생되거나 유입되는 수소(H), 산소(O), 질소(N) 가스 등

14 다음 중 제품별 노 내 및 국부풀림의 유지온도와 시간이 올바르게 연결된 것은?
① 탄소강 주강품 : 625±25℃, 판두께 25mm에 대하여 1시간
② 기계구조용 연강재 : 725±25℃, 판두께 25mm에 대하여 1시간
③ 보일러용 압연강재 : 625±25℃, 판두께 25mm에 대하여 4시간
④ 용접구조용 연강재 : 725±25℃, 판두께 25mm에 대하여 2시간

15 용접 시공에서 다층 쌓기로 작업하는 용착법이 아닌 것은?
① 스킵법   ② 빌드업법
③ 전진 블록법   ④ 캐스케이드법

해설
• 단층 용접법 : 전진법(좌진법), 후진법(우진법), 대칭법, 스킵법(비석법)
• 다층 용접법 : 덧살 올림법(빌드업법), 캐스케이드법, 점진블록법(전진블록법)

16 예열의 목적에 대한 설명으로 틀린 것은?
① 수소의 방출을 용이하게 하여 저온 균열을 방지한다.
② 열영향부와 용착금속의 경화를 방지하고 연성을 증가시킨다.
③ 용접부의 기계적 성질을 향상시키고 경화조직의 석출을 촉진시킨다.
④ 온도 분포가 완만하게 되어 열응력의 감소로 변형과 잔류응력의 발생을 적게 한다.

[정답]   09 ③   10 ④   11 ②   12 ③   13 ②   14 ①   15 ①   16 ③

해설 예열은 용접부에 연성과 인성을 부여하고 경화를 방지하여 기계적 성질을 개선한다.

17 용접작업에서 전격의 방지대책으로 틀린 것은?
① 땀, 물 등에 의해 젖은 작업복, 장갑 등은 착용하지 않는다.
② 텅스텐봉을 교체할 때 항상 전원스위치를 차단하고 작업한다.
③ 절연홀더의 절연부분이 노출, 파손되면 즉시 보수하거나 교체한다.
④ 가죽 장갑, 앞치마, 발 덮개 등 보호구를 반드시 착용하지 않아도 된다.

18 서브머지드 아크용접에서 용제의 구비조건에 대한 설명으로 틀린 것은?
① 용접 후 슬래그(Slag)의 박리가 어려울 것
② 적당한 입도를 갖고 아크 보호성이 우수할 것
③ 아크 발생을 안정시켜 안정된 용접을 할 수 있을 것
④ 적당한 합금성분을 첨가하여 탈황, 탈산 등의 정련작용을 할 것

19 MIG 용접의 전류밀도는 TIG 용접의 약 몇 배 정도인가?
① 2　　② 4
③ 6　　④ 8

20 다음 중 파괴시험에서 기계적 시험에 속하지 않는 것은?
① 경도시험　　② 굽힘시험
③ 부식시험　　④ 충격시험

해설 **파괴시험의 종류**

기계적 시험	인장시험, 굽힘시험, 경도시험, 충격시험, 피로시험, 크리프 시험
물리적 시험	물성시험, 열특성시험, 전기·자기적 특성시험
화학적 시험	화학분석시험, 부식시험, 수소시험
야금학적 시험	파면시험, 육안조직시험, 매크로 시험, 현미경 조직검사, 설퍼 프린트 시험
용접성 시험	용접연성시험, 용접노치취성시험, 용접균열시험, 용접경화시험, 용접봉시험
압력시험 (누설검사)	가압법, 진공법

21 다음 중 초음파 탐상법에 속하지 않는 것은?
① 공진법　　② 투과법
③ 프로드법　　④ 펄스 반사법

해설 프로드법(prod method)은 통전법의 일종으로 자분탐상시험에서 두 개의 전극봉을 시험재에 가까운 두 점에 접촉시켜 전류를 흘려 자화시키는 방법이다.

22 화재 및 소화기에 관한 내용으로 틀린 것은?
① A급 화재란 일반화재를 뜻한다.
② C급 화재란 유류화재를 뜻한다.
③ A급 화재에는 포말소화기가 적합하다.
④ C급 화재에는 CO_2 소화기가 적합하다.

해설 **화재의 분류 및 소화방법**

화재 등급	내용	소화방법
A급	일반화재 : 나무, 종이, 섬유 등과 같은 물질의 화재	분말 소화기, 포말, CO_2 소화기
B급	유류화재 : 기름, 윤활유, 페인트 등과 같은 액체의 화재	포말, 분말, CO_2 소화기
C급	전기화재 : 전기로 인해 발생한 화재	분말, CO_2 소화기, 할로겐 화합물 소화기, 무상 강화액 소화기
D급	금속화재 : 가연성 금속의 화재(예 : 금속나트륨, 마그네슘 등)	모래, 질식

[정답] 17 ④　18 ①　19 ③　20 ③　21 ③　22 ②

23 TIG 절단에 관한 설명으로 틀린 것은?
① 전원은 직류 역극성을 사용한다.
② 절단면이 매끈하고 열효율이 좋으며 능률이 대단히 높다.
③ 아크 냉각용 가스에는 아르곤과 수소의 혼합가스를 사용한다.
④ 알루미늄, 마그네슘, 구리와 구리합금, 스테인리스강 등 비철금속의 절단에 이용한다.

해설
- TIG 절단 : 직류 정극성을 주로 사용
- MIG 절단 : 직류 역극성을 주로 사용

24 다음 중 기계적 접합법에 속하지 않는 것은?
① 리벳 ② 용접
③ 접어 잇기 ④ 볼트 이음

해설
- 기계적 접합 : 리벳 이음, 볼트 이음, 코터 이음 등
- 야금학적 접합 (용접) : 융접, 압접, 납땜 등

25 다음 중 아크 절단에 속하지 않는 것은?
① MIG 절단 ② 분말 절단
③ TIG 절단 ④ 플라즈마 제트 절단

해설
- 아크 절단법의 종류 : 산소 아크절단, 탄소 아크절단, 금속 아크절단, 불활성 가스 아크절단, 플라즈마 아크절단, 아크 에어 가우징 등
- 특수 절단 : 분말 절단(철분 절단, 플럭스 절단), 가스 가우징, 스카핑, 산소창 절단, 겹치기(포갬) 절단, 수중 절단 등

26 가스 절단 작업 시 표준 드래그 길이는 일반적으로 모재 두께의 몇 % 정도인가?
① 5 ② 10
③ 20 ④ 30

27 용접 중에 아크를 중단시키면 중단된 부분이 오목하거나 납작하게 파인 모습으로 남게 되는 것은?
① 피트 ② 언더컷
③ 오버랩 ④ 크레이터

28 10,000~30,000℃의 높은 열에너지를 가진 열원을 이용하여 금속을 절단하는 절단법은?
① TIG 절단법
② 탄소 아크 절단법
③ 금속 아크 절단법
④ 플라즈마 제트 절단법

29 일반적인 용접의 특징으로 틀린 것은?
① 재료의 두께에 제한이 없다.
② 작업공정이 단축되며 경제적이다.
③ 보수와 수리가 어렵고 제작비가 많이 든다.
④ 제품의 성능과 수명이 향상되며 이종 재료도 용접이 가능하다.

30 일반적으로 두께가 3mm인 연강판을 가스 용접하기에 가장 적합한 용접봉의 직경은?
① 약 2.6mm ② 약 4.0mm
③ 약 5.0mm ④ 약 6.0mm

해설
가스 용접봉의 직경 $D = \dfrac{t}{2} + 1$ [mm]

여기서, t : 모재 두께[mm]

31 연강용 피복 아크용접봉의 종류에 따른 피복제 계통이 틀린 것은?
① E4340 : 특수계
② E4316 : 저수소계
③ E4327 : 철분산화철계
④ E4313 : 철분산화티탄계

해설
아크용접봉의 종류
- 일미나이트계(E4301)
- 라임티탄계(E4303)
- 고셀룰로스계(E4311)
- 고산화티탄계(E4313)
- 저수소계(E4316)
- 철분산화티탄계(E4324)
- 철분저수소계(E4326)
- 철분산화철계(E4327)
- 특수계(E4340)

[정답] 23 ① 24 ② 25 ② 26 ③ 27 ④ 28 ④ 29 ③ 30 ① 31 ④

32 다음 중 아크 쏠림 방지대책으로 틀린 것은?
① 접지점 2개를 연결할 것
② 용접봉 끝은 아크 쏠림 반대방향으로 기울일 것
③ 접지점을 될 수 있는 대로 용접부에서 가까이 할 것
④ 큰 가접부 또는 이미 용접이 끝난 용착부를 향하여 용접할 것

해설 아크 쏠림을 방지하기 위해 접지점을 2중으로 양쪽 끝에 연결하고, 용접부에서 가능한 멀게 한다.

33 양호한 절단면을 얻기 위한 조건으로 틀린 것은?
① 드래그가 가능한 클 것
② 슬래그 이탈이 양호할 것
③ 절단면 표면의 각이 예리할 것
④ 절단면이 평활하다 드래그의 홈이 낮을 것

해설 양호한 절단면은 드래그가 가능한 한 일정하고 작아야 한다.

34 산소 – 아세틸렌 가스절단과 비교한, 산소 – 프로판가스절단의 특징으로 틀린 것은?
① 슬래그 제거가 쉽다.
② 절단면 윗 모서리가 잘 녹지 않는다.
③ 후판 절단 시에는 아세틸렌보다 절단속도가 느리다.
④ 포갬절단 시에는 아세틸렌보다 절단속도가 빠르다.

35 용접기의 사용률(duty cycle)을 구하는 공식으로 옳은 것은?
① 사용률(%) = 휴식시간/(휴식시간 + 아크발생시간)×100
② 사용률(%) = 아크발생시간/(아크발생시간 + 휴식시간)×100
③ 사용률(%) = 아크발생시간/(아크발생시간 – 휴식시간)×100
④ 사용률(%) = 휴식시간/(아크발생시간 – 휴식시간)×100

36 가스절단에서 예열불꽃의 역할에 대한 설명으로 틀린 것은?
① 절단산소 운동량 유지
② 절단산소 순도 저하 방지
③ 절단 개시 발화점 온도 가열
④ 절단재의 표면 스케일 등의 박리성 저하

해설 예열 불꽃은 절단재 표면의 스케일 등의 박리성을 증대하는 역할을 한다.

37 가스 용접 작업에서 양호한 용접부를 얻기 위해 갖추어야 할 조건으로 틀린 것은?
① 용착 금속의 용집 상태가 균일해야 한다.
② 용접부에 첨가된 금속의 성질이 양호해야 한다.
③ 기름, 녹 등을 용접 전에 제거하여 결함을 방지한다.
④ 과열의 흔적이 있어야 하고 슬래그나 기공 등도 있어야 한다.

38 용접기 설치 시 1차 입력이 10kVA이고 전원전압이 200V이면 퓨즈 용량은?
① 50A   ② 100A
③ 150A   ④ 200A

해설 퓨즈 용량 = $\dfrac{1\text{차 입력전압(kVA)}}{\text{전원전압(V)}}$ A
$= \dfrac{10}{200} = 0.05\text{kA} = 50\text{A}$

[정답] 32 ③ 33 ① 34 ③ 35 ② 36 ④ 37 ④ 38 ①

39 다음의 희토류 금속원소 중 비중이 약 16.6, 용융점은 약 2,996℃이고, 150℃ 이하에서 불활성 물질로서 내식성이 우수한 것은?
① Se
② Te
③ In
④ Ta

40 압입체의 대면각이 136°인 다이아몬드 피라미드에 하중 1~120kg을 사용하여 특히 얇은 물건이나 표면 경화된 재료의 경도를 측정하는 시험법은 무엇인가?
① 로크웰 경도 시험법
② 비커스 경도 시험법
③ 쇼어 경도 시험법
④ 브리넬 경도 시험법

해설 경도 시험법의 종류

구분	특징
브리넬 경도 (HB)	• 압입자(고탄소강 강구)에 하중을 걸어 자국의 표면적을 하중으로 나누어 경도 측정
비커스 경도 (HV)	• 압입자(대면각 136°의 사각추)에 하중을 걸어 대각선 길이로 경도 측정
로크웰 경도 (HR)	• 압입자에 하중(기준 하중 10kg)을 걸어 홈 깊이로 경도 측정 • 종류 -B 스케일 : 1.588mm 지름의 강구 -C 스케일 : 꼭지각의 각도 120°의 다이아몬드
쇼어 경도 (HS)	• 추를 일정 높이에서 낙하시켜 반발 높이로 경도 측정

41 T.T.T 곡선에서 하부 임계냉각속도란?
① 50% 마텐자이트를 생성하는 데 요하는 최대의 냉각속도
② 100% 오스테나이트를 생성하는 데 요하는 최소의 냉각속도
③ 최초의 소르바이트가 나타나는 냉각속도
④ 최초의 마텐자이트가 나타나는 냉각속도

42 1,000~1,100℃에서 수중냉각함으로써 오스테나이트 조직으로 되고, 인성 및 내마멸성 등이 우수하여 광석 파쇄기, 기차 레일, 굴삭기 등의 재료로 사용되는 것은?
① 고 Mn강
② Ni-Cr강
③ Cr-Mo강
④ Mo계 고속도강

해설 고망간강(하드필드강)을 수중 담금질하여 인성을 부여하는 수인법처리하면 오스테나이트 조직이 되며 연성과 인성의 증가, 내마모성이 커진다.

43 게이지용 강이 갖추어야 할 성질로 틀린 것은?
① 담금질에 의해 변형이나 균열이 없을 것
② 시간이 지남에 따라 치수변화가 없을 것
③ H_RC55 이상의 경도를 가질 것
④ 팽창계수가 보통 강보다 클 것

해설 게이지 강은 담금질에 의한 균열과 변형이 없어야 하며, 시효에 의한 치수 변화가 없는 등 재료 치수가 안정적이어야 한다. 팽창계수가 극히 작아야 한다.

44 알루미늄을 주성분으로 하는 합금이 아닌 것은?
① Y합금
② 라우탈
③ 인코넬
④ 두랄루민

해설 인코넬(Inconel)은 니켈을 주성분으로 하는 내열합금이다.

45 두 종류 이상의 금속 특성을 복합적으로 얻을 수 있고 바이메탈 재료 등에 사용되는 합금은?
① 제진 합금
② 비정질 합금
③ 클래드 합금
④ 형상 기억 합금

46 황동 중 60%Cu+40%Zn 합금으로 조직이 $\alpha+\beta$이므로 상온에서 전연성이 낮으나 강도가 큰 합금은?
① 길딩 메탈(Gilding Metal)
② 문쯔 메탈(Muntz Metal)

[정답] 39 ④ 40 ② 41 ④ 42 ① 43 ④ 44 ③ 45 ③ 46 ②

③ 두라나 메탈(Durana Metal)
④ 애드미럴티 메탈(Admiralty Metal)

47 가단주철의 일반적인 특징이 아닌 것은?
① 담금질 경화성이 있다.
② 주조성이 우수하다.
③ 내식성, 내충격성이 우수하다.
④ 경도는 Si 양이 적을수록 좋다.

해설 규소(Si)는 흑연화 촉진제로서 가단주철의 흑연화를 촉진하여 기계적 성질을 개선하는 성분이다.

48 금속에 대한 성질을 설명한 것으로 틀린 것은?
① 모든 금속은 상온에서 고체 상태로 존재한다.
② 텅스텐(W)의 용융점은 약 3,410℃이다.
③ 이리듐(Ir)의 비중은 약 22.5이다.
④ 열 및 전기의 양도체이다.

해설 수은(Hg)는 상온에서 액체로 존재한다.

49 순철이 910℃에서 A_3 변태를 할 때 결정격자의 변화로 옳은 것은?
① BCT → FCC
② BCC → FCC
③ FCC → BCC
④ FCC → BCT

해설
912[℃] (A_3 변태점)　1,400[℃] (A_4 변태점)

a-Fe	γ-Fe	δ-Fe
체심입방격자 (B.C.C)	면심입방격자 (F.C.C)	체심입방격자 (B.C.C)

50 압력이 일정한 Fe-C 평형상태도에서 공정점의 자유도는?
① 0　② 1
③ 2　④ 3

51 다음 중 도면의 일반적인 구비조건으로 관계가 가장 먼 것은?
① 대상물의 크기, 모양, 자세, 위치의 정보가 있어야 한다.
② 대상물을 명확하고 이해하기 쉬운 방법으로 표현해야 한다.
③ 도면의 보존, 검색 이용이 확실히 되도록 내용과 양식을 구비해야 한다.
④ 무역과 기술의 국제 교류가 활발하므로 대상물의 특징을 알 수 없도록 보안성을 유지해야 한다.

52 보기 입체도를 제3각법으로 올바르게 투상한 것은?

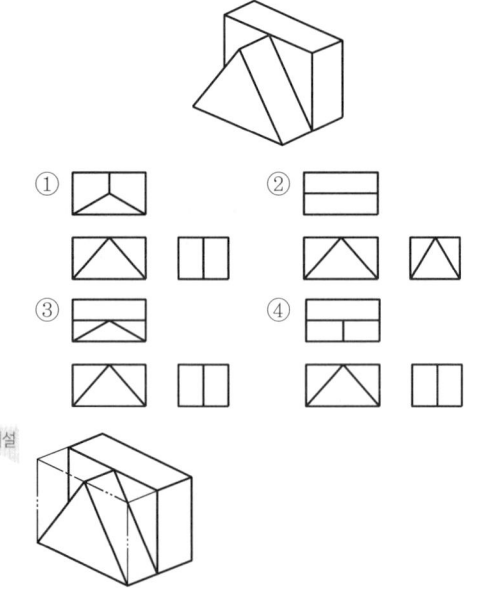

53 배관도에서 유체의 종류와 문자기호를 나타내는 것 중 틀린 것은?
① 공기 : A
② 연료 가스 : G
③ 증기 : W
④ 연료유 또는 냉동기유 : O

[정답] 47 ④　48 ①　49 ②　50 ①　51 ④　52 ④　53 ③

해설 유체기호

유체의 종류	글자기호	유체의 종류	글자기호
공기	A(Air)	증기	S(Steam)
가스	G(Gas)	물	W(Water)
유류	O(Oil)		

54 리벳의 호칭 표기법을 순서대로 나열한 것은?

① 규격번호, 종류, 호칭지름×길이, 재료
② 종류, 호칭지름×길이, 규격번호, 재료
③ 규격번호, 종류, 재료, 호칭지름×길이
④ 규격번호, 호칭지름×길이, 종류, 재료

해설 리벳의 규격 표시

KS B 1102 / 열간 둥근 머리 리벳 / 25×35 / SV 400
규격번호(생략 가능) / 종류 / 지름×길이 / 재료

55 다음 중 일반적으로 긴 쪽 방향으로 절단하여 도시할 수 있는 것은?

① 리브 ② 기어의 이
③ 바퀴의 암 ④ 하우징

56 단면의 무게 중심을 연결한 선을 표시하는 데 사용하는 선의 종류는?

① 가는 1점 쇄선
② 가는 2점 쇄선
③ 가는 실선
④ 굵은 파선

57 다음 용접 보조기호에 현장 용접기호는?

① ⌒   ② ▶
③ ○   ④ ─

58 보기 입체도의 화살표 방향 투상 도면으로 가장 적합한 것은?

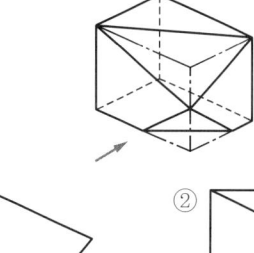

① 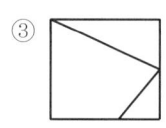   ②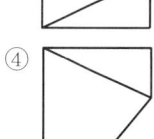
③   ④

해설

정면도 : 실선

59 탄소강 단강품의 재료 표시기호 "SF 490A"에서 "490"이 나타내는 것은?

① 최저 인장강도 ② 강재 종류 번호
③ 최대 항복강도 ④ 강재 분류 번호

60 다음 중 호의 길이 치수를 나타내는 것은?

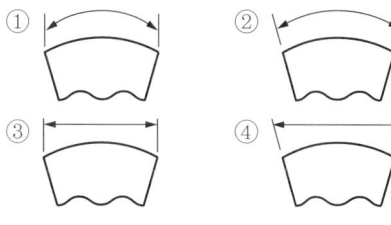

해설 ① 호의 길이 치수
② 각도 치수
③ 현의 길이 치수
④ 없음

[정답] 54 ① 55 ④ 56 ② 57 ② 58 ③ 59 ① 60 ①

모의고사 제11회 (특수용접기능사)

01 티그(TIG) 용접에서 텅스텐 전극봉을 고정하기 위한 장치는?
① 콜릿 척 ② 와이어 릴
③ 프레임 ④ 가스 세이버

02 탄산가스 아크 용접의 종류에 해당되지 않는 것은?
① NCG법 ② 테르밋 아크법
③ 유니언 아크법 ④ 퓨즈 아크법

해설 **FCAW용접법의 종류**
버나드 아크 용접법(NGC법), 퓨즈 아크법, 아코스 아크법(컴파운드 와이어법), 유니언 아크법, S관상 와이어, Y관상 와이어

03 MIG 용접의 기본적인 특징이 아닌 것은?
① 아크가 안정되므로 박판(3mm 이하) 용접에 적합하다.
② TIG 용접에 비해 전류밀도가 높다.
③ 피복 아크 용접에 비해 용착효율이 높다.
④ 바람의 영향을 받기 쉬우므로 방풍 대책이 필요하다.

해설 MIG 용접은 두께가 3~4mm 이상인 용접에 사용된다.

04 서브머지드 아크 용접의 용제 중 흡습성이 가장 높은 것은?
① 용제형 ② 혼성형
③ 용융형 ④ 소결형

해설 흡습성이 높은 용제 ⇒ 소결형 용제

05 서브머지드 아크 용접에 대한 설명으로 틀린 것은?
① 가시용접으로 용접 시 용착부를 육안으로 식별할 수 있다.
② 용융속도와 용착속도가 빠르며 용입이 깊다.
③ 용착금속의 기계적 성질이 우수하다.
④ 비드 외관이 아름답다.

해설 서브머지드 아크 용접은 용접부가 보이지 않는 불가시 아크 용접으로 용접부의 확인이 불가능하다.

06 프로젝션 용접의 용접 요구조건에 대한 설명으로 틀린 것은?
① 전류가 통한 후에 가압력에 견딜 수 있을 것
② 상대 판이 충분히 가열될 때까지 녹지 않을 것
③ 성형시 일부에 전단 부분이 생기지 않을 것
④ 성형에 의한 변형이 없고 용접 후 양면의 밀착이 양호할 것

07 연납용 용제로만 구성되어 있는 것은?
① 붕사, 붕산, 염화아연
② 염화아연, 염산, 염화암모늄
③ 불화물, 알칼리, 염산
④ 붕산염, 염화암모늄, 붕사

해설 **연납용 용제**
염화아연, 염산, 염화암모늄, 인산, 수지, 송진 등

08 귀마개를 착용하고 작업하면 안 되는 작업자는?
① 조선소 용접 및 취부작업자
② 자동차 조립공장의 조립작업자

[정답] 01 ① 02 ② 03 ① 04 ④ 05 ① 06 ① 07 ② 08 ④

③ 판금작업장의 판출 판금작업자
④ 강재 하역장의 크레인 신호자

09 변형 방지용 지그의 종류 중 아래 그림과 같이 사용된 지그는?

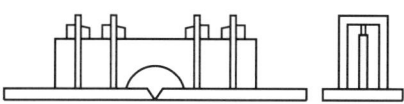

① 바이스 지그
② 판넬용 탄성 역변형 지그
③ 스트롱 백
④ 탄성 역변형 지그

10 강판용접 시 산화철을 환원시키기 위해 탈산제를 사용하는데 다음 반응식 중 맞는 것은?

① $FeO + Mn \rightleftharpoons Fe + MnO$
② $FeO + Mg \rightleftharpoons Fe + MgO_2$
③ $FeO + Al \rightleftharpoons Fe + Al_2O_3$
④ $FeO + Ti \rightleftharpoons Fe + TiO_2$

11 다음 그림 중에서 용접 열량의 냉각속도가 가장 빠른 것은?

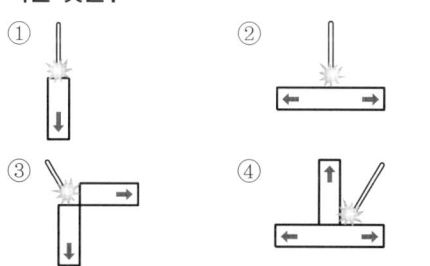

해설 용접 이음이 많을수록, 대기와 접촉 면적이 많을수록 용접열이 분산되어 냉각속도가 빠르다.
[냉각 속도가 빠른 순서]

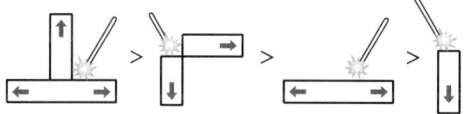

12 MIG 용접 시 사용하는 차광유리의 차광도 번호로 가장 알맞은 것은?

① 2~3
② 5~6
③ 12~13
④ 18~20

13 피복 아크 용접부 결함의 종류인 스패터의 발생 원인으로 가장 거리가 먼 것은?

① 운봉 속도가 느릴 때
② 전류가 높을 때
③ 수분이 많은 용접봉을 사용했을 때
④ 아크 길이가 너무 길 때

해설 스패터의 발생 원인
• 전류가 높을 때
• 건조되지 않은 용접봉을 사용할 때
• 아크 길이가 너무 길 때
• 운봉 각도가 부적당할 때
• 모재 표면에 녹, 페인트, 유기물 등으로 오염물이 부착된 경우

14 피복 아크 용접작업에 대한 안전사항으로 가장 적합하지 않은 것은?

① 저압전기는 어느 작업이든 안심할 수 있다.
② 퓨즈는 규정된 대로 알맞은 것을 끼운다.
③ 전선이나 코드의 접속부는 절연물로서 완전히 피복하여 둔다.
④ 용접기 내부에 함부로 손을 대지 않는다.

해설 전격 방지대책
• 가죽 장갑, 앞치마 등 보호구를 반드시 착용한다.
• 젖은 손으로 전기 기기를 만지지 않는다.
• 땀, 물 등에 의해 젖거나 습기가 찬 작업복, 장갑, 구두 등을 착용하지 않는다.
• 홀더나 용접봉은 절대 맨손으로 만지지 않는다.
• 용접기 절연 홀더의 절연 부분이 노출 또는 파손되면 즉시 수리하거나 교체한다.
• 용접 작업이 끝났을 때는 반드시 스위치를 차단한다.

[정답] 09 ③ 10 ① 11 ④ 12 ③ 13 ① 14 ①

15 용접결함 종류 중 성질상 결함에 해당되지 않는 것은?
① 인장강도 부족
② 표면 결함
③ 항복강도 부족
④ 내식성의 불량

16 가스용접 작업할 때 주의해야 할 안전사항 중 틀린 것은?
① 가스용접을 할 때는 면장갑을 낀다.
② 작업자의 눈을 보호하기 위하여 차광유리가 부착된 보안경을 착용한다.
③ 납이나 아연합금 또는 도금재료 가스용접 시 중독될 우려가 있으므로 주의하여야 한다.
④ 가스용접 작업은 가연성 물질이 없는 안전한 장소를 선택한다.

해설 용접을 할 때는 용접용 가죽장갑을 착용한다.

17 한 개의 용접봉을 살을 붙일 만한 길이로 구분하여 홈을 한 부분씩 여러 층으로 쌓아올린 다음 다른 부분으로 진행하는 용착법은?
① 스킵법
② 빌드업법
③ 전진블록법
④ 케스케이드법

18 수냉 동판을 용접부의 양면에 부착하고 용융된 슬래그 속에서 전극와이어를 연속적으로 송급하여 용융슬래그 내를 흐르는 저항 열에 의하여 전극와이어 및 모재를 용융 접합시키는 용접법은?
① 초음파 용접
② 플라즈마 제트 용접
③ 일렉트로 가스 용접
④ 일렉트로 슬래그 용접

19 불활성 가스 텅스텐 아크 용접을 설명한 것 중 틀린 것은?
① 직류 역극성에서는 청정작용이 있다.
② 알루미늄과 마그네슘의 용접에 적합하다.
③ 텅스텐을 소모하지 않아 비용극식이라고 한다.
④ 잠호 용접법이라고도 한다.

해설 잠호 용접은 서브머지드 아크 용접을 일컫는다.

20 모재 및 용접부에 대한 연성과 결함의 유무를 조사하기 위하여 시행하는 시험법은?
① 경도시험
② 피로시험
③ 굽힘시험
④ 충격시험

21 가연성 가스가 가져야 할 성질이 아닌 것은?
① 불꽃의 온도가 높을 것
② 용융 금속과 화학반응을 일으키지 않을 것
③ 연소 속도가 느릴 것
④ 발열량이 클 것

해설 **연료가스(가연성 가스)의 필요조건**
• 불꽃의 온도가 높아야 한다.(연소 온도가 높아야 한다)
• 연소 속도가 빨라야 한다.
• 발열량이 커야 한다.
• 용융 금속과 화학반응을 일으키지 않아야 한다.

22 피복제의 주된 역할로 틀린 것은?
① 아크를 안정하게 하고, 전기전열 작용을 한다.
② 스패터링(spattering)을 많게 한다.
③ 모재표면의 산화물을 제거하고 양호한 용접부를 만든다.
④ 슬래그 제거를 쉽게 하고 파형이 고운 비드를 만든다.

해설 **피복제의 역할(피복제의 효과)**
• 아크의 안정화
• 용적을 미세화하여 용착 효율을 증대한다.
• 용착 금속에 합금원소를 첨가하여 기계적 강도를 개선한다.
• 중성 또는 환원성 분위기를 만들어 대기 중의 산소 및 질소의 침입(산화 및 질화)을 방지하여 용융금속을 보호한다.

[정답] 15 ② 16 ① 17 ③ 18 ④ 19 ④ 20 ③ 21 ③ 22 ②

- 슬래그를 발생하여 용착 금속의 냉각 및 응고 속도를 지연하여 급랭을 방지한다.(금속의 취성 방지)
- 용접 금속의 탈산 및 정련 작용을 한다.
- 모재표면의 산화물을 제거하고 양호한 용접부를 생성한다.
- 모든 자세의 용접을 쉽게 한다.
- 전기절연 작용을 한다.
- 스패터량을 적게, 슬래그 제거를 쉽게 하고 깨끗한 용접면을 만든다.

23 보호가스의 공급 없이 와이어 자체에서 발생한 가스에 의해 아크 분위기를 보호하는 용접 방법은?

① 일렉트로 슬래그 용접
② 플라즈마 용접
③ 논 가스 아크 용접
④ 테르밋 용접

24 직류아크 용접 시 정극성으로 용접할 때의 특징이 아닌 것은?

① 박판, 주철, 합금강, 비철금속의 용접에 이용된다.
② 용접봉의 녹음이 느리다.
③ 비드 폭이 좁다.
④ 모재의 용입이 깊다.

해설
- 직류 정극성 : 두꺼운 판의 용접
- 직류 역극성 : 얇은 판, 합금강, 비철금속 및 주철의 용접

25 리벳이음과 비교한 용접이음의 특징을 열거한 것 중 틀린 것은?

① 구조가 복잡하다.
② 유일, 기밀, 수밀이 우수하다.
③ 공정의 수가 절감된다.
④ 이음 효율이 높다.

해설 용접이음은 리벳이음보다 간단하다.

26 용접용어에 대한 정의를 설명한 것으로 틀린 것은?

① 모재 : 용접 또는 절단되는 금속
② 다공성 : 용착금속 중 기공의 밀집한 정도
③ 용락 : 모재가 녹은 깊이
④ 용가재 : 용착부를 만들기 위하여 녹여서 첨가하는 금속

해설 용락
용접 시 모재가 녹아내려 구멍이 뚫리는 것

27 아크 에어 가우징은 가스 가우징이나 치핑에 비하여 여러 가지 특징이 있다. 그 설명으로 틀린 것은?

① 작업능률이 높다.
② 모재에 악영향을 주지 않는다.
③ 작업방법이 비교적 용이하다.
④ 소음이 크고 용융범위가 좁다.

해설 아크 에어 가우징은 용접 홈 가공, 용접부 결함제거, 절단 및 구멍 뚫기 등 다양한 작업이 가능하고 적용 재료의 범위도 넓다.

28 주철이나 비철금속은 가스절단이 용이하지 않으므로 철분 또는 용제를 연속적으로 절단용 산소에 공급하여 그 산화열 또는 용제의 화학작용을 이용한 절단 방법은?

① 분말절단
② 산소창절단
③ 탄소아크절단
④ 스카핑

해설 분말절단
주철, 비철 금속 등 산소 절단이 가능한 경우의 절단이 가능하며, 철분이나 용제(Flux)의 미세한 분말을 압축공기 또는 압축 질소로 연속해서 분출시켜 절단용 산소에 공급하여 산화열 또는 용제의 화학작용으로 연속적으로 절단하는 방법이다.

[정답] 23 ③ 24 ① 25 ① 26 ③ 27 ④ 28 ①

29 판 두께가 보통 6mm 이하인 경우에 사용되고 루트간격을 좁게 하면 용착금속의 양도 적어져서 경제적인 면에서는 우수하나 두께가 두꺼워지면 완전용입이 어려운 용접 이음은?
① I형　　② V형
③ U형　　④ X형

30 용접법의 분류에서 압접에 해당하는 것은?
① 유도가열 용접
② 전자 빔 용접
③ 일렉트로 슬래그 용접
④ MIG 용접

해설 유도가열 용접＝고주파 용접이므로 압접에 해당된다.

31 케이블과 클램프 및 클램프와 용접물의 각 접속부는 잘 접속되어야 한다. 만일 접속이 불량할 때 발생하는 현상이 아닌 것은?
① 접속부에서 열이 과도하게 발생한다.
② 접속부를 손상시킨다.
③ 아크가 불안정하다.
④ 전력이 절약된다.

해설 전기장치의 접속이 불량해지면 전기가 안정적으로 공급되지 못해 불안정해지고 위험하며, 전기소모가 많아진다.

32 폭발 위험성이 가장 큰 산소와 아세틸렌의 혼합비(%)는?(단, 산소 : 아세틸렌)
① 40 : 60　　② 15 : 85
③ 60 : 40　　④ 85 : 15

33 연강용 가스 용접봉을 선택할 때 고려해야 할 사항으로 틀린 것은?
① 모재와 같은 재질일 것
② 기계적 성질이 나쁜 영향을 주지 않을 것
③ 용융 온도가 모재와 동일하지 않을 것
④ 용접봉의 재질 중에 불순물을 포함하고 있지 않을 것

해설 용접봉은 모재와 같은 재질이어야 하고, 용융 온도가 모재와 동일해야 한다.

34 35℃에서 150기압으로 압축하여 내부용적 40.7l의 산소용기에 충전하였을 때, 용기 속의 산소량은 몇 리터인가?
① 4,105　　② 5,210
③ 6,105　　④ 7,210

해설 산소용기의 대기압환산용적(l)
＝산소용기 내용적(l)×충전압력(kg·f/cm² 또는 기압)
＝40.7l×150기압＝6,105l

35 가스절단 토치 형식 중 절단 팁이 동심형에 해당하는 형식은?
① 영국식　　② 미국식
③ 독일식　　④ 프랑스식

36 담금질한 강에 뜨임을 하는 가장 주된 목적은?
① 재질에 인성을 갖게 하려고
② 조대화 된 조직을 정상화하려고
③ 재질을 더욱 더 단단하게 하려고
④ 재질의 화학성분을 보충하기 위해서

해설 담금질은 강의 경도와 강도(인성)를 높일 목적으로 시행한다.

37 직류 아크 용접기와 비교한 교류 아크 용접기의 특징을 올바르게 나타낸 것은?
① 아크의 안정성이 약간 떨어진다.
② 값이 비싸고 취급이 어렵다.
③ 고장이 많아 보수가 어렵다.
④ 무부하 전압이 낮아 전격의 위험이 적다.

[정답] 29 ① 30 ① 31 ④ 32 ④ 33 ③ 34 ③ 35 ④ 36 ① 37 ①

해설 직류 아크 용접기와 교류 아크 용접기의 비교

항목	직류 용접기	교류 용접기
아크 안정성	우수	보통
극성 변화	가능	불가능
전격 위험	약간 적음	많음
아크 쏠림 방지	불가능	가능
나봉의 사용	가능	불가능
구조	복잡	간단
용도	박판 및 특수용	후판 및 일반 용접
가격	고가	저가

38 피복 아크 용접 중 3.2mm의 용접봉으로 용접할 때 일반적인 아크 길이로 가장 적당한 것은?

① 6mm ② 3mm
③ 7mm ④ 5mm

해설 아크 길이는 보통 용접봉 심선의 지름 정도이며, 일반적으로 3mm 정도이다.

39 가스절단 작업을 할 때 생기는 드래그는 보통 판 두께의 몇 %를 표준으로 하는가?

① 5   ② 10
③ 15 ④ 20

해설 표준 드래그 길이는 강판 두께의 약 20% 정도가 적합하다.

40 가스 용접에서 용제를 사용하는 주된 이유로 적합하지 않은 것은?

① 재료표면의 산화물을 제거한다.
② 용융금속의 산화·질화를 감소하게 한다.
③ 청정작용으로 용착을 돕는다.
④ 용접봉 심섬의 유해성분을 제거한다.

해설 **용제의 사용 목적**
- 용접면에 산화물, 질화물 등의 발생 및 접착 방지한다.
- 용접금속을 대기로부터 보호하여 산화 및 질화를 방지한다.
- 슬래그를 생성하여 기계적 성질을 증대한다.
- 용접면을 청정하게 하여 용착을 돕는다.

41 보통 주강에 3% 이하의 Cr을 첨가하여 강도와 내마멸성을 증가시켜 분쇄기계, 석유화학 공업용 기계부품 등에 사용되는 함금 주강은?

① Ni주강
② Cr주강
③ Mn주강
④ Ni-Cr주강

42 오스테나이트계 스테인리스강의 용접 시 유의해야 할 사항으로 틀린 것은?

① 층간온도가 320℃ 이상을 넘지 않도록 한다.
② 낮은 전류값으로 용접하여 용접 입열을 억제한다.
③ 아크를 중단하기 전에 크레이터 처리를 한다.
④ 아크 길이를 길게 유지한다.

해설 우수한 용접 품질을 얻기 위해서는 아크 길이를 최대한 짧게 하여야 한다.

43 다음 순금속 중 열전도율이 가장 높은 것은?

① 은(Ag)
② 금(Au)
③ 알루미늄(Al)
④ 주석(Sn)

해설 **열전도율 순서**
은(Ag) > 구리(Cu) > 금(Au) > 알루미늄(Al) > 연강 > 스테인리스 강

44 탄소강이 황(S)을 많이 함유하게 되면 고온에서 메짐이 나타나는 현상을 무엇이라 하는가?

① 적열메짐
② 청열메짐
③ 저온메짐
④ 충격메짐

해설 **적열 취성**
900℃ 이상에서 황(S)에 의해 발생하는 메짐현상

[정 답] 38 ② 39 ④ 40 ④ 41 ② 42 ④ 43 ① 44 ①

45 베어링에 사용되는 대표적인 구리합금으로 70% Cu – 30% Pb 합금은?

① 켈밋(Kelmet)
② 배빗메탈(babbit metal)
③ 다우메탈(dow metal)
④ 톰백(tombac)

해설
- 켈밋 : 구리(Cu)와 30~40% 납(Pb)의 합금. 고속 고하중용 베어링
- 배빗메탈 : Sn – Sb – Cu계. 베어링 제품
- 다우메탈 : 2~8%의 알루미늄을 포함한 마그네슘 합금. 주조 및 단조용 합금
- 톰백 : 8~20% 아연(Zn)을 포함한 황동. 금애용 및 장식품용

46 표면 경화 처리에서 침탄법의 설명으로 맞는 것은?

① 고체침탄법, 액체침탄법, 기체침탄법이 있다.
② 침탄 후 열처리가 가능하다.
③ 침탄 후 수정이 불가능하다.
④ 표면경화 시간이 길다.

47 다음 중 고온경도가 가장 좋은 것은?

① WC – TiC – Co계 초경합금
② 고속도강
③ 탄소 공구강
④ 합금 공구강

해설 공구 재료의 고온 경도의 크기
세라믹>초경합금>고속도강>합금 공구강>탄소 공구강

48 게이지용 강이 구비해야 할 특성에 대한 설명으로 틀린 것은?

① 담금질에 의한 변형 및 균열이 적어야 한다.
② 장시간 경과해도 치수의 변화가 적어야 한다.
③ 내마모성이 크고 내식성이 우수해야 한다.
④ 담금질 응력 및 열팽창 계수가 커야 한다.

해설 게이지용 강은 불변강을 사용하며, 담금질 응력과 열팽창 계수가 작아야 치수 변화가 적다.

49 황동에 생기는 자연균열의 방지법으로 가장 적합한 것은?

① 도료나 아연도금을 실시한다.
② 황동판에 전기를 흐르게 한다.
③ 황동에 약간의 철을 합금한다.
④ 수증기를 제거한다.

해설 자연균열(응력부식균열)
황동을 냉간 가공하면 남아 있는 잔류 응력 또는 외부의 인장 하중에 의해 균열이 발생하는 것으로서 균열 방지를 위해 도료나 아연 도금을 실시하거나, 180~260℃로 응력 제거 풀림을 실시한다.

50 고급주철의 바탕은 어떤 조직으로 이루어졌는가?

① 펄라이트
② 시멘타이트
③ 페라이트
④ 오스테나이트

해설 고급주철은 펄라이트주철이라고도 하며, 흑연이 미세하고 활모양으로 구부러져 고르게 분포되어 있고 바탕 조직은 펄라이트이다.

51 치수 보조기호 중 지름을 표시하는 기호는?

① D
② φ
③ R
④ SR

해설 D : 드릴가공, φ : 지름, R : 반지름, SR : 구의 반지름

52 그림과 같은 입체도에서 화살표 방향을 정면으로 하여 제3각법 투상도로 가장 적합한 것은?

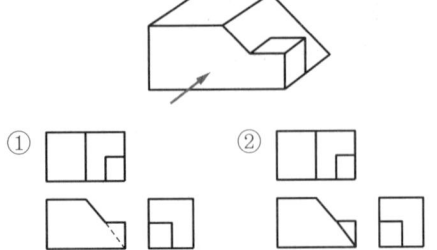

[정답] 45 ① 46 ② 47 ① 48 ④ 49 ① 50 ① 51 ② 52 ①

③ 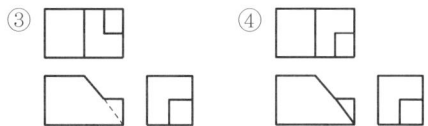   ④

③ 인접부분을 참고로 나타내는 것
④ 가동 부분을 이동 중의 특정한 위치 또는 이동한계의 위치로 표시하는 것

해설 **가상선**
가는 2점 쇄선으로 표시되며, 가공 전후의 모양, 조립 상대면 혹은 상대운동의 위치 등을 표현하기 위해 사용한다.

53 그림과 같은 원뿔을 축선과 평행인 X-X 평면으로 절단했을 때 생기는 원뿔곡선은 무엇인가?

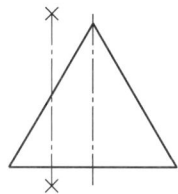

① 타원　　② 진원
③ 쌍곡선　④ 사이클로이드곡선

해설 **원추의 절단 형상**

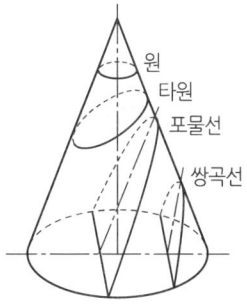

54 제3각법에 대한 설명 중 틀린 것은?
① 평면도는 배면도의 위에 배치된다.
② 저면도는 정면도의 아래에 배치된다.
③ 정면도는 위쪽에 평면도가 배치된다.
④ 우측면도는 정면도의 우측에 배치된다.

해설 평면도는 정면도의 위에 배치된다.

55 가는 2점 쇄선을 사용하는 가상선의 용도가 아닌 것은?
① 단면도의 절단된 부분을 나타내는 것
② 가공 전후의 형상을 타나내는 것

56 그림과 같은 도면의 해독으로 잘못된 것은?

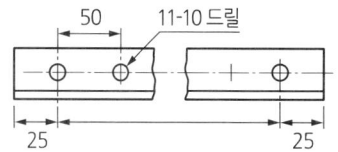

① 구멍 사이의 피치는 50mm
② 구멍의 지름은 10mm
③ 전체 길이는 600mm
④ 구멍의 수는 11개

해설 전체 길이 = (드릴개수(11) − 1) × 피치(50) + 양단거리 (2 × 25) = 550mm

57 도면의 척도 값 중 실제 형상을 축소하여 그리는 것은?
① 100 : 1　　② $\sqrt{2}$: 1
③ 1 : 1　　　④ 1 : 2

58 배관 도면에서 그림과 같은 기호의 의미로 가장 적합한 것은?

① 콕 일반　　② 볼 밸브
③ 체크 밸브　④ 안전 밸브

해설 **밸브의 약호**

체크 밸브	▷┃◁	볼 밸브	▷◁
콕 밸브		안전 밸브	

[정답] 53 ③　54 ①　55 ①　56 ③　57 ④　58 ③

59 그림의 용접 도시기호는 어떤 용접을 나타내는가?

① 점 용접
② 플러그 용접
③ 심 용접
④ 가장자리 용접

60 그림과 같은 화살표 방향을 정면도로 선택하였을 때 평면도의 모양은?

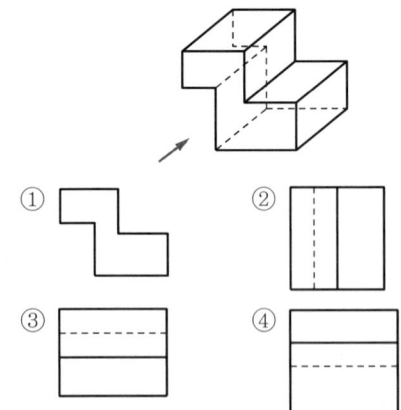

모의고사 제12회 (용접기능사)

01 용접선이 응력의 방향과 대략 직각인 필릿 용접은?
① 전면 필릿 용접 ② 측면 필릿 용접
③ 경사 필릿 용접 ④ 뒷면 필릿 용접

02 연강재의 용접 이음부에 대한 충격하중이 작용할 때 안전율은?
① 3   ② 5
③ 8   ④ 12

해설

재료	안전율			
	정하중	반복하중	교번하중	충격하중
탄소강	3	5	8	12
주철	4	6	10	15
구리 및 연질 재료	5	6	9	15

03 전기저항 점 용접법에 대한 설명으로 틀린 것은?
① 인터랙 점 용접이란 용접점의 부분에 직접 2개의 전극을 물리지 않고 용접전류가 피용접물의 일부를 통하여 다른 곳으로 전달하는 방식이다.
② 단극식 점 용접이란 전극이 1쌍으로 1개의 점 용접부를 만드는 것이다.
③ 맥동 점 용접은 사이클 단위를 몇 번이고 전류를 연속하여 통전하며 용접 속도 향상 및 용접 변형 방지에 좋다.
④ 직렬식 점 용접이란 1개의 전류 회로에 2개 이상의 용접점을 만드는 방법으로 전류 손실이 많아 전류를 증가시켜야 한다.

해설 맥동식 점 용접은 전극의 과열을 피하기 위해 전류를 단속하여 용접한다.

04 용접순서를 결정하는 기준이 잘못 설명된 것은?
① 용접구조물이 조립되어 감에 따라 용접 작업이 불가능한 부분이 발생하지 않도록 한다.
② 용접물 중심에 대하여 항상 대칭적으로 용접한다.
③ 수축이 작은 이음을 먼저 용접한 후 수축이 큰 이음을 뒤에 한다.
④ 용접구조물의 중립축에 대한 수축모멘트의 합이 0이 되도록 한다.

해설 수축이 큰 부분을 먼저 용접하고, 수축이 작은 부분을 나중에 용접하여 열변형으로 인한 변형을 최소화하여야 한다.

05 서브머지드 아크 용접의 장점에 해당되지 않는 것은?
① 용접속도가 수동용접보다 빠르고 능률이 높다.
② 개선각을 작게 하여 용접 패스 수를 줄일 수 있다.
③ 콘택트 팁에서 통전되므로 와이어 중에 저항열이 적게 발생되어 고전류 사용이 가능하다.
④ 용접진행상태의 좋고 나쁨을 육안으로 확인할 수 있다.

해설 서브머지드 아크 용접은 용제가 용접부를 덮어 용접진행상태를 직접 확인할 수 없다.

[정답] 01 ① 02 ④ 03 ③ 04 ③ 05 ④

06 불활성 가스 텅스텐 아크 용접에 주로 사용되는 가스는?
① He, Ar ② Ne, Lo
③ Rn, Lu ④ CO, Xe

해설 불활성 가스는 아르곤(Ar), 헬륨(He), 네온(Ne)이 있으며 용접 시에는 아르곤과 헬륨이 사용된다.

07 안전모의 내부 수직거리로 가장 적당한 것은?
① 25mm 이상 50mm 미만일 것
② 15mm 이상 40mm 미만일 것
③ 10mm 미만일 것
④ 25mm 미만일 것

해설 안전모의 거리 및 간격 기준

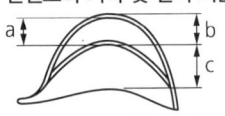

기호	명칭	간격 기준
a	내부 수직거리	25mm 이상, 50mm 이하
b	외부 수직거리	80mm 미만
c	착용높이	85mm 이상

08 전격의 방지대책에 대한 설명 중 틀린 것은?
① 땅, 물 등에 의해 습기찬 작업복, 장갑, 구두 등을 착용해도 된다.
② 홀더나 용접봉은 절대로 맨손으로 취급하지 않는다.
③ 용접기의 내부에 함부로 손을 대지 않는다.
④ 절연 홀더의 절연부분이 노출·파손되면 곧 보수하거나 교체한다.

해설 전격 방지대책
• 가죽 장갑, 앞치마 등 보호구를 반드시 착용한다.
• 젖은 손으로 전기 기기를 만지지 않는다.
• 땀, 물 등에 의해 젖거나 습기가 찬 작업복, 장갑, 구두 등을 착용하지 않는다.
• 홀더나 용접봉은 절대 맨손으로 만지지 않는다.
• 용접기 절연 홀더의 절연 부분이 노출 또는 파손되면 즉시 수리하거나 교체한다.
• 용접 작업이 끝났을 때는 반드시 스위치를 차단한다.

09 용접균열에서 저온균열은 일반적으로 몇 ℃ 이하에서 발생하는 균열을 말하는가?
① 200~300℃ 이하 ② 300~400℃ 이하
③ 400~500℃ 이하 ④ 500~600℃ 이하

10 불활성 가스 금속 아크 용접(MIG)법에서 가장 많이 사용되는 것으로 용가재가 고속으로 용융되어 미입자의 용적으로 분사되어 모재로 옮겨가는 이행 방식은?
① 단락 이행 ② 입상 이행
③ 펄스아크 이행 ④ 스프레이 이행

해설 ① 단락 이행 : 용적이 모재와 접촉하여 단락되면서 표면 장력효과에 의해 빨려 들어가는 형태로 이행되는 방식이다.
② 입상이행(글로뷸러 이행) : 용접봉 용융부의 비교적 용적이 큰 일부가 단락되지 않고 전류 소자 간의 흡인력에 의해 기둥이 가늘어지면서 쇳물이 방울 형태로 중력에 의해 모재로 이행되는 방식이다.
③ 펄스아크 이행은 없다.
④ 스프레이 이행 : 복제에서 발생한 가스에 의해 용가재가 고속으로 용융되어 미세한 용적이 스프레이와 같은 작은 입자로 분사되어 모재에 용착 이행되는 방식이다.

11 CO_2 아크 용접에서 가장 두꺼운 판에 사용되는 용접 홈은?
① I형 ② V형
③ H형 ④ J형

해설

홈종류	적용 판두께
I형	6mm 이하
V형	약 6~19mm
X형	10~40mm
U형	16~50mm
H형	15~40mm
J형	J형 : 6~19mm / 양면J형 : 12mm 이상
∨형(베벨형)	9~14mm 이상
K형	12mm 이상

정답 06 ① 07 ① 08 ① 09 ① 10 ④ 11 ③

12 융점 450℃ 이상의 땜납재인 경납에 속하지 않는 것은?

① 주석납 ② 황동납
③ 인동납 ④ 은납

해설 주석납은 주로 사용되는 연납용 땜제이다.

13 볼트나 환봉을 피스톤형의 홀더에 끼우고 모재와 볼트 사이에 순간적으로 아크를 발생시켜 용접하는 방법은?

① 서브머지드 아크 용접
② 스터드 용접
③ 테르밋 용접
④ 불활성가스 아크 용접

14 용접부의 시험 및 검사의 분류에서 충격 시험은 무슨 시험에 속하는가?

① 기계적 시험 ② 낙하 시험
③ 화학적 시험 ④ 압력 시험

해설 파괴시험의 종류

기계적 시험	인장 시험, 굽힘 시험, 경도 시험, 충격 시험, 피로 시험, 크리프 시험
물리적 시험	물성 시험, 열특성 시험, 전기·자기적 특성시험
화학적 시험	화학분석 시험, 부식 시험, 수소 시험
야금학적 시험	파면 시험, 육안 조직 시험, 매크로 시험, 현미경 조직검사, 설퍼 프린트 시험
용접성 시험	용접 연성 시험, 용접 노치 취성시험, 용접 균열 시험, 용접 경화 시험, 용접봉 시험
압력 시험 (누설 검사)	가압법, 진공법

15 용접결함이 오버랩일 경우 그 보수방법으로 가장 적당한 것은?

① 정지구멍을 뚫고 재용접한다.
② 일부분을 깎아내고 재용접한다.
③ 가는 용접봉을 사용하여 재용접한다.
④ 결함부분을 절단하여 재용접한다.

해설 언더컷은 가는 용접봉으로 재용접을 실시하고, 오버랩 등은 결함부를 제거 후 보수 용접을 실시한다.

16 아크 용접 작업 중 허용전류가 20~50(mA)일 때 인체에 미치는 영향으로 맞는 것은?

① 고통을 느끼고 가까운 근육이 저려서 움직이지 않는다.
② 고통을 느끼고 강한 근육 수축이 일어나며 호흡이 곤란하다.
③ 고통을 수반한 쇼크를 느낀다.
④ 순간적으로 사망할 위험이 있다.

해설 전격(전기적 충격)

전류	증세
1mA	감전을 조금 느낀다.
8~15mA	고통을 수반하는 쇼크를 느낀다.
15~20mA	고통을 느끼고 근육 경련을 일으킨다.
20~50mA	고통을 느끼고 강한 근육 수축 발생, 호흡곤란, 피해자가 회로에서 떨어지기 힘들다.
50~100mA	심장마비를 일으켜 순간적으로 사망할 수 있다.

17 TIG 용접에서 교류(AC), 직류 정극성(DCSP), 직류역극성(DCRP)의 용입깊이를 비교한 것 중 옳은 것은?

① DCSP < AC < DCRP
② AC < DCSP < DCRP
③ AC < DCRP < DCSP
④ DCRP < AC < DCSP

18 테르밋 용접의 특징에 대한 설명 중 틀린 것은?

① 용접 작업이 단순하다.
② 용접 시간이 길고 용접 후 변형이 크다.

정답 12 ① 13 ② 14 ① 15 ② 16 ② 17 ④ 18 ②

③ 용접기구가 간단하고 작업장소의 이동이 쉽다.
④ 전기가 필요 없다.

해설 테르밋 용접은 용접 시간이 비교적 짧아 능률적이고, 용접후 변형이 적다.

19 두께가 3.2mm인 박판을 탄산가스 아크 용접법으로 맞대기 용접을 하려고 한다. 용접전류 100A를 사용할 때 이에 적합한 아크 전압[V]의 조정 범위는 어느 정도인가?
① 10~13[V]   ② 18~21[V]
③ 23~26[V]   ④ 28~31[V]

해설

아크 전압 조정 범위(V)	
사용 전류 50~100A	18~21V
사용 전류 50~200A	18~25V
사용 전류 50~350A	18~36V
사용 전류 50~500A	18~46V
사용 전류 50~600A	18~49V

20 용접봉의 습기가 원인이 되어 발생하는 결함으로 가장 적절한 것은?
① 선상조직   ② 기공
③ 용입불량   ④ 슬래그 섞임

해설 **기공의 발생 원인**
- 건조되지 않은 용접봉의 사용
- 용접부의 습기, 페인트, 녹 및 오염물
- 아크의 길이가 너무 길 때 → 용접 전류 및 아크 길이의 부적당
- 용접부가 급랭될 때
- 황의 함량이 많을 때
- 보호 가스의 유량이 부족하거나, 바람에 의해 날릴 때

21 용접부의 결함 검사법에서 초음파 탐상법의 종류에 해당되지 않는 것은?
① 스테레오법   ② 투과법
③ 펄스 반사법   ④ 공진법

해설 **초음파 탐상법의 종류**
펄스 반사법, 투과법, 공진법

22 헬멧이나 핸드실드의 차광유리 앞에 보호유리를 끼우는 가장 타당한 이유는?
① 시력을 보호하기 위하여
② 가시광선을 차단하기 위하여
③ 적외선을 차단하기 위하여
④ 차광유리를 보호하기 위하여

23 가스절단 작업 시 유의할 사항으로 틀린 것은?
① 호스가 꼬여 있는지 확인한다.
② 가스절단에 알맞은 보호구를 착용한다.
③ 절단부가 예리하고 날카로우므로 상처을 입지 않도록 주의한다.
④ 절단 진행 중에 시선은 절단면을 떠나도 된다.

24 피복 아크 용접 작업에서 아크 길이 및 아크 전압에 관한 설명으로 틀린 것은?
① 품질 좋은 용접을 하려면 원칙적으로 짧은 아크를 사용해야 한다.
② 아크 길이가 너무 길면 아크가 불안정하고, 용융금속이 산화 및 질화되기 어렵다.
③ 아크 길이가 보통 용접봉 심선의 지름 정도이나 일반적인 아크의 길이는 3mm 정도이다.
④ 아크 전압은 아크 길이에 비례한다.

해설 아크 길이가 길어지면 아크가 불안정해지고 수소, 산소 등이 유입되어 용접불량률이 높아지며 용접금속은 산화 및 질화되기 쉽다.

25 가연성 가스의 종류 중 불꽃의 온도가 가장 높은 것은?
① 아세틸렌   ② 수소
③ 프로판   ④ 메탄

[정답] 19 ② 20 ② 21 ① 22 ④ 23 ④ 24 ② 25 ①

해설 불꽃 온도
아세틸렌(C_2H_2) > 수소(H_2) > 프로판(C_3H_8) > 메탄(CH_4)

26 아크 에어 가우징의 작업 능률은 치핑이나 그라인딩 또는 가스 가우징보다 몇 배 정도 높은가?
① 10~12배 ② 8~9배
③ 5~6 배 ④ 2~3배

27 교류 아크 용접기와 비교한 직류 아크 용접기에 관한 설명으로 올바른 것은?
① 구조가 간단하다.
② 아크 안정감이 떨어진다.
③ 감전의 위험이 많다.
④ 극성의 변화가 가능하다.

해설 직류 아크 용접기는 직류 정극성과 직류 역극성으로 바꿀 수 있다.

28 용극식 용접법으로 용접봉과 모재 사이에 발생하는 아크의 열을 이용하여 용접하는 것은?
① 피복 아크 용접
② 플라즈마 아크 용접
③ 테르밋 용접
④ 이산화탄소 아크 용접

해설 • 용극식(소모식) 용접 : 피복 아크 용접(SMAW), CO_2 용접(FCAW), MIG 용접(GMAW), MAG용접, 서브머지드 아크 용접(SAW), 일렉트로 슬래그 용접(ESW) 등 대다수
• 비용극식 용접 : TIG 용접(GTAW)

29 가스용접 시 모재의 두께가 3.2mm일 때 용접봉의 지름(mm)으로 가장 적당한 것은?
① 1.2 ② 2.6
③ 3.5 ④ 4.0

해설 가스 용접봉의 직경 $D = \dfrac{t}{2} + 1$ (mm)
여기서, t : 모재 두께(mm)

30 교류전원이 없는 옥외 장소에서 사용할 때 가장 적합한 직류 아크 용접기는?
① 정류기형 ② 기동 철심형
③ 엔진 구동형 ④ 전동 발전형

해설 엔진 구동형은 전원을 공급받지 않고 엔진에 의해서 전기를 생산하므로 전원이 없는 곳에서도 용접이 가능한 직류아크 용접기이다.

31 아세틸렌은 각종 액체에 잘 용해된다. 1기압 아세톤 2ℓ에는 몇 ℓ의 아세틸렌이 용해되는가?
① 2 ② 10
③ 25 ④ 50

해설 아세틸렌은 아세톤에 25배가 용해되므로 아세틸렌 용해량
= 2ℓ × 25배 = 50ℓ

32 내용적 33.7ℓ인 산소병에 150kgf/cm²의 압력이 게이지에 표시되었다면 산소병에 들어 있는 산소량은 몇 ℓ인가?
① 3,400 ② 5,055
③ 4,700 ④ 4,800

해설 산소용기의 대기압환산용적(ℓ)
= 산소용기 내용적(ℓ) × 충전압력(kg·f/cm² 또는 기압)
= 33.7ℓ × 150kg·f = 5,055ℓ

33 용접 열원에서 기계적 에너지를 사용하는 용접법은?
① 초음파 용접 ② 고주파 용접
③ 전자빔 용접 ④ 레이저빔 용접

해설 기계적 에너지 용접 ⇒ 초음파 용접

34 피복 아크 용접봉의 용접부 보호방식에 의한 분류에 속하지 않는 것은?
① 슬래그 생성식 ② 가스 발생식
③ 아크 발생식 ④ 반가스 발생식

[정답] 26 ④ 27 ④ 28 ① 29 ② 30 ③ 31 ④ 32 ② 33 ① 34 ③

해설 **피복제의 종류**
가스 발생식, 슬래그 생성식, 반가스 발생식

35 산소-아세틸렌가스로 두께가 25mm 이하인 연강판을 산소 절단할 때 차광번호로 가장 적합한 것은?
① 10~12 ② 7~8
③ 3~4 ④ 12~14

36 가스 용접에서 전진법과 비교한 후진법의 특징 설명으로 옳은 것은?
① 용접속도가 느리다.
② 홈 각도가 크다.
③ 용접이 가능한 판 두께가 두껍다.
④ 용접변형이 크다.

해설 후진법은 화염이 용접부위를 집중가열하여 열집중성이 좋고 용입이 깊어 두꺼운 판의 용접에 적합하며, 잔류응력이 적게 발생한다.

37 탄소 공구강 및 일반 공구재료의 구비조건 중 틀린 것은?
① 상온 및 고온경도가 클 것
② 내마모성이 클 것
③ 강인성 및 내충격성이 작을 것
④ 가공 및 열처리성이 양호할 것

해설 **탄소 공구강의 구비조건**
• 강인성 및 경도가 커야 하며, 특히 고온에서 경도가 유지되어야 한다.
• 열처리 및 제조가 용이해야 하며, 가격이 저렴해야 한다.
• 내마모성이 높아야 한다.

38 가스절단에서 절단용 산소 중에 불순물이 증가하면 나타나는 결과가 아닌 것은?
① 절단면이 거칠어진다.
② 절단속도가 느려진다.
③ 슬래그의 이탈성이 나빠진다.
④ 산소의 소비량이 적어진다.

해설 산소 중 불순물이 많아지면 산소소비량이 증가하고, 절단속도가 느려지며 절단면이 불량하다.

39 피복 아크 용접봉의 용융속도를 결정하는 식은?
① 용융속도=아크전류×용접봉 쪽 전압강하
② 용융속도=아크전류×모재 쪽 전압강하
③ 용융속도=아크전압×용접봉 쪽 전압강하
④ 용융속도=아크전압×모재 쪽 전압강하

40 특수 절단 및 가스 가공 방법이 아닌 것은?
① 수중 절단 ② 스카핑
③ 치핑 ④ 가스 가우징

해설 치핑은 치핑공구로 공작물의 표면을 깎아내거나, 치핑해머로 용접부의 표면을 두드리는 작업이다.

41 기본열처리 방법의 목적을 설명한 것으로 틀린 것은?
① 담금질-급랭하여 재질을 경화시킨다.
② 풀림-재질을 연하고 균일화하게 한다.
③ 뜨임-담금질된 것에 취성을 부여한다.
④ 불림-소재를 일정온도에서 가열 후, 공랭하여 표준화한다.

해설
• 담금질: 강의 강도 및 경도 증대
• 풀림: 강의 조직 미세화(균일화), 내부응력 제거, 재질 연화 및 전연성 증대
• 뜨임: 담금질한 강의 취성을 방지하고 재료의 내부 응력 제거 및 인성을 부여
• 불림: 강의 내부응력 제거 및 표준조직을 얻기 위해 실시

42 구리와 구리 합금이 다른 금속에 비하여 우수한 점이 아닌 것은?
① 전기 및 열전도율이 높다.
② 연하고 전연성이 좋아 가공하기 쉽다.

[정답] 35 ③ 36 ③ 37 ③ 38 ④ 39 ① 40 ③ 41 ③ 42 ③

③ 철강보다 비중이 낮아 가볍다.
④ 철강에 비해 내식성이 좋다.

해설 구리는 철보다 무겁다.

43 산소 – 아세틸렌 가스를 사용하여 담금질성이 있는 강재의 표면만을 경화시키는 방법은?
① 화염 경화법
② 질화법
③ 고주파 경화법
④ 가스 침탄법

해설 화염(불꽃)경화법은 산소 아세틸렌 불꽃에 의해 강재의 표면부를 담금질 온도까지 가열한 후 급냉하는 조작이다.

44 마그네슘 합금의 성질 및 특징을 나타낸 것으로 적당하지 않은 것은?
① 비강도가 크고, 냉간가공이 거의 불가능하다.
② 인장강도, 연신율, 충격값이 두랄루민보다 작다.
③ 피절삭성이 좋으며, 부품의 무게 경감에 큰 효과가 있다.
④ 바닷물에 접촉하여도 침식되지 않는다.

45 냉간가공의 특징을 설명한 것으로 틀린 것은?
① 제품의 표면이 미려하다.
② 제품의 치수 정도가 좋다.
③ 가공경화에 의한 강도가 낮아진다.
④ 가공공수가 적어 가공비가 적게 든다.

해설 냉간 가공의 특징
재결정 온도보다 낮은 온도에서 실시하는 소성가공이다.
- 강도나 경도가 증가되나 강인성은 줄어든다.
- 연신율이 감소한다.
- 조직이 균일하고, 치수가 정밀하며, 매끈한 면을 얻을 수 있다.(제품의 표면이 우수하다.)
- 가공 공수가 적어 가공비가 적게 든다.
- 청열 취성이 발생할 수 있다.

46 주로 전자기 재료로 사용되는 Ni – Fe 합금이 아닌 것은?
① 인바
② 슈퍼인바
③ 콘스탄탄
④ 플라티나이트

해설 콘스탄탄은 열전기쌍 또는 전기저항선으로 사용하는 Cu – Ni 합금이다.
- Ni – Fe계 합금 : 인바, 엘린바, 슈퍼인바, 코엘린바, 플라티나이트, 퍼멀로이 등
- Ni – Cu계 합금 : 콘스탄탄, 어드밴스, 모넬메탈 등

47 두랄루민(duralumin)의 성분 재료로 맞는 것은?
① Al, Cu, Mg, Mn
② Al, Cu, Fe, Si
③ Al, Fe, Si, Mg
④ Al, Cu, Mn, Pb

해설 두랄루민은 강력 Al 합금으로 주성분은 Al – Cu – Mg – Mn 이며, 가볍고 강도가 커서 항공기, 자동차 기계 등에 사용된다.

48 오스테나이트계 스테인리스강 용접 시 유의해야 할 사항이 아닌 것은?
① 아크를 중단하기 전에 크레이터 처리를 한다.
② 아크 길이를 길게 유지한다.
③ 낮은 전류로 용접하여 용접 입열을 억제한다.
④ 용접봉은 가급적 모재의 재질과 동일한 것을 사용한다.

해설 아크길이를 길게 하면 산소 및 수소의 유입량이 많아져 기공 등의 용접결함 발생률이 높아진다.

49 주강의 특성을 설명한 것으로 틀린 것은?
① 유동성이 나쁘다.
② 주조 시 수축이 작다.
③ 고온 인장강도가 낮다.
④ 표피 및 그 인접부분의 품질이 양호하다.

해설 주강은 기계적 강도가 주철보다 우수하나, 주조 시 수축률은 주철의 약 2배로 크다.

[정답] 43 ① 44 ④ 45 ③ 46 ③ 47 ① 48 ② 49 ②

50 가단주철은 주조성이 우수한 백선주물을 만들고 열처리함으로써 강인한 조직과 단조를 가능케 한 주철인데 그 종류가 아닌 것은?

① 백심가단주철
② 펄라이트 가단주철
③ 특수가단주철
④ 오스테나이트 가단주철

해설 **가단주철의 종류**
백심가단주철, 흑심가단주철, 펄라이트가단주철

51 기계제도에서 사용하는 선의 용도에 따라 사용하는 선의 종류가 틀린 것은?

① 외형선 : 가는 실선
② 피치선 : 가는 1점 쇄선
③ 중심선 : 가는 1점 쇄선
④ 숨은선 : 가는 파선 또는 굵은 파선

해설 외형선은 굵은 실선으로 나타낸다.

52 그림과 같은 용접 도시기호를 올바르게 해석한 것은?

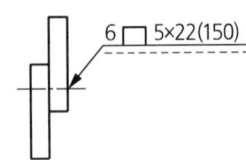

① 슬롯 용접의 용접 수 22개
② 슬롯의 너비 6mm, 용접길이 22mm
③ 슬롯 용접 루트간격 6mm, 폭 150mm
④ 슬롯의 너비 5mm, 피치 22mm

53 용접부의 보조기호에서 제거 가능한 이면 판재를 사용하는 경우의 표면 기호는?

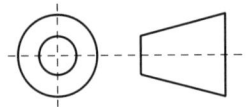

54 그림과 같은 입체도에서 화살표 방향이 정면일 때 3각법으로 올바르게 투상한 것은?

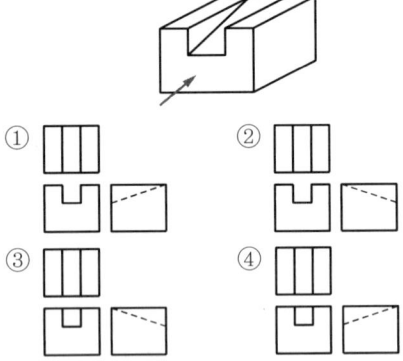

55 도면에서 표제란의 투상법란에 그림과 같은 투상법 기호로 표시되는 경우는 몇 각법 기호인가?

① 1각법 ② 2각법
③ 3각법 ④ 4각법

해설 • 3각법 : 눈과 물체 사이에 투상면이 있게 된다.
• 1각법 : 물체는 눈과 투상면 사이에 있게 된다.

56 모서리나 중심축에 평행선을 그어 전개하는 방법으로 주로 각기둥이나 원기둥을 전개하는 데 가장 적합한 전개도법의 종류는?

① 삼각형을 이용한 전개도법
② 평행선을 이용한 전개도법
③ 방사선을 이용한 전개도법
④ 사다리꼴을 이용한 전개도법

해설 **전개도의 종류**

평행선법	원기둥, 각기둥과 같이 중심축이 나란히 직선을 표면에 그을 수 있는 물체의 전개에 쓰이는 방법
방사선법	원뿔, 각뿔 등과 같이 전개도의 테두리를 꼭지점을 중심으로 전개하는 방법
삼각형법	입체의 표면을 몇 개의 삼각형으로 나누어 전개하는 방법

[정답] 50 ④ 51 ① 52 ② 53 ③ 54 ④ 55 ③ 56 ②

57 그림과 같은 입체도에서 화살표 방향 투상도로 적합한 것은?

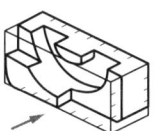

① 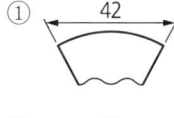 ②
③ 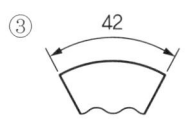 ④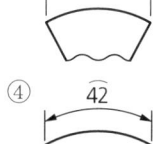

58 다음 중 머리부를 포함한 리벳의 전체 길이로 리벳 호칭 길이를 나타내는 것은?
① 얇은 납작머리 리벳
② 접시머리 리벳
③ 둥근머리 리벳
④ 냄비머리 리벳

해설 리벳의 길이는 통상 머리부의 길이는 표시하지 않으나, 접시머리 리벳은 머리부를 포함하여 길이를 표시한다.

59 원호의 길이 42mm를 나타낸 것으로 옳은 것은?

① ② ③ ④

해설 치수선 기입의 예
- 변의 길이 치수
- 현의 길이 치수
- 호의 길이 치수
- 각도 치수

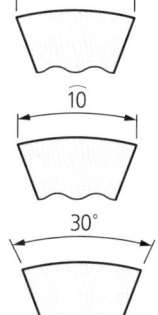

60 3개의 좌표축의 투상이 서로 120°가 되는 측 투상으로 평면, 측면, 정면을 하나의 투상면 위에 동시에 볼 수 있도록 그린 투상법은?
① 등각 투상법
② 국부 투상법
③ 정 투상법
④ 경사 투상법

[정답] 57 ③ 58 ② 59 ④ 60 ①

모의고사 제13회 (용접기능사)

01 맞대기 용접 이음에서 최대 인장하중이 800kgf 이고, 판 두께가 5mm, 용접선의 길이가 20cm 일 때 용착 금속의 인장강도는 몇 kgf/mm²인가?
① 0.8　② 8
③ 80　④ 800

해설 용접부 인장응력
$$\sigma_t = \frac{W}{t \cdot \ell} = \frac{\text{최대 인장하중}}{\text{판두께} \times \text{용접선 길이}} = \frac{800}{5 \times 200} = 0.8$$

02 용접작업 중 전격방지 대책으로 틀린 것은?
① 용접기의 내부에 함부로 손을 대지 않는다.
② 홀더의 절연부분이 파손되면 보수하거나 교체한다.
③ 숙련공은 가죽장갑, 앞치마 등 보호구를 착용하지 않아도 된다.
④ 용접 작업이 끝났을 때는 반드시 스위치를 차단한다.

03 탄산가스 아크 용접법으로 주로 용접하는 금속은?
① 연강　② 구리와 동합금
③ 스테인리스강　④ 알루미늄

해설 탄산가스 아크 용접은 불활성 가스에 비해 저렴하므로 연강의 용접에 사용된다.

04 금속재료 시험법과 시험목적을 설명한 것으로 틀린 것은?
① 인장시험 : 인장강도, 항복점, 연신율 계산
② 경도시험 : 외력에 대한 저항의 크기 측정
③ 굽힘시험 : 피로한도 값 측정
④ 충격시험 : 인성과 취성의 정도 조사

해설 굽힘시험은 용접부의 연성과 결함유무를 조사하기 위해 실시한다.

05 일반적으로 많이 사용되는 용접변형 방지법이 아닌 것은?
① 비녀장법　② 억제법
③ 도열법　④ 역변형법

해설 비녀장법은 주철의 용접 보수방법 중 하나이다.
• 용접 전 변형 방지대책 : 구속법(억제법), 용착량 최소화, 역변형 법, 열 분포 분산 용접 실시, 도열법 실시, Peening 실시, 요구 강도에 맞는 적절한 용접 설계, 빠른 속도로 용접 실시

06 크레이터처리 미숙으로 일어나는 결함이 아닌 것은?
① 냉각 중에 균열이 생기기 쉽다.
② 파손이나 부식의 원인이 된다.
③ 불순물과 편석이 남게 된다.
④ 용접봉의 단락 원인이 된다.

해설 크레이터 결함의 영향
• 냉각 중 균열 발생
• 불순물과 편석 생성
• 파손 및 부식 발생

07 연납땜의 용제가 아닌 것은?
① 붕산　② 염화아연
③ 염산　④ 염화암모늄

해설 연납용 용제
염화아연, 염산, 염화암모늄, 인산, 수지, 송진 등

[정답] 01 ① 02 ③ 03 ① 04 ③ 05 ① 06 ④ 07 ①

08 가스용접에서 매니폴드를 설치할 경우 고려할 사항으로 틀린 것은?
① 순간 최소사용량
② 가스용기를 교환하는 주기
③ 필요한 가스 용기의 수
④ 사용량에 적합한 압력 조정기 및 안전기

해설 매니폴드 설치 시 고려사항
• 가스 용기의 교환 주기
• 필요한 가스 용기의 수
• 사용량에 적합한 압력 조정기 및 안정기

09 이산화탄소 가스 아크 용접에서 아크 전압이 높을 때 비드 형상으로 맞는 것은?
① 비드가 넓어지고 납작해진다.
② 비드가 좁아지고 납작해진다.
③ 비드가 넓어지고 볼록해진다.
④ 비드가 좁아지고 볼록해진다.

해설 아크 전압이 높을 때
비드 폭이 넓어지고, 용입이 얕으며, 용착속도가 빨라진다.

10 MIG 용접에서 와이어 송급방식이 아닌 것은?
① 푸시방식
② 풀방식
③ 푸시–풀방식
④ 포운방식

해설 MIG 용접 와이어 송급방식
푸쉬방식, 풀방식, 푸쉬–풀방식, 더블푸쉬방식

11 서브머지드 아크 용접 장치의 구성 부분이 아닌 것은?
① 수냉동판   ② 콘택트 팁
③ 주행대차   ④ 가이드 레일

해설 서브머지드 아크 용접기의 구성
용접기 본체, 와이어 송급 장치(심선을 보내는 장치), 전압 제어상자, 콘택트 팁(접촉 팁), 용제호퍼 및 Feeder, 케이블, 주행차대 및 주행레일(가이드 레일) 등

12 불활성 가스 텅스텐 아크 용접의 상품 명칭에 해당 되지 않는 것은?
① 헬리아크   ② 아르곤아크
③ 헬리웰드   ④ 필러아크

해설 TIG아크 용접의 상품명
헬리아크, 아르곤아크, 헬리웰드

13 용착법의 설명으로 틀린 것은?
① 한 부분에서 몇 층을 용접하다가 다음 부분의 층으로 연속하여 용접하는 것이 스킵법이다.
② 잔류응력이 다소 적게 발생하고 용접 진행 방향과 용착 방향이 서로 반대가 되는 방법이 후진법이다.
③ 각 층마다 전체의 길이를 용접하면서 다층 용접을 하는 방식이 덧살 올림법이다.
④ 한 개의 용접봉으로 살을 붙일 만한 길이로 구분해서 홈을 한 부분씩 여러 층으로 쌓아 올린다음 다른 부분으로 진행하는 용접 방법이 전진 블록법이다.

해설 비석법(스킵법)
용접 길이를 짧게 나누어 간격을 두면서 이전 이음을 뛰어 넘어가면서 용접하는 단층 비드 놓기

14 일렉트로 가스 아크 용접에 주로 사용하는 실드 가스는?
① 아르곤 가스   ② CO_2 가스
③ 프로판 가스   ④ 헬륨 가스

해설 일렉트로 가스 아크 용접은 CO_2 용접으로도 분류가 된다.

15 용융 슬래그 속에서 전극 와이어를 연속적으로 공급하여 주로 용융 슬래그의 저항열에 의하여 와이어와 모재를 용융시키는 용접은?
① 원자 수소 용접
② 일렉트로 슬래그 용접

[정답]   08 ① 09 ① 10 ④ 11 ① 12 ④ 13 ① 14 ② 15 ②

③ 테르밋 용접
④ 플라스마 아크 용접

16 이산화탄소 가스 아크 용접에서 용착속도에 따른 내용 중 틀린 것은?
① 와이어 용융속도는 아크전류에 거의 정비례하며 증가한다.
② 용접속도가 빠르면 모재의 입열이 감소한다.
③ 용착률은 일반적으로 아크전압이 높은 쪽이 좋다.
④ 와이어 용융속도는 와이어의 지름과는 거의 관계가 없다.

해설 용착율과 용입은 전류에 비례한다.

17 용접 결함에서 치수상 결함에 속하는 것은?
① 기공   ② 슬래그 섞임
③ 변형   ④ 용접균열

해설 **치수상 결함**
용접 열, 잔류 응력에 따라 재료의 외형이 변형되는 결함으로 치수 불량, 형상불량, 변형(수축 변형, 처짐 변형 등)이 속한다.

18 저항용접의 종류 중에서 맞대기 용접이 아닌 것은?
① 프로젝션 용접
② 업셋 용접
③ 플래시 버트 용접
④ 퍼커션 용접

해설 프로젝션 용접은 겹치기 용접이다.

19 응급처리 구명 4단계에 해당되지 않는 것은?
① 기도유지   ② 상처보호
③ 환자의 이송 ④ 지혈

해설 **응급처치 구호 4단계**
1단계(기도유지) ⇒ 2단계(지혈) ⇒ 3단계(쇼크방지) ⇒ 4단계(상처치료, 상처보호)

20 가스용접 시 안전조치로 적절하지 않는 것은?
① 가스의 누설검사는 필요할 때만 체크하고 점검은 수돗물로 한다.
② 가스용접 장치는 화기로부터 5m 이상 떨어진 곳에 설치해야 한다.
③ 산소병 밸브, 압력조정기, 도관, 연결부위는 기름이 묻은 천으로 닦아서는 안 된다.
④ 인화성 액체 용기를 용접할 때는 증기 열탕물로 완전히 세척 후 통풍구멍을 개방하고 작업한다.

해설 가스의 누설검사는 수시로 비눗물로 한다.

21 다음 그림에서 루트 간격을 표시하는 것은?

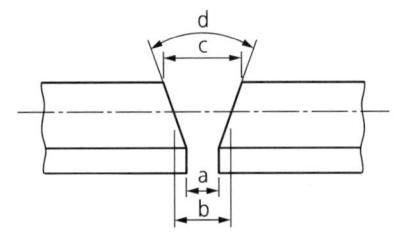

① a   ② b
③ c   ④ d

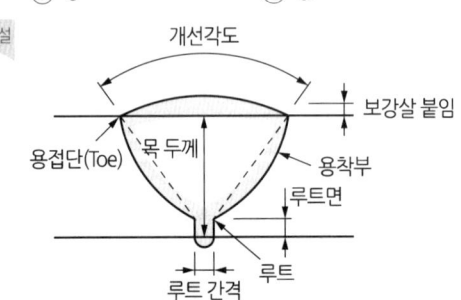

22 플라즈마 아크 용접에 사용되는 가스가 아닌 것은?
① 헬륨   ② 수소
③ 아르곤 ④ 암모니아

해설 **플라즈마 아크의 사용가스**
헬륨(He), 수소(H_2), 아르곤(Ar)

[정답] 16 ③ 17 ③ 18 ① 19 ③ 20 ① 21 ① 22 ④

23 용접이음에 대한 특성 설명 중 옳은 것은?
① 복잡한 구조물 제작이 어렵다.
② 기밀, 수밀, 유밀성이 나쁘다.
③ 변형의 우려가 없어 시공이 용이하다.
④ 이음 효율이 높고 성능이 우수하다.

해설 용접이음은 복잡한 구조물의 제작이 용이하고, 이음효율이 높아 기밀, 수밀 등이 좋으나, 용접응력으로 인해 변형의 우려가 높고 이로 인한 품질저하가 발생할 수 있다.

24 피복 아크 용접에서 일반적으로 용접모재에 흡수되는 열량은 용접입열의 몇 %인가?
① 40~50%
② 50~60%
③ 75~85%
④ 90~100%

해설 일반적으로 모재에 흡수된 열량은 입열량의 75~85% 정도이다.

25 아크 용접기의 구비조건으로 틀린 것은?
① 구조 및 취급이 간단해야 한다.
② 용접 중 온도 상승이 커야 한다.
③ 아크발생 및 유지가 용이하고 아크가 안정되어야 한다.
④ 역률 및 효율이 좋아야 한다.

해설 아크 용접기는 사용 중 온도 상승이 높지 않아야 한다.

26 직류 아크 용접의 정극성에 대한 결선상태가 맞는 것은?
① 용접봉(-), 모재(+)
② 용접봉(+), 모재(-)
③ 용접봉(-), 모재(-)
④ 용접봉(+), 모재(-)

해설
- 직류 정극성(DCSP) : 용접봉(-), 모재(+)
- 직류 역극성(DCRP) : 용접봉(+), 모재(-)

27 가스 용접에서 전진법과 비교한 후진법의 특성을 설명한 것으로 틀린 것은?
① 열 이용율이 좋다.
② 용접속도가 빠르다.
③ 용접 변형이 적다.
④ 산화점도가 심하다.

해설 전진법과 비교한 후진법의 특징
- 화염이 용접부위를 집중 가열하여 열집중성이 좋아 두꺼운 판의 용접이 가능하다.
- 좁고 깊은 홈 용접이 가능하고 용접속도가 빠르다.
- 용접봉 및 가스 소비량이 적고, 용접부의 변형이 적다.
- 비드가 깨끗하지 않고 높이가 높다.
- 산화정도가 낮고, 냉각 속도가 느려 용착 금속의 조직이 미세하다.

28 가스 용접에 사용되는 연료가스의 일반적 성질 중 틀린 것은?
① 불꽃의 온도가 높아야 한다.
② 연소속도가 느려야 한다.
③ 발열량이 커야 한다.
④ 용융금속과 화학반응을 일으키지 말아야 한다.

해설 연료가스는 연소속도가 빨라야 한다.

29 피복 금속 아크 용접봉에서 피복제의 주된 역할에 대한 설명으로 틀린 것은?
① 아크를 안정시키고, 스패터의 발생을 적게 한다.
② 산화성 분위기로 대기 중의 산화, 질화 등의 해를 방지한다.
③ 용착금속의 탈산 정련 작용을 한다.
④ 전기 절연 작용을 한다.

해설 피복제는 용접 중에 중성 또는 환원성 분위기를 만들어 대기 중의 산소 및 질소의 침입(산화 및 질화)을 방지하여 용융금속을 보호한다.

30 수중 가스 절단에서 주로 사용하는 가스는?
① 아세틸렌 가스
② 도시 가스
③ 프로판 가스
④ 수소 가스

[정답] 23 ④ 24 ③ 25 ② 26 ① 27 ④ 28 ② 29 ② 30 ④

해설 수중 절단은 산소-수소 혼합가스를 가장 많이 사용한다.

31 가스절단 속도와 절단산소의 순도에 관한 설명으로 옳은 것은?
① 절단속도는 절단산소의 압력이 높고, 산소 소비량이 많을수록 정비례하여 증가한다.
② 절단속도는 모재의 온도가 낮을수록 고속절단이 가능하다.
③ 산소 중에 불순물이 증가되면 절단속도가 빨라진다.
④ 산소의 순도(99% 이상)가 높으면 절단 속도가 느리다.

32 2개의 모재에 압력을 가해 접촉시킨 다음 접촉면에 상대운동을 시켜 접촉면에서 발생하는 열을 이용하여 이를 압접하는 용접법을 무엇이라 하는가?
① 초음파 용접   ② 냉간압접
③ 마찰용접   ④ 아크 용접

33 산소용기의 취급상 주의할 점이 아닌 것은?
① 운반 중에 충격을 주지 말 것
② 그늘진 곳을 피하여 직사광선이 드는 곳에 둘 것
③ 산소 누설시험에는 비눗물을 사용할 것
④ 산소용기의 운반 시 밸브를 닫고 캡을 씌워서 이동할 것

해설 산소용기 및 가스용기는 직사광선을 피하고, 40℃가 넘지 않는 통풍이 잘되는 곳에 보관하여야 한다.

34 연강용 피복 아크 용접봉의 심선에 대한 설명으로 옳지 않은 것은?
① 주로 저탄소 림드강이 사용된다.
② 탄소함량이 많은 것으로 사용한다.
③ 황(S)이나 인(P) 등의 불순물을 적게 함유한다.
④ 규소(Si)의 양을 적게 하여 제조한다.

해설 연강용 피복아크 용접봉은 모재의 재질과 동일한 것을 사용하여야 한다.

35 용접홀더 종류 중 용접봉을 집는 부분을 제외하고는 모두 절연되어 있어 안전 홀더라고도 하는 것은?
① A형   ② B형
③ C형   ④ D형

36 가변압식 토치의 팁 번호가 400번을 사용하여 중성불꽃으로 1시간 동안 용접할 때, 아세틸렌 가스의 소비량은 몇 ℓ인가?
① 400   ② 800
③ 1,600 ④ 2,400

해설 B형 프랑스식 팁(가변압식)의 번호는 시간당 아세틸렌 소모량(ℓ)과 동일하다.

37 탄소 아크 절단에 주로 사용되는 용접전원은?
① 직류정극성   ② 직류역극성
③ 용극성   ④ 교류역극성

해설 절단법의 종류별 사용 전원

절단법의 종류	직류 정극성	직류 역극성	교류
산소-아크 절단	O	×	△
탄소-아크 절단	O	×	△
금속-아크 절단	O	×	△
아크 에어 가우징	×	O	×

38 연강판 두께 4.4mm인 모재를 가스 용접할 때 가장 적당한 가스 용접봉의 지름은 몇 mm인가?
① 1.0   ② 1.6
③ 2.0   ④ 3.2

해설 가스 용접봉의 직경 $D = \dfrac{t}{2} + 1$[mm]
여기서, t : 모재 두께[mm]

[정답] 31 ① 32 ③ 33 ② 34 ② 35 ① 36 ① 37 ① 38 ④

39 부탄의 화학 기호로 맞는 것은?
① C_4H_{10}
② C_3H_8
③ C_5H_{12}
④ C_2H_6

해설 아세틸렌(C_2H_2), 프로판(C_3H_8), 수소(H_2), 메탄(CH_4), 부탄(C_4H_{10})

40 인장강도 70kgf/mm² 이상 용착금속에서는 다층 용접하면 용접한 층이 다음 층에 의하여 뜨임이 된다. 이때 어떤 변화가 생기는가?
① 뜨임 취화
② 뜨임 연화
③ 뜨임 조밀화
④ 뜨임 연성

해설 강도 및 경도가 높을수록 용접에 의한 취화가 발생하기 쉽고, 다층 용접 시 냉각이 반복되면 담금질 효과가 지나쳐 균열로 진전된다.
취화란 조직이 약해져서 잘 깨지는 것을 말한다.

41 구리, 마그네슘, 망간, 알루미늄으로 조성된 고강도 알루미늄 합금은?
① 실루민
② Y합금
③ 두랄루민
④ 포금

해설 Al-Cu-Mg-Mn : 두랄루민

42 구리의 일반적인 성질 설명으로 틀린 것은?
① 체심입방정(BCC) 구조로서 성형성과 단조성이 나쁘다.
② 화학적 저항력이 커서 부식되지 않는다.
③ 내산화성, 내수성, 내염수성의 특성이 있다.
④ 전기 및 열의 전도성이 우수하다.

해설 구리는 전연성이 풍부하여 성형성 및 단조성이 우수하다.

43 순철의 동소체가 아닌 것은?
① α철
② β철
③ γ철
④ δ철

해설 순철은 α-Fe, γ-Fe, δ-Fe의 동소체로 존재한다.

44 화염 경화법의 장점이 아닌 것은?
① 국부적인 담금질이 가능하다.
② 일반 담금질법에 비해 담금질 변형이 적다.
③ 부품의 크기나 형상에 제한이 없다.
④ 가열온도의 조절이 쉽다.

해설 화염경화법은 토치에 의해 불꽃을 조절하므로 가열온도의 조절이 어렵다.

45 용접용 고장력강에 해당되지 않는 것은?
① 망간(실리콘)강
② 몰리브덴 함유강
③ 인 함유강
④ 주강

해설 용접용 고장력강의 종류
망간(실리콘)강, 몰리브덴 함유강, 인 함유강

46 주철조직 중 흑연의 형상이 아닌 것은?
① 공정상 흑연
② 편상 흑연
③ 침상 흑연
④ 괴상 흑연

해설 주철 조직내 흑연의 형상 : 편상 흑연, 성상 흑연, 유충상 흑연, 응집상 흑연, 괴상 흑연, 구상 흑연

47 도면용으로 사용하는 A2 용지의 크기로 맞는 것은?(단, 길이 단위는 mm이다.)
① 842×1,189
② 594×841
③ 420×594
④ 270×420

해설 도면 용지의 규격

A0	841×1,189
A1	594×841
A2	420×594
A3	297×420
A4	210×297

[정답] 39 ① 40 ① 41 ③ 42 ① 43 ② 44 ④ 45 ④ 46 ③ 47 ③

48 강괴를 용강의 탈산정도에 따라 분류할 때 해당되지 않는 것은?

① 킬드강 ② 세미킬드강
③ 정련강 ④ 림드강

해설 강괴의 종류

종류	특징
림드강	약하게 탈산한 강괴
캡트강	림드강에 탈산제를 투입하거나, 뚜껑을 닫고 조용히 응고시킨 것
세미킬드강	림드강과 킬드강의 중간 정도로 약하게 탈산한 강
킬드강	충분히 탈산한 강

49 스테인리스강의 내식성 향상을 위해 첨가하는 가장 효과적인 원소는?

① Zn ② Sn
③ Cr ④ Mg

해설 스테인리스강의 주요 원소는 크롬(Cr)과 니켈(Ni)이며, 특히 크롬(Cr)은 내식성 증대원소이다.

50 그림과 같이 제3각법으로 정투상한 도면의 입체도로 가장 적합한 것은?

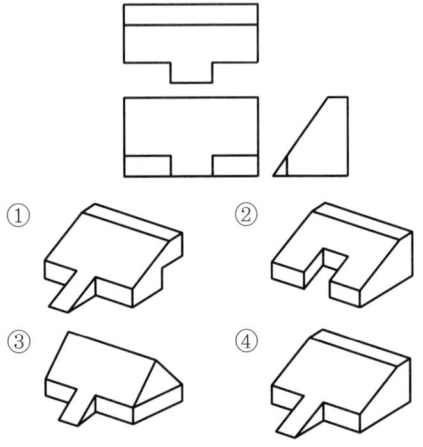

51 그림의 입체도에서 화살표 방향을 정면으로 하여 3각법으로 정투상한 도면으로 가장 적합한 것은?

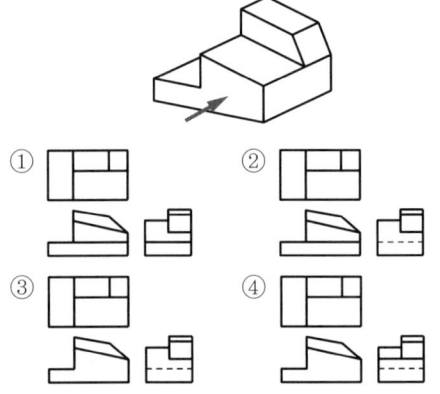

52 실용금속 중 밀도가 유연하며, 윤활성이 좋고 내식성이 우수하며, 방사선 투과도가 낮은 것이 특징인 금속은?

① 니켈(Ni) ② 아연(Zn)
③ 구리(Cu) ④ 납(Pb)

해설 납(Pb)은 방사선 투과도가 낮아 차폐재료로도 사용된다.

53 리벳 이음(Rivet Joint) 단면의 표시법으로 가장 올바르게 투상된 것은?

① 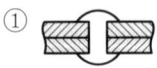 ②
③ 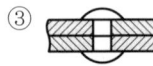 ④

54 탄소강에 함유된 구리(Cu)의 영향으로 틀린 것은?

① A_1 변태점을 저하시킨다.
② 강도, 경도, 탄성한도를 증가시킨다.
③ 내식성을 저하시킨다.
④ 다량 함유하면 감재압연 시 균열의 원인이 되기도 한다.

해설 구리는 내식성을 우수하게 하는 원소이다.

[정답] 48 ③ 49 ③ 50 ④ 51 ④ 52 ④ 53 ④ 54 ③

55 그림과 같이 위쪽이 경사지게 절단된 원통의 전개방법으로 가장 적당한 것은?

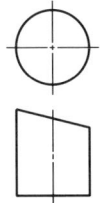

① 삼각형 전개법 ② 방사선 전개법
③ 평행선 전개법 ④ 사변형 전개법

56 KS 재료기호 SM10C에서 10C는 무엇을 뜻하는가?
① 제작방법
② 종별 번호
③ 탄소함유량
④ 최저인장강도

해설 SM10C(기계 구조용 탄소강재)

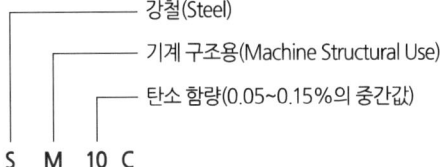

57 그림의 도면에서 리벳의 개수는?

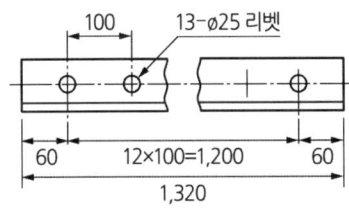

① 12개 ② 13개
③ 25개 ④ 100개

해설 '13 - Ø25 리벳'에서 13은 리벳의 개수를 의미한다.

58 그림과 같이 도시된 용접부 형상을 표시한 KS 용접기호의 명칭으로 올바른 것은?

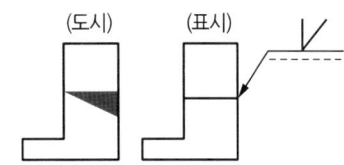

① 일면 개선형 맞대기 용접
② V형 맞대기 용접
③ 플래지형 맞대기 용접
④ J형 이음 맞대기 용접

59 물체에 인접하는 부분을 참고로 도시할 경우에 사용하는 선은?
① 가는 실선
② 가는 파선
③ 가는 1점 쇄선
④ 가는 2점 쇄선

해설 물체에 인접한 부분을 나타낼 때는 가상선으로 나타내며 가는 2점 쇄선으로 나타낸다.

60 그림과 같은 배관도면에 표시된 밸브의 명칭은?

① 체크 밸브
② 이스케이프 밸브
③ 슬루스 밸브
④ 리프트 밸브

[정답] 55 ③ 56 ③ 57 ② 58 ① 59 ④ 60 ①

모의고사 제14회 (특수용접기능사)

01 예열을 하는 목적에 대한 설명으로 맞는 것은?
① 용접부와 인접한 모재의 수축응력을 감소시키기 위해
② 냉각속도를 빠르게 하기 위해
③ 수소의 함량을 높이기 위해
④ 오버랩 생성을 크게 하기 위해

해설 **예열의 목적**
용접부의 수축 변형 및 잔류 응력 경감, 용접부의 연성, 인성 부여 및 경화를 방지하여 기계적 성질 개선, 용접부의 기공 발생 및 균열 방지, 용접부의 용입 부족 방지, 용접될 부분의 습기 및 가변물 제거

02 이산화탄소 아크 용접에 사용되는 와이어에 대한 설명으로 틀린 것은?
① 용접용 와이어에는 솔리드와이어와 복합와이어가 있다.
② 솔리드와이어는 실체(나체)와이어라고도 한다.
③ 복합와이어는 비드의 외관이 아름답다.
④ 복합와이어는 용제에 탈산제, 아크 안정제 등 합금원소가 포함되지 않은 것이다.

해설 용제에는 아크안정제, 슬래그 생성제, 압금첨가제, 탈산제, 탈질제 등 용접에 필요한 원소가 포함되어 있다.

03 일렉트로 슬래그 용접의 장점이 아닌 것은?
① 용접능률과 용접품질이 우수하므로 후판용접 등에 적당하다.
② 용접 진행 중 용접부를 직접 관찰할 수 있다.
③ 최소한의 변형과 최단시간의 용접법이다.
④ 다전극을 이용하면 더욱 능률을 높일 수 있다.

해설 일렉트로 슬래그 용접은 용융슬래그의 저항열에 의해 용접되므로 용접부를 관찰할 수 없다.

04 점용접 조건의 3대 요소가 아닌 것은?
① 고유저항   ② 가압력
③ 전류의 세기 ④ 통전시간

해설 **전기 저항 용접의 3대 요소**
용접 전류의 세기, 통전시간, 가압력

05 CO_2 가스 아크 용접 시 작업장의 CO_2 가스가 몇 % 이상이면 인체에 위험한 상태가 되는가?
① 1%   ② 4%
③ 10%   ④ 15%

해설 **탄산가스 농도의 영향**

공기 중 탄산가스 농도	영향
3~4%	두통 및 빈혈 유발
15%	위험
30% 이상	치사량이므로 주의 필요

06 MIG 용접에 사용되는 보호가스로 적당하지 않은 것은?
① 순수 아르곤 가스
② 아르곤 – 산소 가스
③ 아르곤 – 헬륨 가스
④ 아르곤 – 수소 가스

07 인장시험의 인장시험편에서 규제요건에 해당되지 않는 것은?
① 시험편의 무게   ② 시험편의 지름
③ 평행부의 길이   ④ 표점거리

해설 **표준 시험편의 규제 사항**
시험편의 직경, 평행부 길이, 표점 거리, 모서리 반경 등

[정답] 01 ① 02 ④ 03 ② 04 ① 05 ④ 06 ④ 07 ①

08 맞대기 용접, 필릿 용접 등의 비드 표면과 모재와의 경계부에서 발생되는 균열이며, 구속응력이 클 때 용접부의 가장자리에서 발생하여 성장하는 용접균열은?

① 루트 균열   ② 크레이터 균열
③ 토우 균열   ④ 설퍼 균열

해설
- 루트 균열 : 첫 층 용접 시 루트 부근 열영향부에 발생하는 세로 균열의 일종이다.
- 크레이터 균열 : 용접이 끝나는 크레이터 부에서 갑자기 아크를 끊음으로 해서 급랭과 불완전 채움으로 인해 발생하는 균열이다.
- 토우균열 : 맞대기 이음, 필릿 이음 등의 비드 표면과 모재와의 경계부에 발생하는 균열로서, 구속 응력이 클 때 용접부의 가장자리에 발생하여 성장한다.
- 설퍼 균열 : 강중 황이 층상으로 존재하는 대표적인 고온 균열로서 황의 편석이 많아 설퍼 밴드를 가진 재료를 서브머지드 아크 용접할 때 많이 발생한다.

09 납땜의 연납용 용제로 맞는 것은?

① NaCl(염화나트륨)
② NH₄Cl(염화암모늄)
③ Cu₂O(산화제일동)
④ H₃BO₃(붕산)

해설 연납용 용제
염화아연, 염산, 염화암모늄, 인산, 수지, 송진 등

10 KS에서 용접봉의 종류를 분류할 때 고려하지 않는 것은?

① 피복제 계통   ② 전극봉의 종류
③ 용접자세   ④ 용접사 기량

해설 용접봉의 규격은 전극봉의 종류, 금속의 최소 인장강도, 용접자세, 피복제의 종류에 따라 구분된다.

11 충전가스 용기 중 암모니아가스 용기의 도색으로 맞는 것은?

① 회색   ② 청색
③ 녹색   ④ 백색

12 용접 이음의 종류가 아닌 것은?

① 겹치기 이음
② 모서리 이음
③ 라운드 이음
④ T형 필릿 이음

해설 용접 이음 형상에 따른 구분
맞대기 이음, 한면 덮개판 이음, 양면 덮개판 이음, 겹치기 이음, 플러그 이음, T형 필릿 이음, 모서리 이음, 변두리 이음

13 아크 용접 시 전격을 예방하는 방법으로 틀린 것은?

① 전격방지기를 부착한다.
② 용접 홀더에 맨손으로 용접봉을 갈아 끼운다.
③ 용접기 내부에 함부로 손을 대지 않는다.
④ 절연성이 좋은 장갑을 사용한다.

해설 용접 홀더를 맨손으로 만지면 감전의 위험이 있다.

14 볼트나 환봉 등을 직접 강판이나 형강에 용접하는 방법으로 볼트나 환봉을 피스톤형의 홀더에 끼우고 모재와 볼트 사이에 순간적으로 아크를 발생시켜 용접하는 방법은?

① 테르밋 용접
② 스터드 용접
③ 서브머지드 아크 용접
④ 불활성가스 용접

15 아크 용접작업에 대한 설명 중 옳은 것은?

① 아크 빛은 용접재해 요소가 되지 않는다.
② 교류 용접기를 사용할 때에는 반드시 비피복 용접봉을 사용한다.
③ 가죽장갑은 감전의 위험이 크므로 면장갑을 사용한다.
④ 아크발생 도중에는 용접전류를 조정하지 않는다.

[정답] 08 ③ 09 ② 10 ④ 11 ④ 12 ③ 13 ② 14 ② 15 ④

16 연소가 잘되는 조건 중 틀린 것은?
① 공기와 접촉 면적이 클 것
② 가연성 가스 발생이 클 것
③ 축적된 열량이 클 것
④ 물체의 내화성이 클 것

해설 내화성 : 불이 잘 붙지 않는 성질

17 불활성가스 금속 아크 용접(MIG)의 전류 밀도는 피복 아크 용접에 비해 약 몇 배 정도인가?
① 2배   ② 6배
③ 10배   ④ 12배

18 필릿 용접에서 루트간격이 1.5mm 이하일 때, 보수용접 요령으로 가장 적당한 것은?
① 그대로 규정된 다리길이로 용접한다.
② 그대로 용접하여도 좋으나 넓힌 만큼 다리길이를 증가시킬 필요가 있다.
③ 다리길이를 3배수로 증가시켜 용접한다.
④ 라이너를 넣든지 부족한 판을 300mm 이상 잘라내서 대체한다.

19 서브머지드 아크 용접에 관한 설명으로 틀린 것은?
① 용제에 의한 야금작용으로 용접금속의 품질을 양호하게 할 수 있다.
② 용접 중에 대기와의 차폐가 확실하여 대기 중의 산소 질소 등의 해를 받는 일이 적다.
③ 용제의 단열 작용으로 용입을 크게 할 수 있고 높은 전류 밀도로 용접할 수 있다.
④ 특수한 장치를 사용하지 않더라도 전 자세 용접이 가능하며, 이음가공의 정도가 엄격하다.

해설 서브머지드 아크 용접은 아래보기 자세만 가능하다.

20 안전·보건표지의 색채, 색도기준 및 용도에서 색채에 따른 용도를 올바르게 나타낸 것은?
① 빨간색 : 안내   ② 파란색 : 지시
③ 녹색 : 경고   ④ 노란색 : 금지

해설

색상	용도
빨간색	금지
	경고
노란색	경고
파란색	지시
녹색	안내
흰색	보조색
검은색	보조색

21 연강용 피복용접봉에서 피복제의 역할 중 틀린 것은?
① 아크를 안정하게 한다.
② 스패터링을 많게 한다.
③ 전기절연 작용을 한다.
④ 용착금속의 탄산정련 작용을 한다.

해설 피복제는 아크를 안정화시키고, 스패터량을 적게, 슬래그 제거를 쉽게 하며 깨끗한 용접면을 만든다.

22 아세틸렌, 수소 등의 가연성 가스와 산소를 혼합 연소시켜 그 연소열을 이용하여 용접하는 것은?
① 탄산가스 아크 용접
② 가스 용접
③ 불활성 가스 아크 용접
④ 서브머지드 아크 용접

23 아크 용접에서 피닝을 하는 목적으로 가장 알맞은 것은?
① 용접부의 잔류응력을 완화시킨다.
② 모재의 재질을 검사하는 수단이다.
③ 응력을 강하게 하고 변형을 유발시킨다.
④ 모재표면의 이물질을 제거한다.

[정답] 16 ④ 17 ② 18 ① 19 ④ 20 ② 21 ② 22 ② 23 ①

24 용접기의 아크 발생을 8분간하고 2분간 쉬었다면, 사용률은 몇 %인가?
① 25   ② 40
③ 65   ④ 80

해설 용접기 사용률(%)
$= \dfrac{\text{아크 발생시간}}{\text{아크 발생시간} + \text{휴지시간}} \times 100(\%)$
$= \dfrac{8}{8+2} = 80\%$

25 교류 아크 용접기를 사용할 때, 피복 용접봉을 사용하는 이유로 가장 적합한 것은?
① 전력 소비량을 절약하기 위하여
② 용착금속의 질을 양호하게 하기 위하여
③ 용접시간을 단축하기 위하여
④ 단락전류를 갖게 하여 용접기의 수명을 길게 하기 위하여

해설 용접봉의 피복제는 용착금속에 합금원소 공급, 용접부의 급랭방지, 대기로부터의 수소, 산소등의 침입 등을 방지하여 용접품질을 우수하게 한다.

26 가스절단에서 드래그라인을 가장 잘 설명한 것은?
① 예열온도가 낮아서 나타나는 직선
② 절단토치가 이동한 경로
③ 산소의 압력이 높아 나타나는 선
④ 절단면에 나타나는 일정한 간격의 곡선

27 기체를 수천도의 높은 온도로 가열하면 그 속도의 가스원자가 원자핵과 전자로 분리되어 양(+)과 음(−) 이온상태로 된 것을 무엇이라 하는가?
① 전자빔
② 레이저
③ 플라즈마
④ 테르밋

28 산소와 아세틸렌용기의 취급이 잘못된 것은?
① 산소병의 밸브, 조정기, 도관, 취부구는 반드시 기름이 묻은 천으로 깨끗이 닦아야 한다.
② 산소병 운반 시에 충격을 주어서는 안 된다.
③ 산소병 내에 다른 가스를 혼합하면 안 되며 산소병은 직사광선을 피해야 한다.
④ 아세틸렌 병은 세워서 사용하며 병에 충격을 주어서는 안 된다.

해설 가스용기, 산소용기 및 밸브 등에 기름이 묻지 않아야 한다.

29 용접부 부근의 모재는 용접할 때 아크열에 의해 조직이 변하여 재질이 달라진다. 열 영향부의 기계적 성질과 조직변화의 직접적인 요인으로 관계가 없는 것은?
① 용접기의 용량
② 모재의 화학성분
③ 냉각 속도
④ 예열과 후열

해설 열영향부의 조직의 변화에 영향을 미치는 요인
모재의 화학적 성분, 냉각 속도, 용접 속도, 예열 및 후열 등

30 다음 중 직류아크 용접기는?
① 탭전환형   ② 정류기형
③ 기동 코일형   ④ 기동 철심형

해설 직류 아크 용접기의 종류
전동기 발전형, 엔진 구동형, 정류기형

31 용접법의 분류 중 아크 용접에 해당하는 것은?
① 테르밋 용접
② 산소 수소 용접
③ 스터드 용접
④ 유도가열 용접

해설 스터드 용접은 아크가 발생하므로 아크 용접으로 분류된다.

[정답] 24 ④ 25 ② 26 ④ 27 ③ 28 ① 29 ① 30 ② 31 ③

32 가스용접 작업에서 보통작업 할 때 압력조정기의 산소압력은 몇 kgf/cm² 이하이어야 하는가?

① 5~6 ② 3~4
③ 1~2 ④ 0.1~0.3

해설 가스 설정압

설치 위치	설정 압력	체결 나사 방향
산소 용기	1~5kg/cm² 이하 (적정 압력 : 3~4kg/cm²)	오른나사
아세틸렌 용기	0.1~0.2kg/cm² 이하	왼나사

33 강재 표면의 홈이나 개재물, 탈탄층 등을 제거하기 위하여 될 수 있는 대로 얇게 그리고 타원형 모양으로 표면을 깎아내는 가공법은?

① 가스 가우징
② 코킹
③ 아크 에어 가우징
④ 스카핑

34 가스용접봉의 성분 중에서 강에 취성을 주며 강인성을 떨어뜨리는 특징을 보이는 성분은?

① 탄소 ② 인
③ 규소 ④ 유황

해설 인은 절삭성을 개선하고 쇳물의 유동성을 좋게 하며, 강도와 경도는 증가하나 연신율과 충격치가 감소하여 재료의 강인성을 떨어뜨린다.

35 비금속 개재물이 탄소강 내부에 존재할 때 야기되는 특성이 아닌 것은?

① 인성을 해치므로 메지고 약해진다.
② 열처리할 때 균열을 일으킨다.
③ 알루미나, 산화철 등은 고온 메짐을 일으킨다.
④ 인장강도와 압축강도가 증가한다.

해설 비금속 개재물은 재료 내부에서 노치로 작용하여 재료의 강도를 떨어뜨린다.

36 가스용접에서 산소용 고무호스의 사용 색은?

① 노랑 ② 녹색
③ 흰색 ④ 적색

해설 아세틸렌 호스(적색), 산소 호스(녹색)

37 가스용접이나 절단에 사용되는 가연성 가스의 구비조건 중 틀린 것은?

① 불꽃의 온도가 높을 것
② 발열량이 클 것
③ 연소속도가 느릴 것
④ 용융금속과 화학반응이 일어나지 않을 것

해설 가연성 가스는 연소속도가 빨라야 한다.

38 다음 중 용접의 일반적인 순서를 바르게 나타낸 것으로 옳은 것은?

① 재료준비 → 절단 가공 → 가접 → 본용접 → 검사
② 절단 가공 → 본용접 → 가접 → 재료준비 → 검사
③ 가접 → 재료준비 → 본용접 → 절단 가공 → 검사
④ 재료준비 → 가접 → 본용접 → 절단 가공 → 검사

39 다음 중 가스 절단 장치의 구성이 아닌 것은?

① 절단토치와 팁
② 산소 및 연소가스용 호스
③ 압력조정기 및 가스병
④ 핸드 실드

해설 가스 절단 장치는 가스 절단용 토치와 팁, 산소 및 연소 가스 용기 및 호스, 압력 조정기 및 가스 용기 등으로 구성되며, 가스 용접장치와 비슷하다.
핸드 실드는 개인보호구이다.

정답 32 ② 33 ④ 34 ② 35 ④ 36 ② 37 ③ 38 ① 39 ④

40 용접기 설치 시 1차 입력이 10kVA이고 전원 전압이 200V 이면 퓨즈 용량은?

① 50A ② 100A
③ 150A ④ 200A

해설 퓨즈 용량 = $\dfrac{\text{1차 입력 전압(kVA)}}{\text{전원 전압(V)}}$ [A]

$= \dfrac{10}{200} = 0.05[\text{kA}] = 50[\text{A}]$

41 다음 중 구리의 성질로 틀린 것은?

① 전기 및 열의 전도성이 우수하다.
② 전연성이 좋아 가공이 용이하다.
③ 상자성체로 전기전도율이 적다.
④ 아름다운 광택과 귀금속적 성질이 우수하다.

해설 구리는 전기전도율이 은(Ag) 다음으로 높다.

42 마그네슘(Mg)의 특성을 설명한 것 중 틀린 것은?

① 비중이 1.74 정도로 실용금속 중 가장 가볍다.
② 비강도가 Al 합금보다 떨어진다.
③ 항공기, 자동차부품, 전기 기기, 선박, 광학 기계, 인쇄제판 등에 이용된다.
④ 구상흑연 주철의 첨가제로 사용된다.

해설 비강도 : 비중과 강도의 비
마그네슘의 비강도는 알루미늄보다 우수하다.

43 내열용 알루미늄 합금이 아닌 것은?

① 하이드로날륨 합금
② 로엑스(Lo-Ex) 합금
③ 코비탈륨 합금
④ Y 합금

해설
- 내열 알루미늄 합금 : 로엑스, Y-합금, 코비탈륨
- 내식 알루미늄 합금 : 알민, 알드레이, 알클래드, 하이드로날륨

44 탄소강에 망간(Mn)의 영향을 설명한 것으로 틀린 것은?

① 고온에서 결정립 성장을 증가시킨다.
② 주조성을 좋게 하며 S의 해를 감소시킨다.
③ 강의 담금질 효과를 증대하여 경화능이 커진다.
④ 강의 점성을 증가시킨다.

해설 망간
- 황과 화합하여 황화망간(MnS)이 되어 적열취성을 방지 (Mn : S = 5 : 1 비율)
- 연신율의 감소가 적고, 강도, 경도, 인성증가, 항복강도 향상
- 주조성 증대, 탄소강의 담금질 효과 증대

45 정련된 용강을 노 내에서 Fe-Mn, Fe-Si, Al 등으로 완전 탈산시킨 강은?

① 킬드강 ② 세미킬드강
③ 림드강 ④ 캡트강

해설 강괴의 종류

종류	특징
림드강 (Rimmed Steel)	• 산화철(FeO)을 다량 함유한 강을 주형에 주입할 때 제조되며, 페로망간(Fe-Mn)으로 약하게 탈산한 강괴 • 강괴 중에 남아서 수많은 기공이 있다.
캡트강	• 림드강에 탈산제를 투입하거나, 뚜껑을 닫고 조용히 응고시킨 것 ⇒ 강괴 표면은 림드강, 내부는 킬드강의 특징을 보인다.
세미킬드강 (Semi-Killed Steel)	• 림드강과 킬드강의 중간 정도로 약하게 탈산한 강 • 약간의 CO가스가 생성되며, 킬드강과 같은 큰 수축공이 발생하지 않는다. • 용도 : 용접 구조물
킬드강 (Killed Steel)	• 페로실리콘(Fe-Si), 알루미늄(Al), 티탄(Ti), 페로망간(Fe-Mn) 등의 탈산제로 충분히 탈산한 강 • 기공이 적은 양질의 단면을 형성하나, 강괴 중앙에 큰 수축공(Shrinkage Cavity)이 생성된다.

[정답] 40 ① 41 ③ 42 ② 43 ① 44 ① 45 ①

46 스테인리스강을 금속조직학적으로 분류할 때 종류가 아닌 것은?

① 마텐자이트계 ② 퍼얼라이트계
③ 페라이트계   ④ 오스테나이트계

해설 스테인리스강의 종류

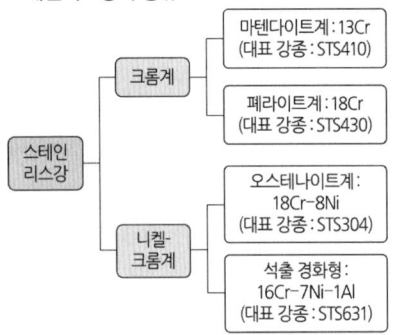

47 탄소강의 기본 열처리 방법 중 소재를 일정온도에서 가열 후 공랭시켜 표준화하는 것은?

① 불림   ② 뜨임
③ 담금질 ④ 침탄

해설

열처리 방법	열처리 목적	냉각 방법
담금질 (Quenching)	강의 강도 및 경도 증대	급랭 (수중, 유중)
뜨임 (Tempering)	담금질한 강의 취성을 방지하고 재료의 내부 응력 제거 및 인성을 부여	공랭
풀림 (Annealing)	강의 조직 미세화(균일화), 내부응력 제거, 재질 연화 및 전연성 증대	노냉
불림 (Normalizing)	강의 내부응력 제거 및 표준조직을 얻기 위해 실시. ⇒ 조직의 표준화	공랭

48 강제품의 표면 경화법에 속하지 않는 것은?

① 초음파 침투법 ② 질화법
③ 침탄법   ④ 방전 경화법

해설 표면 경화법
침탄법, 질화법, 침유처리법, 화염경화법, 고주파 경화법, 금속 침투법, 숏피닝, 하드 페이싱, 전해 경화법 등

49 풀림처리 시 조대한 결정립이 형성되는 원인이 아닌 것은?

① 풀림 온도가 너무 높을 경우
② 풀림 시간이 너무 긴 경우
③ 냉간 가공도가 너무 작은 경우
④ 용질원소의 분포가 양호한 경우

해설 풀림 시 조대 결정립의 형성 원인
• 풀림 온도가 너무 높다.
• 풀림 시간이 너무 길다.
• 냉간 가공도가 너무 작다.
• 원소의 분포가 불량하다.

50 KS 기계제도 선의 종류에서 가는 2점 쇄선으로 표시되는 선의 용도에 해당하는 것은?

① 가상선 ② 치수선
③ 해칭선 ④ 지시선

해설
• 가는 실선 : 치수선, 치수 보조선, 지시선, 회전 단면선, 수준면선, 해칭선 등
• 가는 2점 쇄선 : 가상선

51 그림과 같은 KS 용접 기호로 도시되는 용접부 명칭은?

① 플러그 용접 ② 수직 용접
③ 필릿 용접   ④ 스폿 용접

52 금속침투법의 종류와 침투원소의 연결이 틀린 것은?

① 세라다이징 – Zn
② 크로마이징 – Cr
③ 칼로라이징 – Ca
④ 보로나이징 – B

해설 칼로라이징 : Al 침투

[정답] 46 ② 47 ① 48 ① 49 ④ 50 ① 51 ③ 52 ③

53 그림과 같은 입체도의 화살표 방향 투상도로 가장 적합한 것은?

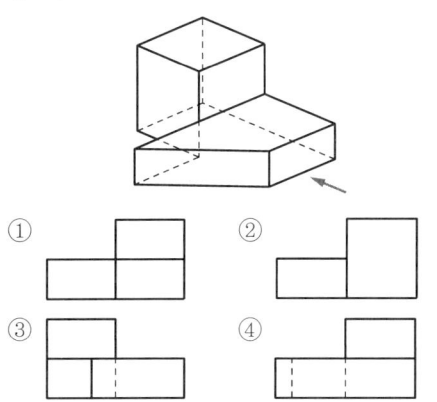

54 그림과 같은 도면에 지름 3mm 구멍의 수는 모두 몇 개인가?

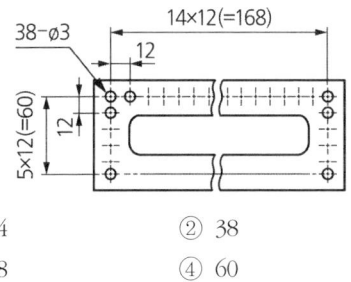

① 24 ② 38
③ 48 ④ 60

해설 '38 – ϕ3'에서 38은 구멍의 개수이다.

55 물체의 구멍, 홈 등 특정 부분만의 모양을 도시하는 것으로 그림과 같이 그린 투상도의 명칭은?

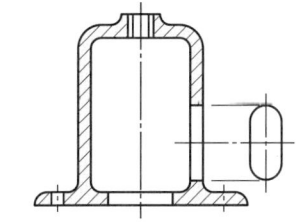

① 회전 투상도 ② 보조 투상도
③ 부분 확대도 ④ 국부 투상도

56 KS A 0106에 규정한 도면의 크기 및 약식에서 용지의 긴 쪽 방향을 가로방향으로 했을 경우 표제란의 위치로 적절한 곳은?

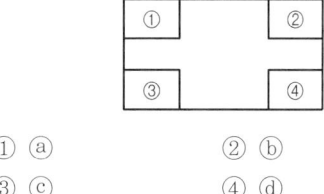

① ⓐ ② ⓑ
③ ⓒ ④ ⓓ

57 배관도의 계기 표시방법 중에서 압력계를 나타내는 기호는?

해설 계기의 종류 도시

명칭	도시 기호	명칭	도시 기호
계기 일반	○	온도계	T
압력계	P	유량계	F

58 그림과 같이 제3각법으로 나타낸 정투상도에 대한 입체도로 적합한 것은?

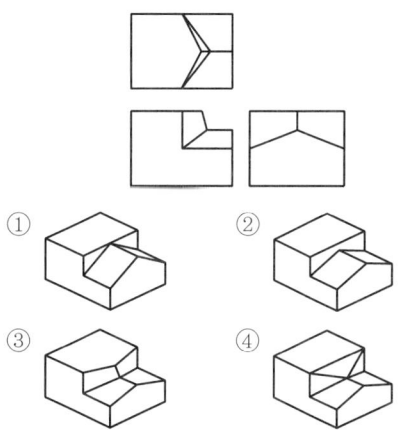

[정답] 53 ① 54 ② 55 ④ 56 ④ 57 ② 58 ③

59 기계제도 도면에서 "t20"이라는 치수가 있을 경우 "t"가 의미하는 것은?

① 모떼기
② 재료의 두께
③ 구의 반경
④ 정사각형

해설
- 모떼기 : C
- 재료의 두께 : t
- 구의 반경 : SR
- 정사각형 : □

60 도면에서 단면도의 해칭에 대한 설명으로 틀린 것은?

① 해칭선은 가는 실선으로 규칙적으로 줄을 늘어놓는 것을 말한다.
② 단면도에 재료 등을 표시하기 위해 특수한 해칭(또는 스머징)을 할 수 있다.
③ 해칭선은 반드시 주된 중심선에 45°로만 경사지게 긋는다.
④ 단면 면적이 넓을 경우에는 그 외형선에 따라 적절한 범위에 해칭(또는 스머징)을 할 수 있다.

해설 해칭선은 도형의 주된 중심선에 대해 45°의 가는 선으로 등간격으로 표시하며, 제품의 주요 면이 경사진 경우 기본 중심선에 따라 45°를 적용하여 해칭할 수 있고 부득이 어려울 경우 임의 각도(30°, 60° 등)를 사용할 수 있다.

[정답] 59 ② 60 ③

모의고사 제15회 (용접기능사)

01 다음 중 확산연소를 올바르게 설명한 것은?
① 수소, 메탄, 프로판 등과 같은 가연성가스가 버너 등에서 공기 중으로 유출되어 연소하는 경우이다.
② 알코올, 에테르 등 인화성 액체의 연소에서처럼 액체의 증발에 의해서 생긴 증기가 착화하여 화염을 발화하는 경우이다.
③ 목재, 석탄, 종이 등의 고체 가연물 또는 지방유와 같이 고비점(高沸點)의 액체가연물이 연소하는 경우이다.
④ 화약처럼 그 물질 자체의 분자 속에 산소를 함유하고 있어 연소 시 공기 중의 산소를 필요로 하지 않고 물질 자체의 산소를 소비해서 연소하는 경우이다.

해설 **연소의 형식**

구분	정의
확산 연소	수소, 메탄, 프로판 등과 같은 가연성 가스가 버너 등에서 공기 중으로 유출되어 확산되면서 연소하는 것
비화 연소	불티가 튀거나 바람이 날려서 발화점과 떨어져 있는 곳의 대상물에 착화하면서 연소하는 것
접염 연소	불꽃이 가연물에 직접 접촉함으로써 발생하는 연소
복사 연소	서로 떨어져 있는 두 물체 사이에서 전자파 형태로 열에너지가 방출되어 물체에 복사됨으로써 발생하는 연소
대류 연소	뜨거운 공기 또는 액체의 흐름에 의해 열에너지가 전달되어 발생하는 연소

02 용접의 변 끝을 따라 모재가 파이고 용착 금속이 채워지지 않고 홈으로 남아 있는 부분을 무엇이라고 하는가?
① 언더컷 ② 피트
③ 슬래그 ④ 오버랩

03 플라즈마 아크 용접에서 매우 적은 양의 수소(H_2)를 혼입하여도 용접부가 약화될 위험성이 있는 재질은?
① 티탄 ② 연강
③ 니켈합금 ④ 알루미늄

해설 티탄은 600℃ 이상의 고온에서 급격히 산화하는 성질을 가지고 있으므로 용접과 열간 가공이 곤란하다.

04 용접작업용 충전가스인 아르곤(Ar) 용기를 나타내는 색깔은?
① 황색 ② 녹색
③ 회색 ④ 흰색

해설 **가스 종류별 용기 색상**

산소	녹색(공업용), 백색(의료용)
아세틸렌	주황색
프로판(LPG)	회색
수소	주황색
암모니아	백색
아르곤	회색
탄산가스	녹색

[정답] 01 ① 02 ① 03 ① 04 ③

05 다음 중 테르밋제의 점화제가 아닌 것은?

① 과산화바륨 ② 망간
③ 알루미늄 ④ 마그네슘

해설 테르밋 용접
산화철과 알루미늄 분말을 3:1 정도의 무게 비율로 혼합한 것에 과산화바륨이나 마그네슘 등의 혼합 분말의 점화제를 넣어 발생하는 3,000℃의 고열로 용접하는 방법

06 서브머지드 아크 용접에서 누설방지 비드를 배치하는 이유로 맞는 것은?

① 용접 공정수를 줄이기 위하여
② 크랙을 방지하기 위하여
③ 용접변형을 방지하기 위하여
④ 용락을 방지하기 위하여

07 안전·보건표지의 색채, 색도기준 및 용도에서 비상구 및 피난소, 사람 또는 차량의 통행표지에 사용되는 색채는?

① 빨간색 ② 노란색
③ 녹색 ④ 흰색

해설 안전 표지의 종류 및 색상

색상	용도	내용
빨간색	금지	정지신호, 소화 설비 및 그 장소, 유해 행위의 금지
	경고	화학 물질 취급 장소의 유해 및 위험 경고
노란색	경고	화학 물질 취급 장소의 유해 및 위험 경고 이외의 위험 경고, 주의 표지, 기계 방호물
파란색	지시	특정 행위의 지시 또는 사실의 고지
녹색	안내	비상구, 피난소, 사람 또는 차량의 통행 표지
흰색	보조색	지시표지(파란색), 안내표지(녹색)의 보조색
검은색	보조색	금지표지(빨간색), 경고표지(노란색)의 보조색 또는 문자

08 CO_2 가스 아크 용접용 토치구조에 속하지 않는 것은?

① 스프링 라이너 ② 가스 디퓨즈
③ 가스 캡 ④ 노즐

해설 이산화탄소 아크 용접 장치의 구성
용접전원, 제어장치, 토치, 히터장치, 보호가스 설비 등

09 맞대기 용접에서 판 두께가 대략 6mm 이하인 경우에 사용되는 홈의 형상은?

① I형 ② X형
③ U형 ④ H형

해설 홈 이음별 판 두께

홈 종류	적용 판 두께
I형	6mm 이하
X형	10~40mm
U형	16~50mm
H형	15~40mm

10 가스용접 작업 시 주의사항으로 틀린 것은?

① 반드시 보호안경을 착용한다.
② 산소호스와 아세틸렌호스는 색깔 구분 없이 사용한다.
③ 불필요한 긴 호스를 사용하지 말아야 한다.
④ 용기 가까운 곳에서는 인화물질 사용을 금한다.

해설 산소호스와 연료가스의 호스는 색깔을 구분해서 사용해야 하며, 아세틸렌 호스는 적색, 산소 호스는 녹색으로 표시한다.

11 침투 탐상법의 장점으로 틀린 것은?

① 국부적 시험이 가능하다.
② 미세한 균열도 탐상이 가능하다.
③ 주변환경 특히 온도에 둔감해 제약을 받지 않는다.
④ 철, 비철, 플라스틱, 세라믹 등 거의 모든 제품에 적용이 용이하다.

해설 침투 탐상법은 주변의 온도와 습도 등의 영향을 받는다.

[정답] 05 ② 06 ④ 07 ③ 08 ③ 09 ① 10 ② 11 ③

12 원판상의 롤러 전극 사이에 용접할 2장의 판을 두고 가압 통전해 전극을 회전시키면서 연속적으로 용접하는 것은?
① 퍼커션 용접 ② 프로젝션
③ 심 용접 ④ 업셋 용접

13 CO_2 가스 아크 용접의 특징을 설명한 것으로 틀린 것은?
① 전류밀도가 높아 용입이 깊고 용접속도를 빠르게 할 수 있다.
② 박판(0.8mm) 용접은 단락이행 용접법에 의해 가능하며, 전자세 용접도 가능하다.
③ 적용 재질은 거의 모든 재질이 가능하며, 이종(異種) 재질의 용접이 가능하다.
④ 가시 아크이므로 용융지의 상태를 보면서 용접할 수 있어 용접진행의 양(良)·부(不) 판단이 가능하다.

해설 CO_2 아크 용접은 연강의 용접에만 사용된다.

14 TIG 용접에서 가스노즐의 크기는 가스분출 구멍의 크기로 정해진다. 보통 몇 mm의 크기가 주로 사용되는가?
① 1~3 ② 4~13
③ 14~20 ④ 21~27

해설 TIG 용접의 가스 노즐의 크기는 보통 4~13mm를 사용한다.

15 피복아크 용접기를 사용할 때 지켜야 할 사항으로 틀린 것은?
① 정격 이상으로 사용하면 과열되어 소손이 생긴다.
② 탭 전환은 반드시 아크를 중지한 후에 시행한다.
③ 1차 측 탭은 2차 측 무부하 전압을 높이거나 용접전류를 올리는 데 사용한다.
④ 2차 측 단자의 한쪽과 용접기 케이스는 반드시 접지를 확실히 해야 한다.

해설 1차 측 탭은 1차측의 전류 및 전압을 조절하는 것이므로, 2차 측의 무부하 전압을 높이거나 용접전류를 높이는 데 사용해서는 안 된다.

16 TIG 용접에서 모재가 (−)이고 전극이 (+)인 극성은?
① 정극성 ② 역극성
③ 반극성 ④ 양극성

해설
• 직류 정극성(DCSP) : 모재(+), 용접봉(−)
• 직류 역극성(DCRP) : 모재(−), 용접봉(+)

17 피복아크 용접 결함의 종류에 따른 원인과 대책이 바르게 묶인 것은?
① 기공 : 용착부가 급랭되었을 때 – 예열 및 후열을 한다.
② 슬래그 섞임 : 운봉속도가 빠를 때 – 운봉에 주의한다.
③ 용입 불량 : 용접전류가 높을 때 – 전류를 약하게 한다.
④ 언더컷 : 용접전류가 낮을 때 – 전류를 높게 한다.

해설 기공의 발생 원인은 용접봉, 대기, 용접 모재의 오염물 등에서 발생하는 습기 등으로 인해 발생하며, 모재가 충분히 가스를 방출할 수 있도록 온도를 유지하여야 하므로 예후열을 실시하여야 한다.

18 피복금속 아크 용접에서 가접을 할 때 본 용접보다 지름이 약간 가는 용접봉을 사용하는 이유로 가장 적합한 것은?
① 용접봉의 소비량을 줄이기 위하여
② 가접 모양을 좋게 하기 위하여
③ 변형량을 줄이기 위하여
④ 충분한 용입이 되게 하기 위하여

[정답] 12 ③ 13 ③ 14 ② 15 ③ 16 ② 17 ① 18 ④

19 용접조건이 같은 경우에 박판과 후판의 열 영향에 대한 설명으로 올바른 것은?
① 박판 쪽 열영향부의 폭이 넓어진다.
② 후판 쪽 열영향부의 폭이 넓어진다.
③ 박판, 후판 똑같이 열영향부의 폭이 넓어진다.
④ 박판, 후판 똑같이 열영향부의 폭이 좁아진다.

20 용접부의 시험법 중 기계적 시험법이 아닌 것은?
① 굽힘시험 ② 경도시험
③ 인장시험 ④ 부식시험

해설 **기계적 시험**
인장시험, 굽힘시험, 경도시험, 충격시험, 피로시험, 크리프 시험

21 A는 병 전체무게(빈 병의 무게+아세틸렌가스의 무게)이고, B는 빈 병의 무게이며, 또한 15℃ 1기압에서의 아세틸렌 가스 용적을 905리터라고 할 때, 용해 아세틸렌가스의 양 C(리터)를 계산하는 식은?
① C=905(B−A)
② C=905+(B−A)
③ C=905(A−B)
④ C=905+(A−B)

22 접합하려는 모재에 구멍을 뚫고 그 구멍으로부터 용접하여 다른 한쪽 모재와 접합하는 용접방법은?
① 필릿용접 ② 플러그용접
③ 초음파용접 ④ 고주파용접

23 가스 절단 작업 시의 표준 드래그 길이는 일반적으로 모재 두께의 몇 % 정도인가?
① 5   ② 10
③ 20 ④ 25

24 구리가 주성분이며 소량의 은, 인을 포함하여 전기 및 열전도도가 뛰어나므로 구리나 구리합금의 납땜에 적합한 것은?
① 양은납 ② 인동납
③ 금납   ④ 내열납

해설 **인동납**
- 동 및 동합금의 기계적 성질, 유동성과 가공성을 개선하기 위해 소량의 은 또는 인을 첨가
- 유동성 양호, 전기 및 열 전도도 우수, 내식성 우수
- 용제가 불필요
- 구리 및 구리합금 등의 땜 작업에 사용

25 아세틸렌(C_2H_2)의 성질로 맞지 않는 것은?
① 매우 불안전한 기체이므로 공기 중에서 폭발위험성이 매우 크다.
② 비중이 1.906으로 공기보다 무겁다.
③ 순수한 것은 무색, 무취의 기체이다.
④ 구리, 은, 수은과 접촉하면 폭발성 화합물을 만든다.

해설 아세틸렌의 비중은 0.9로 공기보다 가볍다.

26 아크가 용접봉 방향에서 한쪽으로 쏠리는 현상이 아크 쏠림에 대한 방지대책으로 맞는 것은?
① 직류용접기를 사용한다.
② 접지점을 용접부에서 가까이 한다.
③ 용접봉 끝을 아크 쏠림 반대 방향으로 기울인다.
④ 아크 길이를 길게 한다.

해설 **아크 쏠림 방지대책**
- 교류 용접을 시행한다.
- 아크 길이를 짧게 유지한다.
- 용접봉을 아크가 쏠리는 반대 방향으로 기울인다.
- 접지점을 2중으로 양쪽 끝에 연결하고, 용접부에서 가능한 멀게 한다.
- 긴 용접에는 후퇴법으로 용착한다.

[정답] 19 ① 20 ④ 21 ③ 22 ② 23 ③ 24 ② 25 ② 26 ③

27 U형, H형의 용접 홈을 가공하기 위하여 슬로우 다이버전트로 설계된 팁을 사용하여 깊은 홈을 파내는 가공법은?

① 치핑
② 슬랙절단
③ 가스 가우징
④ 아크 에어 가우징

해설 가스 가우징은 깊은 홈 파내기용이다.

28 가스 용접에서 모재의 두께가 8mm일 경우 적당한 가스 용접봉의 지름(mm)은?(단, 계산식으로 구한다.)

① 2.0
② 3.0
③ 4.0
④ 5.0

해설 가스 용접봉의 직경 $D = \dfrac{t}{2} + 1$ [mm]
여기에서 t : 모재 두께 [mm]

29 재료의 접합방법은 기계적 접합과 야금적 접합으로 분류하는데 야금적 접합에 속하지 않는 것은?

① 리벳
② 융접
③ 압접
④ 납땜

해설
• 기계적 접합 : 리벳 이음, 볼트 이음, 코터 이음 등
• 야금학적 접합(용접) : 융접, 압접, 납땜 등

30 1차 측 입력이 24kVA인 용접기의 전원이 200V일 때, 가장 적합한 퓨즈의 용량은?

① 100A
② 120A
③ 150A
④ 240A

해설 퓨즈용량 $= \dfrac{1\text{차 입력 전압(kVA)}}{\text{전원 전압(V)}}$ [A]
$= \dfrac{24}{200} = 0.12[\text{kA}] = 120[\text{A}]$

31 피복 아크 용접봉에서 피복제의 주된 역할이 아닌 것은?

① 용융금속의 용적을 미세화하여 용착효율을 높인다.
② 용착금속의 응고와 냉각속도를 빠르게 한다.
③ 스패터의 발생을 적게 하고 전기 절연작용을 한다.
④ 용착금속에 적당한 합금원소를 첨가한다.

해설 피복제는 슬래그를 생성하여 용착금속의 급랭을 방지한다.

32 산소 - 아세틸렌의 불꽃에서 속불꽃과 겉불꽃 사이에 백색의 제 3의 불꽃 즉, 아세틸렌 페더라고도 하는 불꽃의 가장 올바른 명칭은?

① 탄화 불꽃
② 중성 불꽃
③ 산화 불꽃
④ 백색 불꽃

33 가스절단 시 산소 대 프로판 가스의 혼합비로 적당한 것은?

① 2.0 : 1
② 4.5 : 1
③ 3.0 : 1
④ 3.5 : 1

해설 가스 혼합비는 4.5(산소) : 1(프로판), 1(산소) : 1(아세틸렌)이다.

34 아크 용접기의 구비조건에 대한 설명으로 틀린 것은?

① 구조 및 취급이 간단해야 한다.
② 전류조정이 용이하고 일정하게 전류가 흘러야 한다.
③ 아크 발생 및 유지가 용이하고 아크가 안정되어야 한다.
④ 사용 중에 온도 상승이 커야 한다.

해설 용접기는 사용 중 온도 상승이 작아야 한다.

[정답] 27 ③ 28 ④ 29 ① 30 ② 31 ② 32 ① 33 ② 34 ④

35 온도 변화에 따라 열팽창계수, 탄성계수 등이 변하지 않는 불변강의 종류가 아닌 것은?
① 인바(invar)
② 텅갈로이(tungalloy)
③ 엘린바(elinvar)
④ 플라티나이트(platinite)

해설 **불변강**
인바, 엘린바, 슈퍼인바, 코엘린바, 플라티나이트, 퍼멀로이 등

36 기계적 이음과 비교한 용접 이음의 장점으로 틀린 것은?
① 기밀성이 우수하다.
② 재료의 변형이 없다.
③ 이음 효율이 높다.
④ 재료두께의 제한이 없다.

해설 용접은 용접열에 의한 뒤틀림 등 재료의 변형이 발생하기 쉽다.

37 가스용접 작업에서 후진법과 비교한 전진법의 특징 설명으로 맞는 것은?
① 용접 변형이 작다.
② 용접 속도가 빠르다.
③ 산화의 정도가 심하다.
④ 용착 금속의 조직이 미세하다.

해설 전진법은 화염이 용입을 방해하며 모재를 과열시키고 용접 금속의 산화가 심하다.

38 표준 불꽃에서 프랑스식 가스용접 토치의 용량은?
① 1시간에 소비하는 아세틸렌가스의 양
② 1분에 소비하는 아세틸렌가스의 양
③ 1시간에 소비하는 산소가스의 양
④ 1분에 소비하는 산소가스의 양

39 피복 아크 용접에 관한 설명 중 틀린 것은?
① 피복 아크 용접은 가스용접보다 두꺼운 판의 용접에 사용한다.
② 피복 아크 용접에서 교류보다 직류의 아크가 안정되어 있다.
③ 직류 전류에서 60~75%가 음극에서 열이 발생한다.
④ 피복 아크 용접이 가스 용접보다 온도가 높다.

해설 직류 정극성은 모재 측에, 직류 역극성은 용접봉 측에 70% 가량 열이 더 많이 발생한다.

40 연강용 피복 아크 용접봉 심선의 화학성분 중 강의 성질을 좋게 하고, 균열이 생기는 것을 방지하는 것은?
① 탄소   ② 망간
③ 인   ④ 황

41 연강재 표면에 스텔라이트(stellite)나 경합금을 용착시켜 표면경화하는 방법은?
① 브레이징(brazing)
② 숏 피닝(shot peening)
③ 하드 페이싱(hard facing)
④ 질화법(nitriding)

42 고탄소강의 탄소 함유량으로 가장 적당한 것은?
① 0.35~0.45%C
② 0.25~0.35%C
③ 0.45~1.7%C
④ 1.7~2.5%C

해설 **탄소 함유량에 따른 분류**

종류	탄소 함유량
저탄소강	0.3%C 이하
중탄소강	0.3~0.45%C
고탄소강	0.45%C 이상

[정답] 35 ② 36 ② 37 ③ 38 ① 39 ③ 40 ② 41 ③ 42 ③

43 온도의 상승에도 강도를 잃지 않는 재료로서 복잡한 모양의 성형가공도 용이하므로 항공기, 미사일 등의 기계부품으로 사용되는 PH형 스테인리스강은?
① 페라이트계 스테인리스강
② 마텐자이트계 스테인리스강
③ 오스테나이트계 스테인리스강
④ 석출 경화형 스테인리스강

44 가단 주철(malleable cast iron)의 종류가 아닌 것은?
① 백심가단 주철
② 흑심가단 주철
③ 레데뷰라이트가단 주철
④ 펄라이트가단 주철

해설 **가단 주철의 종류**
백심가단 주철, 흑심가단 주철, 펄라이트가단 주철

45 스프링강을 830~860℃에서 담금질하고 450~570℃에서 뜨임처리 하였다. 이때 얻는 조직은?
① 마텐자이트
② 트루스타이트
③ 소르바이트
④ 시멘타이트

46 오스테나이트계 스테인리스강의 입계부식 방지 방법이 아닌 것은?
① 탄소를 감소시켜 Cr_4C 탄화물의 발생을 저지한다.
② Ti, Nb 등의 안정화 원소를 첨가한다.
③ 고온으로 가열한 후 Cr 탄화물을 오스테아니트조직 중에 용체화하여 급랭한다.
④ 풀림 처리와 같은 열처리를 한다.

해설 오스테나이트계 스테인리스강은 열처리를 하지 않는다.

47 Al – Mg 합금으로 내해수성, 내식성, 연신율이 우수하여 선박용 부품, 조리용기구, 화학용 부품에 사용되는 Al 합금은?
① Y합금
② 두랄루민
③ 라우탈
④ 하이드로날륨

48 금속의 변태에서 자기변태(magnetic transformation)에 대한 설명으로 틀린 것은?
① 철의 자기변태점은 910℃이다.
② 격자의 배열변화는 없고 자성변화만을 가져오는 변태이다.
③ 자기변태가 일어나는 온도를 자기변태점이라 하고 이 온도를 퀴리점이라 한다.
④ 강자성 금속을 가열하면 어느 온도에서 자성의 성질이 급감한다.

49 아연을 약 40% 첨가한 황동으로 고온가공하여 상온에서 완성하며, 열교환기, 열간 단조품, 탄피 등에 사용되고 탈 아연 부식을 일으키기 쉬운 것은?
① 알브락
② 니켈황동
③ 문쯔메탈
④ 애드미럴티황동

50 다음 그림의 치수 기입에 대한 설명으로 틀린 것은?

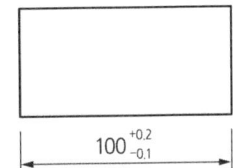

① 기준 치수는 100이다.
② 공차는 0.1이다.
③ 최대 허용치수는 100.2이다.
④ 최소 허용치수는 99.9이다.

해설 최대 공차는 위치수 허용차(+0.2)와 아래치수 허용차(−0.1)의 간격이므로 0.3이다.

[정답] 43 ④ 44 ③ 45 ③ 46 ④ 47 ④ 48 ① 49 ③ 50 ②

51 단면도에서 단면한 부분에 등간격의 경사된 선을 사용하지 않고 연필 혹은 색연필로 외형선 안쪽을 색칠한 것을 무엇이라 하는가?
① 해칭
② 스케치
③ 코킹
④ 스머징

52 그림과 같은 용접기호를 바르게 해독한 것은?

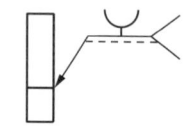

① U형 맞대기 용접, 화살표쪽 용접
② V형 맞대기 용접, 화살표쪽 용접
③ U형 맞대기 용접, 화살표 반대쪽 용접
④ V형 맞대기 용접, 화살표 반대쪽 용접

53 다음 배관도 중 "P"가 의미하는 것은?

① 온도계   ② 압력계
③ 유량계   ④ 핀구멍

해설 압력계(Pressure)

54 도면에서 반드시 표제란에 기입해야 하는 항목이 아닌 것은?
① 도명
② 척도
③ 투상법
④ 재질

해설 표제란에 기재될 사항
도면의 명칭, 번호, 제도자 및 설계자, 회사, 작성 일자, 척도 및 투상

55 그림과 같은 정투상도에 해당하는 입체도는? (단, 화살표 방향이 정면이다.)

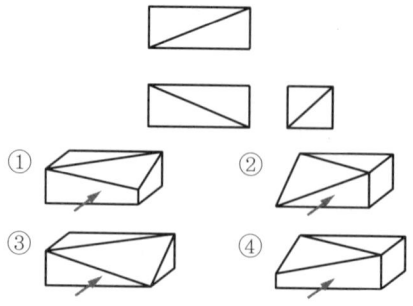

56 열팽창 계수가 높으며 케이블의 피복, 활자 합금용, 방사선 물질의 보호재로 사용되는 것은?
① 금   ② 크롬
③ 구리   ④ 납

57 대상물의 보이지 않는 부분의 모양을 표시할 때에 사용하는 선의 종류는?
① 가는 파선   ② 가는 2점 쇄선
③ 가는 실선   ④ 가는 1점 쇄선

58 그림과 같이 제3각법으로 정투상한 각뿔의 전개도 형상으로 적합한 것은?

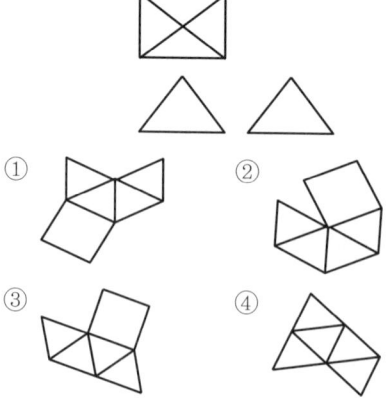

[정답] 51 ④ 52 ① 53 ② 54 ④ 55 ③ 56 ④ 57 ① 58 ①

59 그림과 같은 원추를 전개하였을 경우 전개면의 꼭지각이 180°가 되려면 ϕD의 치수는 얼마가 되어야 하는가?

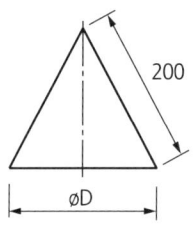

① $\phi 100$ ② $\phi 120$
③ $\phi 150$ ④ $\phi 200$

60 그림과 같은 입체도에서 화살표 방향 투상도로 적합한 것은?

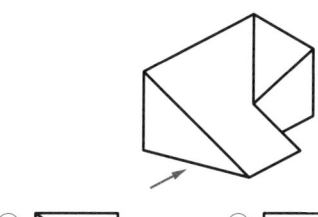

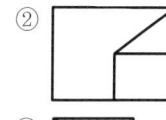

[정답] 59 ④ 60 ①